Arbeiten aus dem Elektrotechnischen Institut

der Badischen Technischen Hochschule Fridericiana zu Karlsruhe

Herausgegeben von

Prof. Dr.-Ing. R. Richter

Direktor des Instituts

V. Band. 1927–1929

Mit 107 Textabbildungen

Springer-Verlag Berlin Heidelberg GmbH 1930

ISBN 978-3-662-39387-1   ISBN 978-3-662-40443-0 (eBook)
DOI 10.1007/978-3-662-40443-0

Vorwort.

Das opferwillige Entgegenkommen der Verlagsbuchhandlung hat es trotz der ungünstigen Wirtschaftslage des deutschen Buchhandels ermöglicht, den vorliegenden V. Band der „Arbeiten aus dem Elektrotechnischen Institut" herauszugeben. Es sind hierfür drei umfangreichere Doktorarbeiten auf dem Gebiete der elektrischen Maschinen ausgewählt worden, die an anderer Stelle nicht veröffentlicht sind.

Die erste Arbeit wurde der Abteilung für Elektrotechnik im Jahre 1927 von Herrn Herbert Weißheimer vorgelegt. Sie behandelt die Stirnstreuung der Synchronmaschine. Nach einleitenden Abschnitten über die experimentelle Bestimmung des Streublindwiderstandes der Ankerwicklung wird die für den Blindwiderstand der Stirnstreuung maßgebende „Leitwertbezugszahl" an zahlreichen Modellwicklungen experimentell ermittelt. Ein auf experimenteller Grundlage beruhendes Verfahren wird ausgearbeitet, um mit der Leitwertbezugszahl den Stirn-Streublindwiderstand aller praktisch in Frage kommender symmetrischer Wicklungen zu berechnen. Die Anwendung des Berechnungsverfahrens wird an zwei Synchronmaschinen gezeigt, von denen die eine eine Ganzlochwicklung, die andere eine Bruchlochwicklung besitzt, und die Berechnung mit der Messung verglichen.

Die Arbeit von Herrn Ernst Stumpp wurde der Abteilung für Elektrotechnik im Jahre 1927 vorgelegt. Sie behandelt die Erwärmung axial gelüfteter Turbogeneratoren. Durch geschickte vereinfachende Annahmen gelingt es dem Verfasser, die Aufgabe mit Berücksichtigung der maßgebenden Wärmeleitfähigkeit quer zu den Blechen und des Einflusses der Temperatur auf die elektrische Leitfähigkeit des Wicklungsmetalls einer befriedigenden Lösung zuzuführen. Eine wesentliche Vereinfachung der Berechnung ergibt sich unter der Annahme, daß die Wärmeströmung quer zu den Blechen durch die Papierisolation ganz unterbunden und die elektrische Leitfähigkeit im Wicklungsmetall von der Temperatur unabhängig ist. An einem Zahlenbeispiel zeigt der Verfasser, daß diese vereinfachenden Annahmen keinen wesentlichen Einfluß auf die Erwärmung der Maschine haben. Da in der Arbeit von mathematischen Hilfsmitteln ausgiebig Gebrauch gemacht wird, hatte sich Herr Professor von Sanden freundlichst bereit gefunden, das Korreferat der Doktorarbeit zu übernehmen.

Den Schluß des Bandes bildet die Arbeit von Herrn Joseph Reiser, die der Abteilung für Elektrotechnik im Jahre 1928 vorgelegt wurde. Sie behandelt die Berechnung der Stoßkurzschlußströme von Turbogeneratoren mit Dämpferkäfig. Im Gegensatz zu der bisher üblichen Behandlungsweise dieser Aufgabe, wobei eine der Erregerwicklung gleichwertige Dämpferwicklung in der Querachse vorausgesetzt wurde, legt der Verfasser seiner Untersuchung die wirkliche Ausführung des Dämpferkäfigs zugrunde, dessen Stäbe über der Erregerwicklung in denselben Nuten wie diese angeordnet sind. Das Ergebnis der Untersuchungen läßt sich dahin zusammenfassen, daß die Dämpferwicklung wegen ihrer kleinen Streuung sehr kräftig, aber wegen ihrer kleinen Zeitkonstanten nicht nachhaltig in die Ausgleichsvorgänge eingreift. Die Stoßkurzschlußströme erscheinen gegenüber der bisherigen Theorie und in Übereinstimmung mit der Erfahrung in der Ankerwicklung vergrößert, in der Erregerwicklung verkleinert.

Karlsruhe, im Dezember 1929.

Rudolf Richter.

Inhaltsverzeichnis.

Stirnstreuung der Synchronmaschine.

Von Dr.-Ing. Herbert Weißheimer.

Über die Erwärmung axial gelüfteter Turbgoeneratoren.
Von Dr.-Ing. Ernst Stumpp.

Die Bestimmung der Stoßkurzschlußströme von Turbogeneratoren mit Dämpferkäfig.
Von Dr.-Ing. Joseph Reiser.

Stirnstreuung der Synchronmaschine.

Von Dr.-Ing. **Herbert Weißheimer.**

I. Experimentelle Bestimmung des Verlustscheinwiderstandes an ausgeführten Maschinen.

1. Verfahren zur Messung der für das stationäre Verhalten der Synchronmaschine maßgebenden Streuung.

Kurzschluß und Nutzfeldleere im Strang. In Abb. 1 ist für eine Synchronmaschine das Spannungsdiagramm eines Stranges mit der Klemmenspannung U, dem Strangstrom J und dem Phasenwinkel φ aufgezeichnet. Der Verlustscheinwiderstand Z setzt sich zusammen aus dem Wirkwiderstand R der Synchronmaschine und dem Blindwiderstand X, der der Nuten-, Spalt-, Zahnkopf- und Stirnstreuung entspricht. E_r ist die in einem Strang von dem im Luftspalt resultierenden Nutzfeld induzierte EMK. Von allen Spannungen und Strömen sind im Diagramm nur die Grundwellen betrachtet.

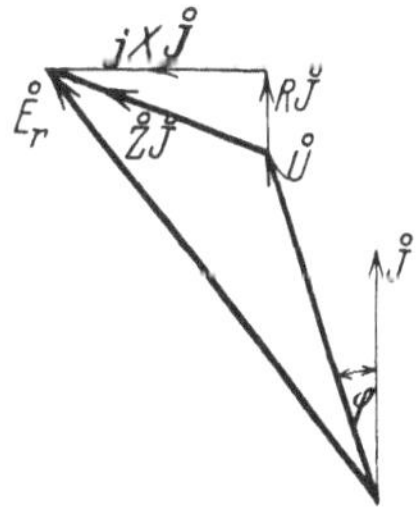

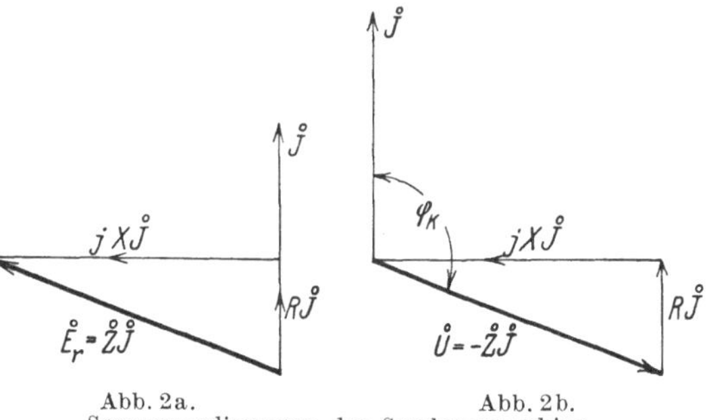

Abb. 1.
Spannungsdiagramm der Synchronmaschine [1].

Zur Beurteilung des Verlustscheinwiderstandes Z ist es naheliegend, einen Betriebszustand zu wählen, in dem lediglich die Scheinleistung J^2Z umgesetzt wird. Aus unserem Diagramm erkennen wir, daß dies in zwei ausgezeichneten Fällen möglich ist. Das eine Mal lassen wir die Klemmenspannung U Null werden, das andere Mal bringen wir die EMK E_r zum Verschwinden. Im ersten Falle (Abb. 2a) bezeichnen wir den Betriebszustand als „Kurzschluß", im zweiten Falle (Abb. 2b) als „Nutzfeldleere", da das Verschwinden der EMK E_r eine vollständige Leere der Maschine bezüglich des Nutzfeldes bedingt. Alsdann verhält sich die Maschine am Netz wie eine

Abb. 2a.
Spannungsdiagramm der Synchronmaschine bei Kurzschluß,

Abb. 2b.
Spannungsdiagramm der Synchronmaschine bei Nutzfeldleere.

EMK E_r eine vollständige Leere der Maschine bezüglich des Nutzfeldes bedingt. Alsdann verhält sich die Maschine am Netz wie eine

---

[1] Die Kreise über den Größen kennzeichnen deren Eigenschaft als Zeitvektor.

Drosselspule mit dem Wirkwiderstand R und dem Blindwiderstand X, der den Streufeldern entspricht.

Für die Untersuchung des Verlustscheinwiderstandes ist in beiden Betriebszuständen die Kenntnis der EMK E_r von ausschlaggebender Bedeutung. Für den Kurzschluß geht dies aus Abb. 2a hervor; denn unsere Aufgabe ist offenbar gelöst, wenn es uns gelingt, bei Kurzschluß der Maschine die EMK E_r zu messen. Andererseits ist für die Untersuchung bei Nutzfeldleere die Kenntnis der EMK E_r erforderlich, da wir erst an ihrem Verschwinden erkennen, daß die Maschine in den gewünschten Betriebszustand übergeht.

Wir werden uns daher im folgenden zunächst mit der Frage befassen, wie sieht das Nutzfeld aus und wie können wir die EMK E_r, die Grundwelle der vom Nutzfeld in einem Ständerstrang induzierten EMK messen.

Das Nutzfeld nimmt seinen Weg hauptsächlich durch den Luftspalt der Maschine, tritt aber auch in den Stirnräumen als Anteil des Stirnfeldes in Erscheinung. Um unsere Untersuchungen zu erleichtern, betrachten wir das Nutzfeld im Stirnraum und im Luftspalt getrennt.

Die Verhältnisse in den Stirnräumen legen wir uns an einem einfachen Beispiel an Hand von Feldbildern klar. Wir speisen zunächst allein die Ständerwicklung einer Synchronmaschine und betrachten das Feld in den Stirnräumen, das Ständerstirnfeld. Es ist in Abb. 3 für eine Synchronmaschine mit p Spulengruppen im Strang aufgezeichnet, wobei angenommen ist, daß alle Querverbindungen in einem Leiter vereinigt sind, und die Anordnung in der Umfangsrichtung der Maschine sich nicht ändert. Das von der Ankerwicklung erregte Stirnfeld ist zum Teil Streufeld, zum Teil mit der Feldmagnetwicklung verkettetes Nutzfeld. Die Lage der Läuferwicklung ist durch das gestrichelt eingezeichnete Rechteck angedeutet. Wegen der räumlichen Ausdehnung ist die Grenze zwischen Nutz- und Streufeld nicht genau anzugeben und möge durch die punktierte Feldlinie angedeutet sein. Wir erhalten das Streufeld allein, wenn wir das Nutzfeld zum Verschwinden bringen, d. h. zur Nutzfeldleere übergehen. Dies erreichen wir bei dem hier ebenen Problem

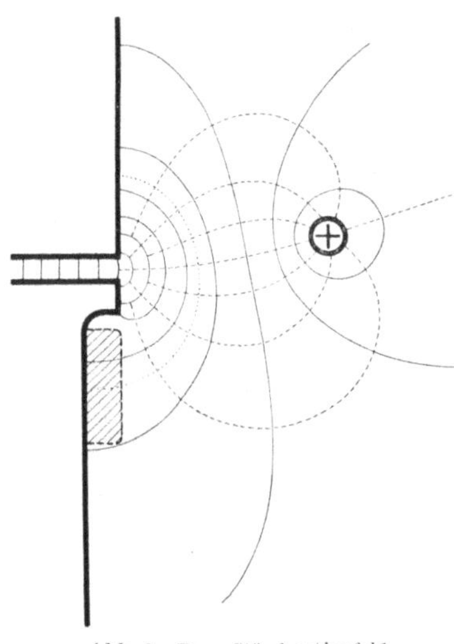

Abb. 3. Das Ständerstirnfeld.
(——— Feldlinien; – – – Niveaulinien.)

dadurch, daß wir auch die Feldmagnetwicklung erregen und ihre Durchflutung gleich der Ankerdurchflutung machen. In Abb. 4 ist die Durchflutung des Feldmagneten durch einen Flächenwirbel auf dem Magnetschenkel ersetzt. Das von beiden Durchflutungen erregte Feld enthält jetzt nur das Streufeld der Ankerwicklung, maßgebend für die Ständerstirnstreuung, und das Streufeld der Feldmagnetwicklung. Die Grenze zwischen den beiden Streuflüssen liegt eindeutig fest und ist in Abb. 4 durch die punktierte Feldlinie angegeben. Aus unseren Betrachtungen geht hervor, daß beim Übergang zur Nutzfeldleere das Nutzfeld sich nur auf den Luftspalt beschränkt, in allen anderen Betriebszuständen dagegen seitlich aus dem Luftspalt herausquillt und sich in den Stirnräumen bis zu einer nicht genau festlegbaren Grenze fortsetzt [L 9].

Im Luftspalt haben wir im allgemeinen außer dem Nutzfeld noch das Spaltstreufeld und das Zahnkopfstreufeld. Zum Zahnkopfstreufeld gehören die Feldlinien, die von einem Zahnkopf zum anderen übertreten, ohne ihren Weg über den benachbarten Polschuh zu nehmen. Wir erkennen daraus, daß das Feld, das in den Polschuh eintritt, nur das Nutzfeld und das Spaltstreufeld enthält.

Denken wir uns das Zahnkopfstreufeld von dem Feld im Luftspalt abgezogen, so treten für eine Vollpolmaschine mit kon-

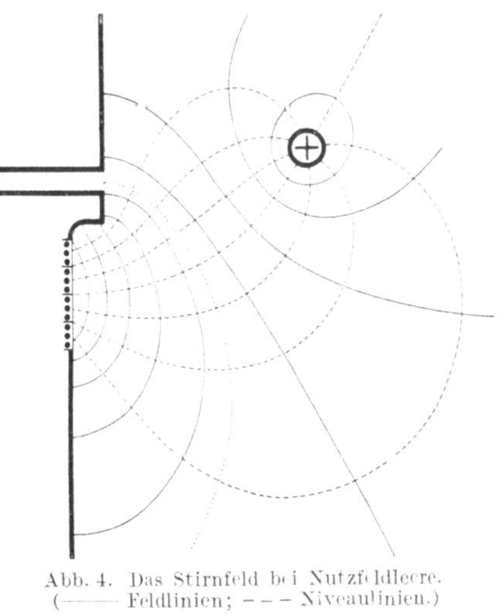

Abb. 4. Das Stirnfeld bei Nutzfeldleere.
(——— Feldlinien; – – – Niveaulinien.)

stantem Luftspalt alle Feldlinien radial durch den Luftspalt. Für dieses Feld läßt sich leicht die Trennung in Nutzfeld und Spaltstreufeld durchführen. Wir lösen es hierzu auf in eine unendliche Reihe von reinen Kreisdrehfeldern und erhalten zunächst das Drehfeld der Grundwelle mit der Periode der doppelten Polteilung und der Umlaufgeschwindigkeit v_1 und dann noch die Drehfelder der Oberwellen, die sich im Hinblick auf ihre Umlaufgeschwindigkeit in zwei Gruppen zusammenfassen lassen. Für die einen ist die Umlaufgeschwindigkeit $v_\nu = \dfrac{v_1}{\nu}$, wobei ν die Ordnungszahl der Oberwelle bezeichnet. Alle anderen Drehfelder, deren Umlaufgeschwindigkeit dieser Bedingung nicht genügt, bilden die zweite Gruppe. Das Feld der ersteren induziert in der Ankerwicklung eine EMK von der Frequenz der Grundwelle und der zeitliche Mittelwert der Verkettung dieses Feldes mit der Feldmagnetwicklung ist Null infolge der relativen Bewegung der betrachteten Drehfelder gegenüber dem Feldmagneten. Sie alle sind daher Streufelder und werden in ihrer Gesamtheit als Spaltstreufeld bezeichnet[1]. Die Drehfelder der übrigen Oberwellen erzeugen die Oberwellen in der EMK des Nutzfeldes, das Drehfeld der Grundwelle dessen Grundwelle.

Die EMK des Nutzfeldes. Nachdem wir das Nutzfeld beschrieben haben, können wir daran gehen, die EMK E_r, das ist die Grundwelle der von dem Nutzfeld in einem Ständerstrang induzierten Spannung zu bestimmen. Zur Messung der EMK E_r verwenden wir eine Probespule, die im Luftspalt der Maschine liegt und gegenüber dem Ständer ruht. In ihrer einfachsten Form ist die Probespule eine rechteckförmige Spule, deren Weite etwa gleich der Polteilung ist und deren axiale Spulenseiten kleiner als die axiale Eisenlänge der Maschine sind, so daß die Querverbindungen der Probespule parallel zur Stirnwand aber ganz im Luftspalt verlaufen. Die in der Probespule induzierte EMK E_p kann zur Beurteilung der EMK E_r herangezogen werden, sobald sie nur von dem Nutzfeld herrührt und frei von Oberwellen ist. Beide Forderungen lassen sich, wie wir sehen werden, auf einfache Weise weitgehend erfüllen.

Die induktive Beeinflussung der Probespule durch das Stirnfeld und das Zahnkopfstreufeld vermeiden wir dadurch, daß wir die Probespule außerhalb dieser Felder legen; die induktive Beeinflussung durch das Spaltstreufeld, indem wir für die Probespule eine Wicklung wählen, deren Wicklungsfaktor für das Spaltstreufeld praktisch null ist.

Das Stirnstreufeld scheiden wir durch die axiale Verkürzung der Leiter gegenüber der Eisenlänge aus. Das Zahnkopfstreufeld meiden die Leiter der Probespule, wenn sie, wie aus unseren früheren Betrachtungen hervorgeht, an der Polschuhoberfläche liegen. Dies läßt sich in der praktischen Ausführung sehr leicht erreichen. Man wickelt dazu die Probespule aus dünnem isoliertem Draht auf eine biegsame Unterlage (etwa Zeichenpapier) und leimt die Drähte darauf fest (sehr gut bewährt hat sich dafür der nicht spröde werdende und gut isolierende Framkapsellack). Diese Probespule legt man so in den Luftspalt der Maschine, daß die bewickelte Seite dem Ankermantel zugewendet ist. Aus dem Bestreben heraus eben zu bleiben, liegt die Spule nur mit den beiden Endkanten auf dem Ankermantel (Abb. 5) und schmiegt sich im übrigen möglichst an den Polschuh an. Wir können daher die oben aufgestellte Forderung als genügend genau erfüllt betrachten, die die notwendige Voraussetzung dafür ist, daß das an sich kleine Zahnkopfstreufeld in der Probespule keine EMK induziert. In den meisten

---

[1] Eine eingehende Behandlung des Spaltstreufeldes und des Zahnkopfstreufeldes beabsichtigt der Verfasser demnächst in der ETZ zu veröffentlichen.

Fällen erübrigt es sich, die Probespule besonders zu befestigen, da sie sich beim Drehen nur so lange mitbewegt, bis sich die vorauseilende Kante an einem Nutenschlitz aufstützt (s. Abb. 5). In dieser Lage ist ein „Fangen" am Polschuh unmöglich. Die Wicklung der Probespule liegt vollkommen frei vor Druck und Reibung geschützt.

Wie wir die induktive Beeinflussung der Probespule durch das Spaltstreufeld vermeiden können, erkennen wir leicht, wenn wir uns die Struktur des Spaltstreufeldes noch einmal ins Gedächtnis zurückrufen. Das Spaltstreufeld umfaßt die Drehfelder der Oberwellen mit der Ordnungszahl v, deren Umlaufgeschwindigkeit $1/v$ der Umlaufgeschwindigkeit der Grundwelle ist. Keines dieser Oberwellendrehfelder wird in der Probespule eine EMK induzieren, wenn der Wicklungsfaktor der Probespule für die zu-

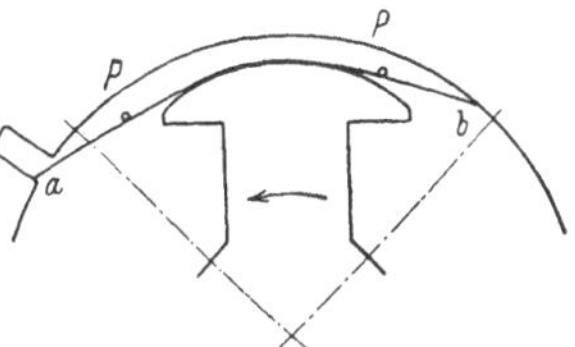

Abb. 5. Das Selbsthaften der Probespule (P, P) zur Untersuchung des Nutzfeldes.

gehörige Oberwelle Null ist. Wir würden daher die in der Probespule induzierte EMK E_P vollständig von der EMK des Spaltstreufeldes freihalten, wenn wir für die Probespule die Wicklungsfaktoren aller Oberwellen Null machten. Dies ist praktisch jedoch nur für eine kleine Anzahl Oberwellen durchführbar, wie wir aus folgender Betrachtung der Wicklungsfaktoren erkennen. Setzen wir die Probespule aus S gleichachsigen Spulen zusammen, so ist der Wicklungsfaktor der v-ten Oberwelle [L 16 Seite 119]

$$\xi_v = \frac{1}{S} \sum_{n=1}^{n=S} \sin v \, \frac{\pi}{2} \cdot \sin v \, \frac{W_n}{\tau} \, \frac{\pi}{2}, \tag{1}$$

worin W_n die Spulenweite der n-ten Spule und τ die Polteilung bezeichnet. Um für h Oberwellen den Wicklungsfaktor zu Null zu machen, müssen wir eine Probespule mit $S = h$ Spulen verschiedener Weite verwenden. Die Spulenweiten ergeben sich aus dem simultanen transzendenten Gleichungssystem für die h Wicklungsfaktoren ξ_v. Die Lösung dieses Gleichungssystemes wird besonders für große

Zahlentafel 1. Wicklungsfaktoren der Vierlochprobespule, deren vier gleichachsige Spulen die Spulenweiten haben: 0,333 τ, 0,767 τ, 1,078 τ und 1,423 τ.

v	ξ_v	v	ξ_v
1	0,803	11	— 0,164
3	0,00479	13	— 0,040
5	0,0189	15	0,354
7	— 0,0652	17	0,322
9	— 0,121	19	— 0,157

Werte von h sehr umständlich und schwierig. Für die praktische Messung genügt eine Probespule, die für die Oberwellen mäßig hoher Ordnungszahl sehr kleine Wicklungsfaktoren ergibt. Besonders günstige Verhältnisse erhalten wir für eine Probespule mit $S = 4$ gleichachsigen

Spulen, deren Spulenweiten 0,333 τ, 0,767 τ, 1,078 τ und 1,423 τ betragen [L 18]. In Zahlentafel 1 sind die Wicklungsfaktoren dieser Probespule für die Oberwellen ungerader Ordnungszahl bis zur 19ten angegeben.

Durch die Anwendung dieser Probespule erreichen wir neben der Ausscheidung der EMK des Spaltstreufeldes noch gleichzeitig eine weitgehende Reinigung der in der Probespule induzierten EMK E_P von Oberwellen. Dieser zweiten Forderung, nur die Grundwelle der EMK E_P zur Beurteilung der EMK E_r heranzuziehen, ist gerade in den zu untersuchenden Betriebszuständen besondere Beachtung zu schenken, da die Oberwellen um so stärker hervortreten, je kleiner die Grundwelle ist. Dies geht deutlich aus Abb. 6 hervor, welche die in einer Probespule mit der Spulenweite gleich der Polteilung induzierte EMK E_P bei Kurzschluß zeigt. Zum besseren Erkennen der Periode ist der nahezu sinusförmige Ankerstrom J angegeben.

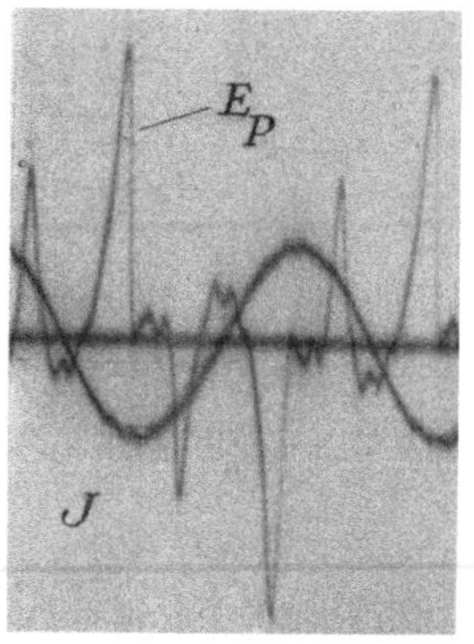

Abb. 6. Strangstrom J und EMK E_P bei Kurzschluß der Maschine, aufgenommen mit einer Probespule, deren Spulenweite gleich der Polteilung ist.

Beobachten wir zur Beurteilung der Grundwelle der EMK E_P den Strom J_P im Meßkreis, so gewinnen wir weitere Möglichkeiten, um allein die Grundwelle in Betracht zu ziehen. Durch Einschalten einer Drossel-

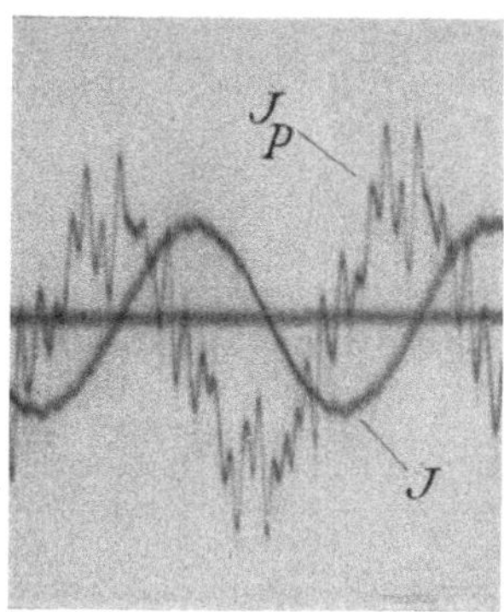

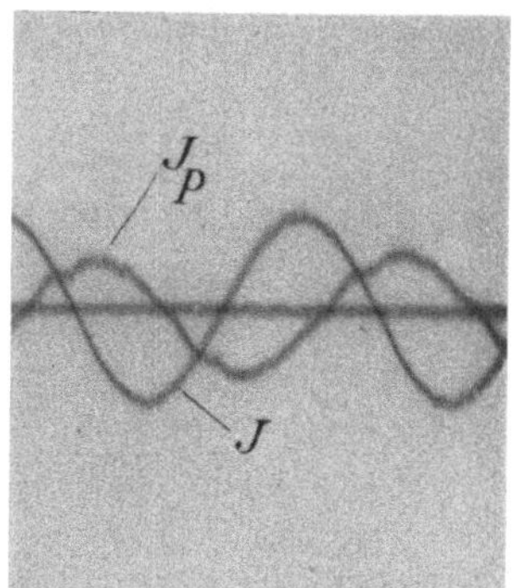

Abb. 7.   Abb. 8.
Strom J im Anker und J_P in der Vierlochprobespule bei
induktionsfreiem   stark induktivem
Widerstand des Meßstromkreises, aufgenommen bei Kurzschluß der Maschine.

spule in den Meßkreis läßt sich der Strom J_P weitgehend von Oberwellen reinigen. Was wir hierdurch in Verbindung mit der zuvor beschriebenen Probespule erreichen können, geht aus den Oszillogrammen der Abb. 7 und 8 hervor, die an der gleichen Maschine aufgenommen wurden wie das der Abb. 6. Sie zeigen für die kurzgeschlossene Maschine den nahezu sinusförmigen Ankerstrom J und den Strom J_p im Meßstromkreis bei Anwendung der zuvor beschriebenen Vierlochprobespule und verschiedener Blindwiderstände. Bei induktionsfreiem Widerstand des Meßkreises ergab sich der Strom der Abb. 7; dagegen bei einem Scheinwiderstand des Meßkreises, dessen Blindwiderstand für die Grundwelle etwa gleich dem Wirkwiderstand war, der Strom der Abb. 8. Hieraus geht hervor, daß es mit den angegebenen Hilfsmitteln leicht möglich ist, eine der EMK E_r im Ständerstrang proportionale Größe, den Strom J_p im Meßstromkreis, zu gewinnen. Den Strom J_p mißt man mit einem empfindlichen Stromzeiger, etwa einem Thermoelement, und berechnet mit Hilfe des bekannten Scheinwiderstandes des Meßstromkreises die in der Probespule induzierte EMK E_{P_1}.

Die Reinigung des Stromes im Meßstromkreis durch eine Drosselspule hat allerdings den Nachteil, daß man auch den Strom der Grundwelle verringert. Dies macht sich bei der Messung besonders dann geltend, wenn man den Strom im Meßkreis mit einem thermischen Stromzeiger bestimmt und wird sehr störend empfunden, wenn man den Ausschlag des Stromzeigers zur Abgleichung auf den Wert Null verwendet, wie es zur Untersuchung der Maschine im Betriebszustand der Nutzfeldleere erforderlich ist. Hier kann man sich durch einen Kunstgriff helfen und die Messung selbst bei beträchtlichen Oberwellen hinreichend genau vornehmen, indem man einen Leistungszeiger verwendet, dessen Stromspule vom Ankerstrom gespeist wird. Da der Ankerstrom nur wenig von der Sinusform abweicht (s. Abb. 7), so bilden die durch die Oberwellen in der Spannungsspule des Leistungszeigers hervorgerufenen Ströme nur ein ganz schwaches Drehmoment. Allerdings ist bei diesem Verfahren zur Beurteilung der Größe von E_{P_1} eine Messung mit dem Leistungszeiger nicht ausreichend, da dessen Angabe von dem Phasenwinkel zwischen dem Ankerstrom und dem Strom im Meßkreis abhängt. Am zuverlässigsten ist es, die Abgleichung nacheinander mit den Strömen aller drei Stränge durchzuführen.

Es ist noch darauf hinzuweisen, daß bei Maschinen mit Bruchlochwicklungen die Beiträge zur induzierten EMK E_r in den einzelnen Spulengruppen eines Stranges verschieden sind, da sowohl ihre Wicklungsfaktoren der Grundwelle als auch ihre Spulenzahlen sich von einander unterscheiden. Diese Ungleichheit können wir auf folgende Weise berücksichtigen. Man wickelt für jede Spulengruppe eine eigene Vierlochprobespule, wählt aber die Windungszahlen der verschiedenen Probespulen so, daß sie sich verhalten wie die Windungszahlen der entsprechenden Spulengruppen und trägt der Verschiedenartigkeit der Wicklungsfaktoren der einzelnen Hauptstromspulengruppen für die

Grundwelle durch verschiedene axiale Seitenlängen der Probespulen Rechnung. Die Wicklungsachsen einander zugeordneter Hauptstromspulen und Probespulen müssen genau übereinstimmen, worauf beim Einlegen der Probespulen in den Luftspalt zu achten ist. Wenn die Anordnung der Wicklung sich am Ankerumfang periodisch wiederholt, so genügt die Nachbildung einer Periode der Wicklung auf die eben beschriebene Weise.

Untersuchung des Verlustscheinwiderstandes im Kurzschluß. Der Vorgang der Messung gestaltet sich sehr einfach: Wir schließen die Maschine an den Klemmen kurz, treiben sie mit der Betriebsfrequenz an und erregen sie so weit, bis der Strom J in der Maschine fließt. Alsdann messen wir an der zuvor in den Luftspalt der Maschine eingelegten Probespule die EMK E_{P_1}. Zwischen der an der Probespule gemessenen EMK E_{P_1} und der in einem Ständerstrang induzierten EMK E_r besteht folgende Beziehung:

$$E_r = \frac{w}{w_P} \cdot \frac{\xi_1}{\xi_{P_1}} \cdot \frac{l}{l_P} E_{P_1}. \tag{2}$$

Hierin bezeichnet w die gesamte in einem Ständerstrang in Reihe geschaltete Windungszahl, ξ_1 den Wicklungsfaktor des Ständerstranges für die Grundwelle, l die für das Nutzfeld bei Kurzschluß maßgebende Ankerlänge und entsprechend w_P die gesamte in Reihe geschaltete Windungszahl der Probespule (oder aller etwa in Reihe geschalteter Probespulen), ξ_{P_1} den Wicklungsfaktor der Probespule für die Grundwelle und l_P die axiale Länge der Probespule.

Alle in Gl. (2) auftretenden Größen sind bekannt bis auf die für das Nutzfeld bei Kurzschluß der Maschine maßgebende Ankerlänge l. Sie hat die Induktionsverteilung des Nutzfeldes in axialer Richtung sowohl im Luftspalt als auch in den Stirnräumen zu berücksichtigen. Wählen wir die axiale Länge l_P der Probespule so, daß sie bei Maschinen mit radialen Lüftungskanälen ein ganzes Vielfaches der Paketteilung (Paketstärke plus Lüftungsschlitzbreite) ist, so erhalten wir den Beitrag des Nutzfeldes im Luftspalt zur EMK E_r, wenn wir in Gl. (2) für l die axiale Länge des Luftspaltes einsetzen. Den Beitrag des Nutzfeldes in den Stirnräumen berücksichtigen wir durch einen Zuschlag zur axialen Luftspaltlänge. Hier sind wir auf Schätzung angewiesen. Es läßt sich jedoch leicht überblicken, daß wir keinen großen Fehler begehen, wenn wir bei Maschinen, deren Ständerstirnflächen gegenüber den Läuferstirnflächen axial überstehen, für l die axiale Länge des Ankers einschließlich Lüftungsschlitzen einsetzen. Ragen dagegen die Läuferstirnflächen über die Ständerstirnflächen, so schätzen wir l gleich der axialen Länge des Poles einschließlich Lüftungsschlitzen. Alsdann dürften wir etwa den richtigen Wert getroffen haben, während wir bei Maschinen, deren Stirnflächen in einer Ebene liegen, etwas zu klein rechnen.

Aus der EMK E_r und dem Strangstrom J erhalten wir den Verlustscheinwiderstand Z. Um ihn in den Wirkwiderstand R und den Blindwiderstand X zu zerlegen, müssen wir die Wirk- und Blindkomponente der EMK E_r bestimmen. Diese Trennung ist mit Hilfe unserer Probespule möglich. Zur Bestimmung der Wirkkomponente legen wir die Probespule nicht mehr an eine beliebige Stelle des Ankerumfanges, sondern ordnen sie so im Luftspalt an, daß ihre Wicklungsachse mit der Wicklungsachse einer der Spulengruppen des untersuchten Ständerstranges zusammenfällt. Alsdann bestimmen wir mit Hilfe eines Leistungszeigers die Wirkkomponente der in der Probespule induzierten EMK E_{P_1}, indem wir die Stromspule des Leistungszeigers mit dem Strom J des untersuchten Stranges speisen und die Spannungsspule des Leistungszeigers an die Probespule legen. Hierbei ist darauf zu achten, daß der Stromkreis der Probespule induktionsfrei ist. Zur Bestimmung der Blindkomponente der EMK E_{P_1} ist die Probespule am Ankerumfang um $\tau/2$ zu verschieben. Bei Bruchlochwicklungen ist dies allerdings nicht möglich, da infolge der Verschiedenartigkeit der Windungszahlen der einzelnen Spulengruppen eines Stranges die Probespule an die zuerst angegebene Lage gegenüber der Hauptstromspule gebunden ist. Die hier beschriebene Bestimmung der Komponenten des Verlustscheinwiderstandes ist von der relativen Lage der Probespule zur Hauptstromspule abhängig, was besonders bei der Bestimmung der kleineren Komponente leicht zu großen Fehlern führen kann.

Untersuchung des Verlustscheinwiderstandes bei Nutzfeldleere. Um den Verlustscheinwiderstand bei Nutzfeldleere zu bestimmen, müssen wir zunächst die Maschine in diesen Betriebszustand versetzen. Im folgenden werden wir untersuchen, unter welchen Voraussetzungen es möglich ist, diesen Betriebszustand der Maschine aufzuzwingen.

Bedingungen für das Verschwinden des Nutzfeldes. Aus unseren früheren Betrachtungen über das Nutzfeld geht hervor, daß im Augenblick des Verschwindens das Nutzfeld sich nur im Luftspalt ausbildet. Wir können uns daher im folgenden auf die Betrachtung des Luftspaltfeldes beschränken. Dieses setzt sich zusammen aus dem Längsfeld und dem Querfeld, von denen das erstere von der Längsdurchflutung der Maschine erregt wird, das letztere von der Querdurchflutung. Um die Bedingungen für das Verschwinden des Nutzfeldes zu finden, genügt es, die Bedingungen für das Verschwinden der Längs- und Querdurchflutung zu bestimmen.

Bezeichnen wir die Ankerdurchflutung mit Θ_A und den Phasenwinkel zwischen dem Maximum des Strombelags und der Polschuhmitte mit ψ, so ist die Querdurchflutung

$$\Theta_q = \Theta_A \cos \psi . \tag{3}$$

Die Querdurchflutung wird Null für $\psi = \pi/2$. Bedeutet andererseits Θ die Durchflutung des Polrades je Polpaar, so ist mit dem bekannten Zahlenfaktor k_l [L 16 Bd. 2] die Längsdurchflutung

$$\Theta_l = \Theta - k_l \Theta_A \sin \psi \, . \tag{4}$$

Damit die Längsdurchflutung im Falle $\psi = \pi/2$ Null wird, muß die Polraderregung

$$\Theta = k_l \Theta_A \tag{5}$$

sein. Da Θ_A dem Ankerstrom J proportional ist, und dieser in dem gewünschten Betriebszustand der Nutzfeldleere gleich ist U/Z, so ist die hierfür notwendige Polraderregung

$$\Theta = k_l \frac{\Theta_A}{J} \frac{U}{Z} = \text{const} \cdot \frac{U}{Z} \, . \tag{6}$$

Hieraus erkennen wir, daß die EMK E_r bei festgehaltener Klemmenspannung nur dann verschwindet, wenn der Phasenwinkel $\psi = \pi/2$ ist, und die Polraderregung gleich ist der durch Gl. (6) bestimmten Durchflutung Θ.

Um die Synchronmaschine in den gewünschten Betriebszustand der Nutzfeldleere versetzen zu können, muß daher unsere Versuchsanordnung erlauben, die Erregung Θ des Polrades und den Phasenwinkel ψ zu ändern. Außerdem müssen wir beachten, daß in dem gewünschten Betriebszustand der Nutzfeldleere voraussetzungsgemäß kein Nutzfeld vorhanden ist, so daß die Maschine außerstande ist, sich selbst in synchronem Lauf zu erhalten. Man muß daher den synchronen Lauf er-

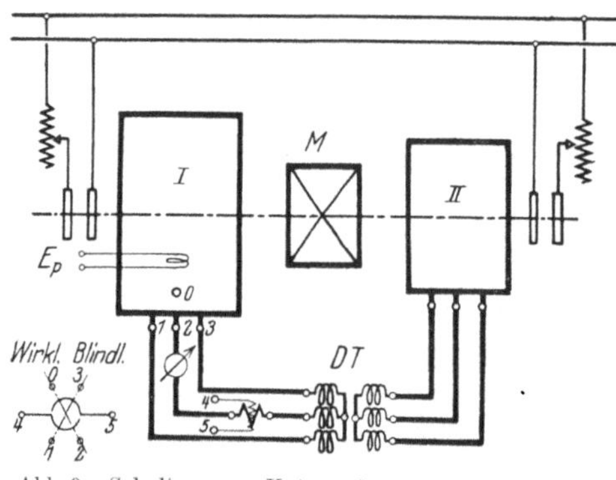

Abb. 9. Schaltung zur Untersuchung der Maschine I bei Nutzfeldleere.

zwingen. Dies läßt sich erreichen entweder durch Antrieb der zu untersuchenden Maschine mit einer zweiten Synchronmaschine gleicher Polzahl, die vom gleichen Netz gespeist wird, oder durch Zusammenstellen eines Maschinensatzes nach Abb. 9. Hier wird die zu untersuchende Maschine I gemeinsam mit der Synchronmaschine II gleicher Polzahl von dem Motor M angetrieben und die Klemmenspannung der Maschine II als Netzspannung verwendet. Diese Anordnung bietet den Vorteil, daß man die Klemmenspannung leicht regeln kann. Zur Regelung des Phasenwinkels ψ wird in beiden Fällen die zu untersuchende

Synchronmaschine I über einen Drehtransformator DT an das Netz gelegt.

Die Messung. Zunächst besteht unsere Aufgabe darin, die EMK E_r zum Verschwinden zu bringen. Zur Beurteilung der EMK E_r legen wir die zuvor beschriebene Probespule in den Luftspalt der Maschine und beobachten die Grundwelle E_{P_1} der in ihr induzierten EMK E_P. Zur möglichst schnellen Abgleichung auf $E_{P1} \sim E_r = 0$ geht man folgendermaßen vor. Man wählt die Klemmenspannung U etwa in der Höhe des bei Nennstrom zu erwartenden Spannungsverlustes JZ, stellt U mit der Erregung der Maschine II ein (s. Abb. 9) und hält letztere während der weiteren Abgleichung konstant. Die Erregung Θ der Maschine I stellt man nun so ein, daß die EMK E_{P_1} ein Minimum wird. Von dieser Erregung ausgehend, erreicht man eine weitere Verkleinerung von E_P durch Verdrehen des Drehtransformators. Auch hier stellt man so ein, daß E_{P_1} ein Minimum wird. Darauf hält man wieder die Stellung des Drehtransformators fest und verkleinert E_{P_1} weiter durch Ändern der Erregung Θ. Durch abwechselndes Verändern der Stellung des Drehtransformators und der Größe der Erregung Θ erhält man schließlich den gewünschten Betriebszustand der Nutzfeldleere.

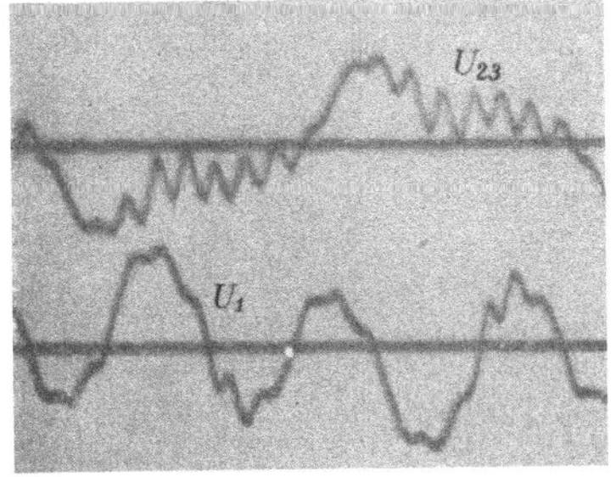

Abb. 10. Strangspannung U_1 und verkettete Spannung U_{23} bei Nutzfeldleere.

Nachdem der Betriebszustand $E_r = 0$ eingestellt ist, ist die der untersuchten Maschine I zugeführte Wirk- und Blindleistung zu messen. Abb. 10 zeigt das Oszillogramm der Strangspannung und der verketteten Spannung der fremden Stränge, das an der gleichen Maschine aufgenommen ist wie die Oszillogramme der Abb. 6 bis 8. Die Oberwellen sind in beiden Spannungen sehr stark ausgeprägt. Es ist daher nicht angängig, die Blindleistung etwa aus dem Produkt der Effektivwerte des Stromes und der Strangspannung zu berechnen, indem man von dem Quadrat dieser Scheinleistung das Quadrat der gemessenen Wirkleistung abzieht und aus der Differenz die Wurzel nimmt. Zur Bestimmung der Blindleistung verwendet man hier am besten einen Leistungszeiger und zieht auch hier wieder Nutzen aus seiner hohen Siebwirkung für Oberwellen bei Speisung des einen Spulensystems mit praktisch sinusförmigem Strom, wie es der Ankerstrom der Maschine ist. Dazu legt man an die Spannungsspule des Leistungszeigers die verkettete Spannung U_{23} (Abb. 11) der beiden dem zur Speisung verwendeten Strangstrom J_1 fremden Stränge. $\overset{\circ}{U}_{23}$ ist gegenüber der Strangspannung $\overset{\circ}{U}_1$ um $\pi/2$ phasenverschoben. Die am Leistungszeiger abgelesene fiktive Leistung ist das $\sqrt{3}$-fache der gesuchten Blindleistung J^2X. Stillschweigende Voraussetzung dabei ist natürlich, daß die Unsymmetrien der einzelnen Strangströme und Spannungen in mäßigen Grenzen bleiben. Die Einschaltung einer Drosselspule in den Ankerstromkreis erleichtert die genaue Einstellung der Strangströme auf den gleichen Wert, da hierdurch bei Sternschaltung ohne Nulleiter etwa vorhandene Unsymmetrien in den Verlustscheinwiderständen nicht noch vergrößert in den Spannungen auftreten. Für jeden Strang berechnen wir aus der zugeführten Wirk- und Blindleistung mit dem zugehörigen Strangstrom den Wirk- und Blindwiderstand.

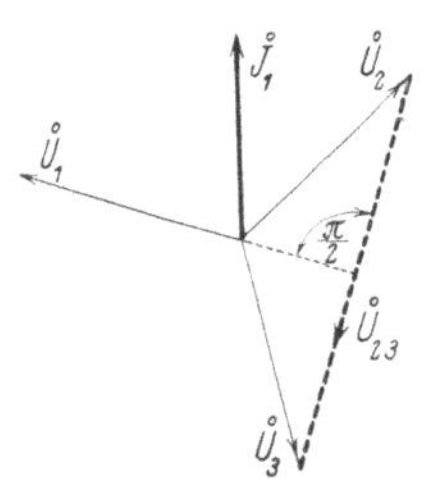

Abb. 11. Spannungsdiagramm zur Erläuterung der Blindleistungsmessung.

Vergleich der beiden Verfahren. Ausgehend von dem Diagramm der Synchronmaschine müssen unsere beiden Verfahren zur Messung des Verlustscheinwiderstandes zu den gleichen Ergebnissen führen. In den praktischen Meßergebnissen finden wir das auch bestätigt, jedoch werden wir im folgenden erkennen, daß beide streng genommen nicht gleichwertig sind.

Die Schwierigkeit der Aufgabe liegt bei der Synchronmaschine schon in der Definition der Streuung. Das Nächstliegende wäre hier, ebenso wie bei anderen Maschinen, den Teil des fiktiven Ständerfeldes als Nutzfeld zu bezeichnen, der mit der Läuferwicklung verkettet ist und den Rest als Streufeld. Hierbei ergäbe sich jedoch bei der Synchronmaschine eine mit dem Winkel ψ — d. i. der Winkel zwischen dem Ankerstrom und der EMK des fiktiven Läuferfeldes (s. S. 9) — stark veränderliche Streuung. Dies erkennt man sofort, wenn man für irgendeinen Belastungsfall das fiktive Ständerfeld in seine Komponenten bezüglich der Achse der Läuferwicklung zerlegt. Wir erhalten das fiktive Ständerlängs- und Querfeld. Von dem Längsfeld können wir ganz eindeutig einen Feldteil abspalten, der mit der Ständer- und Läuferwicklung verkettet ist. Das Querfeld dagegen müßten wir in seiner Gesamtheit als Streufeld bezeichnen, da aus Symmetriegründen die Verkettung des Querfeldes mit der Läuferwicklung Null ist. In dieser Form ist die Lösung für den praktischen Maschinenbau unbrauchbar, da alsdann die Streuung eine von dem Winkel ψ abhängige Größe wäre, deren funktionaler Zusammenhang infolge der Sättigungserscheinungen nicht durch eine einfache Beziehung darzustellen wäre.

Wir kommen erst zu einer brauchbaren Lösung, wenn wir den kleinsten Wert dieser veränderlichen Streuung als Streuung der Synchronmaschine definieren. Dieser Wert wird stets dann auftreten, wenn in dem betrachteten Betriebszustand kein Querfeld vorhanden ist. Der übrige veränderliche Feldanteil zählt zur Ankerrückwirkung der Syn-

chronmaschine. Aus der so gewonnenen Definition der Streuung geht
hervor, daß wir die Streuung immer nur in einem solchen Betriebszustand der Maschine werden eindeutig bestimmen können, bei dem
kein Querfeld vorhanden ist, d. h. bei dem die Wicklungsachse des Läufers mit der Achse des resultierenden Feldes zusammenfällt; denn nur in
diesem Falle sind die Grenzen des als Nutzfeld anzusprechenden Feldanteiles eindeutig durch die Läuferwicklung und die Ständerwicklung festgelegt. Diese Bedingung ist bei der Untersuchung des Verlustscheinwiderstandes ausgehend von der Nutzfeldleere erfüllt, dagegen nicht bei der
Untersuchung im Kurzschluß. Die Bedingung ist im Kurzschluß erst
dann erfüllt, wenn wir den Wirkwiderstand gegenüber dem gesamten
Blindwiderstand des Ständers vernachlässigen dürfen. In fast allen praktischen Fällen wird man diese Vernachlässigung als zulässig betrachten
können. Aber selbst unter dieser Annahme bleibt bei der Messung der
Streuung im Kurzschluß noch immer die Unsicherheit bezüglich der
Grenze des Nutzfeldes im Stirnraum bestehen, die in der Schätzung der
Ankerlänge l zum Ausdruck kommt (s. S. 8).

Auch die Messung des Wirkwiderstandes ist nur bei Nutzfeldleere
einwandfrei. Hier stellt die aus dem Netz entnommene Wirkleistung
vollständig die in der Wicklung in Wärme umgesetzte Leistung dar.
Bei Kurzschluß dagegen umfaßt die durch das Nutzfeld vom Läufer
auf den Ständer übertragene Leistung auch die im Ständer auftretenden
Eisenverluste von Betriebsfrequenz.

Die Auswirkungen dieser beiden Mängel, die dem Verfahren im
Kurzschluß anhaften, können wir praktisch vernachlassigen. Um so
mehr rechtfertigt die Einfachheit der Versuchsanordnung die vorzugs-
weise Anwendung des Kurzschlußverfahrens.

2. Unmittelbare Messung der Stirnstreuung an ausgeführten Maschinen.

Das Stirnfeld bei Nutzfeldleere in der Spulengruppe. Im folgenden
soll gezeigt werden, wie man die Stirnstreuung für sich allein an ausgeführten Maschinen unmittelbar messen kann. Aus unseren Betrachtungen über das Stirnfeld auf Seite 2 geht hervor, daß wir für
eine Spulengruppe in den Stirnräumen offenbar nur das Stirnstreufeld
erhalten, wenn das Nutzfeld durch die betrachtete Spulengruppe verschwindet, oder mit andern Worten, wenn in dieser Spulengruppe der
Beitrag zur induzierten EMK E_r Null ist. Zur Untersuchung des Stirnstreufeldes muß die Maschine in einen ganz ähnlichen Betriebszustand
versetzt werden, wie bei dem zuvor betrachteten Verfahren der Nutzfeldleere, zur Messung der gesamten Streuung. Der Unterschied besteht
darin, daß wir bei dem zuvor betrachteten Verfahren die EMK E_r
eines Stranges zum Verschwinden brachten, während wir jetzt den

Beitrag zur EMK E_r, der in der betrachteten Spulengruppe induziert wird, auf Null bringen. Im ersten Fall sprechen wir von einer „Nutzfeldleere im Strang", im zweiten Fall von einer „Nutzfeldleere in der Spulengruppe". Die beiden Betriebszustände werden übereinstimmen, wenn alle Spulengruppen in dem betrachteten Strang gleich sind. Dies ist strenggenommen nur bei Wicklungen mit Spulengruppen gleicher Form und bei Dreietagen-Ganzlochwicklungen mit gleichmäßig am Ankerumfang verteilten Wicklungsköpfen der Fall. Vernachlässigen wir bei Ganzlochwicklungen den geringen Einfluß der Spulenkopfform auf die Ausbildung des Nutzfeldes, so haben wir den Unterschied nur bei Bruchlochwicklungen zu beachten.

Probespulen zur Messung der Stirnstreuung. Unsere Aufgabe besteht nun noch darin, die induktive Wirkung des Stirnfeldes auf die Spulengruppe zu bestimmen. Zu dem Zweck bilden wir den Wicklungskopf der Spulengruppe durch eine Probespule nach, die sich parallel zum Luftspalt in der Ständerstirnwand schließt. In dieser Probespule messen wir die EMK der Stirnstreuung. Eine solche Nachbildung des Wicklungskopfes wäre nur dann vollkommen richtig möglich, wenn wir die Probespule in den Wicklungskopf mit der gleichen Verteilung der Leiter, wie sie die Hauptstromspule zeigt, einwickeln könnten. Dies läßt sich bei fertigen Maschinen nur noch annähernd erreichen. Läßt man die einzelnen Leiter der Probespule den Spulen der einzelnen Spulengruppen folgen, ohne Rücksicht auf die Verteilung der Stromleiter in den Spulenquerschnitten, so erhält man eine recht gute Annäherung, wenn die Ausladung der Spulenköpfe nicht gar zu klein ist.

Eine weit bessere Annäherung ergibt sich, wenn man jeden einzelnen, dem Wicklungskopf folgenden Leiter der Probespule in Windungen um das Leiterbündel der Hauptstromspule führt, so daß dieser zu einer Windung der Probespule gehörige Teil der Probespule ein Solenoid bildet. Man mißt mit einer solchen Probespule die induzierende Wirkung des Stirnfeldes auf einen Wicklungskopf, bei dem alle Leiter nur auf der Oberfläche des Wicklungskopfes lägen und muß die innere Induktivität getrennt berechnen. Es ist jedoch darauf hinzuweisen, daß Unsymmetrien im Stirnfeld, die eine für den gesamten Wicklungskopf tangentiale Feldkomponente hervorrufen, große Meßfehler verursachen können, da gerade für sie die Windungszahl des Solenoids in Frage kommt, die ein Vielfaches der für die Stirnstreuung maßgebenden Windungszahl ist. Man kann diese Fehlerquelle leicht beheben, indem man zu jeder Windung mit rechtsgängigem Solenoid eine ebenso verteilte mit linksgängigem Solenoid hinzufügt und beide in Reihe schaltet. Abb. 55, S. 82, zeigt eine Synchronmaschine mit einer Bruchlochwicklung, deren Spulenköpfe in zwei Etagen angeordnet sind. Sowohl ein gerader als ein abgebogener Wicklungskopf ist mit einer solchen

„Doppelsolenoid-Probespule" (*a*) versehen. Außerdem ist auf den gleichen Wicklungsköpfen noch die zuerst angegebene „einfache Probespule" (*b*) angeordnet und deutlich als helle Linie zu erkennen.

Die bei der Anwendung der Doppelsolenoid-Probespule nicht mitgemessene innere Streuung bezieht sich nur auf die aus je einer Nut austretenden Leiterbündel und kann daher wie die Nutenstreuung berechnet werden. Für einen Strang erhalten wir den Blindwiderstand der inneren Streuung nach [L 16 Gl. 376] zu

$$X_J = 0{,}158 \frac{f}{100} \left(\frac{w}{100}\right)^2 \frac{l_S}{p} \frac{\lambda_J}{q} \, \text{Ohm} \, . \tag{7}$$

Hierin bezeichnet f die Frequenz in sek^{-1}, w die gesamte im Strang in Reihe geschaltete Windungszahl, l_S die mittlere Windungslänge der Spulenköpfe in cm und λ_J die Leitwertszahl der inneren Streuung. Unter der Annahme kreisförmigen Querschnitts der Spulenseite erhält man für die Leitwertszahl [L 10]

$$\lambda_J = \frac{1}{8\pi} = 0{,}0398 \, . \tag{8}$$

II. Experimentelle Untersuchung der Stirnstreuung an einem Modell[1].

3. Die Stirnfeldmaschine und ihre Streuung.

Im vorausgegangenen haben wir die Aufgabe gelöst, für ausgeführte Maschinen den Wirkwiderstand, den Blindwiderstand der Streuung und insbesondere den Blindwiderstand der Stirnstreuung experimentell zu bestimmen. Im folgenden soll die Vorausberechnung der Streuung behandelt werden. Während die Nuten-, Spalt- und Zahnkopfstreuung der Rechnung leicht zugänglich sind, bieten sich der rechnerischen Behandlung der Stirnstreuung große Schwierigkeiten. Sie sollen auf experimentellem Wege gelöst werden.

Um die Stirnstreuung schärfer zu erfassen, scheiden wir alle das Wesen der Stirnstreuung nicht beeinflussenden Teile der Maschine aus, betrachten also eine idealisierte Maschine, die ausschließlich Stirnfelder besitzt. Dies erreichen wir durch unbegrenzte Verkürzung der axialen Ausdehnung des Ankers bis lediglich eine Eisenschicht und zu beiden Seiten die Wicklungsköpfe übrig bleiben. Das Eisen soll sich dabei magnetisch ebenso verhalten, als gehöre es einer axial ausgedehnten Maschine an. Mit der Ankerlänge verschwindet der

---

[1] Dieser Teil der Arbeit konnte aus Raummangel nur auszugsweise wiedergegeben werden. Die dabei unterdrückten Abschnitte sind in einem Ergänzungsband zusammengestellt, dessen Inhaltsverzeichnis auf S. 65 Aufschluß über den Umfang der bearbeiteten Einzelfragen gibt.

Nutenstreufluß, der Spaltstreufluß und der Zahnkopfstreufluß. Die idealisierte Maschine hat demnach als einzige Streuung die Stirnstreuung und heiße kurz „Stirnfeldmaschine".

Da die Permeabilität des Eisens im wesentlichen durch das bei der Stirnfeldmaschine ausgeschiedene Hauptfeld bestimmt wird, und das Stirnfeld als Zusatzbelastung nur einen verschwindenden Einfluß auf das magnetische Verhalten des Eisens hat, nehmen wir die Permeabilität des Eisens als unabhängig von dem Stirnfeld an. Unter dieser Annahme ist die Zerlegung des Stirnfeldes in Einzelfelder erlaubt. Im folgenden werden wir das von der Durchflutung der Ständerwicklung erregte Feld als Ständerstirnfeld bezeichnen und das von der Läuferwicklung erregte Feld als Läuferstirnfeld, wobei letzteres immer von dem mit Gleichstrom erregten Maschinenteil herrühren soll.

Aus unseren Betrachtungen auf S. 12 geht hervor, daß wir bei der Synchronmaschine die Streuung nur in den Betriebszuständen eindeutig definieren können, in denen das Ständerfeld mit dem Läuferfeld gleichachsig ist. In diesen Fällen können wir jedes der beiden fiktiven Felder zerlegen in ein Nutzfeld und ein Streufeld. Wir erhalten daher den Spulenstreufluß SJ eines Ständerstranges unserer Stirnfeldmaschine, wenn wir in einem solchen Betriebszustand von dem Spulenfluß LJ, herrührend vom Ständerstirnfeld, den Spulennutzfluß $M'J$ abspalten. Hierbei ist der Teil des Spulenflusses als Nutzfluß zu rechnen, der mit der Läuferwicklung und dem betrachteten Ständerstrang verkettet ist. Da bei der Stirnfeldmaschine die gesamte Streuung Stirnstreuung ist, so erhalten wir als Definitionsgleichung der Stirnstreuinduktivität

$$S = L - M'. \tag{9}$$

4. Die Induktivitäten L und M' und die Grundlagen zu ihrer experimentellen Bestimmung.

Die allgemeine Definitionsgleichung der Stirnstreuinduktivität führt auf die Bestimmung zweier Induktivitäten L und M' für jeden der zu untersuchenden Stränge der Ständerwicklung. Der kürzeren Ausdrucksweise wegen werden wir im folgenden den untersuchten Strang als Hauptstrang bezeichnen und die übrigen Stränge als Nebenstränge.

Sowohl bei der Induktivität L als auch bei der Induktivität M' handelt es sich um die Bestimmung der induktiven Wirkung von Spulenflüssen, die vom Ständerstirnfeld oder von Teilen des Ständerstirnfeldes herrühren. Die induzierende Wirkung des Ständerstirnfeldes auf den Hauptstrang der Ständerwicklung ist gleichbedeutend mit der selbstinduktiven Wirkung des Hauptstranges und der gegeninduktiven Wirkung der Nebenstränge. Wir erhalten daher bei sinusförmiger Änderung der Strangströme die gleiche induzierte EMK in dem Hauptstrang, wenn wir das Stirnfeld, das sich in dem Augenblick ausbildet, in dem der Strom im Hauptstrang seinen Höchstwert hat, in ein stehendes Wechselfeld gleicher Frequenz umbilden. Dazu werden die Stränge der Ständerwicklung mit gleichphasigen Wechselströmen gespeist, deren Amplituden gleich den Augenblickswerten der Strängstöme zur Zeit der Umbildung sind. Da der umlaufende Läufer relativ zum Ständerstirnfeld ruht, so bleibt der Läufer im Augenblick der Umbildung stehen und zwar fällt für unsere Untersuchungen die Achse der Läuferwicklung mit der Wicklungsachse des Hauptstranges zusammen. Es ist daher möglich die Induktivitäten L und M' an einer Stirnfeldmaschine mit ruhendem Läufer zu untersuchen.

Die Induktivität L. Die von dem gesamten Ständerstirnfeld im Hauptstrang induzierte EMK setzen wir proportional der Induktivität L. Für eine symmetrische Wicklung, deren Stränge von einem symmetrischen m-Phasenstromsystem gespeist werden, ist

$$L = L_{11} + \sum_{\nu=2}^{\nu=m} M_{\nu 1} \cos (\overset{\circ}{J}_{\nu}, \overset{\circ}{J}_1) , \tag{10}$$

worin L_{11} die Selbstinduktivität des Hauptstranges, $M_{\nu 1}$ die Gegeninduktivität zum ν-ten Strang und $(\overset{\circ}{J}_{\nu}, \overset{\circ}{J}_1)$ der Phasenwinkel zwischen dem Strom im ν-ten Strang und im Hauptstrang ist. Die Induktivität L kann an der ruhenden Stirnfeldmaschine unmittelbar bestimmt werden, wenn die zur Speisung verwendeten Ströme in den m Strängen sich in jedem Augenblick zu dem Strom im Hauptstrang verhalten wie $\cos (\overset{\circ}{J}_{\nu}, J_1) : 1$. Diese Voraussetzung ist bei der von uns vorgenommenen Umbildung des Stirnfeldes in ein stehendes Wechselfeld erfüllt.

Die Induktivität M'. Die Induktivität M' stellt die induktive Wirkung eines Teiles des Ständerstirnfeldes auf den Hauptstrang dar. Dieser Teil des Ständerstirnfeldes wird durch die Wicklung des Läufers und des Hauptstranges abgegrenzt. Die Bestimmung des allein mit der Läuferwicklung verketteten Ständerstirnfeldanteiles ist leicht möglich; sie führt auf die Messung der Induktivität M (nicht M'), die ähnlich wie zuvor L an der ruhenden Stirnfeldmaschine bestimmt werden kann. Dagegen ist es nicht möglich, die induktive Wirkung dieses Feldanteiles auf den Hauptstrang experimentell zu ermitteln, wie es zur Bestimmung der Induktivität M' nach ihrer Definition notwendig wäre. Die Unmöglichkeit der experimentellen Bestimmung von M' liegt darin begründet, daß der sowohl mit der Läuferwicklung als auch mit dem Hauptstrang verkettete Teil des Ständerstirnfeldes nicht allein von dem Hauptstrang, sondern auch noch von den übrigen Strängen, den Nebensträngen, erregt wird. Die Aufgabe ist nur rechnerisch bei Kenntnis der Gleichung des Ständerstirnfeldes zu lösen.

Es ist jedoch leicht einzusehen und ist an anderer Stelle (Erg.-Bd. Abschn. 3) für einfache Beispiele gezeigt, daß mit großer Annäherung

$$M' \approx \frac{w_{St}}{w_L}\, M. \tag{11}$$

gesetzt werden kann, worin w_{St} die Windungszahl des Ständerhauptstranges ist und w_L die des Läuferstranges. Die Näherungsgleichung ist dadurch begründet, daß bei den gewöhnlich vorkommenden Anordnungen der Ständer- und Läuferwicklungen die Verkettung des in Frage stehenden Ständerstirnfeldanteiles an der ruhenden Stirnfeldmaschine infolge des Zusammenfallens der beiden Wicklungsachsen eine ähnliche ist.

Für die Induktivität M können wir schreiben

$$M = \sum_{\nu=1}^{\nu=m} M_{\nu L} \cos (\overset{\circ}{J}_\nu, \overset{\circ}{J}_1)\,, \tag{12}$$

worin $M_{\nu L}$ die Gegeninduktivität des Stranges ν mit der Läuferwicklung in der Stellung ist, in der die Wicklungsachse der Läuferwicklung mit der Wicklungsachse des Hauptstranges zusammenfällt, und $(\overset{\circ}{J}_\nu,\ \overset{\circ}{J}_1)$ den Phasenwinkel des Stromes $\overset{\circ}{J}_\nu$ im Strange ν gegen den Strom $\overset{\circ}{J}_1$ im Hauptstrang bezeichnet.

5. Bestimmung von L und M an einem Modell.

Das Transformationsgesetz der Induktivitäten. Um für beliebige Anordnungen die Streuinduktivität S zu bestimmen, sollen die beiden Induktivitäten L und M experimentell an einem Modell untersucht werden. Dazu müssen wir zunächst die Frage beantworten, ob die an einem Modell gemessenen Induktivitäten allgemeine Gültigkeit haben und welche Beziehung zwischen den Induktivitäten zweier geometrisch ähnlicher Gebilde besteht.

Für die zu untersuchenden Induktivitäten, die aus der magnetischen Energie des Stirnfeldes sich ableiten, ist an anderer Stelle gezeigt (Erg.-Bd. Abschn. 5), daß die Induktivitäten in dem gleichen Verhältnis wachsen, in dem die linearen Abmessungen vergrößert werden. Der Einfluß dämpfender Wirbelströme in benachbarten Eisenteilen kann ebenfalls an einem Modell untersucht werden. Ist dabei der Widerstand der Wirbelstromkreise vernachlässigbar klein gegenüber ihrem Blindwiderstand, so stellen die am Modell gemessenen Induktivitäten unabhängig von der Vergrößerung die unteren Grenzwerte dar, die durch Wirbelströme nicht weiter verringert werden können. An dem weiter unten beschriebenen Modell war diese Bedingung für die untersuchten Anordnungen hinreichend erfüllt.

Das Modell mit unendlichem Bohrungsdurchmesser und endlicher Polzahl. Um möglichst viele der gebräuchlichen Anordnungen mit einem möglichst kleinen Materialaufwand darzustellen, halten wir an dem Modell die Polteilung fest. Hierdurch werden alle Größen konstant, deren Verhältnis zur Polteilung unabhängig von der Polteilung ist.

Für die Ständerwicklungen bleibt die Variation der Abbiegungswinkel der Spulenköpfe, der Länge der abzubiegenden Teile, der Spulenhöhe und der Nutenzahl auf Pol und Strang. Um die Abbiegung unter verschiedenen Winkeln mit ein und derselben Spule bei unveränderter Polteilung möglich zu machen, muß mit Rücksicht auf die Länge der

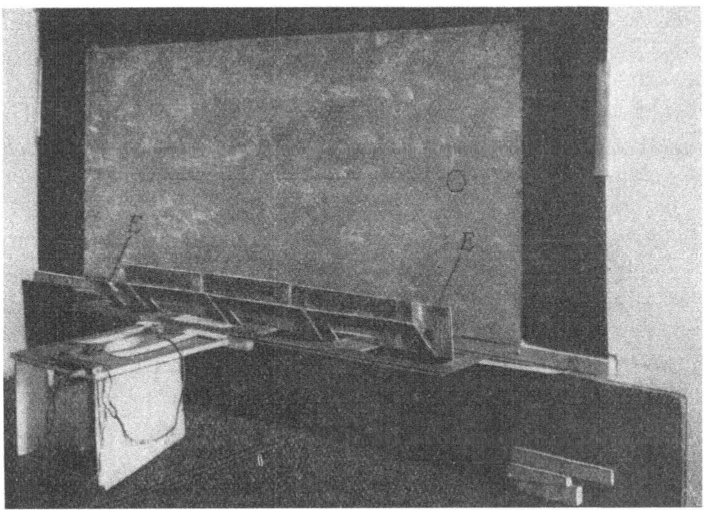

Abb. 12. Modell der Vollpolmaschine mit eingebauter vierpoliger Drei-Etagen-Wicklung. Polteilung $\tau = 26{,}4$ cm. (E) bezeichnet die Endspulen.

Tangentialteile der Wicklungsköpfe der Bohrungsdurchmesser unbegrenzt groß sein. Damit würde die Spulenzahl des Modells unbegrenzt wachsen. Man kann sich jedoch auf eine kleine Polzahl beschränken, wenn man die erstarrte Feldkurve in dem verbleibenden Ausschnitt der Maschine nicht ändert und die Spulen erst von dort an wegläßt, wo ihr Einfluß auf den untersuchten Teil des Gesamtstirnfeldes innerhalb der Fehlergrenze liegt. Für die praktisch vorliegenden Verhältnisse genügt die Untersuchung eines vierpoligen ebenen Modells. Durch Vergleichsmessungen wurde festgestellt, daß man gegenüber einem sechspoligen die Stirnstreuung um 1% zu groß und gegenüber einem zweipoligen zylindrischen Modell um 1,5% zu klein bestimmt.

Abb. 12 zeigt das Modell der Stirnfeld-Vollpolmaschine. Sowohl Ständer als Läufer werden durch ein Dynamoblech dargestellt (dunkle große

Tafeln). Vor dem Ständer sieht man die Druckplatte, die durch eine 7 mm starke Eisenplatte wiedergegeben wird. Sie verhält sich bezüglich der Abdämpfung des Feldes durch Wirbelströme wie die bei der praktischen Ausführung gewöhnlich verwendeten Druckplatten (Erg.-Bd. Abschn. 13). Ihr Abstand von dem Dynamoblech ist so gewählt, daß das Modell den gewöhnlich vorliegenden Abmessungen einer Maschine mit Druckfingern und Druckplatte entspricht. Durch den Luftspalt treten die Spulen der Ständerwicklung. In das Modell ist eine vierpolige Dreiphasen-Dreietagenwicklung eingebaut, die aus einer ebensolchen unendlichpoligen ausgeschnitten ist. An den Schnittstellen ergänzen sich die Durchflutungen der Wicklungsköpfe zu Null (Erg.-Bd. Abschn. 1 u. 6). Die geschnittenen Spulen werden zu Endspulen vereinigt. In der Abbildung ist in jeder der abgebogenen Etagen eine solche Endspule (E) zu sehen. Die Spulenhöhe ist sehr gering und die Nutenzahl auf Pol und Strang sehr groß, so daß wir die Spulen als flächenhafte Gebilde betrachten können. Der Holzkasten im Vordergrund trägt die Läuferwicklung der Vollpolmaschine, die wir weiter unten beschreiben werden (s. S. 24).

Verfahren zur Messung der Stirnstreuung in einem Stirnraum. Bisher dachten wir uns die Anordnung zu beiden Seiten symmetrisch und die Ankerlänge unbegrenzt verringert. Für eine solche Anordnung könnten wir die beiden Induktivitäten L und M direkt in einer Brücke messen. Jedoch würden die verschiedenen Abbiegungen und Ausladungen der Spulen ein fast jedesmaliges Neuwickeln notwendig machen. Beschränken wir uns darauf, die Spulenquerverbindungen nur einer Seite darzustellen, so können wir immer die gleichen Spulen verwenden, die wir je nach der Ausladung verschieden weit aus den Stirnblechen hervorragen lassen. Auf der Rückseite erhalten wir eine ganz andere Anordnung, deren Feld jedoch durch die Stirnbleche für die Anordnung auf der Vorderseite abgeschirmt ist, so daß das Stirnfeld der Maschine im vorderen Stirnraum richtig wiedergegeben wird. Die früher für die ganze Ständerwicklung eines Stranges definierten Induktivitäten L und M werden jedoch sinnlos, da die Feldverteilung nur auf einer Seite vorhanden und dafür die Stromkreise nicht mehr geschlossen sind. Zur Messung führen wir neue Spulen, „Probespulen", in das Stirnfeld ein, die im Stirnraum den Hauptspulen vollkommen formgleich sind und sich in der Stirnwand zwischen den Stellen schließen, wo die Hauptspulen den Stirnraum verlassen. Diese Probespulen haben in bezug auf das Stirnfeld die gleiche Flußverkettung wie die zugehörigen Hauptspulen und gestatten die Induktivitäten L und M bei Speisung der Ständerwicklung mit Gleichstrom ballistisch oder bei Speisung mit Wechselstrom aus den in den Probespulen induzierten EMKen zu bestimmen.

Die Probespulen für die Ständerspulen werden besonders einfach, wenn letztere flach, aus vielen dünnen Drähten hergestellt werden. Dies entspricht einer Anordnung mit sehr kleiner Spulenhöhe h und sehr großer Nutenzahl q auf Pol und Strang. Den Einfluß von h und q auf die Induktivitäten berücksichtigen wir in einem später noch zu bestimmenden Korrektionsfaktor $\varkappa$.

Zur Darstellung der Läuferwicklung durch Probespulen gehen wir wieder von der zu beiden Seiten der Stirnwand symmetrischen Maschine aus, und betrachten einen Schenkelpolläufer, da dort die Eigentümlichkeiten der Läuferwicklung und ihrer Verkettung besonders hervortreten. Die Läuferwicklung besteht bei verschwindender axialer Pollänge nur noch aus den Querverbindungen der Läuferwicklung.

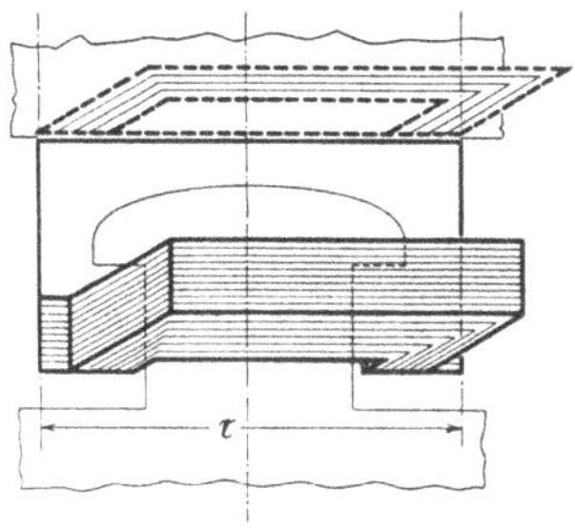

Abb. 13. Probespule im Ständer und im Läufer einer Schenkelpolmaschine mit einer Drei-Etagen-Wicklung.

Der mit der Läuferwicklung verkettete Fluß des Ständerstirnfeldes wird zu einem Teil von dem Polstirnblech aufgenommen, zum andern Teil nimmt er seinen Weg ganz durch Luft. Um durch eine Probespule den mit der Läuferwicklung auf einer Stirnseite verketteten Fluß zu erfassen, muß die Probespule folgende Form haben (Abb. 13). Bis zur Läuferstirnwand ist die Wicklung der Probespule formgleich dem Wicklungskopf der Läuferwicklung, in der Ständerstirnwand folgt sie der Schlußlinie der Ständerprobespule bis zu den Stellen, wo das Ständerstirnfeld verschwindet, d. i. in der Entfernung $\pm\,\tau/2$ von der Mittellinie des Läuferpoles, und schließt sich auf Bahnen, die ganz in der Stirnwand verlaufen. Solange sie dabei in der Stirnwand kein Eisen berührt, ist ihr Weg beliebig, da aus Symmetriegründen bei der Stirnfeldmaschine die Normalkomponente der Induktion Null ist. In Abb. 13 ist eine solche Probespule im Läufer mit der Probespule im Ständer einer dreiphasigen Drei-Etagen-Wicklung

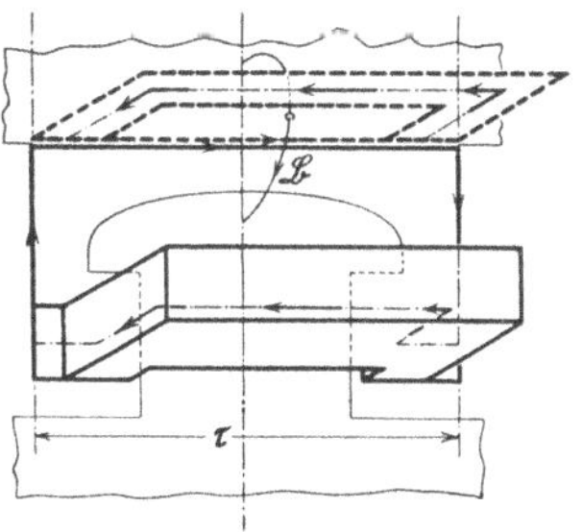

Abb. 14. Festlegung des Windungssinnes der Probespule im Ständer und der Probespule im Läufer.

dargestellt. Erstere ist durch ausgezogene Linien hervorgehoben, letztere gestrichelt gezeichnet.

Mit der Probespule im Ständer bestimmen wir L, mit der Probespule im Läufer M. Daraus erhalten wir die Stirnstreuinduktivität nach Gl. (9) und (11)

$$S = L - \frac{w_{St}}{w_L}\,M\,.\tag{13}$$

Denken wir uns die beiden Probespulen mit der gleichen Windungszahl ausgeführt, so könnten wir S direkt bestimmen, wenn wir beide Spulen in Reihe und im Gegensinne schalten. In Abb. 14 sind die beiden Probespulen schematisch dargestellt und ihr Windungssinn zum Stirnfeld festgelegt und in Abb. 15 sind beide zu einer Probespule vereinigt. Damit ist die Aufgabe, die Streuinduktivität S nach (Gl. 13) aus dem Stirnfeld eines Stirnraumes durch Messung zu bestimmen, prinzipiell gelöst. Sie erfordert jedoch für jede Anordnung eine eigene, neue, in ihrem Aufbau schwierige Probespule nach Abb. 15. Unsere weitere Aufgabe ist es nun, die Probespule so abzuändern, daß die Gesamtheit der Messungen mit einer möglichst kleinen Zahl einfacher Probespulen ausgeführt werden kann.

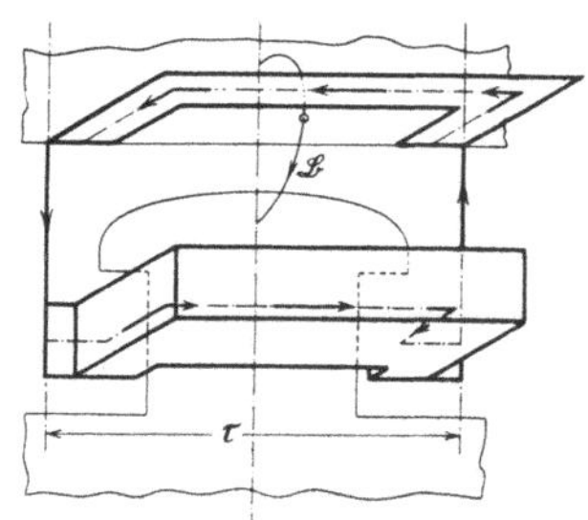

Abb. 15. Probespule zur unmittelbaren Messung des Stirnstreuflusses in einem Stirnraum.

Gliederung der Probespule. Um die Streuinduktivität für jede mögliche Kombination von Ständerwicklung und Läuferwicklung zu bestimmen, ist es zweckmäßig, die Probespule für Läufer und Ständer zu trennen. Das Nächstliegende wäre wieder auf die Anordnung nach Abb. 13 zurückzugehen. Hierbei befinden sich jedoch die in der Stirnwand verlaufenden Seiten der Probespulen in dem Teil des Ständerfeldes, wo die Induktion die größten Werte erreicht und im wesentlichen durch die Größe des Luftspaltes bestimmt wird. Die mit der Probespule gemessenen Einzelwerte der Flußverkettung sind daher in hohem Maße von der richtigen Lage der Probespule und der genauen Einstellung des Luftspaltes abhängig. Die Meßgenauigkeit wird wesentlich erhöht, wenn wir die gemeinsame Probespulenschlußlinie nicht in die Stirnwand, sondern im Abstand ξ_1 (Abb. 16a und b) vor die Stirnwand legen, wobei ξ_1 etwa gleich dem doppelten Luftspalt unter Polmitte ist. (Erg.-Bd. Abschn. 6).

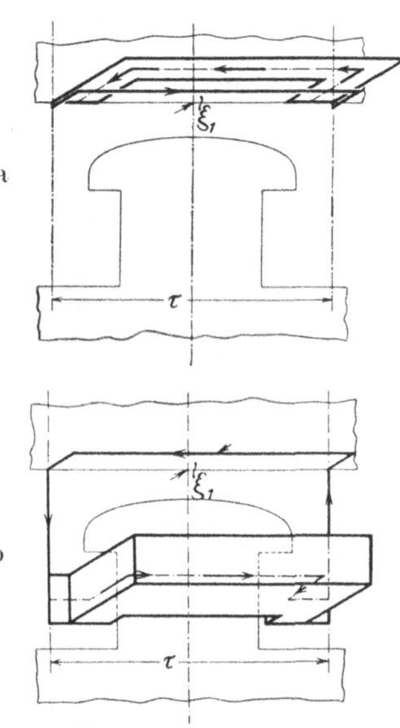

Abb. 16 a und b. Probespule im Ständer (a) und Probespule im Läufer (b) mit der Schlußlinie im Abstand ξ_1 von der Stirnwand.

Zur einfacheren Herstellung der zahlreichen Probespulen unterteilen wir sowohl die Probespule im Ständer (Abb. 16a) als auch die

Probespule im Läufer (Abb. 16 b) noch weiter. Für den Ständer zeigt Abb. 17 die Zerlegung der Probespule mit der Ausladung A in die Stän-

derprobespule mit der Ausladung A' und die Zusatzprobespule mit der Ausladung ξ_2 und der Schlußlinie ξ_1. Für eine Wicklungsart benötigt man eine Zusatzprobespule und einen Satz Ständerprobespulen, dessen einzelne Probespulen sich nur hinsichtlich ihrer Ausladung A' unterscheiden.

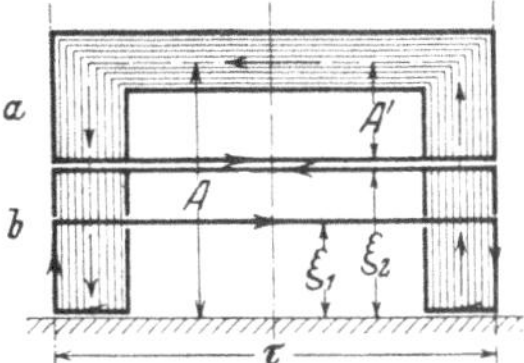

Abb. 17. Zerlegung der Probespule im Ständer in eine Ständerprobespule (a) und eine Zusatzprobespule im Ständer (b).

Die Zerlegung der Probespule im Läufer stellt Abb. 18 dar. Um sie aus der Probespule im Läufer der Abb. 16 b abzuleiten, denken wir uns die Stirnbleche für Anker und Polrad in ihrer Blechstärke gehälftet und rücken die dem betrachteten Stirnraum abgewendeten Stirnbleche etwas von den ersteren in Richtung der Maschinenachse ab. Damit hat sich an unserer Anordnung in bezug auf das Stirnfeld nichts geändert. Zwischen den auseinandergerückten Blechen bildet sich ein Feld aus, das in der Richtung vom Ankermantel zur Maschinenachse schnell abnimmt. Denken wir uns nun in

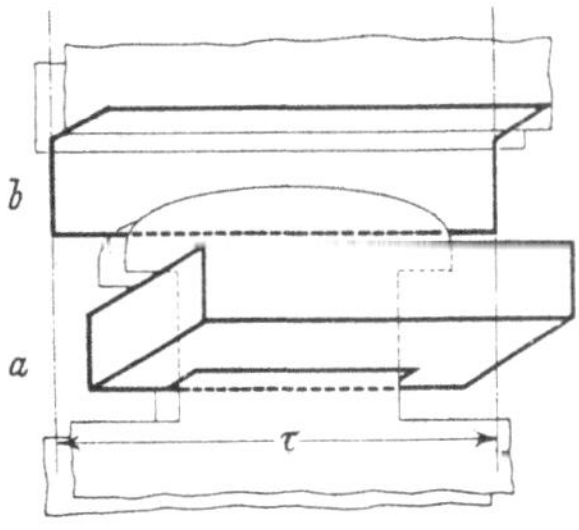

Abb. 18. Zerlegung der Probespule im Läufer in eine Läuferprobespule (a) und eine Zusatzprobespule im Läufer (b).

der Probespule der Abb. 16 b eine Trennlinie, längs der wir die Zerlegung der Probespule vornehmen wollen, parallel zur Stirnwand ver-

schiebbar, so können wir mit dieser zwischen den beiden auseinandergerückten Läuferstirnblechen polabwärts schreiten. Da diese Trennlinie sich in einem verschwindend kleinen Feld befindet, sobald sie den Stirnraum verläßt, so ist die Flußverkettung der beiden Teilprobespulen praktisch unabhängig von der Lage der Trennlinie zwischen den beiden Läuferstirnblechen. Wir können daher jeder Teilprobespule

Abb. 19. Schenkelpolläufer und Läuferprobespule.

ihre eigene Schlußlinie zwischen den Läuferstirnblechen zuordnen, wenn wir sie nur hinreichend weit vom Luftspalt entfernen (siehe Abb 18).

Abb. 19 zeigt die Ausführung des Schenkelpolläufers und der Läuferprobespule am Modell. Man erkennt links die beiden dicht hintereinanderliegenden Läuferstirnbleche und rechts die Wicklung der Läuferprobespule. Letztere ist aus dünnen Drähten hergestellt, die im Stirnraum auf einem Holzkasten räumlich verteilt angeordnet sind.

Abb. 20. Modell der Schenkelpolmaschine mit eingebauter einschichtiger „Evolventen-Wicklung".

Abb. 20 zeigt das Modell der Schenkelpolmaschine, in das eine einschichtige Wicklung mit Spulengruppen gleicher Form eingebaut ist. Der Läufer trägt zwei verschiedene Polformen entsprechend Maschinen großer Leistung (rechts) und Maschinen kleiner Leistung (links). Ein Polkern jeder Polkerngattung trägt eine Läuferprobespule (Kasten). Die Polkerne können durch Anheften von Blechen verkürzt werden (s. Abb. 20). Die Läuferwicklung wird entsprechend angezapft. Bei der Ausführung der Messungen wurde die Durchflutung der das Feld erregenden Ständerwicklung so gewählt, daß die Permeabilität der Modellpolkerne den bei aus-

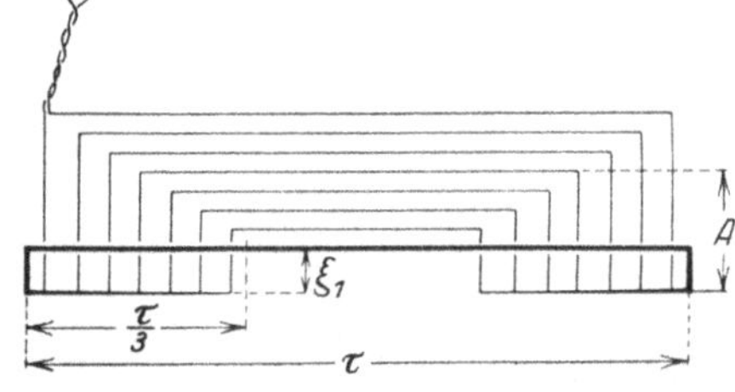

Abb. 21. Probespule im Läufer der Vollpolmaschine.

geführten Maschinen im Nennbetrieb auftretenden Werten entspricht (Erg.-Bd. Abschn. 13).

Für die Vollpolmaschine ist in Abb. 21 die Läuferwicklung für ein mittleres Verhältnis der Ausladung A der Läuferwicklung zur Polteilung τ dargestellt. In der Ausführung des Modells liegt die Läuferprobespule auf dem in Abb. 12 im Vordergrund sichtbaren Kasten. Die Läuferprobespule ist in der Art nach Abb. 16b hergestellt. Eine Zerlegung ist hier nicht notwendig.

6. Leitwert, Leitwertszahl und Blindwiderstand.

Stirnstreuinduktivität und Leitwert der Stirnstreuung. Für jede unserer Teilprobespulen erhalten wir aus der mit ihr gemessenen Gegeninduktivität M_{StP} den ideellen Leitwert

$$\Lambda_P = \frac{M_{StP}}{w_{St} \cdot w_P},\tag{14}$$

worin w_{St} die Windungszahl der untersuchten Ständerspulengruppe ist und w_P die Windungszahl der Teilprobespule. Der ideelle Leitwert Λ_S der Stirnstreuung einer Spulengruppe ist die Summe der Teilleitwerte

$$\Lambda_S = \sum \Lambda_P,\tag{15}$$

wobei die Teilleitwerte entsprechend ihrer Zugehörigkeit zur Induktivität L oder M positiv oder negativ einzusetzen sind.

Leitwertszahl, Blindwiderstand und relativer Spannungsverlust bei Ganzlochwicklungen. Wir machen zunächst die Annahme, daß der Leitwert Λ_S eines jeden Wicklungskopfes der Spulengruppen des untersuchten Stranges der gleiche sei, und daß die Windungszahlen der einzelnen Spulengruppen untereinander gleich seien. Alsdann wird der Blindwiderstand der Stirnstreuung im Strang unabhängig von der Schaltung der einzelnen Spulengruppen

$$X_S = 2\omega w^2 \frac{\Lambda_S}{v},\tag{16}$$

wenn wir mit v die Zahl der Spulengruppen im Strang und mit w die gesamte im Strang in Reihe geschaltete Windungszahl bezeichnen. $\omega = 2\pi f$ ist die Kreisfrequenz und der Faktor 2 berücksichtigt, daß zu jeder Spulengruppe zwei Wicklungsköpfe mit dem Leitwert Λ_S gehören. Für alle Wicklungen ist die Anordnung der Wicklungsköpfe periodisch mit der Periode der doppelten Polteilung und die Zahl v der Spulengruppen im Strang ein ganzes Vielfaches der Polpaarzahl p. Wir charakterisieren daher die Stirnstreuung durch die Leitwertszahl λ_S der Spulengruppen eines Polpaares:

$$\lambda_S = \frac{\Lambda_S}{u}\frac{1}{\Pi_0\, l_S}.\tag{17}$$

Hierin ist Π_0 die Permeabilität der Luft, l_S die mittlere Windungslänge eines Wicklungskopfes einer Spulengruppe und $u = v/p$ die Zahl der Spulengruppen eines Stranges je Polpaar. Für die einzelnen Wicklungsarten hat u folgende Werte:

Einschichtwicklungen:

Wicklungen mit p Spulengruppen im Strang . . . $u = 1$
Wicklungen mit $2p$ Spulengruppen im Strang . . . $u = 2$
Zweischichtwicklungen: . . . . $u = 2$

Mit der Leitwertszahl λ_S ist für alle Ganzlochwicklungen der Blindwiderstand eines Stranges

$$X_S = 2\,\omega\,\frac{w^2}{p}\,\Pi_0\,l_S\,\lambda_S\,, \tag{18a}$$

oder

$$X_S = 0{,}158\,\frac{f}{100}\left(\frac{w}{100}\right)^2\frac{l_S}{p}\,\lambda_S\,\text{Ohm}\,, \tag{18b}$$

wenn wir die Frequenz in sek^{-1} und die mittlere Windungslänge l_S in cm einführen.

Zur allgemeinen Beurteilung einer Wicklung in bezug auf ihre Stirnstreuung ist es vorteilhaft, den relativen Spannungsverlust durch Stirnstreuung ε_S zu betrachten. Wir definieren ε_S als das Verhältnis des beim Nennstrom J und dem Blindwiderstand X_S eintretenden Spannungsverlustes zur Grundwelle der bei Nennlast induzierten EMK E_r. Es ist

$$\varepsilon_S = \frac{X_s J}{E_r}\,. \tag{19}$$

Die Grundwelle der induzierten EMK E_r ist durch folgende Beziehung gegeben

$$E_r = 2\,\sqrt{2}\,f w \xi_1 \tau l_i B_1\,. \tag{20}$$

Hierin ist ξ_1 der Wicklungsfaktor der Grundwelle, l_i die ideelle Ankerlänge und B_1 die Amplitude der Grundwelle des resultierenden Luftspaltfeldes. Für ε_S erhalten wir mit dem Blindwiderstand nach (Gl. 18a) und der EMK E_r nach (Gl. 20)

$$\varepsilon_S = \sqrt{2}\,\pi\,\Pi_0\,\frac{1}{\xi_1}\,\frac{wJ}{p\tau}\,\frac{1}{B_1}\,\frac{l_S}{l_i}\,\lambda_S\,. \tag{21}$$

Führen wir in diese Gleichung den auf den ganzen Ankerumfang bezogenen effektiven Strombelag

$$A = \frac{m w J}{p\tau} \tag{22}$$

ein und bezeichnen mit

$$\lambda_\tau = \lambda_S\,\frac{l_S}{\tau} \tag{23}$$

den auf die Polteilung bezogenen Leitwert der Stirnstreuung, so wird

$$\varepsilon_S = \frac{\sqrt{2}\,\pi}{m}\,\Pi_0\,\frac{1}{\xi_1}\,\frac{\tau}{l_i}\,\frac{A}{B_1}\,\lambda_\tau\,. \tag{24}$$

Der relative Spannungsverlust durch Stirnstreuung ist demnach proportional dem Verhältnis A/B_1 und umgekehrt proportional dem Verhältnis l_i/τ. Auf die Wicklung beziehen sich lediglich die beiden Faktoren ξ_1 und λ_τ. Untersuchen wir daher für eine vorgegebene Maschine das Verhalten verschiedener Wicklungen bezüglich ihrer Stirnstreuung, so ist dies vollständig durch den auf die Polteilung bezogenen Leitwert λ_τ gekennzeichnet. Für Dreiphasenwicklungen ($m = 3$) erhalten wir mit $\xi_1 = 3/\pi$ für ε_S die spezialisierte Gleichung

$$\varepsilon_S = 1{,}95\,\frac{\tau}{l_i}\,\frac{A}{B_1}\,\lambda_\tau\,, \tag{25}$$

worin A in Amp/cm und B_1 in Gauß einzusetzen ist.

Unsere Gleichung für den Blindwiderstand eines Stranges war abgeleitet unter der Voraussetzung, daß jede Spulengruppe gleiche Windungszahl und jeder Wicklungskopf den gleichen Leitwert der Stirnstreuung hat. Die Bedingung der gleichen Windungszahl ist bei Ganzlochwicklungen gewöhnlich erfüllt, dagegen müssen wir die Annahme des gleichen Leitwerts bei den einzelnen Wicklungsarten nachprüfen.

Wir erkennen ohne weiteres, daß bei Wicklungen mit gleichmäßig am Ankerumfang verteilten Wicklungsköpfen die Bedingung sicher erfüllt ist, wenn alle Spulengruppen die gleiche Form haben. Hierher gehören die Einphasenwicklungen, und von den Dreiphasenwicklungen insbesondere die einschichtigen mit Spulen gleicher Weite, die zweischichtigen und die angezapften Gleichstrom-Ankerwicklungen.

Ebenso ist die Bedingung für jeden einzelnen Strang erfüllt, wenn alle zu einem Strang gehörigen Spulengruppen die gleiche Form haben. Hierher gehört die dreiphasige Drei-Etagen-Wicklung mit gleichmäßig am Ankerumfang verteilten Wicklungsköpfen. Jedoch ist zu beachten, daß die Leitwerte der Wicklungsköpfe, die Spulengruppen verschiedener Stränge angehören, im allgemeinen verschiedene Werte haben. Es ist daher zur Berechnung des Blindwiderstandes eines jeden der m Stränge ein eigenes Wertepaar von $\lambda_{S\mu}$ und $l_{S\mu}$ (letzteres nur, wenn auch die mittleren Windungslängen der Spulengruppen voneinander abweichen) in Gl. (18a) und (18b) einzusetzen. Für gewöhnlich muß man auf die Unterschiede in der Stirnstreuung der einzelnen Stränge keine Rücksicht nehmen. Wir rechnen dann mit dem Mittelwert der Stirnstreuung der drei Stränge und setzen in Gl. (18a) und (18b) für λ_S die auf die mittlere Windungslänge l_S aller drei Stränge bezogene Leitwertszahl λ_S ein. Es ist

$$\lambda_S = \frac{\sum\limits^{m} \lambda_{S\mu} \cdot l_{S\mu}}{\sum\limits^{m} l_{S\mu}}\,. \tag{26}$$

Schließlich haben wir bei Ganzlochwicklungen noch die Anordnungen zu betrachten, bei denen in jedem Strange Spulengruppen mit verschiedenen Leitwerten vorhanden sind. Hierunter fallen die Wicklungen mit teilweise zusammengedrängten Wicklungsköpfen und die Wicklungen mit Spulengruppen verschiedener Form, insbesondere die Zwei-Etagen-Wicklungen. Im Gegensatz zu dem vorhergegangenen

Fall sind hier die Blindwiderstände der einzelnen Stränge einander gleich (abgesehen von Wicklungen mit gekröpften Spulen, wie sie bei dreiphasigen Zwei-Etagen-Wicklungen mit ungerader Polpaarzahl vorkommen). Jedoch bedarf die Berechnung des Blindwiderstandes eines Stranges einer genaueren Betrachtung. In dem vorliegenden Falle ist es für den Blindwiderstand nicht mehr gleichgültig, ob die Spulengruppen parallel oder in Reihe geschaltet sind, wenn auch die gesamte im Strang in Reihe geschaltete Windungszahl die gleiche bleibt. Die Unterschiede in den Stirnstreuleitwerten werden sich in dem Blindwiderstand eines Stranges bei der Parallelschaltung um so mehr geltend machen, je mehr die Stirnstreuung gegenüber der Nuten-, Spalt- und Zahnkopfstreuung hervortritt. Wir untersuchen zur Beurteilung der Möglichkeit einer Parallelschaltung den ungünstigsten Fall, daß die Stirnstreuung allein auftrete. Bezeichnen wir wie früher mit w die gesamte im Strang in Reihe geschaltete Windungszahl und mit v die Zahl der Spulengruppen im Strang, so ist für

Reihenschaltung   Parallelschaltung

die Windungszahl einer Spulengruppe

$$w_R = \frac{w}{v} \qquad\qquad w_P = w \qquad\qquad (27\,\mathrm{a, b})$$

und der Blindwiderstand eines Stranges

$$X_{SR} = 2\omega w_R^2 \sum^{v} \Lambda_S\,. \qquad X_{SP} = 2\omega w_P^2\, \frac{1}{\displaystyle\sum^{v}\frac{1}{\Lambda_s}}\,, \qquad (28\,\mathrm{a, b})$$

Führen wir wieder die Zahl $u = v/p$ der Spulengruppen im Strang je Polpaar ein, so erhalten wir

$$X_{SR} = 2\omega\,\frac{w^2}{p}\,\frac{\displaystyle\sum^{v}\frac{\Lambda_s}{u}}{v}\,. \qquad X_{SP} = 2\omega\,\frac{w^2}{p}\,\frac{v}{\displaystyle\sum^{v}\frac{u}{\Lambda_s}}\,. \qquad (29\,\mathrm{a, b})$$

Der letzte Faktor stellt für jede der Schaltungen den Mittelwert des Leitwertes je Polpaar dar. Sind die Leitwerte aller Wicklungsköpfe gleich, so gehen die Ausdrücke für Reihenschaltung und Parallelschaltung ineinander über. Gewöhnlich können wir zwei Arten von Spulengruppen unterscheiden. Für die Wicklungsköpfe einer jeden Spulengruppenart ist der Leitwert der gleiche und von jeder Art sind gleichviele Spulengruppen vorhanden. Bezeichnen wir die Leitwerte der Wicklungsköpfe der beiden Spulengruppenarten mit λ_{SI} und λ_{SII}, so ist das Verhältnis der Blindwiderstände bei Reihenschaltung und Parallelschaltung

$$\frac{X_{SP}}{X_{SR}} = 1 - \iota^2 , \qquad (30)$$

worin

$$\iota = \frac{\Lambda_{SI} - \Lambda_{SII}}{\Lambda_{SI} + \Lambda_{SII}} . \qquad (31)$$

Der Faktor ι stellt die auf den Mittelwert der Leitwerte bezogene Abweichung der Einzelwerte vom Mittelwert dar. Wir erkennen daraus, daß der Einfluß der verschiedenen Leitwerte auf das Verhältnis der Blindwiderstände nicht sehr groß ist. Die Blindwiderstände bei Reihen- und Parallelschaltung weichen beispielsweise nur um 3% voneinander ab, wenn $\iota = 0,15$, d. h. wenn der eine Leitwert um nahezu 30% größer als der andere ist.

Sind die Spulengruppen in n Etagen angeordnet und untereinander in jeder Etage formgleich, so erhalten wir die Leitwertszahl der Spulengruppen in der ν-ten Etage nach Gl. (17) zu

$$\lambda_{S\nu} = \frac{\Lambda_{S\nu}}{u} \frac{1}{\Pi_0 l_{S\nu}} . \qquad (32)$$

Für gewöhnlich muß man auf den Unterschied der Leitwerte keine Rücksicht nehmen und rechnet am einfachsten so, als wären alle Spulengruppen in Reihe geschaltet. Hierfür ist die Leitwertszahl

$$\lambda_S = \frac{\sum\limits^{n} \lambda_{S\nu} l_{S\nu}}{\sum\limits^{n} l_{S\nu}} . \qquad (33)$$

Der Blindwiderstand eines Stranges ist mit diesen Werten von λ_S und der mittleren Windungslänge l_S' aller Spulengruppen nach Gl. (18a, b) zu berechnen.

Leitwertszahl und Blindwiderstand bei Bruchlochwicklungen. Wir haben nun noch den allgemeinen Fall zu behandeln, daß die einzelnen Spulengruppen eines Stranges sich sowohl hinsichtlich ihrer Windungszahl als auch hinsichtlich ihres Stirnstreuleitwertes unterscheiden. Dieser Fall liegt bei den Bruchlochwicklungen vor. Die Berechnung können wir jedoch leicht auf die Berechnung des Blindwiderstandes von Ganzlochwicklungen zurückführen, wenn wir bei der Bruchlochwicklung die Spulengruppen gleicher Windungszahl zusammenfassen. Für sie gilt alles zuvor Gesagte. Wir denken uns gewissermaßen die bruchlochbewickelte Maschine zerlegt in g ganzlochbewickelte Maschinen, wobei g die Zahl der hinsichtlich ihrer Windungszahl und Form verschiedenen Spulengruppenarten bedeutet. Entsprechend der Aufteilung der Spulengruppen der bruchlochbewickelten Maschine auf die g ganzlochbewickelten Maschinen teilt sich auch die Polpaarzahl und die gesamte im Strang in Reihe geschaltete Windungszahl der bruchlochbewickelten Maschine auf die g ganzlochbewickelten Maschinen auf. Der Beitrag zum Blindwiderstand der Stirnstreuung eines Stranges, der von der γ-ten der g ganzlochbewickelten Maschinen herrührt, ist nach Gl. (18a, b) zu berechnen, worin die der ganzlochbewickelten Maschine zugehörigen Werte der Polpaarzahl p_γ und der Windungszahl w_γ, sowie die der Spulengruppenart der ν-ten Etage entsprechenden Werte der Leitwertszahl $\lambda_{S\nu\gamma}$ und der mittleren Windungslänge $l_{S\nu\gamma}$ einzusetzen sind.

In allen praktischen Fällen werden die Teilblindwiderstände der g ganzlochbewickelten Maschinen so stark voneinander unterschieden sein, daß nur eine Reihenschaltung der g Teilstränge der bruchlochbewickelten Maschine in Frage kommt. Wir können daher für den Blindwiderstand der Stirnstreuung eines Stranges schreiben:

$$X_S = 2\omega\Pi_0 \sum_{\gamma=1}^{\gamma=g} w_\gamma^2 \frac{l_{S\nu\gamma}}{p_\gamma}\lambda_{S\nu\gamma}, \qquad (34\,\mathrm{a})$$

oder

$$X_S = 0{,}158\,\frac{f}{100} \sum_{\gamma=1}^{\gamma=g} \left(\frac{w_\gamma}{100}\right)^2 \frac{l_{S\nu\gamma}}{p_\gamma}\lambda_{S\nu\gamma}\ \mathrm{Ohm}, \qquad (34\,\mathrm{b})$$

worin f in sek^{-1} und l_S in cm einzusetzen ist.

7. Die Wicklungen des Modells.

Bevor wir mit der Untersuchung der Stirnstreuung einzelner Wicklungen am Modell beginnen, müssen wir uns mit den Größen befassen, die die Form der Wicklungsköpfe bestimmen. Dazu betrachten wir die Ständer- und Läuferwicklungen getrennt.

Die Ständerwicklungen. Die Zahl der Spulengruppen im Strang bestimmt bei einschichtigen Mehrphasen-Ganzlochwicklungen die mittlere Spulengruppenweite und die Seitenbreite der axialen Spulengruppenseiten. Bei Zweischichtwicklungen tritt noch die Sehnung hinzu und bei Einphasenwicklungen das Verhältnis des bewickelten Ankerumfanges zum gesamten Ankerumfang. Damit liegen die Abmessungen der Spulengruppen in Richtung des Ankerumfanges fest. Zur Beurteilung der übrigen Abmessungen betrachten wir die Wicklungsköpfe, wie sie sich in Schnitten mit Ebenen durch die Achse der Maschine darbieten. Die Abbiegungswinkel der Wicklungsköpfe werden mit Rücksicht auf die Konstruktion und die Befestigung der Wicklungsköpfe gewählt. Hat man sich aber einmal zu bestimmten Winkeln entschlossen, so dürfen die übrigen Abmessungen der Wicklungsköpfe ein gewisses Mindestmaß nicht unterschreiten, ohne daß die Wicklungsköpfe der Gefahr des Überschlags ausgesetzt werden. Für unsere Modellwicklungen wollen wir die Wicklungsköpfe so dimensionieren, daß an allen durch Überschlag gefährdeten Stellen der Überschlagsweg e der gleiche ist. Mit dieser Bedingung können wir alle Abmessungen der Wicklungsköpfe berechnen.

Wir betrachten zunächst Wicklungen mit Spulengruppen verschiedener Form. Die Wicklungsköpfe sind hierbei in n Etagen angeordnet und jeder Wicklungskopf verläuft im allgemeinen nur in einer Etage. Für diese Wicklungen können wir alle Wicklungskopfformen auf die beiden in Abb. 22a und b dargestellten Grundformen zurückführen. An den durch Überschlag gefährdeten Stellen soll für unsere Modellwicklungen überall der gleiche Überschlagsweg e auftreten. Durch einfache geometrische Beziehungen lassen sich die Abmessungen der Wicklungsköpfe als Funktion der Druckplattenstärke (einschl. der Druckfinger), der Spulenhöhe h und des Überschlagsweges e, sowie der Abbiegungswinkel darstellen. Es ist

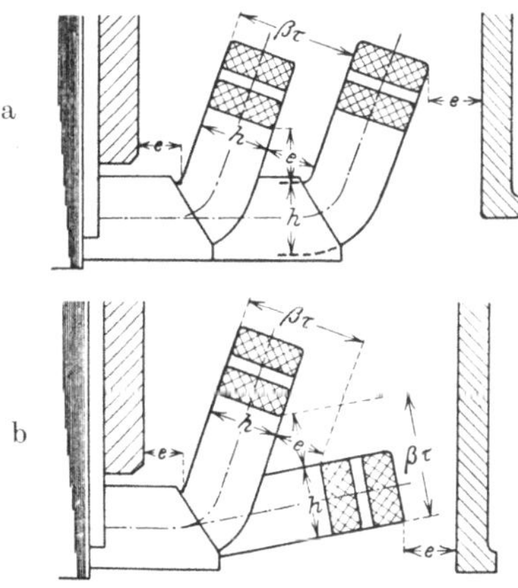

Abb. 22. Die Grundformen der Wicklungsköpfe und die durch Überschlag gefährdeten Stellen im Abstand (e) voneinander.

an anderer Stelle gezeigt (Erg.-Bd. Abschn. 7), daß für die gewöhnlich vorkommenden Werte von e, h und τ (Zahlentafel 2) die auf die Pol-

Zahlentafel 2.

Überschlagsspannung, Überschlagsweg e, Spulenhöhe h und Polteilung τ bei Synchronmaschinen.

	1000	3000	6000	10000	Volt
e	1,5	2,5	3,0	4,0	cm
h	2÷5	4		10	cm
τ	20÷30	40		100	cm

teilung τ bezogenen Abmessungen längs der Mittellinien praktisch genügend genau bestimmt sind durch die Angabe der Abbiegungswinkel (Etagenanordnung) und das Verhältnis

$$\beta = \frac{e + h}{\tau}.\tag{35}$$

Die geometrische Deutung von β geht aus den Abb. 22a und b hervor, in denen $\beta\tau$ eingezeichnet ist. Wir werden im folgenden β als „relative

Etagenteilung" bezeichnen. Für eine bestimmte Etagenanordnung sind die Einzelabmessungen längs der Mittellinien lineare Funktionen von β. Dies gilt insbesondere für die mittlere Ausladung des Wicklungskopfes und seine mittlere Windungslänge. Setzt man für e den mit Rücksicht auf Überschlag notwendigen Mindestabstand ein, so liegt der Wert der relativen Etagenteilung β mit den in Zahlentafel 2 angegebenen Werten von e, h und τ etwa innerhalb der Grenzen 0,065 und 0,35.

| Bei Wicklungen mit Spulengruppen gleicher Form sind die Wicklungsköpfe gewöhnlich in zwei Etagen angeordnet und jeder Wicklungskopf geht von der einen Etage in die andere über. Für die Abmessungen der Axialteile gelten die gleichen Beziehungen wie für die der Wicklungen mit Spulengruppen verschiedener Form; dagegen wird die Höhe und Länge des abgebogenen Teiles des Wicklungskopfes, der meist in Form von Evolventenabschnitten ausgeführt wird, durch konstruktive Gesichtspunkte bestimmt. Für die praktisch gewöhnlich vorliegenden Verhältnisse können wir auch hier die Abmessungen des Wicklungskopfes und insbesondere seine Wicklungslänge durch eine lineare Funktion von β darstellen (Erg.-Bd. Abschn. 7).

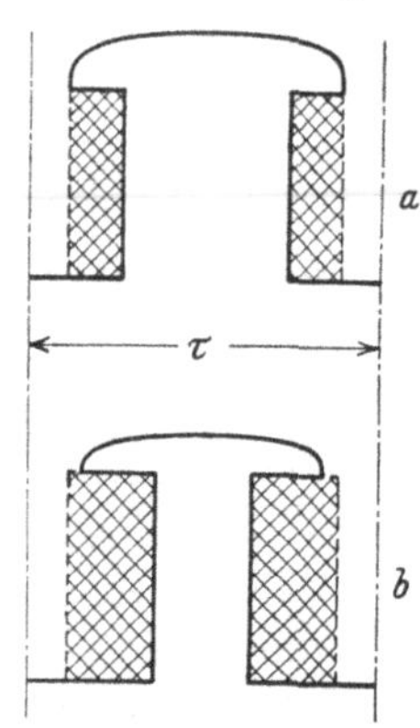

Abb. 23. Modellpol-Maschinen großer Leistung (*a*) und kleiner Leistung (*b*) (Polteilung $\tau = 26{,}4$ cm).

Die Läuferwicklungen. Alle Läuferwicklungen des Modells beschränken sich auf die Bewicklung je einer Polteilung und sind als Probespulen ausgeführt. Für die Vollpolmaschine ist jede der untersuchten Läuferwicklungen eine Spulengruppe einer Einphasenwicklung mit $2p$ Spulengruppen im Strang und ebenen Wicklungsköpfen. Die Wicklung bedeckt zwei Drittel der Polteilung. Das Verhältnis der mittleren Läuferausladung zur Polteilung liegt innerhalb der Grenzen 0,10 und 0,21. Die Läuferwicklungen der Schenkelpolmaschinen sind im wesentlichen durch die Pole bestimmt. Nach der Leistung der Maschinen können wir zwei Polgattungen unterscheiden, innerhalb deren nur die Polkernlänge größeren Schwankungen unterworfen ist. Abb. 23a zeigt den Modellpol Maschinen großer Leistung, Abb. 23b den Modellpol Maschinen kleiner Leistung, beide mit der Läuferwicklung größter radialer Wicklungshöhe. Die Läuferwicklungen des Modells haben rechteckigen Querschnitt und ragen ebensoweit in die Pollücken wie in den Stirnraum hinein (s. auch Abb. 19 u. 20). Die radiale Höhe der Läuferwicklung kann so stark verkürzt werden, daß sie nur noch den in den Polschuh eintretenden Fluß umfaßt. Diese Modellanordnung entspricht etwa den Verhältnissen einer Maschine mit stark axial verkürzten Polkernen.

8. Die Leitwertszahlen der Modellanordnung.

Nach dem in Abschnitt 5 angegebenen Verfahren messen wir die Stirnstreuung für die praktisch wichtigsten Wicklungsanordnungen der Ein- und Mehrphasenwicklungen. Um alle in Abschnitt 6 für die Beschreibung der Stirnstreuung als notwendig erkannten Größen zu bestimmen, haben wir an jeder Ständerwicklung den Leitwert einer jeden

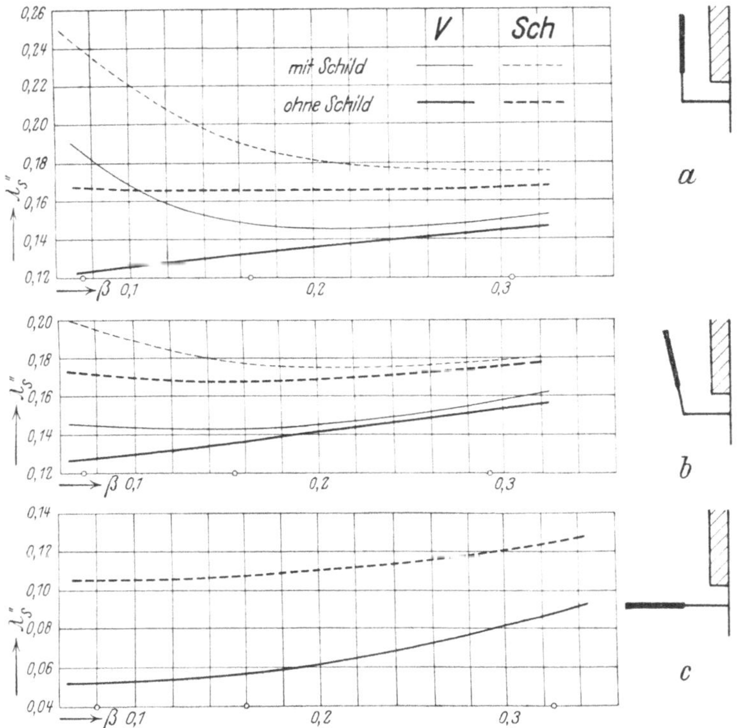

Abb. 24. Die Leitwertbezugszahlen λ_s'' (nach Gl. 36 u. Gl. 17) der Einphasen-Wicklungen als Funktion der relativen Etagenteilung β (Gl. 35) für drei verschiedene Etagenanordnungen (siehe Leitbilder der Abb. a bis c rechts) sowohl bei Vollpolmaschine (V, voll ausgezogen) als auch bei Schenkelpolmaschinen (Sch, gestrichelt gezeichnet) mit Lagerschild (dünne Linien) und ohne Lagerschild (starke Linien).

Wicklungskopfart für alle möglichen Läuferarten und Läuferwicklungen zu bestimmen. Wir haben also für jede Wicklungsart (Einphasenwicklung, Dreiphasen-Drei-Etagen-Wicklung, usw.) die Etagenanordnung (Abbiegungswinkel der Wicklungsköpfe) und die relative Etagenteilung (β) zu ändern und für jede einzelne dabei auftretende Wicklungskopfform den Streuleitwert zu bestimmen und zwar sowohl für Vollpolmaschinen mit verschiedenen Läuferausladungen als auch für Schenkelpolmaschinen mit verschiedenen Polformen und verschiedenen Polkernwicklungen. Führen wir diese Untersuchungen durch, so erkennen wir, daß der Einfluß des Läufers auf die Stirnstreuung sich bei allen Wicklungen ähnlich äußert. Wir können die Meßergebnisse sowohl für Vollpolmaschinen als auch für Schenkelpolmaschinen zusammenfassen, indem wir den Mittelwert der für die verschiedenen Polformen und Polkernwicklungen gemessenen Streuleitwerte bilden, und den Einfluß der speziellen Form des Läufers auf die Stirnstreuung durch einen für jede Maschinenart eigenen Korrektionsfaktor ϱ berücksichtigen. Wir schreiben also für die Leitwertszahl der Stirnstreuung

$$\lambda_S = \varkappa \varrho \lambda_S''. \tag{36}$$

Hierin stellt ϱ den Einfluß der speziellen Läuferform dar, $\varkappa$ den Einfluß der Querschnittsform einer Spulengruppenseite der Ständerwicklung und λ''_S die von beiden Einflüssen befreite „Leitwertbezugszahl" der Stirnstreuung. Den Korrektionsfaktor ϱ und den Korrektionsfaktor $\varkappa$ werden wir am Ende dieses Abschnittes eingehend behandeln. Zunächst wenden wir uns der Betrachtung der Leitwertbezugszahl λ''_S zu.

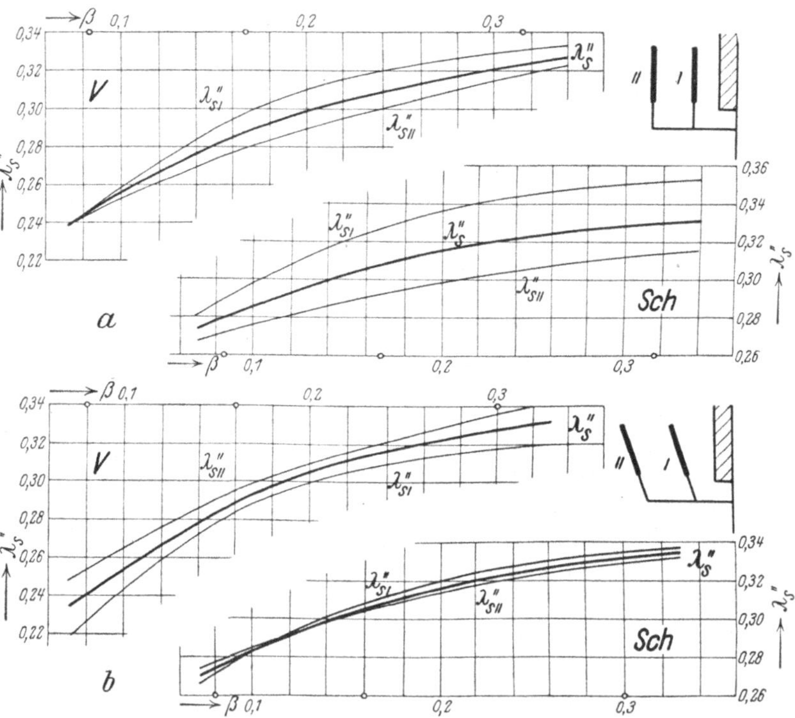

Abb. 25a u. b (c bis e auf der folgenden Seite). Die Leitwertbezugszahlen nach Gl. 36 λ''_{S_V} (Gl. 32, dünne Linien) und λ''_S (Gl. 33, starke Linien) der dreiphasigen Zwei-Etagen-Wicklungen als Funktion der relativen Etagenteilung β (Gl. 35) für fünf verschiedene Etagenanordnungen (siehe Leitbilder der Abb. a bis e je in der rechten oberen Ecke) sowohl bei Vollpolmaschinen (V) als auch bei Schenkelpolmaschinen (Sch).

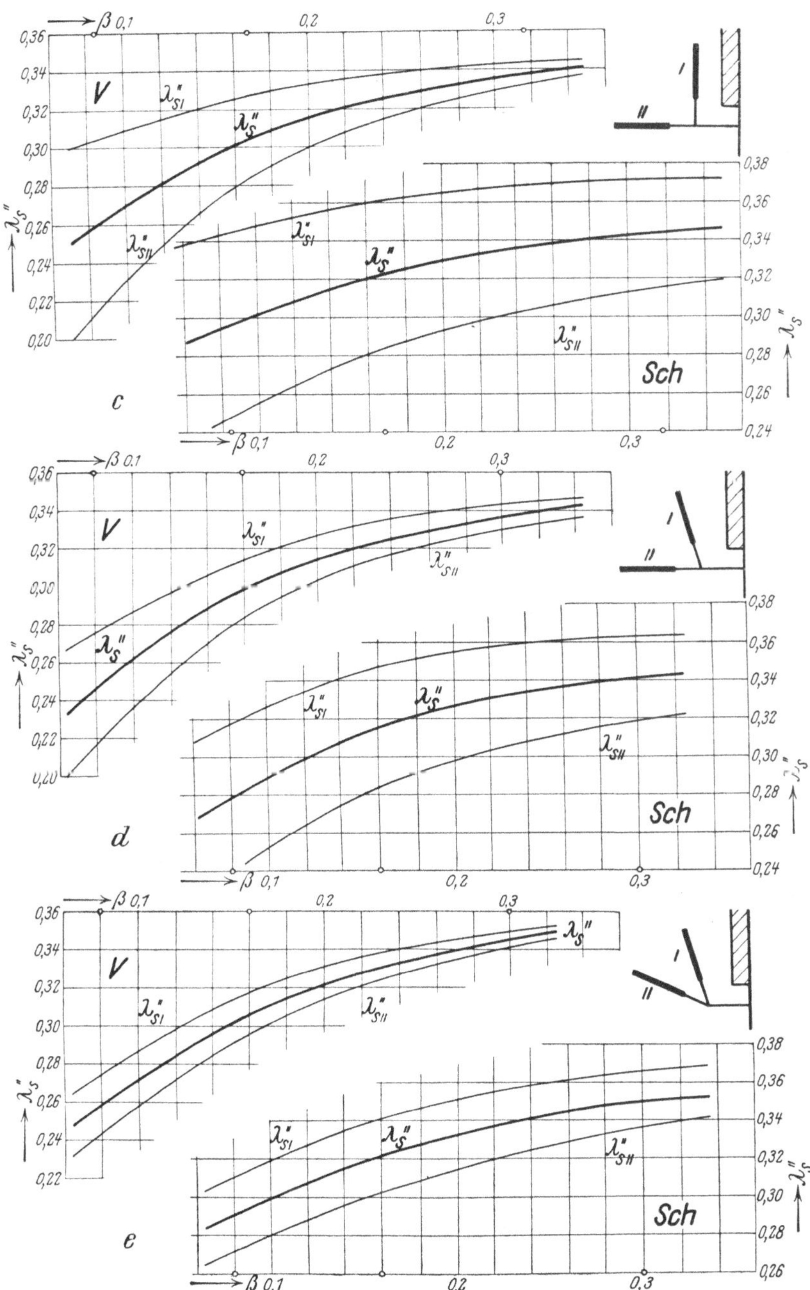

Abb. 25 c bis e. (Text unter Abb. 25 a, b auf nebenstehender Seite).

Die Leitwertbezugszahl. In den Abb. 24 bis 27 sind die am Modell gewonnenen Leitwertbezugszahlen sowohl für Vollpolmaschinen als auch für Schenkelpolmaschinen mit unterdrücktem Nullpunkt dargestellt. Die für Vollpolmaschinen geltenden Abbildungen tragen die Buchstaben V, die für Schenkelpolmaschinen geltenden die Buchstaben *Sch.* Die Leitwertbezugszahlen für die verschiedenen Etagenanordnungen sind durch ein Bild in der rechten oberen Ecke gekennzeichnet und in Abhängigkeit von der relativen Etagenteilung β aufgetragen. Die Werte von β, für welche die Messungen am Modell durchgeführt wurden, sind auf der Abszissenachse durch kleine Kreise hervorgehoben.

Abb. 24 a bis c zeigt die Leitwertbezugszahlen der Einphasenwicklung für drei verschiedene Etagenanordnungen. Die stark ausgezogenen Kurven gelten für Maschinen ohne Lagerschilde, die dünneren Linien für Maschinen mit Lagerschilden. Die Lagerschilde wurden durch Blechtafeln dargestellt, die mit der Ständerstirnwand magnetisch gut leitend verbunden waren. Sie waren an die Wicklung so nahe herangebracht, daß der gleiche Überschlagsweg wie an den übrigen durch Überschlag gefährdeten Stellen auftrat. Bei der Anordnung der Wicklungsköpfe in der Zylinderfläche des Ankermantels (Abb. 24c) verschwindet praktisch der Einfluß der Lagerschilde.

Bei den Untersuchungen der Mehrphasenwicklungen wurden Maschinen ohne Lagerschilde vorausgesetzt.

Abb. 25 a bis e zeigt die Leitwertbezugszahlen der dreiphasigen Zwei-Etagen-Wicklung für fünf verschiedene Etagenanordnungen. Die dünnen Linien stellen die Leitwertbezugszahlen λ''_{S_ν} nach Gl. (32) der Wicklungsköpfe der verschiedenen Etagen dar, wobei die Bezeichnung der Etagen aus dem beigefügten Bild der Etagenanordnung hervorgeht. Die stärker ausgezogenen Linien zeigen die auf die mittlere Windungslänge aller Wicklungsköpfe bezogene Leitwertbezugszahl λ''_S nach Gl. (33).

Abb. 26 a—d zeigt die Leitwertbezugszahl der dreiphasigen Drei-Etagen-Wicklung für vier verschiedene Etagenanordnungen. Die letzte dieser Anordnungen ist nur für Schenkelpolmaschinen praktisch anwendbar. Die dünnen Linien stellen die Leitwertbezugszahlen der Wicklungsköpfe der einzelnen Etagen λ''_{S_ν} dar, wobei der Deutlichkeit wegen für die mittlere Etage die Linie gestrichelt gezeichnet ist. Die stärker ausgezogene Linie stellt die auf die mittlere Windungslänge l_S aller Wicklungsköpfe bezogene Leitwertbezugszahl λ''_S nach Gl. (33) dar.

Abb. 27 zeigt die Leitwertbezugszahlen der dreiphasigen Wicklungen mit Spulengruppen gleicher Form für Vollpolmaschinen (voll ausgezogen) und für Schenkelpolmaschinen (gestrichelt gezeichnet). Die beiden oberen Kurven gelten für Einschichtwicklungen, die beiden unteren für zweischichtige Durchmesserwicklungen. Die Wicklungsköpfe sind von der Bohrung abgebogen und liegen in Ebenen parallel zur Stirn-wand.

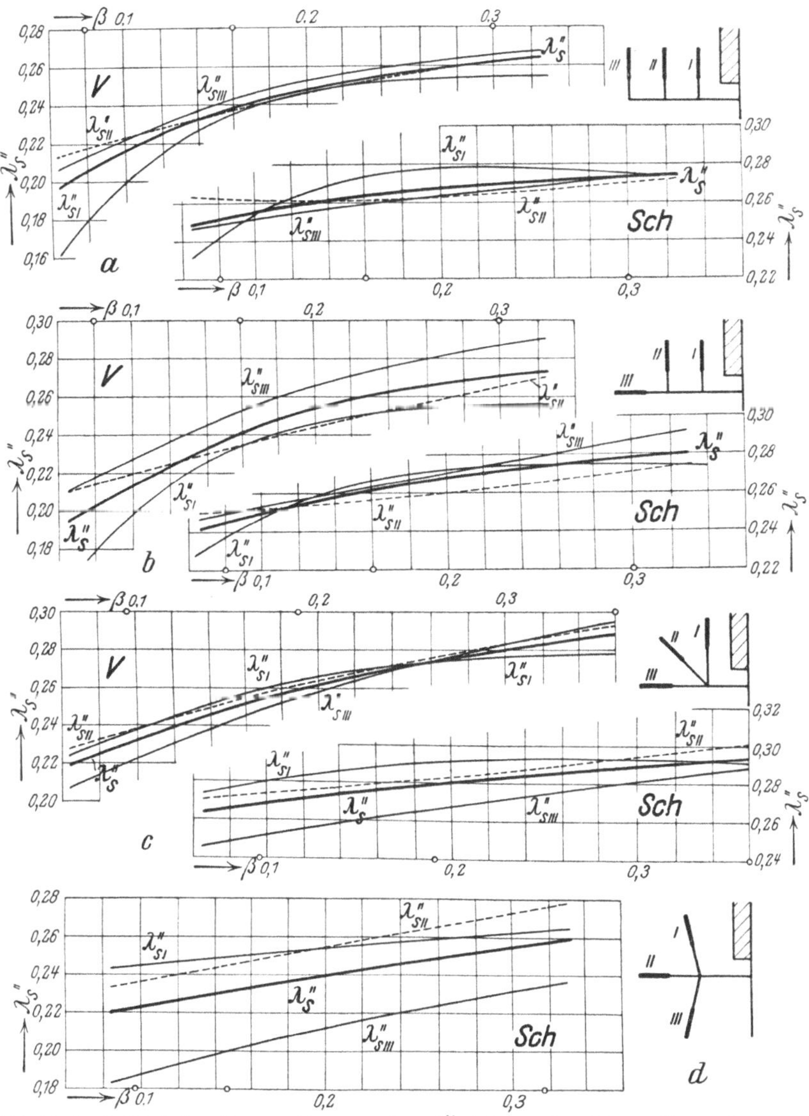

Abb. 26a ibs d. Die Leitwertbezugszahlen nach Gl. 36 $\lambda''_{S\nu}$ (Gl. 32, dünne Linien; für $\nu = //$ gestri-chelt) und λ''_S (Gl. 33, starke Linien) der dreiphasigen Drei-Etagen-Wicklungen als Funktion der relativen Etagenteilung β (Gl. 35) für vier verschiedene Etagenanordnungen (siehe Leitbilder der Abb. a bis d je in der rechten oberen Ecke) sowohl bei Vollpolmaschinen (V) als auch bei Schenkel-polmaschinen (Sch).

Für gesehnte Zweischichtwicklungen sind die Leitwertbezugszahlen kleiner als die der formgleichen zweischichtigen Durchmesserwicklungen.

Den Einfluß der Sehnung berücksichtigen wir durch den Reduktionsfaktor σ, der das Verhältnis der Leitwertbezugszahl der gesehnten Wicklung zur formgleichen Durchmesserwicklung darstellt. Er ist in

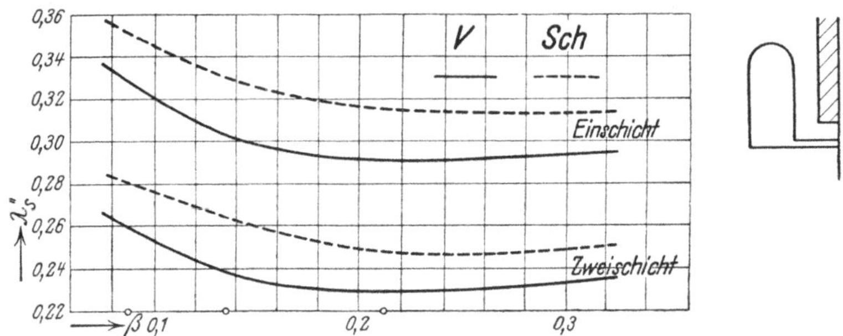

Abb. 27. Die Leitwerbezugszahlen nach Gl. 36 λ_s'' (Gl. 17) der einschichtigen und zweischichtigen Dreiphasenwicklungen als Funktion der relativen Etagenteilung β (Gl. 35) sowohl für Vollpolmaschinen (V, voll ausgezogen) als auch für Schenkelpolmaschinen (*Sch*, gestrichelt gezeichnet).

Abb. 28 als Funktion des Verhältnisses $\dfrac{W}{\tau}$, der mittleren Spulenweite zur Polteilung wiedergegeben, und zwar sowohl für Vollpolmaschinen (voll ausgezogen) als auch für Schenkelpolmaschinen (gestrichelt gezeichnet [1]).

Der charakteristische Verlauf der Leitwertbezugszahlen in Abhängigkeit von der relativen Etagenteilung β, sowie die gegenseitige Lage der Leitwertbezugszahlen der einzelnen Wicklungsköpfe für eine

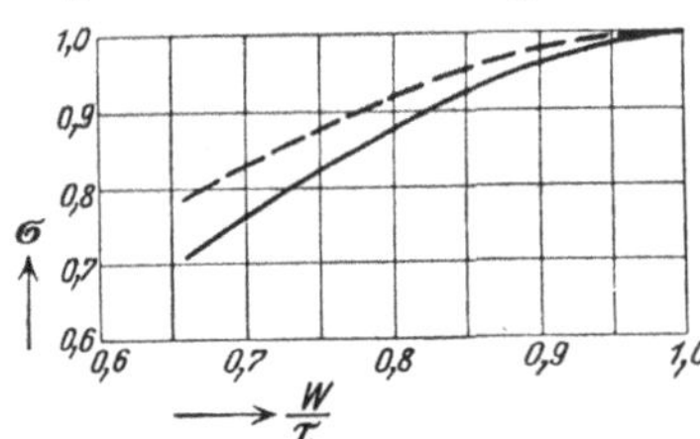

Etagenanordnung läßt sich ganz allgemein ableiten (Erg.-Bd. Abschn.10). Ebenso läßt sich zeigen, warum für unsere Modellanordnung die Leitwertbezugszahlen der Vollpolmaschine kleiner sind als die entsprechenden Leitwertbezugszahlen der Schenkelpolmaschine. Wir wollen jedoch hiervon Abstand nehmen.

Abb. 28. Reduktionsfaktor σ für gesehnte Wicklungen als Funktion des Verhältnisses W/τ, der mittleren Spulenweite zur Polteilung bei Vollpolmaschinen (——) und Schenkelpolmaschinen (— — — —).

Im folgenden werden wir an Hand der gewonnenen Leitwertbezugszahlen das Verhalten der einzelnen Wicklungen bezüglich ihrer Stirnstreuung untersuchen.

Gleichmäßigkeit der Stirnstreuung. Wir werden zunächst bestimmen, wie sich die Stirnstreuung der ganzen Wicklung auf die Wicklungsköpfe der einzelnen Spulengruppen verteilt. In Abschn. 6 haben wir für die Zwei-Etagen-Wicklung die Ungleichmäßigkeit der

---

[1] Der Faktor σ wurde aus Messungen abgeleitet, die Herr Dipl.-Ing. G. Kürzel bei ähnlichen Untersuchungen für Induktionsmaschinen durchgeführt hat.

Stirnstreuung durch den Faktor ι charakterisiert (Gl. 31). Es ist ι die auf den mittleren Leitwert der beiden Köpfe bezogene Abweichung des Leitwertes eines der Köpfe vom Mittelwert. Bei Wicklungen mit Wicklungsköpfen verschiedener mittlerer Windungslänge (Abb. 25 a und b) wächst der Faktor ι mit β und ist für Vollpolmaschinen größer als für Schenkelpolmaschinen. Bei Wicklungen, deren Wicklungsköpfe dagegen gleiche mittlere Windungslängen aufweisen (Abb. 25 c—e) sinkt der Faktor ι mit β und ist für Schenkelpolmaschinen größer wie für Vollpolmaschinen. Der starke Einfluß der mittleren Windungslänge auf den Faktor ι erklärt sich aus der Definition des Faktors. Für die untersuchten Wicklungen ist ι durchweg klein und erreicht nur für die Grenzwerte von β den Wert 0,15. Da das Verhältnis des Blindwiderstandes bei Parallelschaltung zu dem bei Reihenschaltung nach Gl. (30) proportional $1 - \iota^2$ ist, so beträgt der Unterschied der Blindwiderstände bei den untersuchten Anordnungen höchstens 3%. Diese Abweichung ist so gering, daß bezüglich der Stirnstreuung in allen praktischen Fällen ohne Rücksicht auf die Verschiedenheit der Leitwerte die Parallelschaltung verschiedener Gruppen angewendet werden kann.

Bei der Drei-Etagen-Wicklung haben die Wicklungsköpfe der zu einem Strange gehörenden Spulengruppen gleiche Form, die Wicklungsköpfe der Spulengruppen verschiedener Stränge dagegen ungleiche Form. Die Ungleichheit in der Form der Wicklungsköpfe bedingt Unterschiede in der Stirnstreuung der einzelnen Spulengruppen und in den Blindwiderständen der einzelnen Stränge. Um letztere zu beurteilen, vergleichen wir den relativen Spannungsverlust durch Stirnstreuung für die einzelnen Stränge. Dieser ist nach Abschn. 6 charakterisiert durch den auf die Polteilung bezogenen Leitwert λ_τ. In Abb. 29 sind die auf die Polteilung bezogenen Leitwerte $\lambda''_{\tau\mu}$ der einzelnen Wicklungsköpfe der bei Schenkelpolmaschinen untersuchten Drei-Etagen-Wicklungen als Funktion von β aufgetragen. Für Vollpolmaschinen ergeben sich ganz ähnliche Kurven. Der übersichtlicheren Darstellung wegen sind Kurven, die sehr nahe beieinanderliegen, vereinigt. So fallen die Kurven für die beiden der Stirnwand zunächstliegenden Wicklungsköpfe (I und II) der Anordnung nach Bild F und Bild G zusammen und sind in der Strichart der letzteren wiedergegeben. Das Verhältnis des größten relativen Leitwerts $\lambda''_{\tau\mu}$ zum kleinsten wächst mit β bei Anordnungen, deren Wicklungsköpfe ungleiche mittlere Windungslängen haben; dagegen sinkt es mit β bei Anordnungen, deren Wicklungsköpfe gleiche mittlere Windungslängen haben. Die Größe des Verhältnisses wird nur wenig davon beeinflußt, ob es sich um eine Vollpolmaschine oder eine Schenkelpolmaschine handelt, dagegen kann sein Wert außerordentlich hoch werden. So erreicht das Verhältnis z. B. bei einer Vollpolmaschine mit einer Wicklung nach Bild F für $\beta = 0{,}30$ den Wert 1,7; das besagt, der Blindwiderstand des einen Stranges ist um 70% größer als der des Stranges mit dem kleinsten Blindwiderstand.

Während wir im vorausgegangenen die Leitwertszahlen der einzelnen Wicklungsköpfe betrachtet haben, werden wir uns im folgenden nur noch den Mittelwerten zuwenden, die die Stirnstreuung der ganzen Anordnung beschreiben. Die verschiedenen Anordnungen werden wir

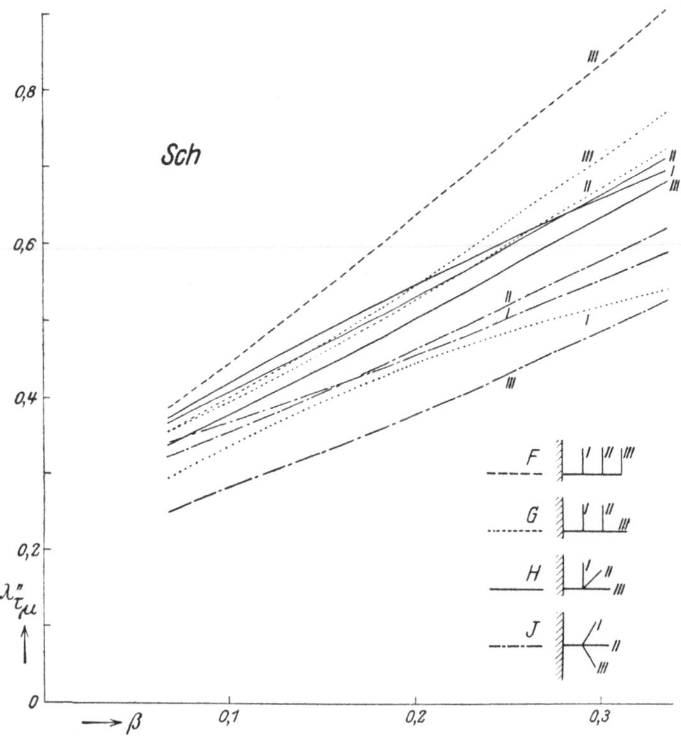

Abb. 29. Die auf die Polteilung bezogenen Leitwerte $\lambda''_{\tau\mu}$ für Schenkelpolmaschinen der drei Stränge der verschiedenen Drei-Etagen-Wicklungen als Funktion der relativen Etagenteilung β. Kopf I der Etagenanordnung nach Bild F hat den gleichen Leitwert wie Kopf I der Etagenanordnung nach Bild G. Das Gleiche gilt für die entsprechenden Werte des Kopfes II. Es sind nur die Kurven für Bild G angegeben.

auf ihren relativen Spannungsverlust durch Stirnstreuung, auf ihren Metallaufwand und auf die Ausnutzung des Metalls in bezug auf die Stirnstreuung untersuchen.

Zum Vergleich der verschiedenen Wicklungsanordnungen denken wir uns eine Maschine gegeben, in die wir nacheinander verschiedene Wicklungen einbauen. Dabei lassen wir die magnetischen und elektrischen Beanspruchungen der Maschine unverändert. Wir müssen daher alle Wicklungen für die gleiche Spannung, die gleichen Nutabmessungen und die gleiche Polteilung entwerfen. Aus unseren Betrachtungen über die Dimensionierung der Wicklungsköpfe in Abschn. 7 geht hervor, daß hierfür alle Wicklungen mit der gleichen relativen Etagenteilung β auszuführen sind. Im folgenden werden wir alle Vergleiche auf der Grundlage gleicher relativer Etagenteilung durchführen, müssen uns aber dabei bewußt bleiben, daß die mechanische Festigkeit der Wicklung darin keinen Ausdruck findet.

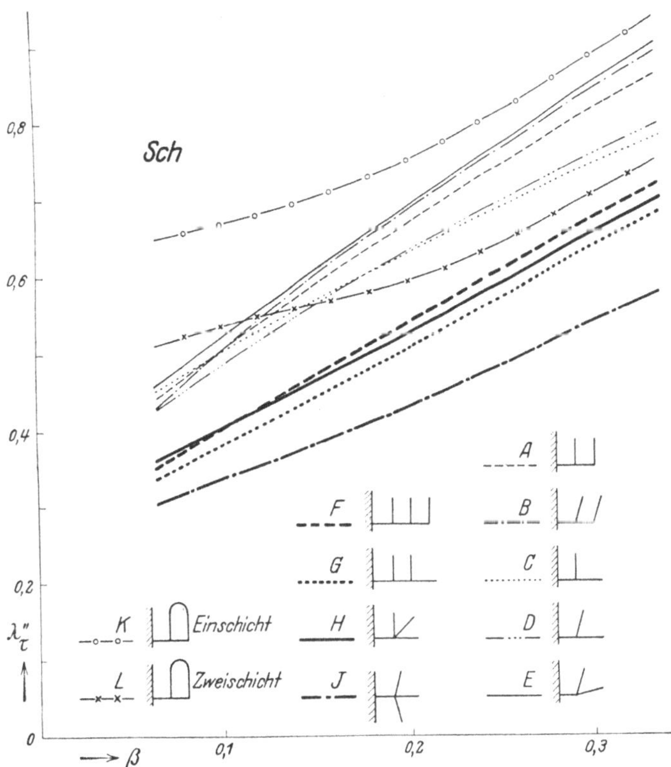

Sbb. 30. Vergleich der Dreiphasenwicklungen bezüglich ihres relativen Spannungsverlustes durch Stirnstreuung, dargestellt durch die auf die Polteilung bezogene Leitwertszahl λ_τ'' für Schenkelpolmaschinen als Funktion der relativen Etagenteilung β.

Der relative Spannungsverlust durch Stirnstreuung einer Wicklungsanordnung ist nach Abschn. 6 durch den auf die Polteilung bezogenen Leitwert λ_τ gekennzeichnet. Für die untersuchten Dreiphasenwicklungen ist der relative Leitwert λ_τ'' als Funktion von β in Abb. 30 für Schenkelpolmaschinen dargestellt. Die Stricharten für die verschiedenen Anordnungen der Wicklungsköpfe sind in der Abbildung erklärt. Der relative Spannungsverlust durch Stirnstreuung wächst für die Wicklungen mit Spulengruppen ungleicher Form nahezu linear mit β an und ist für die Zwei-Etagen-Wicklungen größer wie für die Drei-Etagen-Wicklungen. Für die Wicklungen mit Spulengruppen gleicher Form wächst der relative Spannungsverlust ebenfalls mit β und zeigt für kleine Werte von β besonders große Werte gegenüber den anderen Wicklungsarten. Für Einschichtwicklungen sind die Werte wesentlich größer als für Zweischichtwicklungen. Die Kurven haben für Vollpol- und Schenkelpolmaschinen ähnlichen Verlauf und ergeben für Schenkelpolmaschinen etwas größere Werte. Der größte relative Spannungsverlust tritt bei der Einschichtwick-

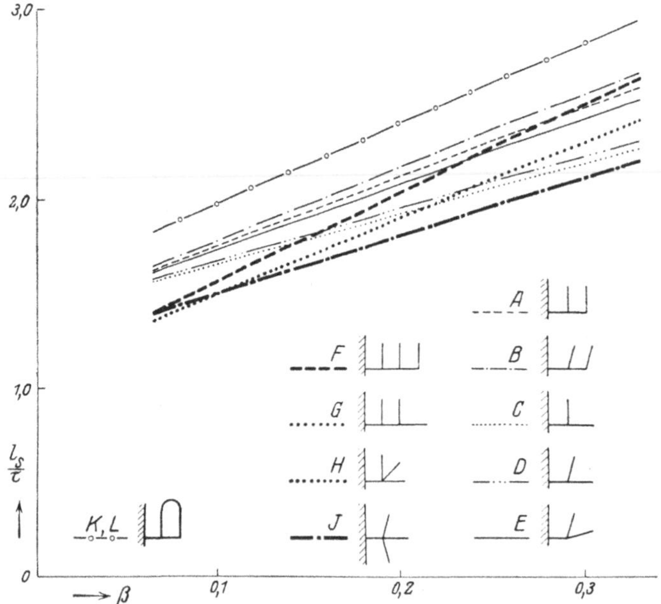

Abb. 31. Vergleich der Dreiphasenwicklungen bezüglich ihres Metallaufwandes für Wicklungsköpfe, dargestellt durch das Verhältnis l_S/τ der mittleren Windungslänge zur Polteilung als Funktion der relativen Etagenteilung β.

lung auf. Den kleinsten relativen Spannungsverlust für Vollpolmaschinen erhalten wir bei der Drei-Etagen-Wicklung nach Bild G. Die nur bei Schenkelpolmaschinen verwendbare Drei-Etagen-Wicklung nach Bild J ergibt einen besonders niederen relativen Spannungsverlust durch Stirnstreuung, was darauf zurückzuführen ist, daß der dem Läufer zugebogene Wicklungskopf eine sehr kleine Streuung aufweist (vgl. Abb. 29).

Der Metallaufwand. Da der gesamte Leiterquerschnitt am Ankerumfang für unsere Betrachtung konstant ist, und die Leiter sich entsprechend der mittleren Windungslänge l_S der Wicklungsköpfe in den Stirnraum erstrecken, so ist das Verhältnis l_S/τ, der mittleren Win-

dungslänge zur Polteilung, ein Maß für den Metallaufwand der Wicklungsköpfe. In Abb. 31 ist das Verhältnis l_S/τ für die untersuchten Dreiphasenwicklungen als Funktion von β aufgetragen. Das Verhältnis l_S/τ ist
wie wir in Abschn. 7 erkannt haben, für alle Wicklungsanordnungen
eine lineare Funktion von β. Für kleine Werte von β ist l_S/τ bei den
Drei-Etagen-Wicklungen kleiner als bei den Zwei-Etagen-Wicklungen,
wächst jedoch für die Drei-Etagen-Wicklungen mit β schneller an, so
daß für große Werte von β die Werte von l_S/τ für die Drei-Etagen- und
Zwei-Etagen-Wicklungen etwa gleich werden. Den größten Metallaufwand verlangen die Wicklungen mit Spulengruppen gleicher Form
(einschichtig ebenso viel wie zweischichtig) alsdann folgt die Zwei-
Etagen-Wicklung, bei der die Wicklungsköpfe nach Bild B abgebogen
sind und den kleinsten Metallaufwand die allerdings nur für Schenkelpolmaschinen anwendbare Drei-Etagen-Wicklung nach Bild J.

Die Ausnutzung des Metalls der Wicklungsköpfe in
bezug auf die Stirnstreuung. Der bei plötzlichem Kurzschluß
der Maschine auftretende Stoßkurzschlußstrom ist durch die gesamte
Streuung von Ständer und Läufer bestimmt. Zur Beurteilung dieser
für den Ausgleichsvorgang maßgebenden Streuung wird bei dem Entwurf der Maschine die für den stationären Betrieb maßgebende Ständerstreuung benutzt. Um den Stoßkurzschlußstrom in angemessenen
Grenzen zu halten, werden für die Ständerstreuung bestimmte Werte
vorgeschrieben, die in fast allen Fällen so hoch sind, daß man zu besonderen Hilfsmitteln greifen muß. Es ist daher wertvoll zu wissen,
welche Art der Anordnung der Wicklungskopfe bei dem geringsten
Metallaufwand den größten Beitrag zur Ständerstreuung liefert. Die
Ausnutzung des Metalls der Wicklungsköpfe hinsichtlich der Stirnstreuung ist um so besser, je größer der relative Spannungsverlust
durch Stirnstreuung und je kleiner der Metallaufwand ist. Der relative
Spannungsverlust ist durch den auf die Polteilung bezogenen Stirnstreuleitwert λ_τ bestimmt, der Metallaufwand durch das Verhältnis l_S/τ, und somit die Ausnutzung der Wicklung in bezug auf die Stirnstreuung durch das Verhältnis $\dfrac{\lambda_\tau}{l_S/\tau}$, das nach Gl. (23) gleich der Leitwertszahl λ_S der betreffenden Wicklungsanordnung ist. Zur Beurteilung
der einzelnen Wicklungsanordnungen genügt die Betrachtung der Leitwertbezugszahlen. Für alle untersuchten Dreiphasenwicklungen sind
die Leitwertbezugszahlen als Funktion von β in Abb. 32 für Schenkelpolmaschinen dargestellt. Für Vollpolmaschinen ergeben sich ganz
ähnliche Kurven. Sowohl für Vollpolmaschinen als auch für Schenkelpolmaschinen ist das Wicklungsmetall bei Zwei-Etagen-Wicklungen
wesentlich besser ausgenutzt als bei Drei-Etagen-Wicklungen. Die
beste Ausnutzung erreicht man für kleine Werte von β mit der Ein-

schichtwicklung und für große Werte von β mit der Zwei-Etagen-Wicklung nach Bild E; die schlechteste Ausnutzung weist dagegen bei Vollpolmaschinen die Drei-Etagen-Wicklung nach Bild F, bei Schenkelpolmaschinen die Drei-Etagen-Wicklung nach Bild J auf.

Der Einfluß der speziellen Form des Läufers auf den Leitwert der Stirnstreuung findet seinen Ausdruck in dem Korrektionsfaktor ϱ,

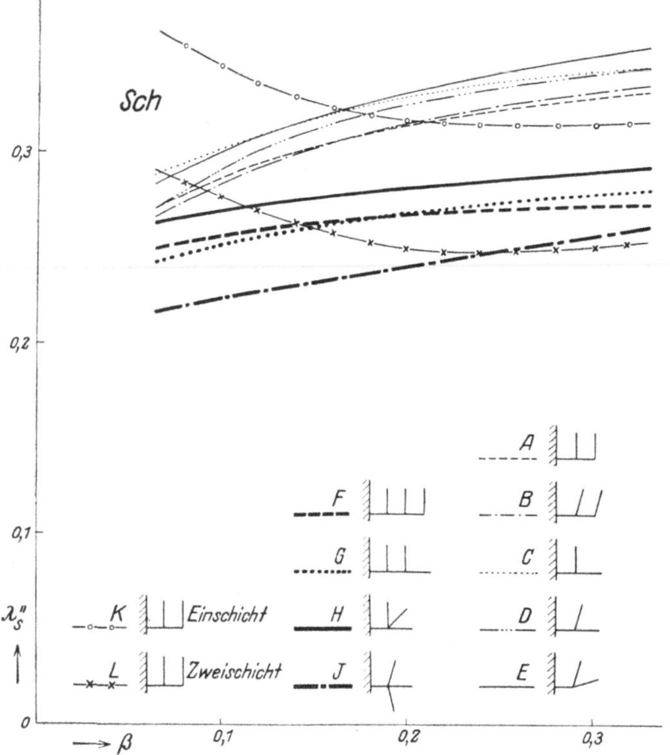

Abb. 32. Vergleich der Dreiphasenwicklungen hinsichtlich der Ausnutzung des Metalls der Wicklungsköpfe in bezug auf die Stirnstreuung, dargestellt durch die Leitwertbezugszahl λ_s'' für Schenkelpolmaschinen als Funktion der relativen Etagenteilung β.

den wir für Vollpolmaschinen und Schenkelpolmaschinen getrennt betrachten.

Für Vollpolmaschinen ist in Abb. 33 der Korrektionsfaktor ϱ als Funktion des Verhältnisses A/τ, der mittleren Ausladung des Läuferwicklungskopfes zur Polteilung dargestellt. Wir erhalten je eine Korrektionskurve $\varrho\,(A/\tau)$ für die Einphasenwicklung, die dreiphasige Drei-Etagen-Wicklung und die dreiphasige Zwei-Etagen-Wicklung. Letztere gilt auch für die Wicklungen mit Spulengruppen gleicher Form. Der Einfluß der speziellen Läuferform macht sich am stärksten bei Einphasenwicklungen bemerkbar, am wenigsten bei Zwei-Etagen-Wicklungen und äußert sich in einer Verringerung der Stirnstreuung mit wachsender Ausladung der Läuferwicklung. Dies ist auch zu erwarten, da mit wachsender Ausladung der umfaßte Nutzfluß wächst und damit

bei unverändertem Stirnfeld der Streufluß abnimmt.

Bei Vollpolmaschinen niederer Polzahl ist die bisherige Annahme, daß Läufer- und Ständerstirnwand in einer Ebene liegen, sehr gezwungen, wenn man bedenkt, daß die Welle des Läufers in vielen Fällen so stark ist, daß die Läuferwicklungs-

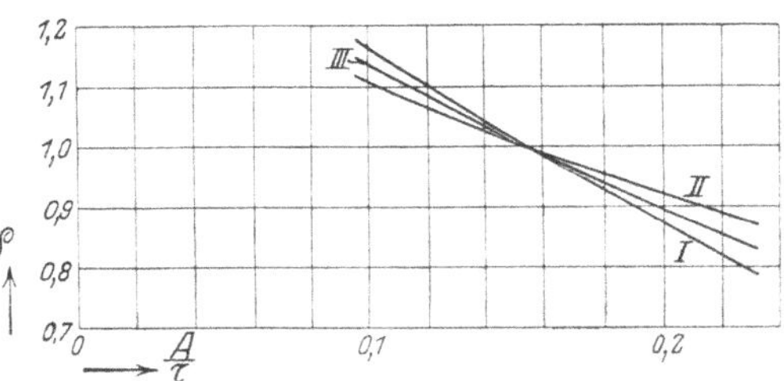

Abb. 33. Einfluß der speziellen Form der Läuferwicklung von Vollpolmaschinen auf die Stirnstreuung, dargestellt durch den Korrektionsfaktor ϱ als Funktion des Verhältnisses A/τ, der auf die Polteilung bezogenen mittleren Läuferausladung. (*I*) Einphasenwicklung; (*II*) Zwei-Etagen-Wicklung und Wicklungen mit Spulengruppen gleicher Form, (*III*) Drei-Etagen-Wicklung.

köpfe nahezu auf ihrer ganzen Länge auf der Welle aufliegen. Der Einfluß der Läuferwelle wurde am Modell untersucht, wobei zur Darstellung der Läuferwelle ein mit der Läuferstirnwand magnetisch gut leitend verbundenes Blech verwendet wurde, das in die senkrecht zur Stirnwand durch die Läufermantelspur verlaufende Ebene gelegt wurde. Diese Anordnung gibt sicherlich den Einfluß der Welle zu stark wieder, da die Welle praktisch nie so dicht an die Mantelfläche des Läufers herantritt. Die Veränderung des Stirnstreufeldes läßt sich durch eine 10—14%ige Erhöhung des Korrektionsfaktors ϱ darstellen, wobei die niedrigeren Werte für die Anordnungen mit kleineren Werten von β gelten.

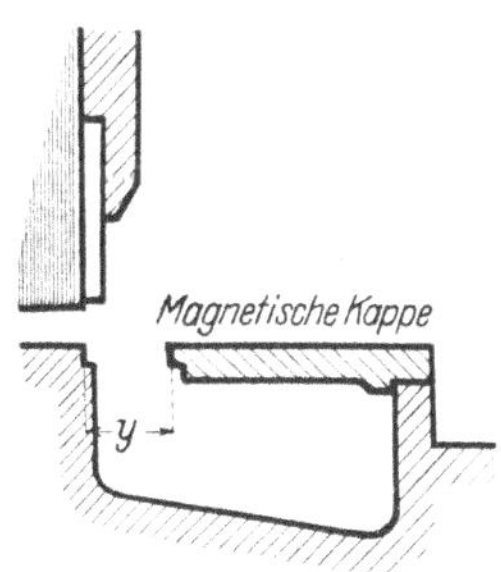

Abb. 34. Läufer einer Vollpolmaschine mit magnetischer Kappe.

Eine weit stärkere Beeinflussung des Stirnfeldes der Vollpolmaschine tritt auf, wenn an Stelle der unmagnetischen Kappen magnetisch gut leitende Kappen verwendet werden (Abb. 34). Um den Einfluß der magnetischen Kappe auf die Stirnstreuung zu untersuchen, wurde diese am Modell durch ein Blech dargestellt, das in der senkrecht zur Stirnwand durch die Läufermantelspur verlaufenden Ebene so angeordnet wurde, daß zwischen Stirnwand und magnetischer Kappe ein längs des Ankerumfangs konstanter Abstand y bestand. Da die Kappe die Läuferwicklung bedeckt und das Stirnfeld für den darunter liegenden Teil der Läuferwicklung abschirmt, so wird der Nutzfeldanteil stark verringert. Da außerdem durch die Anwesenheit der Kappe das Stirnfeld verstärkt wird, so ist eine sehr starke Vergrößerung der Stirnstreuung durch die magnetische Kappe zu erwarten. In Abb. 35 ist der Einfluß der magnetischen Kappe für die Ständerwicklungen mit Spulengruppen gleicher Form durch den Korrektionsfaktor ϱ in Abhängigkeit von y/τ dargestellt. Dieser tritt innerhalb des praktisch allein wichtigen Bereiches von $0 < y/\tau < 0{,}154$ an Stelle des Faktors ϱ

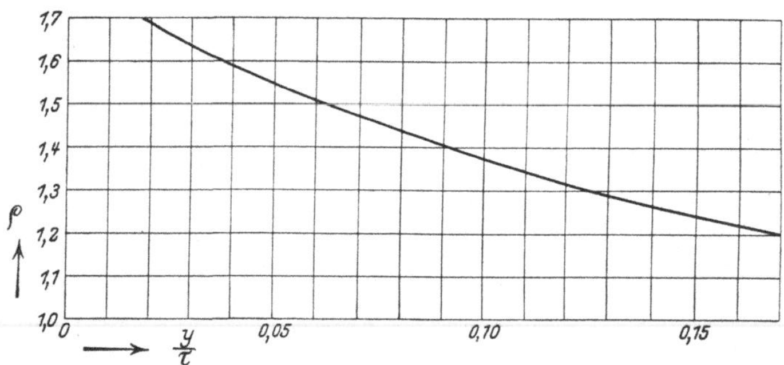

Abb. 35. Korrektionsfaktor ϱ für Wicklungen mit Spulengruppen gleicher Form bei Vollpolmaschinen mit magnetischen Kappen, die bis auf den Abstand y (s. Abb. 34) an die Stirnwand heranreichen.

der Abb. 33. Der Einfluß der magnetischen Kappen ist in schwachem Maße von der relativen Etagenteilung β abhängig. Die angegebenen Werte gelten für $\beta > 0{,}12$. Für kleinere Werte sinkt der Korrektionsfaktor ϱ bis er bei $\beta = 0{,}08$ nur noch etwa 85% beträgt.

Für Schenkelpolmaschinen ist in Abb. 36 der Korrektionsfaktor ϱ als Funktion des Verhältnisses h_K/τ, der radialen Polkernlänge zur Polteilung, und des Verhältnisses h_P/τ, der Polschuhhöhe zur Polteilung

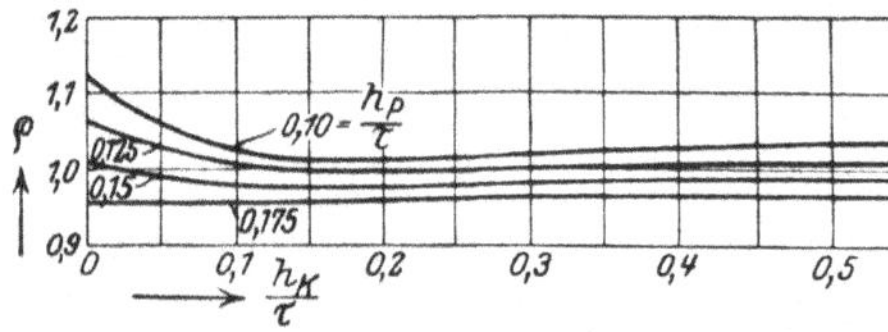

Abb. 36. Einfluß der speziellen Form des Läufers von Schenkelpolmaschinen auf die Stirnstreuung, dargestellt durch den Korrektionsfaktor ϱ als Funktion des Verhältnisses h_K/τ, der Polkernhöhe zur Polteilung und dem Verhältnis h_P/τ der Polschuhhöhe zur Polteilung als Parameter.

dargestellt. Um uns den Einfluß des Verhältnisses h_P/τ zu erklären, denken wir uns für einen Augenblick an einer Maschine die Polschuhhöhe veränderlich. Je mehr sie wächst, um so größer wird der in den Polschuh eintretende Stirnfluß und da dieser vollständig mit der Läuferwicklung verkettet ist, auch der Nutzfluß. Beachtenswert ist die Abhängigkeit des Korrektionsfaktors von dem Verhältnis Polkernlänge zu Polteilung. Im Hinblick auf das Stirnfeld und seine Verkettung mit der Läuferwicklung sollte man erwarten, daß mit wachsender Kernlänge die Stirnstreuung und damit der Faktor ϱ stets kleiner werden und sich um so weniger ändern, je größer das Verhältnis h_K/τ ist. Dieser Erwartung entspricht die Kurve für kleine Werte von h_K/τ; dagegen wächst sie von etwa $h_K/\tau = 0{,}2$ ab wieder an, allerdings sehr schwach. Dieses Anwachsen läßt sich durch die endliche Permeabilität der Polkerne und die damit auftretende Polkernstreuung erklären (Erg.-Bd. Abschn. 11).

Der Einfluß der Querschnittsform der Spulengruppenseiten. Die Spulen, mit denen wir die Ständerwicklungen am Modell darstellten, hatten einen idealisierten Spulenseitenquerschnitt. Ihre Spulenhöhe war sehr gering und ihre Nutenzahl auf Pol und Strang sehr groß, so daß wir sie als flächenhafte Spulen betrachten konnten. Im folgenden werden wir untersuchen, welchen Einfluß die Querschnittsform der Spulengruppenseiten auf den Stirnstreuleitwert hat.

In Abb. 37a ist der Querschnitt der axial verlaufenden Teile einer Spulengruppenseite dargestellt. Er setzt sich zusammen aus q bzw. $q/2$ Querschnitten einzelner Spulenseiten (in unserem Beispiel 3), je nachdem ob die Spulengruppe einer Wicklung mit p oder $2p$ Spulengruppen im Strang angehört. Jeder einzelne dieser Spulenseitenquerschnitte ist im wesentlichen rechteckförmig. Er hat die Höhe h und die Breite a, die beide den um die Isolation verminderten Abmessungen der Nut entsprechen. Die zu einer Spulengruppe gehörigen Spulenseitenquerschnitte folgen sich im Abstand je einer Nutteilung t. Während

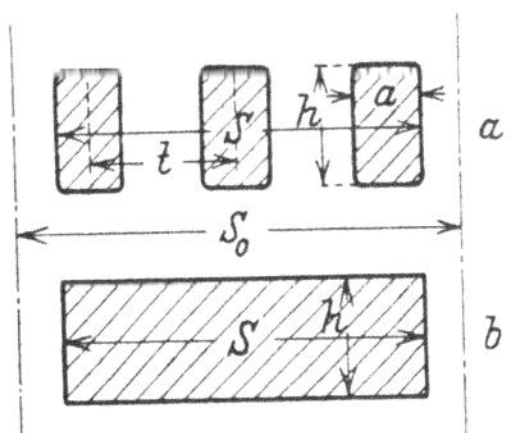

Abb. 37. Querschnitt und Umfang einer Spulengruppenseite.

die Durchflutung einer Spulenseite fast gleichmäßig über ihren Querschnitt verteilt ist, ist die Durchflutung einer Spulengruppenseite auf einzelne Teilquerschnitte verteilt. Maxwell hat gezeigt [L 11 Bd. 2 Art. 690], daß der Einfluß der Querschnittsform und der Durchflutungsverteilung auf die Induktivität einer Spule sich darstellen läßt mit Hilfe des mittleren geometrischen Abstandes der Querschnittsfläche von sich selbst, und daß die Induktivität einer Spule sich mit der Form der Querschnittsfläche solange nicht ändert, als deren mittlerer geometrischer Abstand von sich selbst unverändert bleibt. Für die praktisch vorkommenden Querschnittsformen der Spulengruppenseiten können wir den mittleren geometrischen Abstand der Spulengruppenseite von sich selbst proportional dem Umfang u setzen, wenn wir als Umfang u der Spulengruppenseite den Umfang des umbeschriebenen Rechtecks (Abb. 37b) definieren. Es genügt daher zur Beschreibung des Einflusses der Querschnittsform einer Spulengruppenseite auf die Induktivität einer Spulengruppe die Untersuchung des Einflusses ihres Umfanges. Dieser wurde an einem Modell für den Leitwert des Stirnfeldes einer einzelnen räumlich ausgedehnten Spulengruppe experimentell bestimmt.

Um den Stirnfeldanteil wiederzugeben, den eine einzelne Spulengruppe im Verband mit den übrigen Spulengruppen der Wicklung erregt, muß für die gebräuchlichsten Ein- und Mehrphasenwicklungen die magnetische Luftspaltspannung innerhalb der beiden Seiten der Spulengruppe gleich sein der Durchflutung der Querverbindungen [L 16 S. 281]. Wir erreichen dies am Modell dadurch, daß wir den Luft-

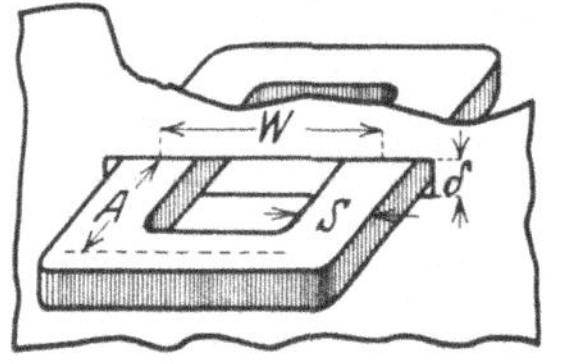

spalt außerhalb der Spulengruppe magnetisch kurzschließen. Abb. 38 zeigt das Modell zur Darstellung des Eigenstirnfeldes einer Spulengruppe. Wie bei der Stirnfeldmaschine ist auch hier das Ankereisen axial so stark verkürzt, daß nur noch ein einzelnes Blech verbleibt. Die untersuchte Spulengruppe ist eben und liegt symmetrisch zur Stirnwand in der Ebene normal zur Stirnwand durch den

Abb. 38. Modell zur Darstellung des Eigenstirnfeldes einer Spulengruppe mit endlicher Spulendicke.

Luftspalt. Gemessen wurde die Induktivität der Spulengruppe in Abhängigkeit von dem Umfang ihrer axialen Spulengruppenseite, deren Höhe veränderlich war. Hieraus läßt sich der Korrektionsfaktor $\varkappa$ für den Stirnstreuleitwert ableiten (Erg.-Bd. Abschn. 12), der in Abb. 39 für die verschiedenen Wicklungsarten in Abhängigkeit des Verhältnisses u/τ, des Umfanges einer axialen Spulengruppenseite zur Polteilung dargestellt ist. Mit wachsenden Werten von u/τ, die bei

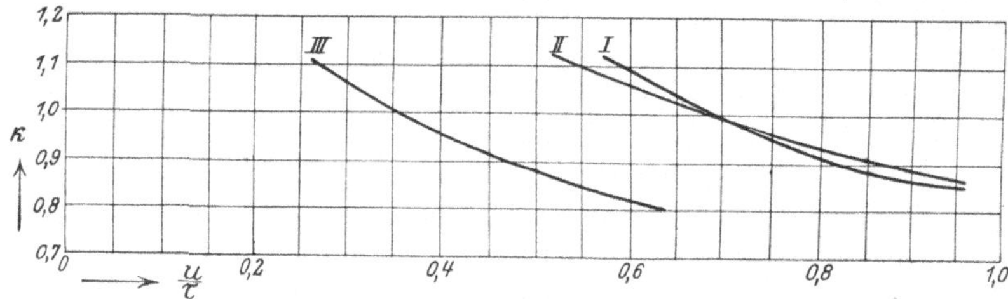

Abb. 39. Einfluß der Querschnittsform der Spulengruppenseiten auf die Stirnstreuung, dargestellt durch den Korrektionsfaktor $\varkappa$ als Funktion des Verhältnisses u/τ, des Umfanges einer axialen Spulengruppenseite zur Polteilung. (*I*) Einphasenwicklung; (*II*) Zwei-Etagen-Wicklung und Wicklungen mit Spulengruppen gleicher Form; (*III*) Drei-Etagen-Wicklung.

festgehaltener Polteilung durch Vergrößerung der Nuttiefe oder der Nutenzahl auf Pol und Strang eintreten, sinkt der Wert des Korrektionsfaktors $\varkappa$ und damit auch die Stirnstreuung. Der Korrektionsfaktor $\varkappa$ ist praktisch unabhängig von der Etagenanordnung und der relativen Etagenteilung.

9. Anwendung der am Modell gewonnenen Ergebnisse.

Berechnung der Stirnstreuung eines Stranges. Im folgenden soll gezeigt werden, wie die am Modell gewonnenen Ergebnisse zur Berechnung der für das Verhalten der Synchronmaschine im stationären Betrieb maßgebenden Stirnstreuung angewendet werden können. Wir werden mehrere Möglichkeiten zeigen, die je nach der geforderten Genauigkeit mehr oder minder schnell zum Ziele führen.

In Abschn. 6 haben wir gesehen, daß sich der Blindwiderstand eines Stranges einer Ganzlochwicklung nach Gl. (18b) berechnen läßt.

$$X_S = 0{,}158 \frac{f}{100} \left(\frac{w}{100}\right)^2 \frac{l_s}{p} \lambda_S \ \text{Ohm}. \qquad (18\,\text{b}')$$

Hierin bedeutet w die gesamte im Strange in Reihe geschaltete Windungszahl, l_S die mittlere Windungslänge der Spulenköpfe eines Stranges in cm, f die Frequenz in sek^{-1} und λ_S die mittlere Leitwertszahl der Spulenköpfe eines Stranges.

Auf Grund unserer Untersuchungen am Modell kann nach Abschn. 8 die Leitwertszahl λ_S der Stirnstreuung durch die Beziehung der Gl. (36)

$$\lambda_S = \varkappa \varrho \, \lambda_S'' \qquad (36')$$

wiedergegeben werden. Hierin stellt $\varkappa$ den Einfluß der Querschnittsform einer Spulengruppe dar, ϱ den Einfluß der speziellen Läuferform und λ_S'' die von beiden Einflüssen befreite Leitwertbezugszahl der Stirnstreuung.

Bevor wir daran gehen, diese drei Faktoren aus unseren Versuchsergebnissen zu ermitteln, müssen wir für die zu berechnende Anordnung die äquivalente Modellanordnung bestimmen. Am Modell sind alle Wicklungen nach den gleichen Gesichtspunkten entworfen, und nach Abschn. 7 eindeutig bestimmt durch Angabe der Etagenanordnung und der relativen Etagenteilung β. Aus der Definitionsgleichung fur β (Gl. 35')

$$\beta = \frac{e + h}{\tau} \qquad (35')$$

könnte man beim Entwurf der Maschine, für die man die Spulenhöhe h die Polteilung τ und den mit Rücksicht auf die Spannung der Maschine notwendigen Überschlagsweg e kennt, den Wert von β ohne weiteres berechnen, wenn die Wicklung nach den gleichen Gesichtspunkten entworfen würde, wie unsere Modellwicklung. Bei der praktischen Ausführung werden jedoch die für die Modellwicklungen aufgestellten Grundsätze nicht streng beachtet, teils aus Festigkeitsrücksichten, teils aus konstruktiven oder betriebstechnischen Bedürfnissen heraus. Es bietet daher die Größe β, wie man sie aus den Größen e, h und τ berechnen könnte, keine Gewähr mehr dafür, daß der praktisch ausgeführte Wicklungskopf möglichst weitgehend mit dem am Modell untersuchten Wicklungskopf gleicher relativer Etagenteilung übereinstimmt. Die Modellanordnung und die zu berechnende Anordnung werden jedoch sehr weitgehend formgleich, wenn für beide das Verhältnis l_S/τ, der mittleren Wicklungskopflänge zur Polteilung gleich ist, da dann die Unterschiede der beiden Wicklungen nur noch in der Aufteilung der Windungslänge auf die abgebogenen Stücke liegen können. Diese Unterschiede in der Wicklungskopfform bedingen allerdings auch Unterschiede in der Stirnstreuung; jedoch können letztere für die praktische Berechnung vernachlässigt werden. Die unmittelbare Anwendung der Bestimmungsgröße l_S/τ ist nicht ohne weiteres möglich, da die am Modell gewonnenen Leitwertbezugszahlen als Funktion von β dargestellt sind. Zur Verwertung der Ergebnisse müssen wir daher den Wert β der äquivalenten Modellanordnung aus der Bestimmungsgröße l_S/τ berechnen, was für die Modellanordnung nach Abschn. 7 sehr leicht möglich ist, da zwischen der Größe β und dem Verhältnis l_S/τ eine lineare Beziehung besteht. Es ist

$$\beta = B\frac{l_S}{\tau} - C, \tag{37}$$

worin B und C Konstanten sind, die in den beiden ersten Spalten der Zahlentafel 3 für alle untersuchten Wicklungen angegeben sind.

Die in der Berechnung der Stirnstreuung noch vorkommenden Bestimmungsgrößen sind sowohl für das Modell als auch für die auszuführende Maschine aus den Einzelabmessungen zu berechnen. Wir wenden uns nun der Berechnung der drei Faktoren $\varkappa$, ϱ und λ_S'', aus denen sich die Leitwertszahl λ_S zusammensetzt, zu.

Die Leitwertbezugszahl λ_S'' ist eine Funktion der Wicklungsart (Einphasenwicklung, dreiphasige Zwei-Etagen-Wicklung, dreiphasige Drei-Etagen-Wicklung, Dreiphasenwicklungen mit Spulengruppen gleicher Form), der Etagenanordnung, der relativen Etagenteilung β und der Art des Läufers (Vollpolmaschine V, Schenkelpolmaschine Sch). Zur Ermittlung der Leitwertbezugszahl bestimmen wir nach Gl. 37 aus dem Verhältnis l_S/τ die relative Etagenteilung β der entsprechenden Wicklungsart und Etagenanordnung des Modells. Mit diesem Wert von β entnehmen wir die Leitwertbezugszahl λ_S'' für die entsprechende Wicklung den stark ausgezogenen Kurven der Abbildungen 24—27, wobei wir für Vollpolmaschinen die mit V bezeichneten Abbildungen benutzen und für Schenkelpolmaschinen die mit Sch bezeichneten. Abweichend hiervon wird die Leitwertbezugszahl für gesehnte Zweischichtwicklungen bestimmt. Hierzu ist bei der Berechnung der relativen Etagenteilung β in Gl. 37 an Stelle von l_S/τ das Verhältnis l_S/W, der mittleren Windungslänge zur mittleren Spulenweite zu setzen. Mit dem so berechneten Wert von β entnehmen wir der Abb. 27 die Leitwertbezugszahl λ_S'' der formgleichen zweischichtigen Durchmesserwicklung und erhalten die Leitwertbezugszahl der gesehnten Wicklung $\sigma\lambda_S''$ mit Hilfe des Reduktionsfaktors σ, der der Abb. 28 als Funktion des Verhältnisses W/τ, der mittleren Spulenweite zur Polteilung, zu entnehmen ist.

Zahlentafel 3.

Die Werte der Konstanten B und C (in den beiden ersten Spalten) zur Berechnung der relativen Etagenteilung β nach Gl. (37), sowie die Werte der Konstanten B_ν und C_ν zur Berechnung der n relativen Etagenteilungen β_ν der n verschiedenen Etagen nach Gl. (38).

	B	C	$\nu = I$		$\nu = II$		$\nu = III$	
			B_ν	C_ν	B_ν	C_ν	B_ν	C_ν
	1,667	1,778						
	0,385	0,411						
	0,366	0,392						
	0,278	0,389	0,385	0,538	0,217	0,304		
	0,264	0,370	0,367	0,513	0,207	0,290		
	0,385	0,538						
	0,366	0,513						
	0,295	0,413						
	0,217	0,241	0,385	0,426	0,217	0,241	0,151	0,168
	0,255	0,282	0,385	0,426	0,217	0,241	0,217	0,241
	0,261	0,288						
	0,331	0,398						
	0,224	0,332						

Der Korrektionsfaktor ϱ berücksichtigt den Einfluß der speziellen Läuferform. Er ist für beide Läuferarten verschieden. Für Vollpolmaschinen ist der Korrektionsfaktor ϱ abhängig von dem Verhältnis A/τ, der mittleren axialen Ausladung A der Läuferwicklung zur Polteilung (vgl. Abb. 21). Er ist in Abb. 33 als Funktion von A/τ für Einphasenwicklungen (Kurve I), dreiphasige Drei-Etagen-Wicklungen (Kurve III) und dreiphasige Zwei-Etagen-Wicklungen (Kurve II) angegeben. Letztere Kurve gilt auch für dreiphasige Wicklungen mit

Spulengruppen gleicher Form. Liegt bei Vollpolmaschinen die Läuferwicklung unmittelbar auf der Welle und wird sie durch unmagnetische Kappen festgehalten, so kann der Korrektionsfaktor ϱ bis zu $14^0/_0$ größer werden. Bei Verwendung von magnetischen Kappen oder Stahlbandagen, die bis auf den Abstand y an die Läuferstirnwand heranreichen (s. Abb. 34), ist der Korrektionsfaktor ϱ in Abb. 35 als Funktion von y/τ angegeben. Für Schenkelpolmaschinen ist der Korrektionsfaktor ϱ bestimmt durch das Verhältnis h_K/τ, der radialen Polkernhöhe zur Polteilung und das Verhältnis h_P/τ, der Polschuhhöhe zur Polteilung. Für beide Verhältnisse werden die Abmessungen h_K und h_P einer Zeichnung der Maschine entnommen. Ist die Läuferwicklung durch magnetische Wicklungsträger gehalten, die seitlich in den Stirnraum hineinragen, so ist als Polschuhhöhe h_P die in Abb. 40 angegebene Erstreckung des Wicklungsträgers einzuführen. Mit den Werten h_K/τ und h_P/τ entnehmen wir der Abb. 36 den Korrektionsfaktor ϱ.

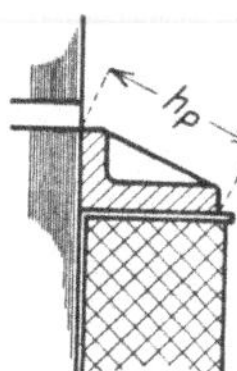

Abb. 40. Die Erstreckung h_P des Wicklungsträgers.

Der Korrektionsfaktor $\varkappa$ berücksichtigt den Einfluß der Querschnittsform der Spulengruppenseiten auf die Leitwertszahl. Er ist eine Funktion der Wicklungsart und des Verhältnisses u/τ, des Querschnittumfanges einer axialen Spulengruppenseite zur Polteilung. Der Umfang u ist nach Abb. 37b als Umfang des der Spulengruppenseite umbeschriebenen Rechtecks zu berechnen. Mit dem Verhältnis u/τ entnehmen wir der Abb. 39 den Korrektionsfaktor $\varkappa$, wobei für Einphasenwicklungen die Kurve I zu verwenden ist, für dreiphasige Drei-Etagen-Wicklungen die Kurve III und für dreiphasige Zwei-Etagen-Wicklungen die Kurve II. Letztere gilt auch für Dreiphasenwicklungen mit Spulengruppen gleicher Form. Bei Zweischichtwicklungen ist in der Berechnung des Verhältnisses u/τ für h die Spulenhöhe einer Schicht einzusetzen.

Der hier beschriebene Berechnungsgang enthält alle wesentlichen Faktoren zur Berechnung der Stirnstreuung eines Stranges. Von ihm ausgehend werden wir zeigen, wie man die Bestimmung der Stirnstreuung noch erweitern kann durch Berechnung der Aufteilung der Stirnstreuung auf die einzelnen Wicklungsköpfe und wie man sie zur schnellen überschlägigen Berechnung vereinfachen kann.

Erweiterte Rechnung. Zur genaueren Berechnung der Stirnstreuung eines Stranges sind die Beiträge der verschieden geformten Wicklungsköpfe einzeln zu bestimmen. Für Ganzlochwicklungen sind die Korrektionsfaktoren $\varkappa$ und ϱ für die einzelnen Wicklungsköpfe die gleichen wie zuvor. Die Erweiterung der Berechnung erstreckt sich nur auf die Bestimmung der Leitwertbezugszahlen der einzelnen verschieden gearteten Wicklungsköpfe. Da die Wicklungsköpfe eines Stranges, die der gleichen Etage angehören, einander gleich sind, so erstreckt sich unsere Untersuchung nur über so viele Wicklungsköpfe, als Etagen vorhanden sind. Für die Leitwertszahl von Wicklungsköpfen, die verschiedenen Etagen angehören (Schlupfspulen), ist der Mittelwert aus den beiden Leitwertszahlen der zugehörigen Etagen einzusetzen. Für einen ganz einer Etage angehörenden Wicklungskopf bestimmen wir in der gleichen Weise wie früher den formgleichen Wicklungskopf der Modellanordnung durch die Bestimmungsgröße l_{S_ν}/τ, das Verhältnis der mittleren Windungslänge des untersuchten Wicklungskopfes zur Polteilung, worin der Index ν die Etage bezeichnet, in der der untersuchte Wicklungskopf liegt. Aus der linearen Beziehung zwischen l_{S_ν}/τ und β_ν bestimmen wir das dem Wicklungskopf der Modellanordnung zugehörige β_ν. Es ist allgemein am Modell

$$\beta_\nu = B_\nu \frac{l_{S_\nu}}{\tau} - C_\nu. \tag{38}$$

In Zahlentafel 3 sind die Werte B_ν und C_ν für die verschiedenen Etagen der untersuchten Modellanordnungen angegeben. Für Wicklungen mit nur einer Etage (Einphasenwicklung) und solche, bei denen die Wicklungsköpfe der verschiedenen Etagen gleiche mittlere Windungslänge haben, sind für alle n Etagen die Werte B_ν und C_ν gleich den in der ersten Spalte angegebenen Werten B und C. Mit dem nach Gl. (38) berechneten Wert β_ν entnehmen wir den Abb. 24 bis 27 die Leitwertbezugszahl λ_{S_ν}'' des Wicklungskopfes der ν-ten Etage und zwar den Abbildungen mit dem Zeichen V, wenn es sich um eine Vollpolmaschine handelt, den Abbildungen mit dem Zeichen Sch, wenn es sich um eine Schenkelpolmaschine handelt. Mit den Korrektionsfaktoren $\varkappa$ und ϱ berechnen wir nach (Gl. 36) die Leitwertszahl λ_{S_ν} eines Wicklungskopfes der ν-ten Etage, und mit seiner mittleren Windungslänge l_{S_ν} seinen Beitrag zum Stirnstreublindwiderstand (vgl. hierzu das Berechnungsbeispiel S. 68).

Der Stirnstreublindwiderstand eines Stranges einer Bruchlochwicklung ist nach (Gl. 34, S. 30) zu berechnen. Dazu wären die Leitwertszahlen für die einzelnen Spulengruppen strenggenommen für jede Bruchlochwicklung gesondert an einem Modell zu bestimmen. Ihr wesentlichster Unterschied gegenüber denen der Ganzlochwicklungen gleicher Spulenform liegt in der veränderten Beeinflussung der betrachteten Spulengruppe durch die übrigen Spulengruppen. Der Unterschied ist um so geringer, je größer die Nutenzahl auf Pol und Strang bei der Bruchlochwicklung ist, da mit wachsender Nutenzahl auf Pol und Strang die Windungszahlen der einzelnen Spulengruppen sich mehr und mehr nähern und damit auch der gegenseitige Einfluß der Spulengruppen sich mehr dem der entsprechenden Ganzlochwicklung nähert. Da die übrigen Spulengruppen die Leitwertszahl der Stirnstreuung nur in schwachem Maße beeinflussen, so können wir mit guter

Annäherung die am Modell für Ganzlochwicklungen gefundenen Leitwertszahlen auch auf formgleiche Spulengruppen von Bruchlochwicklungen übertragen. Unsere Aufgabe besteht zunächst darin, die einer Spulengruppe der Bruchlochwicklung formgleiche Spulengruppe der Ganzlochwicklung des Modells zu bestimmen. Während hierzu bei Ganzlochwicklungen außer der Angabe der Wicklungsart und der Etagenanordnung die Angabe des Verhältnisses $l_{S\nu}/\tau$ genügte, reicht dies bei Bruchlochwicklungen nicht mehr aus, da bei Bruchlochwicklungen die Aufteilung der Windungslänge auf Weite und Ausladung des Wicklungskopfes nicht wie bei Ganzlochwicklungen in der Angabe des Verhältnisses $l_{S\nu}/\tau$ enthalten ist. Um auch bei Bruchlochwicklungen in die Formgleichheit die Aufteilung der Windungslänge auf Weite und Ausladung einzubeziehen, müssen wir fordern, daß Modell- und Maschinenwicklungskopf das gleiche Verhältnis $l_{S\nu}/W_\nu$, der mittleren Wicklungskopflänge $l_{S\nu}$ zur mittleren Wicklungskopfweite W_ν haben. Durch das Verhältnis $l_{S\nu}/W_\nu$ haben wir den äquivalenten Wicklungskopf der Modellanordnung festgelegt und müssen nun zum Auffinden der Leitwertszahlen die relative Etagenteilung β_ν des Modellwicklungskopfes bestimmen. Hierzu können wir (Gl. 38) verwenden, die β_ν als Funktion von $l_{S\nu}/\tau$ wiedergibt, wenn wir noch das Verhältnis W_0/τ_0, der Spulengruppenweite zur Polteilung der untersuchten Ganzloch-Modellwicklung einführen. Es ist alsdann

$$\beta_\nu = B_\nu \, \frac{l_{S\nu}}{W_\nu} \cdot \frac{W_0}{\tau_0} - C_\nu \, . \tag{38'}$$

Bei Ganzlochwicklungen hat W_0/τ_0 für alle Spulengruppen einer Wicklungsart den gleichen Wert. Er betrug für die am Modell untersuchte

Einphasenwicklung . . . . $^2/_3$
dreiphasige Drei-Etagen-Wicklung . . . . $^5/_6$
dreiphasige Zwei-Etagen-Wicklung 1
Dreiphasenwicklung mit Spulengruppen gleicher Form, einschichtig und zweischichtig . . . . 1.

Die Berechnung des Korrektionsfaktors ϱ ist für Bruchlochwicklungen in der gleichen Weise wie für Ganzlochwicklungen durchzuführen; dagegen können wir bei der Berechnung des Korrektionsfaktors $\varkappa$ der gegenüber Ganzlochwicklungen veränderten Spulengruppenweite Rechnung tragen. Ist die Bruchlochwicklung wie meist üblich in zwei Etagen angeordnet, so würde bei einer Verringerung des Verhältnisses Spulenweite zu Polteilung auf beispielsweise $^2/_3$ nicht mehr der Korrektionsfaktor für die Zwei-Etagen-Wicklung gelten, sondern der für die Einphasenwicklung. Ein Vergleich dieser beiden Korrektionsfaktoren in Abb. 39 zeigt, daß die Verringerung der Spulenweite sich in einer Vergrößerung des Einflusses der Querschnittsform bemerkbar macht und umgekehrt die Vergrößerung der Spulenweite in einer Verringerung des

Einflusses. Die Werte von $\varkappa$ können an Hand der Kurven der Abb. 39 geschätzt werden (vgl. hierzu das Berechnungsbeispiel S. 82).

Vereinfachte Rechnung. In vielen Fällen wird die am Anfang dieses Abschnittes gezeigte Berechnung der Stirnstreuung in der Anwendung zu umständlich sein. Im folgenden werden wir eine vereinfachte Rechnung zeigen, die noch sehr weitgehenden Forderungen an die Genauigkeit gerecht wird und dabei doch rechnerisch schnell zum Ziele führt.

Stellt man die Leitwertbezugszahl λ_S'' nicht als Funktion von β, sondern als Funktion von l_S/τ dar, so erkennt man, daß in fast allen Fällen die Leitwertbezugszahl mit sehr guter Annäherung durch die einfache Beziehung

$$\lambda_S'' = D - F \cdot \frac{\tau}{l_S} \tag{39}$$

dargestellt werden kann. In Zahlentafel 4 sind für alle am Modell untersuchten Wicklungen der Vollpol- und Schenkelpolmaschinen die Faktoren D und F sowie die maximale prozentuale Abweichung der nach Gl. (39) berechneten Leitwertbezugszahl von der gemessenen innerhalb des Bereiches von $0{,}08 < \beta < 0{,}32$ angegeben. Der diesem Intervall von β entsprechende Bereich von l_S/τ ist für jede einzelne Wicklung in der letzten Spalte der Zahlentafel angeführt. Die Leitwertszahl λ_S ergibt sich wieder nach Gl. (36) mit den in gleicher Weise wie früher (S. 51 u. 52) berechneten Korrektionsfaktoren $\varkappa$ und ϱ. Um einen Überblick über die Größe der Leitwertbezugszahl zu geben, sind in Zahlentafel 5 die gemessenen Leitwertbezugszahlen der Vollpol- und Schenkelpolmaschinen für die Grenzwerte von l_S/τ (entsprechend $\beta = 0{,}08$ und $\beta = 0{,}32$) zusammengestellt. Bei der Interpolation für andere Werte von l_S/τ ist die durch Gl. (39) aufgezeigte Beziehung zu beachten.

Setzt man den Korrektionsfaktor $\varrho = 1$, so kann der dadurch begangene Fehler bei Schenkelpolmaschinen etwa $\pm 4^0/_0$ betragen, bei Vollpolmaschinen etwa $\pm 7^0/_0$ (hierbei sind magnetische Kappen nicht berücksichtigt). Setzt man den Korrektionsfaktor $\varkappa = 1$, so vernachlässigt man dadurch eine Korrektur, die für praktisch gewöhnlich vorliegende Verhältnisse den Wert der Stirnstreuung um etwa $7^0/_0$ vergrößern und bis zu $15^0/_0$ verkleinern kann. Mit $\varkappa = 1$ und $\varrho = 1$ wird die Leitwertbezugszahl gleich der Leitwertszahl. Da $\varkappa$ und ϱ nicht wesentlich von der Einheit abweichen, so geben die Werte der Zahlentafel 5 einen ungefähren Anhalt über die Größe der Leitwertszahl und können zur ersten überschlägigen Berechnung des Blindwiderstandes eines Stranges verwendet werden. Hierzu ist bei der Dimensionierung von Dreiphasenmaschinen die Anwendung der in Abschn. 6 abgeleiteten Gl. (25) für den relativen Spannungsverlust durch Stirnstreuung besonders vorteilhaft. Es ist

$$\varepsilon_S = 1{,}95 \, \frac{A}{B_1} \, \lambda_S \, \frac{l_s}{l_i}, \tag{25'}$$

Zahlentafel 4.

Die Werte der Faktoren D und F zur Berechnung der Leitwertbezugszahl λ_s'' für Vollpolmaschinen und Schenkelpolmaschinen nach der Näherungsgleichung (39). Der angegebene Fehler stellt die größte positive und negative prozentuale Abweichung des gerechneten Wertes für λ_s'' vom gemessenen dar innerhalb des in der letzten Spalte angegebenen Bereiches von $\dfrac{l_s}{\tau}$. Die zugehörigen Grenzwerte für β sind 0,08 und 0,32.

	Vollpolmaschinen			Schenkelpolmaschinen			Fehler gilt für $< \dfrac{l_s}{\tau} <$
	D	F	%	D	F	$\pm$ %	
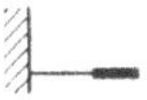	0,334	0,318	8,0	0,261	0,175	1,8	1,11÷1,26
	0,191	0,088	1,1	0,163	—0,004	1,3	1,27÷1,90
	0,209	0,108	0,8	0,179	0,010	2,2	1,28÷1,94
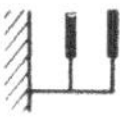	0,493	0,419	1,5	0,440	0,270	1,2	1,69÷2,55
	0,513	0,458	1,1	0,457	0,308	1,7	1,70÷2,61
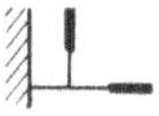	0,571	0,498	2,3	0,477	0,290	1,3	1,61÷2,23
	0,605	0,577	2,9	0,518	0,380	1,8	1,62÷2,28
	0,544	0,469	2,3	0,483	0,320	0,8	1,67÷2,49
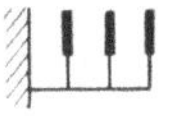	0,342	0,199	1,5	0,297	0,065	0,8	1,48÷2,58
	0,380	0,250	0,5	0,324	0,109	0,7	1,42÷2,37
	0,371	0,205	0,2	0,324	0,081	0,3	1,42÷2,34
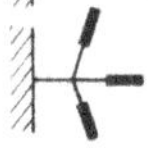				0,329	0,161	1,1	1,44÷2,17
Einschicht 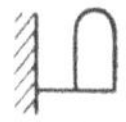	0,205	—0,218	3,7	0,236	—0,205	2,4	1,84÷2,91
Zweischicht	0,167	—0,155	5,2	0,187	—0,166	3,0	

worin l_i die ideelle Ankerlänge, A der bei Nennstrom auftretende effektive Strombelag in Amp/cm und B_1 die Amplitude der Grundwelle des resultierenden Luftspaltfeldes in Gauß ist.

Zahlentafel 5.

Die Grenzwerte der gemessenen Leitwertbezugszahl λ''_s der Vollpolmaschinen und Schenkelpolmaschinen für die in der mittleren Spalte angegebenen Grenzwerte von $\dfrac{l_s}{\tau}$. Die zugehörigen Grenzwerte von β sind 0,08 und 0,32.

	Vollpolmaschinen λ''_s	$\dfrac{l_s}{\tau}$	Schenkelpolmasch. λ''_s
	0,052÷0,087	1,11÷1,26	0,105÷0,123
	0,123÷0,146	1,27÷1,90	0,167÷0,167
	0,127÷0,156	1,28÷1,94	0,171÷0,178
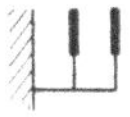	0,242÷0,324	1,69÷2,55	0,277÷0,330
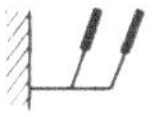	0,240÷0,331	1,70÷2,61	0,273÷0,334
	0,257÷0,338	1,61÷2,23	0,294÷0,343
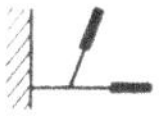	0,246÷0,340	1,62÷2,28	0,279÷0,343
	0,259÷0,349	1,67÷2,49	0,290÷0,353
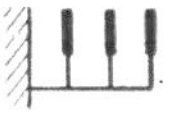	0,205÷0,263	1,48÷2,58	0,252÷0,272
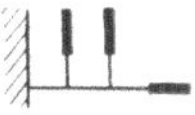	0,202÷0,274	1,42÷2,37	0,246÷0,279
	0,224÷0,282	1,42÷2,34	0,265÷0,291
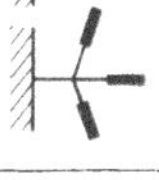		1,44÷2,17	0,219÷0,259
Einschicht 	0,334÷0,294	1,84÷2,91	0,355÷0,315
Zweischicht	0,263÷0,234	1,84÷2,91	0,283÷0,252

10. Vergleich der Stirnstreuung gemäß dieser Arbeit mit den Angaben anderer Autoren.

Im folgenden werden wir auf Grund unserer durch Messung gewonnenen Erkenntnis über die Größe der Stirnstreuung der Synchronmaschine die Berechnung der Stirnstreuung nach anderen Autoren kritisch betrachten.

Arnold [L 2] führt die Berechnung der Stirnstreuung einer Spulengruppe auf die Berechnung des Blindwiderstandes einer Ringspule mit gleichem Spulenquerschnitt und gleicher mittlerer Windungslänge zurück, indem er die Wicklungsköpfe der beiden Stirnräume durch Fortlassen des Eisens zu geschlossenen Stromkreisen vereinigt und den Einfluß der Nachbarspulen auf den betrachteten Wicklungskopf vernachlässigt. Auf Grund dieser Annahme erhält er folgende Gleichungen für die Leitwertszahl:

$$\text{Zwei-Etagen-Wicklung} \quad \lambda_S = 0{,}366 \log \frac{2\,l_S}{u_T} \tag{40a}$$

$$\text{Drei-Etagen-Wicklung} \quad \lambda_S = 0{,}183 \left(\log \frac{2\,l_S}{u_T} + 0{,}3 \right). \tag{40b}$$

Hierin bedeutet u_T den Umfang des Querschnitts einer Spulengruppenseite in ihrem Tangentialteil. Die Art und spezielle Form des Läufers (V, Sch, ϱ) ist in diesen Gleichungen nicht zum Ausdruck gebracht. Um die Arnoldschen Leitwertszahlen mit den am Modell gewonnenen Ergebnissen vergleichen zu können, setzen wir für den Umfang u_T der Spulengruppenseite den Wert ein, den unsere Modellspulen hatten. Alsdann entsprechen die Arnoldschen Leitwertszahlen unseren Leitwertbezugszahlen. Für die Zwei-Etagen-Wicklung betrug der Umfang des Tangentialteils der Modellspulengruppe $\tau/2$, für die Drei-Etagen-Wicklung $\tau/4$. Hiermit erhalten wir nach Arnold für die

$$\text{Zwei-Etagen-Wicklung} \quad \lambda_S = 0{,}366 \log \frac{l_S}{\tau} + 0{,}22 \tag{41a}$$

und für die

$$\text{Drei-Etagen-Wicklung} \quad \lambda_S = 0{,}183 \log \frac{l_S}{\tau} + 0{,}22 . \tag{41b}$$

Vergleichen wir innerhalb des praktisch in Frage kommenden Bereichs von l_S/τ für die beiden Wicklungsarten die Arnoldschen Werte mit den Mittelwerten, die wir aus den Leitwertbezugszahlen aller untersuchten Etagenanordnungen bilden, so sind die Arnoldschen Werte für die Zwei-Etagen-Wicklung um etwa 7 % bis 15 % und für die Drei-Etagen-Wicklung um etwa 7 % bis 10 % zu groß. Durch die Vernachlässigung des Einflusses der speziellen Läuferform kommt noch ein Fehler von etwa $\pm$ 7 % hinzu.

Kloß [L 10] versucht unter Beibehaltung der Form der Wicklungsköpfe die Stirnstreuung zu berechnen und den Einfluß der Nachbarspulen zu berücksichtigen. Er vernachlässigt jedoch den Einfluß der Eisennähe und verwendet für die Berechnung des Feldes die Biot-Savartsche Rechenregel in der Form, wie sie für unendlich lange Leiter gilt. Kloß gibt zur Berechnung der Leitwertszahl der Stirnstreuung folgende Gleichungen an:

$$\text{Zwei-Etagen-Wicklungen} \quad \lambda_S = 0{,}7 - 0{,}4\,\frac{\tau}{l_S}\,. \tag{42a}$$

$$\text{Drei-Etagen-Wicklungen} \quad \lambda_S = 0{,}33 - 0{,}17\,\frac{\tau}{l_S}\,. \tag{42b}$$

Die Art und spezielle Form des Läufers (V, Sch, ϱ) sowie die Querschnittsform der Spulengruppe ($\varkappa$) kommen hierin nicht zum Ausdruck. Be-achtenswert ist der Aufbau der Gleichungen, der vollständig mit unserer in Abschn. 9 abgeleiteten Näherungsgleichung (39) für die Leitwertbezugszahl übereinstimmt. Die Kloßschen Leitwertszahlen für die Drei-Etagen-Wicklung sind gegenüber den Mittelwerten unserer Leitwertbezugszahlen innerhalb des praktisch in Frage kommenden Bereiches von l_S/τ um 5% bis 10% zu klein. Dagegen sind die nach Kloß berechneten Leitwertszahlen der Zwei-Etagen-Wicklung gegenüber unseren Leitwertbezugszahlen um 60% bis 81% zu groß. Diese starken Abweichungen haben wohl Schenkel veranlaßt, die Konstanten abzuändern [L 23] und für die Zwei-Etagen-Wicklung die Leitwertszahl aus folgender Gleichung zu berechnen:

$$\lambda_S = 0{,}67 - 0{,}43\,\frac{\tau}{l_S}\,. \tag{43}$$

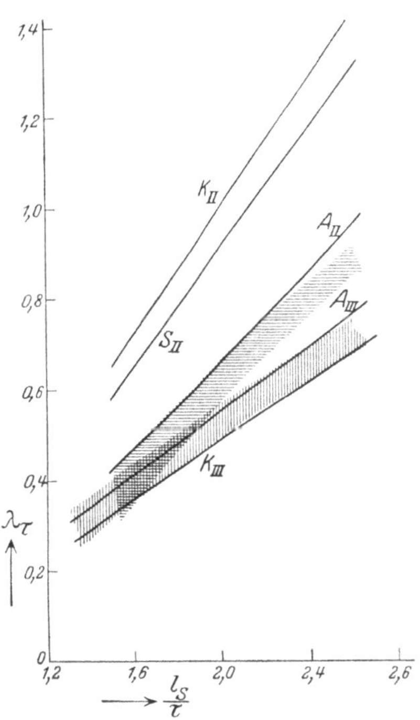

Abb. 41. Die auf die Polteilung bezogenen, am Modell gemessenen Leitwerte für Zwei-Etagen-Wicklungen (wagrecht schraffiert) und für Drei-Etagen-Wicklungen (senkrecht schraffiert) zum Vergleich mit den entsprechenden Werten von Arnold (A), Kloß (K) und Schenkel (S). Index II = Zwei-Etagen-Wicklungen; Index III = Drei-Etagen-Wicklungen.

Jedoch werden auch hiermit die Leitwertbezugszahlen noch um 48% bis 57% zu groß berechnet. Nach unseren früheren Betrachtungen in Abschn. 9 kommt infolge der Vernachlässigung des Einflusses der speziellen Läuferform noch ein Fehler hinzu von etwa $\pm\,7\%$ und infolge der Vernachlässigung des Einflusses der Querschnittsform der Spulengruppe ein Fehler von etwa $+\,7\%$ und $-\,15\%$.

Ein sehr anschauliches Bild von der Leistungsfähigkeit der Leitwertszahlen nach Arnold, Kloß und Schenkel ergibt sich, wenn man die auf die Polteilung bezogenen Leitwerte $\lambda_S\,\dfrac{l_S}{\tau} = \lambda_\tau$ als Funktion von l_S/τ darstellt. Die am Modell gewonnenen auf die Polteilung bezogenen Leitwerte λ_τ liegen für die Zwei-Etagen-Wicklungen in dem in Abb. 41

wagrecht schraffierten Bereich und für die Drei-Etagen-Wicklungen in dem senkrecht schraffierten Bereich. Die Leitwerte der anderen Autoren sind durch Kurven dargestellt, die mit dem Anfangsbuchstaben des Autors und dem Index *II* oder *III* bezeichnet sind, je nachdem, ob es sich um die Zwei-Etagen-Wicklung oder um die Drei-Etagen-Wicklung handelt. Man erkennt die gute Lage der Arnoldschen Leitwertszahlen für beide Wicklungsarten und der Kloßschen für die Drei-Etagen-Wicklung. Ebenso tritt deutlich die starke Abweichung der Leitwerte nach Kloß und Schenkel für die Zwei-Etagen-Wicklung in Erscheinung. Um eine gute Näherungsgleichung für die Leitwertszahl in der Kloßschen Form zu erhalten, müßte man schreiben

$$\text{Zwei-Etagen-Wicklung} \quad \lambda_S = 0,482 - 0,358\,\frac{\tau}{l_s}\,, \qquad (44\,\text{a})$$

$$\text{Drei-Etagen-Wicklung} \quad \lambda_S = 0,335 - 0,144\,\frac{\tau}{l_s}\,. \qquad (44\,\text{b})$$

Dreyfus [L 4] hat die wirkliche Form des gesamten Stirnfeldes ausführlich beschrieben und wohl zum erstenmal den Weg zu seiner genauen Berechnung durch Einführung eines eisenfreien, geschlossenen Strombildes gezeigt. Um von dem gesamten Stirnfeld zu dem Nutz- und Streufeld zu gelangen, führt er eine willkürliche Zerlegung ein, indem er das Ausbreitungsfeld des Luftspaltes als Nutzfeld einsetzt und das verbleibende Stirnrestfeld als Streufeld. Durch die Dreyfussche Zerlegung des Stirnfeldes wird die Abhängigkeit der Stirnstreuung von der Art des Läufers und seiner speziellen Form unterdrückt. Wir erhalten daher für Vollpolmaschinen und Schenkelpolmaschinen denselben Leitwert der Stirnstreuung.

Um die Ergebnisse der Dreyfusschen Rechnung — die sich nur auf die dreiphasige Zwei-Etagen-Wicklung erstreckt — mit den unseren zu vergleichen, geben wir für das dort durchgeführte Berechnungsbeispiel die nach unseren Modelluntersuchungen möglichen Werte der Stirnstreuung an. Dreyfus legt seiner Berechnung eine Zwei-Etagen-Wicklung zugrunde, deren Wicklungsköpfe in zwei parallel zur Stirnwand verlaufenden Ebenen liegen (vgl. Abb. 25a). Nach der in Abschn. 9 angegebenen „Erweiterten Rechnung" bestimmen wir hierzu die Grenzen zwischen denen die Leitwertszahl der Stirnstreuung je nach der Art und speziellen Form des Läufers liegen kann und erhalten:

	Kopf I (innenliegend)	Kopf II (außenliegend)
Vollpol-M.	$\lambda_{SI} = 0,281 \div 0,323$	$\lambda_{SII} = 0,259 \div 0,299$
Schenkelpol-M.	$\lambda_{SI} = 0,309 \div 0,335$	$\lambda_{SII} = 0,272 \div 0,294$

Die mittlere Leitwertszahl eines Spulenkopfes im Strang berechnen wir nach Gl. (33) durch Mittelwertsbildung über beide Wicklungsköpfe unter Berücksichtigung ihrer mittleren Windungslängen ($l_{SI} = 50,0$ cm;

$l_{SII} = 60{,}0$ cm). Es ist

für Vollpolmaschinen $\lambda_S = 0{,}269 \div 0{,}310$

und   für Schenkelpolmaschinen $\lambda_S = 0{,}289 \div 0{,}313$.

Mit diesen auf Grund unserer Modellversuche berechneten Leitwertszahlen vergleichen wir die nach Dreyfus sich ergebenden Leitwertszahlen. Zwischen der von Dreyfus berechneten ,,Leitfähigkeit des Stirnstreufeldes pro cm Leiterlänge λ`` und der in (Gl. 17) definierten Leitwertszahl λ_S besteht die Beziehung

$$\Pi_0 \lambda_S = \lambda \cdot 10^{-8} \text{ Henry/cm}. \tag{45}$$

Wir erhalten daher mit der Permeabilität der Luft $\Pi_0 = 0{,}4\,\pi \cdot 10^{-8}$ H/cm die unseren Leitwertszahlen entsprechenden Werte durch folgende Gleichung

$$\lambda_S = \frac{1}{0{,}4\,\pi}\,\lambda = \frac{1}{\pi}\,\frac{\sum x,y\,\dfrac{i}{i_1}}{\sum l}. \tag{46}$$

Die Bedeutung und die Werte von $\sum x,y\,\dfrac{i}{i_1}$ sind bei Dreyfus [L 4 Zahlentafel 3, Seite 132, in der Spalte ,,3 Phasen mit Drehstrom``] für die einzelnen Wicklungsköpfe angegeben. Der Ausdruck $\sum l$ stellt die mittlere Windungslänge des zugehörigen Wicklungskopfes dar. Es ist daher nach Dreyfus die Leitwertszahl für

Kopf I

$$\lambda_{SI} = \frac{29{,}3}{\pi \cdot 50{,}0} = 0{,}186$$

Kopf II

$$\lambda_{SII} = \frac{34{,}7}{\pi \cdot 60{,}0} = 0{,}184$$

und die mittlere Leitwertszahl eines Spulenkopfes im Strang

$$\lambda_S' = 0{,}185.$$

Die von Dreyfus berechneten Leitwertszahlen sind sehr viel kleiner, als die aus unseren Modellversuchen sich ergebenden Leitwertszahlen. Dies ist auch zu erwarten, da das willkürlich als Nutzfeld bezeichnete Luftspaltausbreitungsfeld nur zum Teil Nutzfeld ist. Im einzelnen sind die Dreyfusschen Werte gegenüber unseren Werten für den innenliegenden Kopf I um 33,8% bis 44,5% zu klein (0,186 gegen 0,281 bis 0,335) und für den außenliegenden Kopf II um 28,8% bis 38,4% (0,184 gegen 0,259 bis 0,299). Der Mittelwert der Leitwertszahl wird um 31,2% bis 40,8% zu klein berechnet (0,185 gegen 0,269 bis 0,313).

Es sei noch darauf hingewiesen, daß die Dreyfussche Bemerkung, nach der die Leitwertszahl der Stirnstreuung bei symmetrischer dreiphasiger Speisung gleich ist der Leitwertszahl bei einphasiger Speisung zweier gegeneinander geschalteter Stränge, nur mit der bei Dreyfus vorgenommenen willkürlichen Zerlegung des Stirnfeldes gilt und nicht auf alle Wicklungen erweitert werden kann. Strenggenommen tritt diese Gleichheit nur dann ein, wenn der Nutzfeldanteil für beide Speisungen der gleiche bleibt und die Spulengruppen der beiden fremden Stränge in bezug auf eine durch die Mitte der untersuchten Spulengruppe gelegte Axialebene spiegelbildlich gleich sind. Letztere Bedingung ist erfüllt bei den Wicklungen mit Spulengruppen gleicher Form und den gleichmäßig am Ankerumfang verteilten Zwei-Etagen-Ganzlochwicklungen, jedoch nicht mehr bei den Drei-Etagen-Wicklungen. Berücksichtigt man den Einfluß des Läufers auf die Stirnstreuung, so ist der Nutzfeldanteil des Ständerstirnfeldes bei dreiphasiger und bei einphasiger zweisträngiger Speisung nicht mehr gleich, da die Form des Stirnfeldes und seine Lage zur untersuchten Spulengruppe sich geändert haben. Im allgemeinen dürfte jedoch die Annahme der Gleichheit der Stirnstreuung für beide Betriebszustände eine gute Annäherung darstellen.

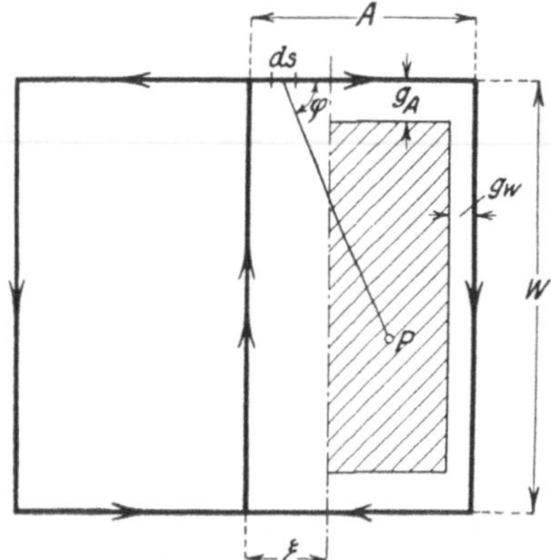

Abb. 42. Strombild einer Spulengruppe.
(Abb. 259 b aus [L 16]).

Richter hat in seinem Buche über elektrische Maschinen [L 16 S. 281] eine Theorie der Stirnstreuung gegeben, die ausgehend von dem gesamten Stirnfeld seine Trennung in Nutz- und Streufeld durch die Läuferwicklung darlegt und besonders für Synchronmaschinen hervorhebt. Um bei der Trennung des Stirnfeldes die Verschiedenartigkeit des Läufers zum Ausdruck zu bringen, ist angenommen, daß die Trennlinie zwischen Nutz- und Streufeld in der Mittelebene des Luftspaltes parallel zur Stirnwand im Abstand ξ verläuft. Zur Berechnung des Stirnfeldes wurde von einer Maschine mit konstantem Luftspalt und unendlich großem Bohrungsdurchmesser ausgegangen, deren Läufer- und Ständerstirnwand in einer Ebene liegt und bei der die Wicklung aller Stränge gleichmäßig am Ankerumfang verteilt so in der Ebene des Luftspaltes liegt, daß die Tangentialteile der Wicklungsköpfe zusammenfallen. Das Stirnfeld wurde zerlegt in zwei fiktive Teilfelder, wovon das eine das Eigenstirnfeld der betrachteten Spulengruppe ist und das andere das Fremdstirnfeld der restlichen Spulengruppen des eigenen und der übrigen Stränge.

Der Anteil λ_1 an der Leitwertszahl der Stirnstreuung, herrührend von dem Eigenstirnfeld einer Spulengruppe wurde in [L 16] nach der Biot-Savartschen Rechenregel aus dem Strombild der Abb. 42 berechnet, worin A die mittlere Ausladung und W die mittlere Weite einer Spulengruppe bedeuten und mit g_A und g_W die mittleren geometrischen

Abstände der betreffenden Spulengruppenseiten von sich selbst bezeichnet sind. Dieses Strombild stellt den eisenfreien Ersatzstromkreis der einen Seite einer durch eine geschlitzte Eisenwand geführten Spulengruppe dar, wobei der Luftschlitz wie in Abb. 38 zu beiden Seiten der Spulengruppe magnetisch kurzgeschlossen ist. Um die Abhängigkeit der Leitwertszahl λ_1 von dem Verhältnis ξ/A experimentell zu untersuchen, verwenden wir die Anordnung der Abb. 38. Der Vergleich wurde an der Drei-Etagen-Wicklung für das mittlere Verhältnis $l_S/\tau = 2{,}4$ durchgeführt. Dabei ergibt sich eine Übereinstimmung zwischen Rechnung und Messung bis auf 3,5 %. Die geringen Unterschiede sind auf Vernachlässigungen in der Rechnung und auf die unvollkommene Spiegelung des Eisens infolge seiner endlichen Permeabilität zurückzuführen.

Nachdem wir erkannt haben, daß der Leitwertsanteil des Eigenfeldes richtig berechnet ist, werden wir die Leitwertszahl des gesamten Streufeldes betrachten. Das der Berechnung zugrunde liegende Stirnfeld kann durch die entsprechende Wicklungsanordnung unseres vierpoligen Modells nahezu vollständig wiedergegeben werden. Im folgenden werden wir die berechneten Leitwertszahlen der einzelnen Wicklungsarten am Modell nachprüfen und dabei alle Werte für den bei Richter angenommenen mittleren Querschnittsumfang einer Spulengruppenseite angeben.

Zunächst wurde die Leitwertszahl λ_S der Einphasenwicklung als Funktion des Verhältnisses ξ/A für das mittlere Verhältnis $l_S/\tau = 1{,}8$ aufgenommen. Die gemessene Kurve (Abb. 43 A———) liegt gegenüber der berechneten (A - - - -) nur wenig höher. Der Unterschied ist dadurch zu erklären, daß in der Rechnung die Nachbarspulen zu Stromfäden angenommen wurden, die dem mittleren Leiter folgen. Dadurch wird bei der Einphasenwicklung der gegenseitige Einfluß zu klein berechnet.

Für die Dreiphasenwicklungen läßt sich dagegen die der Berechnung zugrunde gelegte Anordnung nicht durch das Modell wiedergeben. Dies hat seinen Grund darin, daß bei der Berechnung des Einflusses des Fremdfeldes auf die Leitwertszahl der wirklichen Lage der Nachbarwicklungsköpfe in der Nähe der betrachteten Spulengruppe durch Vernachlässigung der Beiträge einzelner Tangentialteile Rechnung getragen wurde. Um zu erkennen, inwieweit mit dieser Vernachlässigung die berechnete Leitwertszahl den wirklichen Verhältnissen gerecht wird, nehmen wir für eine praktisch mögliche Anordnung die Leitwertszahl λ_S als Funktion von ξ/A auf. Untersucht wurde die Leitwertszahl des ebenen Wicklungskopfes einer Zwei-Etagen-Wicklung nach Bild B in Abb. 43 und einer Drei-Etagen-Wicklung nach Bild C in Abb. 43. Für die mittleren Werte von l_S/τ zeigt Abb. 43

die gemessenen (———) und gerechneten (- - - -) Leitwertszahlen. Für die Drei-Etagen-Wicklung (C) sind die gerechneten Werte um durchschnittlich 2,3% zu groß, für die Zwei-Etagen-Wicklung (B) um durchschnittlich 3,9% zu groß.

Aus dem Vergleich der berechneten und gemessenen Leitwertszahlen geht hervor, daß die Abhängigkeit der Leitwertszahl der ganzen Anordnung von dem Verhältnis ξ/A, dem Abstand der Trennlinie zwischen Nutz- und Streufeld zur Ausladung, sowie die Größenordnung der Leitwertszahl für ebene Wicklungsköpfe durch die Berechnung gut wiedergegeben wird. Bei Wicklungsköpfen, die nach Abb. 44 abgebogen sind und den Winkel γ mit der Stirnwand einschließen, wird der Einfluß der Abbiegung durch einen experimentell gewonnen Korrektionsfaktor k_γ berücksichtigt [L 26].

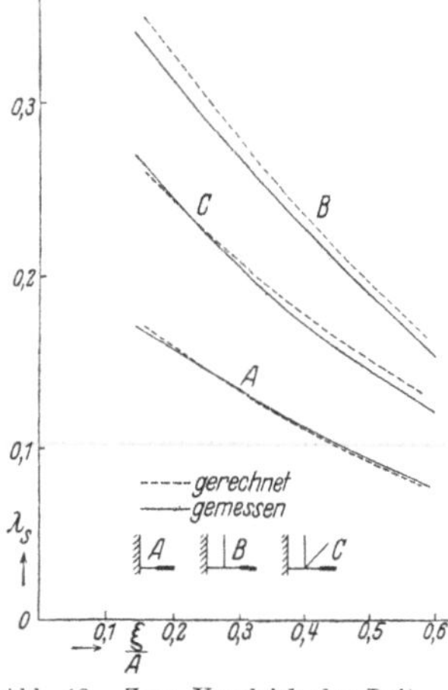

Abb. 43. Zum Vergleich der Leitwertszahlen nach Richter [L 16].

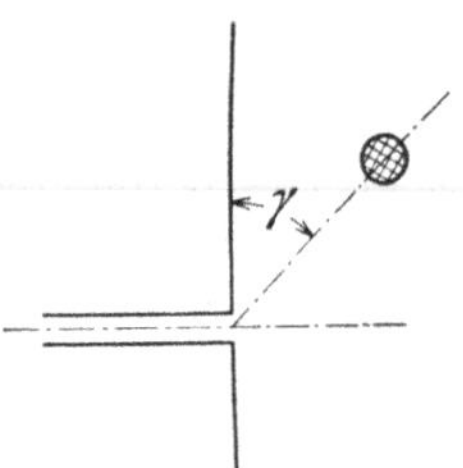

Abb. 44. Zur Erläuterung der Gl. 48a—c. (Abb. 262 aus [L 16]).

Zur praktischen Streuungsberechnung gibt Richter folgende Gleichung an:

$$\lambda_{S\gamma} = k_\gamma \lambda_S , \tag{47}$$

worin

$$k_\gamma = \left(0{,}915 - \frac{\gamma^0}{144}\frac{\xi}{A}\right)\frac{A}{A-\xi} \tag{48a}$$

für

$$15^0 < \gamma < 80^0 \quad \text{und} \quad 0{,}2 < \frac{\xi}{A} < 0{,}6 \tag{48 b und c}$$

ist, und für λ_S folgende Näherungsgleichungen gelten:

$$\text{Einphasenwicklung} \qquad \lambda_S = 0{,}2\,\frac{A-\xi}{A} . \tag{49a}$$

$$\text{Zwei-Etagen-Wicklung} \qquad \lambda_S = 0{,}4\,\frac{A-\xi}{A} . \tag{49b}$$

$$\text{Drei-Etagen-Wicklung} \qquad \lambda_S = 0{,}3\,\frac{A-\xi}{A} . \tag{49c}$$

Die Anwendung dieser Gleichungen erfordert die Kenntnis des Verhältnisses ξ/A. Nach Richter kann das Verhältnis ξ/A aus Feldbildern angenähert ermittelt werden. Meist wird man jedoch auf Schätzung angewiesen sein. Um hierfür Anhaltspunkte zu gewinnen, werden wir im folgenden untersuchen, welche Werte von ξ/A in die Gleichungen einzusetzen sind, um auf unsere am Modell gemessenen Leitwertbezugszahlen zu kommen. Berücksichtigt man hierbei den Korrektionsfaktor k_γ, so liegen innerhalb der praktisch in Frage kommenden Werte von l_S/τ die Grenzen von ξ/A weit auseinander. Vernachlässigt man dagegen den Faktor k_γ, so rücken die Grenzwerte von ξ/A nahe zusammen. Durch diese Vernachlässigung wird die Schätzung von ξ/A erleichtert und die Rechnung vereinfacht. Die Größe ξ verliert dabei allerdings ihre physikalische Bedeutung und wird zur reinen Rechnungsgröße. Die Schätzung von ξ/A kann man noch weiter erleichtern, wenn man an Stelle der Grenzwerte von ξ/A die noch näher beieinanderliegenden Grenzwerte des Verhältnisses ξ/τ angibt. Innerhalb des praktisch in Frage kommenden Bereiches von l_S/τ erhält man für die drei Wicklungsarten folgende Grenzwerte für ξ/τ, mit denen nach Gl. (49a) bis (49c) die Leitwertszahlen zu berechnen wären.

	Vollpolmaschine	Schenkelpolmaschine
Einphasenwicklung.	$0{,}11 \div 0{,}17$	$0{,}05 \div 0{,}10$
Zwei-Etagen-Wicklung.	$0{,}09 \div 0{,}15$	$0{,}08 \div 0{,}14$
Drei-Etagen-Wicklung.	$0{,}05 \div 0{,}11$	$0{,}03 \div 0{,}09$

Die hier in Erscheinung tretende enge Begrenzung des Wertes von ξ/τ läßt trotz der gemachten Vernachlässigungen noch immer die ursprüngliche Bedeutung von ξ als Nutzflußgrenze erkennen. Die Nutzflußgrenze entspricht der für unsere Modellmessungen sowohl an der Vollpolmaschine als auch an der Schenkelpolmaschine räumlich durch die Läuferwicklung festgehaltenen Nutzflußgrenze.

11. Inhaltsverzeichnis des Ergänzungsbandes zu II.
(Siehe Fußnote auf S. 15.)

1. **Durchflutung und magnetische Spannung im Stirnraum:**
   Die Spulenquerverbindung und ihr Strombild. — Wicklungen mit 2p Spulengruppen im Strang. — Wicklungen mit p Spulengruppen im Strang. — Wicklungen mit p und 2p Spulengruppen im Strang. — Wicklungen mit gerader Strangzahl. — Die Unipolarmagnetisierung und das Diagramm der Durchflutung der Spulenquerverbindungen. — Unipolarmagnetisierung und Wellenfluß.
2. **Das Stirnfeld:**
   Das Feldbild in Schnitten normal zur Luftspaltspur. — Die Normalkomponente der Induktion in Schnitten normal zur Ankerachse. — Experimentelle punktweise Aufnahme des Stirnfeldes. — Der zeitliche Verlauf des Stirnfeldes.
3. **Der drei Stromkreisen gemeinsame Fluß:**
   Berechnung eines Beispiels.
4. **Einfluß der Pollücke auf die Streuinduktivität der Schenkelpolmaschine.**
5. **Ableitung des Transformationsgesetzes der Induktivitäten:**
   Der Einfluß benachbarter Kurzschlußkreise.
6. **Bestimmung von L und M an einem Modell:**
   Ableitung und Stirnfeldtreue des Modells mit unendlichem Bohrungsdurchmesser und endlicher Polzahl. — Einfluß der Luftspaltbreite auf das Ver-

fahren zur Messung der Stirnstreuung in einem Stirnraum. — Erhöhung der Meßgenauigkeit durch Gliederung der Probespule zur Messung der Stirnstreuung.

7. **Die Abmessungen ausgeführter Maschinen im Stirnraum:**
Ankerblech, Druckfinger und -platte und Läufer. — Luftspalt. — Ständerwicklungen. — Ableitung eines allgemeinen Bildungsgesetzes der Ständerwicklungen. — Läuferwicklungen.

8. **Die Abmessungen der untersuchten Ständerwicklungen:**
Einphasenwicklungen. — Dreiphasenwicklungen mit Spulengruppen ungleicher Form. — Dreiphasenwicklungen mit Spulengruppen gleicher Form.

9. **Die Abmessungen der untersuchten Läuferwicklungen:**
Vollpolläufer. — Schenkelpolläufer.

10. **Entstehung und Diskussion der gemessenen Leitwertszahlen der Modellanordnung:**
Die notwendigen Kombinationen von Läufer- und Ständerwicklungen. — Ableitung des charakteristischen Verlaufs der Kurven darstellend die Leitwertbezugszahl als Funktion der relativen Etagenteilung β.

11. **Die Abhängigkeit des Korrektionsfaktors ϱ der speziellen Läuferform von der Polkernsättigung.**

12. **Die Querschnittsform der Spulengruppenseiten und ihr Einfluß auf die Stirnstreuung:**
Die ungleichmäßige Verteilung der Durchflutung über den Querschnitt einer Spulengruppenseite. — Querschnittsform und Induktivität der Wicklung. — Querschnittsform und Induktivität des Fremdfeldes. — Querschnittsform und Induktivität des Eigenfeldes.
Experimentelle Untersuchung des Korrektionsfaktors $\varkappa$ an einer Spulengruppe spezieller Form. — Einfluß der Spulengruppenform auf den Korrektionsfaktor $\varkappa$. —
Der Korrektionsfaktor für die Streuinduktivität der ganzen Wicklung. — Experimentelle Untersuchung des Einflusses der Ausladung der Spulengruppe auf den Korrektionsfaktor.

13. **Beschreibung des Modells:**
Das Eisen: Das Verhalten des Eisens im Gleich- und Wechselfeld. — Beschreibung des Modelleisenkörpers. — Die Sättigung des Polkerns. — Wahl der Stromstärke mit Rücksicht auf die Sättigung des Eisens.
Die Ständerwicklungen: Das allen Wicklungen Gemeinsame. — Wicklungen mit Spulen ungleicher Form. — Wicklungen mit Spulen gleicher Form. — Herstellung der Wicklung. — Schaltung der Modellwicklung.
Die Probespulen: Herstellung der Probespulen. — Die für die Messung maßgebenden Konstanten der Probespulen.

14. **Meßeinrichtung und Schema der Auswertung der Messungen.**

III. Rechnung und Messung an zwei Schenkelpolmaschinen.

Im folgenden sollen die Ergebnisse der Modellversuche und die Verfahren zur Streuungsmessung auf zwei Beispiele angewendet werden und mit den Meßverfahren und Berechnungen anderer Autoren verglichen werden. Es werden zwei kleinere dreiphasige Schenkelpolmaschinen untersucht, die eine mit einer Ganzlochwicklung, die andere mit einer Bruchlochwicklung. Um einen besseren Einblick in die Untersuchungen zu gewinnen, sei hier der für jede der Maschinen geltende Arbeitsplan aufgestellt.

A. Angaben der Maschine.

B. Berechnung des Echtwiderstandes.

C. Berechnung der Blindwiderstände.

   a) Nutenstreuung.

   b) Spalt- und Zahnkopfstreuung.

   c) Stirnstreuung.

D. Berechnung von Blindwiderständen nach anderen Autoren.

   a) Stirnstreuung nach Arnold.

   b) Stirnstreuung nach Kloß.

   c) Bohrungsstreuung nach Schenkel.

E. Messung des Verlustscheinwiderstandes bei Nutzfeldleere im Strang.

F. Unmittelbare Messung der Stirnstreuung bei Nutzfeldleere in der Spulengruppe.

G. Messung des Verlustscheinwiderstandes im Kurzschluß.

H. Bestimmung der Streuung nach Potier.

J. Bestimmung des Ständerblindwiderstandes bei ausgebautem Feldmagneten.

K. Vergleich der berechneten und gemessenen Werte.

12. Maschine I mit Ganzlochwicklung.

A. Angaben der Maschine I.

N_N	Leistung	3 kVA	n Drehzahl	1500 U/min
U	Strangspannung	70 Volt	f Frequenz	50 sek^{-1}
J_N	Strangstrom	14,5 Amp	p Polpaarzahl	2

Anker:

D	Bohrungsdurchmesser	21,5 cm
τ	Polteilung	16,9 cm
l_A	Eisenlänge (keine Lüftungsschlitze vorhanden)	10,8 cm
l_i	ideelle Ankerlänge	10,4 cm
q	Nutenzahl auf Pol und Strang	3
s	Leiterzahl je Nut	9
w	gesamte im Strang in Reihe geschaltete Windungszahl	54
t_N	Nutteilung	18,8 mm
	Drahtabmessungen, blank	3,2 mm $\varnothing$
	isoliert	3,7 mm $\varnothing$
	Umfang einer Spulengruppenseite:	
u	axial	12,9 cm
u_T	tangential	9,0 cm
l_S	mittlere Wicklungskopflänge	35,5 cm

Polrad:

δ	Luftspalt	3 mm
l_P	Polschuhlänge, axial	10 cm
b_P	Polschuhbogen	10,7 cm
h_P	Polschuhhöhe (vgl. Abb. 40)	2,6 cm
h_K	Polkernhöhe	5,8 cm

B. Berechnung des Echtwiderstandes

(berechnet nach [L 16 S. 241 u. f.]).

Mit den Nutabmessungen der Abb. 45 erhalten wir die

reduzierte Leiterhöhe . . . . $\xi = 0{,}2705$,

das Widerstandsverhältnis . . . . $k_N = 1{,}00716$

und mit dem Gleichwiderstand . . . . $R_g = 0{,}1100$ Ohm,

der für den stationären Temperaturzustand der Maschine bei Nutzfeldleere im Strang gemessen wurde,

den Echtwiderstand . . . . $R_e = 0{,}1103$ Ohm.

C. Berechnung der Blindwiderstände.

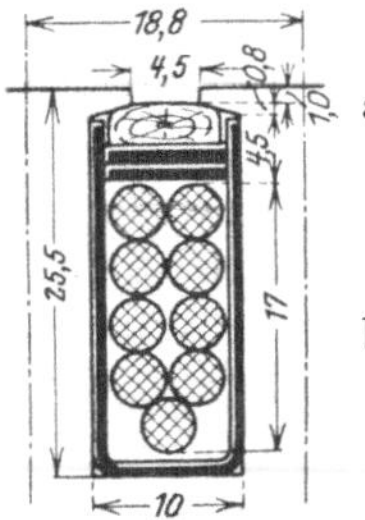

Abb. 45. Nutabmessungen der Maschine I in mm.

a) Nutenstreuung (berechnet nach [L 16 S. 268 u. f.]).

Mit den Nutabmessungen der Abb. 45 erhalten wir die Leitwertszahl der Nut . . . . . . $\lambda_N = 1{,}366$ und nach Gleichung 7 (dort ist an Stelle des Index J zu setzen N) den Blindwiderstand der Nutenstreuung $X_N = 0{,}0533$ Ohm.

b) Spalt- und Zahnkopfstreuung (berechnet nach [L 16 Bd. 2]).

Die Leitwertzahl dieses Streuflusses ist angegeben zu

$$\lambda_K = \frac{b_P}{\tau} \cdot \frac{5}{4 + 5\frac{s}{\delta}}, \qquad (50)$$

worin s die Schlitzbreite der Nutöffnung ist. Mit $\dfrac{s}{\delta} = \dfrac{4{,}5}{3}$ wird

die Leitwertszahl d. Spalt- und Zahnkopfstreuung . . $\lambda_K = 0{,}276$

und der Blindwiderstand . . . . $X_K = 0{,}0110$ Ohm.

c) Stirnstreuung (berechnet nach der erweiterten Rechnung in Abschn. 9). Die Maschine hat eine Zwei-Etagen-Wicklung mit der Etagenanordnung nach Abb. 25e. Alle Wicklungsköpfe haben die gleiche mittlere Windungslänge $l_s = 35{,}5$ cm. Die relative Etagenteilung β bestimmen wir aus dem Verhält

nis $\dfrac{l_s}{\tau} = \dfrac{35{,}5}{16{,}9} = 2{,}10$ nach Gl. (38) mit den Konstanten B und C der Zahlentafel 3.

$$\beta = 0{,}295 \cdot 2{,}10 - 0{,}413 = 0{,}207.$$

Hierfür entnehmen wir der Abb. 25e (Sch) die Leitwertbezugszahlen

$$\lambda''_{s\,I} = 0{,}352 \qquad\qquad \lambda''_{s\,II} = 0{,}316$$

Der Korrektionsfaktor ϱ ist bestimmt durch

das Verhältnis . . . . $\dfrac{h_K}{\tau} = \dfrac{5{,}8}{16{,}9} = 0{,}344$,

und das Verhältnis . . . . $\dfrac{h_P}{\tau} = \dfrac{2{,}6}{16{,}9} = 0{,}154$.

Für diese beiden Werte entnehmen wir der Abb. 36 den Korrektionsfaktor . . . . $\varrho = 0{,}98$.

Der Korrektionsfaktor $\varkappa$ ist bestimmt durch das Verhältnis u/τ, das mit den Nutabmessungen der Abb. 45 für 3 Nuten auf Pol und Strang gleich ist

$$\frac{u}{\tau} = \frac{12{,}9}{16{,}9} = 0{,}765.$$

Hiermit entnehmen wir der Abb. 39 für die Zwei-Etagen-Wicklung (II) den Korrektionsfaktor . . . . $\varkappa = 0{,}950$.

Nach Gl. (36) ist die Leitwertszahl der Stirnstreuung

$$\lambda_{s\,I} = 0{,}327 \qquad\qquad \lambda_{s\,II} = 0{,}293,$$

nach Gl. (18b) der Teilblindwiderstand

$$X_{s\,I} = 0{,}0668 \text{ Ohm} \qquad X_{s\,II} = 0{,}0600 \text{ Ohm}$$

und der ganze Blindwiderstand der Stirnstreuung . . $X_s = 0{,}1268$ Ohm.

D. Berechnung von Blindwiderständen nach anderen Autoren.

a) Stirnstreuung nach Arnold [L 2 S. 17].
  Nach Gl. (40a) wird
  die Leitwertszahl der Stirnstreuung . . . . $\lambda_S = 0,335$
  und nach Gl. (18b)
  der Blindwiderstand der Stirnstreuung . . . . $X_S = 0,137$ Ohm.
b) Stirnstreuung nach Kloß [L 10].
  Nach Gl. (42a) wird
  die Leitwertszahl der Stirnstreuung . . . . $\lambda_S = 0,51$
  und nach Gl. 43 mit den Konstanten von Schenkel [L 23 S. 1021]
  die Leitwertszahl der Stirnstreuung . . . . $\lambda_S = 0,47$.
  Mit letzterer erhalten wir nach Gl. (18b)
  den Blindwiderstand der Stirnstreuung . . . . $X_S = 0,193$ Ohm.
c) Blindwiderstand des Bohrungsfeldes [L 22].
  Der Blindwiderstand des Bohrungsfeldes ist für Dreiphasenmaschinen

$$X_B = \frac{12}{p} \Pi_0 f (w \xi)^2 l_A \lambda_B.$$
(51a)

Die Leitwertszahl des Bohrungsfeldes λ_B ist unabhängig von der Polzahl gleich eins. Mit der Permeabilität der Luft $\Pi_0 = 0,4\,\pi \cdot 10^{-9}$ H/cm erhalten wir

$$X_B = 0,151 \frac{f}{100} \left(\frac{w}{100}\right)^2 \xi^2 \frac{l_A}{p}\ \text{Ohm},$$
(51b)

worin f in sek^{-1} und l_A in cm einzusetzen ist. Für unsere Maschine ist der Wicklungsfaktor der Grundwelle $\xi = 0,960$. Hiermit erhalten wir
den Blindwiderstand des Bohrungsfeldes . . . . . . $X_B = 0,1097$ Ohm.

E. Messung des Verlustscheinwiderstandes bei Nutzfeldleere im Strang.

In Abb. 16 ist die vollständige Schaltung aufgezeichnet, die für die Messungen bei Nutzfeldleere im Strang, bei Nutzfeldleere in der Spulengruppe und zur Streuungsmessung nach Potier verwendet wurde.

Der Leistungszeiger muß zur Messung der Strangwirkleistung eine hohe Empfindlichkeit haben und auch bei sehr starker Phasenverschiebung noch genau messen. Es stand ein sehr empfindlicher astatischer Leistungszeiger mit Bandaufhängung von Siemens & Halske zur Verfügung. Das Instrument ist für maximal 25 Amp verwendbar und zeigt mit diesem Strom bei $\cos \varphi = 1$ den größten Ausschlag für 0,427 Volt an der Spannungsspule. Dabei ist trotz dieser hohen Empfindlichkeit das Instrument ohne besondere Aufstellungsmaßnahmen im Laboratorium verwendbar. Zur Messung der Spannungen in den Probespulen wurde ein Vakuum-Thermoelement [L 25] von Siemens & Halske in Verbindung mit einem Spiegelgalvanometer von Hartmann & Braun verwendet. Diese Thermoelementkombination gestattete bei einem Eigenverbrauch von $2 \cdot 10^{-6}$ Watt noch auf 2% genau den Effektivwert einer Wechselspannung von 0,01 Volt zu messen. Die übrigen Instrumente waren Präzisionsinstrumente normaler Bauart.

Die Probespulen zur Messung von E_P. Um den Einfluß der Oberwellen bei der Messung von E_P zu untersuchen, wurden verschiedene Probespulen hergestellt. Alle hatten eine axiale Ausladung von 8 cm gegenüber von 10,8 cm Eisenlänge, so daß die Randerscheinungen vollständig ausgeschieden waren. Die Spulen wurden aus emailliertem Kupferdraht von 0,13 mm Durchmesser auf Zeichenpapier gewickelt

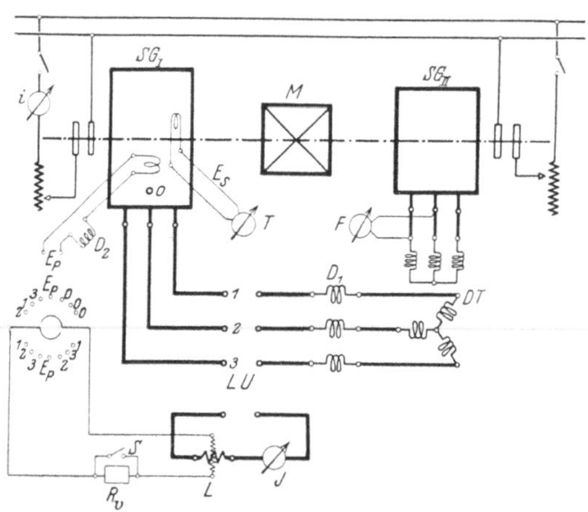

Abb. 46. Vollständige Schaltung zur Untersuchung der Synchronmaschine SG_I. Es bedeutet:

SG_I Untersuchte Synchronmaschine.
SG_{II} Netzspannung liefernde Synchronmaschine.
M Antriebsmotor (Gleichstrom-Nebenschlußmaschine), mit beiden Synchronmaschinen starr gekuppelt.
DT Drehtransformator.
D_1 Drosselspule im Maschinenstromkreis.
D_2 Luftdrosselspule im Meßstromkreis (40,8 Ohm und 0,255 Henry).
L Leistungszeiger.
LU Leistungszeiger-Umschalter für alle drei Stränge.
R_v Vorschaltwiderstand zur Spannungsspule des Leistungszeigers.
S Schalter zum Kurzschließen des Vorschaltwiderstandes R (wird während der Messung vrr E_P kurzgeschlossen).
E_P Stromkreis der Probespule zur Untersuchung des Nutzfeldes.
E_s Stromkreis der Probespule zur Messung des Stirnstreuflusses.
T Thermoelement als Spannungszeiger.
F Frequenzzeiger.
J Stromzeiger für den Ankerstrom.
i Stromzeiger für den Erregerstrom.

und mit Framkapsellack aufgeleimt. Die Isolation, Biegsamkeit und Haltbarkeit war sehr gut.

In dem Betriebszustand der Nutzfeldleere im Strang ist die EMK E_r, die Grundwelle der in einem Strange vom resultierenden Luftspaltfeld induzierten EMK verschwunden, jedoch sind dafür die Oberwellen stark ausgeprägt. Dies erkennen wir aus dem Vergleich der Strangspannungen und der verketteten Spannungen an den Klemmen der Maschine. Zahlentafel 6 enthält die gemessenen Werte der Strangspannungen und der verketteten Spannungen der fremden Stränge. In der letzten Spalte ist das Verhältnis aus verketteter Spannung und

Strangspannung angegeben. Es weicht, wie zu erwarten war, stark von dem Wert $\sqrt{3} = 1{,}732$ ab, der bei sinusförmigen Spannungen auftritt. Abb. 10 zeigt die hierzu gehörigen Oszillogramme der Strangspannung U_1 und der verketteten Spannung U_{23}. Man erkennt stark ausgeprägt die dritte Oberwelle in der Strangspannung und die 17. Oberwelle in der

Zahlentafel 6. Strangspannung, verkettete Spannung und das Verhältnis beider für Maschine I bei Nutzfeldleere im Strang.

Strang	U_1 Volt	$U_\vee$ Volt	$\dfrac{U_\vee}{U_1}$
I	5,62	7,48	1,332
II	5,60	7,48	1,336
III	5,59	7,48	1,337

verketteten Spannung. Um erstere in der EMK E_P der Probespule zu unterdrücken, wurde eine Probespule hergestellt, deren Wicklungs-

faktor für die 3. Oberwelle Null war (die Spulenweite betrug $\tfrac{2}{3}\,\tau$). In Abb. 47 ist die in dieser Probespule induzierte EMK E_P oszillographisch aufgenommen. Zum besseren Erkennen der Periode der Grundwelle ist darüber der Ankerstrom aufgezeichnet, dessen Verlauf nur wenig von der Sinusform abweicht. Die Grundwelle ist auf Null abgeglichen und die Oberwellen, deren Ordnungszahlen ein ganzes Vielfaches von drei sind, sind vollständig unterdrückt. Dagegen sind die Oberwellen höherer Ordnungszahl stark ausgeprägt. Besonders deutlich erkennt man die 7. Oberwelle und die durch

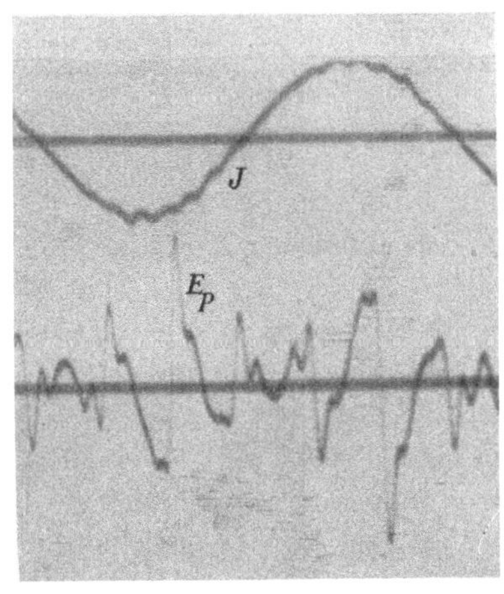

Abb. 47. Strangstrom J und EMK E_P aufgenommen bei Nutzfeldleere im Strang mit einer Probespule von $\tfrac{2}{3}\,\tau$ Spulenweite.

die Nutung verursachte Oberwelle erster Ordnung, die 17. Oberwelle.

Die hohe Siebwirkung der auf Seite 5 angegebenen Vierlochprobespule und der Luftdrosselspule im Meßstromkreis erkennen wir aus dem Oszillogramm in Abb. 48 auf dem die EMK E_P und der Ankerstrom dargestellt sind. In der EMK E_P tritt von den Oberwellen hoher Ordnungszahl nur noch die 7. Oberwelle stärker hervor; dagegen erkennen wir deutlich die Unterwelle mit der Ordnungszahl $\tfrac{1}{2}$. Sie hat ihre Ursache in ungleichen Polflüssen und ist durch Reihenschaltung einer um $2\,\tau$ verschoben angeordneten Probespule gleicher Art zu unterdrücken. Störend wirkt diese Unterwelle bei der Abgleichung mittels Spannungszeiger, wobei nur ein Minimum von E_P zu erlangen ist.

In Zahlentafel 7 sind die Meßwerte zur Bestimmung der Streuung bei Nutzfeldleere im Strang angegeben: der Strangstrom, die Strangwirkleistung und die $\sqrt{3}$-fache Strangblindleistung. In den beiden letzten Spalten sind daraus für jeden Strang der Wirkwiderstand R und der Blindwiderstand X berechnet.

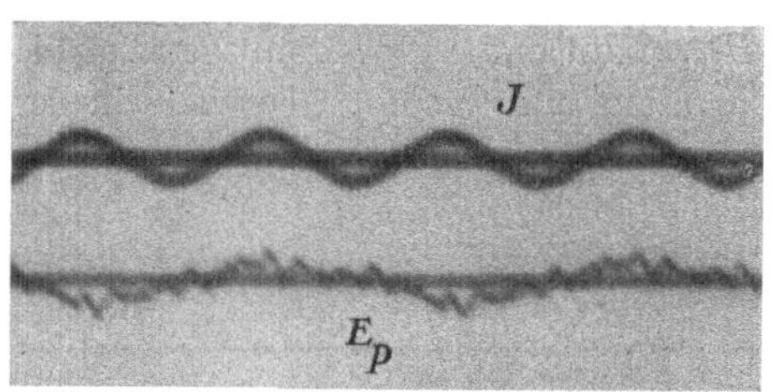

Abb. 48. Strangstrom J und EMK E_P aufgenommen bei Nutzfeldleere im Strang mit einer Vierlochprobespule und einer Drosselspule im Meßkreis.

Zahlentafel 7. Messung des Wirkwiderstandes und des Verlustblindwiderstandes der Maschine I bei Nutzfeldleere im Strang.

Strang	J Amp	J^2R Watt	$\sqrt{3}\,J^2X$ Watt	R Ohm	X Ohm
I	18,0	40,3	106,0	0,1245	0,1893
II	18,0	40,0	106,0	0,1235	0,1893
III	18,0	40,3	106,5	0,1245	0,1900

F. Unmittelbare Messung der Stirnstreuung bei Nutzfeldleere in der Spulengruppe.

Die Wicklung der Maschine I ist eine Zwei-Etagen-Ganzlochwicklung. Wir erhalten daher für eine jede Spulengruppe Nutzfeldleere, wenn wir für den ganzen Strang auf Nutzfeldleere abgleichen. Die Messung der induzierten EMK in den den Wicklungskopf umschließenden Probespulen erfolgt bei der gleichen Schaltung und Abgleichung auf $E_r = 0$ wie zuvor.

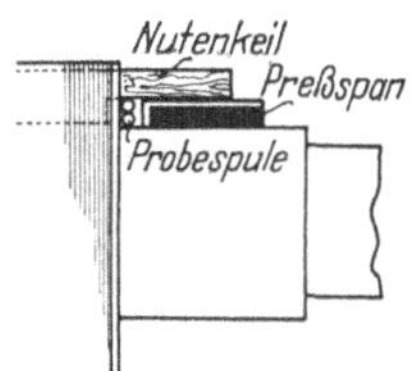

Abb. 49. Befestigung der Probespule an der Stirnwand.

Die Probespulen zur Messung des Stirnstreuflusses waren einfacher Art, d. h. die Drähte der Probespule verliefen parallel den Leitern der Spulenquerverbindungen. Sie waren hergestellt aus mit Seide zweifach umsponnenem Kupferdraht von 0,28 mm Durchmesser. An den Stellen, wo die Probespule längs der Stirnwand verläuft, waren die Nutenkeile unterschnitten (Abb. 49) und die Wicklung durch einen eingelegten Preßpanstreifen festgehalten. Die Probespule hatte je Hauptstromspule 2 Windungen, so daß auf je $s = 9$ Leiter der Nut $s_P = 2$ Leiter der Probespule kamen. Gemessen wurde der Stirnstreufluß sowohl an dem stark abgebogenen, der Stirnwand näher liegenden Kopf (Index I) als auch an dem weniger stark abgebogenen, entfernt liegenden Wicklungskopf (Index II). Beide Wicklungsköpfe gehörten dem Strang II an.

In Zahlentafel 8 sind die gemessenen Werte der Spannungen in den Probespulen für den Spulenkopf innen (I) und außen (II) angegeben. Den Blindwiderstand der Stirnstreuung einer jeden Wicklungskopfart berechnen wir aus der Zahl der gleichartigen Wicklungsköpfe in einem Strang — das sind p, weil p Spulengruppen im Strang mit je zwei Wicklungsköpfen vorhanden sind —

Zahlentafel 8. Unmittelbare Messung der Stirnstreuung der Maschine I bei Nutzfeldleere in der Spulengruppe.

Kopf	J Amp	E_S Volt	X_S Ohm
I		0,1357	0,0678
II	18,0	0,1110	0,0555
Σ			0,1233

dem Verhältnis der Windungszahlen der Hauptstromspule zur Probespule $s : s_P$, der für jede Spulenkopfart in der Probespule gemessenen EMK E'_S und dem Strangstrom J. So erhalten wir für den innen liegenden Spulenkopf (I)

$$X_{SI} = p \frac{s}{s_P} \frac{E_{SI}}{J} \tag{52}$$

$$= 2 \cdot \frac{9}{2} \cdot \frac{0,1357 \,\text{Volt}}{18,0 \,\text{Amp}} = 0,0678 \,\text{Ohm},$$

und entsprechend für den außen liegenden Spulenkopf (II)

$$X_{SII} = 0,0555 \,\text{Ohm}.$$

G. Messung des Verlustscheinwiderstandes im Kurzschluß.

Bei Kurzschluß der Maschine wurden die in den Oszillogrammen der Abb. 6, 7 und 8 dargestellten EMKe E_P für die verschiedenen Probespulen aufgenommen. Für die Vierlochprobespule ohne Drosselspule sind in Zahlentafel 9 die gemessenen Werte der EMK E_{P_1} und ihrer Blindkomponente angegeben. Wir berechnen daraus mit den im Kopf der Zahlentafel angeschriebenen Werten des Wicklungsfaktors, der Windungszahl und der axialen Spulenlänge der Probespule, sowie

Zahlentafel 9. Meßwerte zur Bestimmung des Verlustscheinwiderstandes der Maschine I im Kurzschluß.

$J = 20,5$ Amp	Vierlochprobespule ohne Drossel $l_P = 8,0$ cm $\xi_{P_1} = 0,803 \quad w_P = 8$		
	E_{P_1}	E_r	Z
Gesamtwert .	0,430	4,68	0,229
Blindkomp. .	0,357	3,89	0,190
Wirkkomp. .	—	—	0,127

mit dem Wicklungsfaktor $\xi_1 = 0,960$ eines Stranges der Ständerwicklung nach Gl. (2) die EMK E_r und ihre Komponenten und mit dem bei Kurzschluß gemessenen Ankerstrom $J = 20{,}5$ Amp den Wirk- und Blindwiderstand eines Stranges. Die Widerstände sind in der letzten Spalte angeschrieben.

H. Bestimmung der Streuung nach Potier.

Um die Streuung nach Potier [L 14] zu ermitteln, verwendet man außer der Leerlaufcharakteristik noch eine Belastungscharakteristik mit rein induktiver oder kapazitiver Last. Aus beiden bestimmt man die Richtung, in der man die Leerlaufcharakteristik parallel zu sich selbst verschieben muß, um sie mit der Belastungscharakteristik zur Deckung zu bringen. Hierdurch wird jedem Punkt der Belastungscharakteristik ein Punkt

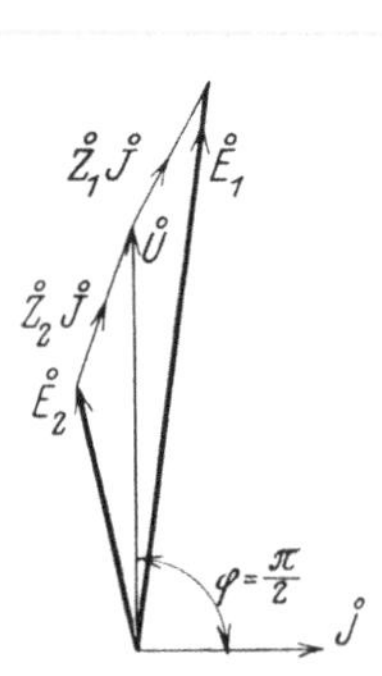

Abb. 50. Spannungsdiagramm des Maschinensatzes bei der Aufnahme einer Belastungscharakteristik $\overset{\circ}{J} =$ const, $\cos \varphi = 0$.

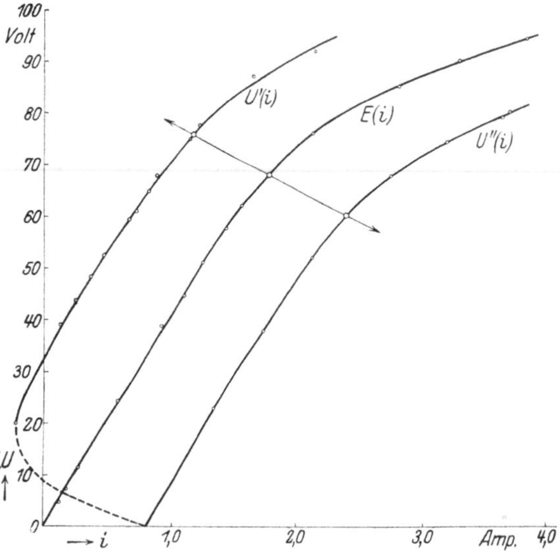

Abb. 51. Leerlauf- und Belastungscharakteristiken ($\cos \varphi = 0$) der Maschine I bei konstantem Ankerstrom ($J = 18{,}08$ Amp.).

der Leerlaufcharakteristik zugeordnet. Die algebraische Differenz der zu entsprechenden Punkten gehörigen Spannungen ist die Streuspannung.

Die Belastungscharakteristik wurde in der auf Seite 70 angegebenen Schaltung aufgenommen. Dazu wurde der Maschinensatz in einen solchen Betriebszustand gebracht, daß bei konstantem Ankerstrom keine Wirkleistung zwischen den beiden Maschinen ausgetauscht wurde ($\cos \varphi = 0$)[1]. Die genaue Einstellung auf $\cos \varphi = 0$ und konstanten Ankerstrom wird bei dem Maschinensatz dadurch sehr erleichtert, daß

---

[1] Strenggenommen verlangt die Streuungsbestimmung nach Potier einen verschwindend kleinen Wirkwiderstand und die Abgleichung auf $\cos \psi = 0$. Beide Bedingungen werden mit der Abgleichung auf $\cos \varphi = 0$ genau erfüllt, wenn der Wirkwiderstand vernachlässigbar klein ist.

die Strangwirkleistung vorwiegend durch das Verdrehen des Drehtransformators, die Stromstärke vorwiegend durch die Änderung der Erregung beeinflußt wird. Dies folgt aus dem Spannungsdiagramm in Abb. 50. Der Ankerstrom ist nach Größe und Phase bestimmt durch die Differenz der EMKe $\overset{\circ}{E}_1$ und $\overset{\circ}{E}_2$ und die Verlustscheinwiderstände $\overset{\circ}{Z}_1$ und $\overset{\circ}{Z}_2$ der beiden Maschinen. Eine Veränderung der Größe einer der EMKe (Erregung) bedingt im wesentlichen nur eine Änderung der Größe der Spannungsdifferenz JZ und damit auch des Stromes J; eine Änderung der Phase der EMKe (Verdrehen des Drehtransformators) bedingt eine Phasenverschiebung von $\overset{\circ}{J}\overset{\circ}{Z}$ und damit von $\overset{\circ}{J}$ gegen $\overset{\circ}{U}$.

In Abb. 51 ist für die Maschine I die Leerlaufcharakteristik $E(i)$ aufgetragen und die Belastungscharakteristik $U'(i)$ für den kapazitiv belasteten Generator und $U''(i)$ für den induktiv belasteten Generator. Der Belastungsstrom für beide Belastungscharakteristiken betrug 18,08 Amp. Alle Kurven wurden nach jedesmaliger vorheriger Entmagnetisierung der Maschine aufgenommen.

Drei einander zugeordnete Punkte sind hervorgehoben und die Verschiebungsrichtung ist durch einen Doppelpfeil angegeben. Für beide Charakteristiken wurde die Differenz der Spannungen entsprechender Punkte bestimmt, und mit dem Ankerstrom der Blindwiderstand der Streuung berechnet. Er ist für jede der beiden Kurven eine Konstante und beträgt für die Charakteristik

$$U'(i) \text{ (kapazitiv)} \ldots\ldots\ldots\ldots\ldots\ldots X' = 0{,}426 \text{ Ohm,}$$
$$U''(i) \text{ (induktiv)} \ldots\ldots\ldots\ldots\ldots\ldots X'' = 0{,}437 \text{ Ohm,}$$
$$\text{Im Mittel ist} \ldots\ldots\ldots\ldots\ldots\ldots\ldots X = 0{,}431 \text{ Ohm.}$$

J. Bestimmung des Ständerblindwiderstandes bei ausgebauten Feldmagneten.

Ein in der Praxis sehr viel angewendetes Verfahren zur Bestimmung der Streuung besteht darin, daß man eine Hilfsgröße, den Blindwiderstand des Ständers, mißt. Hierzu baut man den Feldmagneten der Synchronmaschine aus und berechnet aus der aufgenommenen Blindleistung den Blindwiderstand X_1 des Ständers, im folgenden kurz mit „Ständerblindwiderstand" bezeichnet. Um zu erkennen, inwiefern diese Hilfsgröße zur Beurteilung des für das stationäre Verhalten der Maschine maßgebenden Blindwiderstandes der Streuung herangezogen werden darf, zerlegen wir das Feld der Maschine mit ausgebautem Läufer in Teilfelder und untersuchen inwieweit diese Teilfelder den Streufeldern im stationären Betrieb entsprechen.

a) Das Feld im Nutenraum gibt vollkommen richtig das Nutenstreufeld wieder, da für beide Felder die Randbedingungen die gleichen sind.

b) Das aus den Zahnköpfen austretende Feld wird als Bohrungsfeld bezeichnet. Es entspricht keinem Streufeld der Maschine im stationären Betrieb, weder dem Spaltstreufeld noch dem Zahnkopfstreufeld. Das Bohrungsfeld verursacht einen Blindwiderstand erheblicher Größe, der der Maschine mit ausgebautem Feldmagneten eigen ist. Er ist durch Messung oder Rechnung zu bestimmen.

c) Das Stirnfeld der Maschine mit ausgebautem Feldmagneten kann mit dem Stirnstreufeld nur annäherungsweise verglichen werden, da für beide Felder die Randbedingungen zum Teil verschieden sind.

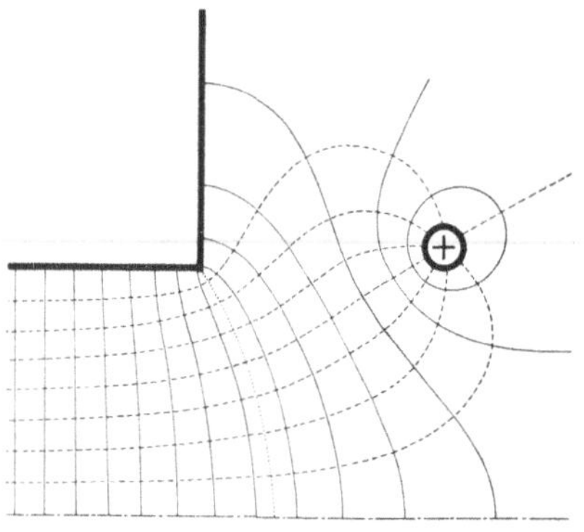

Abb. 52. Ständerfeld einer zweipoligen Maschine bei ausgebautem Feldmagneten. (—— Feldlinien. — — — Niveaulinien, - - - - Trennlinie zwischen Stirn- und Bohrungsfeld.)

Um die Verschiedenartigkeit der Stirnfelder zu zeigen, ist in Abb. 52 das Feld einer Synchronmaschine mit ausgebautem Feldmagneten aufgezeichnet. Dem Feldbild liegen die gleichen Annahmen zugrunde wie dem Feldbild in Abb. 3. Außerdem ist vorausgesetzt, daß die Niveaulinien in der Symmetrieebene der Maschine gleiche Abstände voneinander haben. Dies entspricht den Verhältnissen einer zweipoligen Synchronmaschine mit endlichem Durchmesser [L 19]. Eine sinngemäße Trennung des Ankerfeldes in Stirnfeld und Bohrungsfeld ergibt sich, wenn man alle aus dem Ankermantel austretenden Feldlinien als Bohrungsfeld, den Rest als Stirnfeld bezeichnet. Vergleichen wir den so gewonnenen Stirnfluß mit dem Stirnstreufluß der Abb. 4, so ergibt sich für unser Beispiel der Stirnfluß bei ausgebautem Feldmagneten um 44% größer als der Stirnstreufluß im stationären Betrieb.

Die Messung des Ständerblindwiderstandes X_1 bietet keine Schwierigkeiten, da bei guter Spannungsform des Netzes die Oberwellen im Strom noch weniger hervortreten. Man braucht daher auf die Oberwellen keine Rücksicht zu nehmen.

Zur unmittelbaren Messung des Stirnflusses bei ausgebautem Feldmagneten verwendet man die gleichen Probespulen wie zuvor zur unmittelbaren Messung des Stirnstreuflusses (S. 72).

Die Messung des Blindwiderstandes des Bohrungsfeldes erfordert eine Probespule auf dem Ankermantel [L 13]. Die Leiter der Probespule lassen wir in der Mitte der Nutenschlitze auf dem Ankermantel verlaufen und schließen sie dem Rand der Stirnbleche im Luftspalt folgend so zu Spulen, daß der Wicklungsfaktor der Probespule der gleiche ist wie der der darunter liegenden Spulengruppe. In Abb. 53 ist die Probespule für eine Dreiphasenwicklung mit $q = 6$ Nuten auf Pol und Strang dargestellt. Für die vorliegende Maschine wurde die Probespule aus zweifach Seide umsponnenem Kupferdraht von 0,28 mm Durchmesser gewickelt. Die Windungszahl je Hauptstromspule betrug 2.

In Zahlentafel 10 sind die Meßwerte zur Bestimmung des Wirkwiderstandes und des Ständerblindwiderstandes X_1

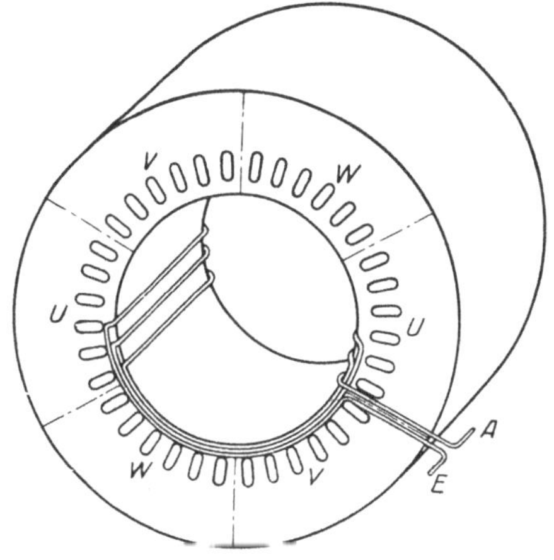

Abb. 53. Probespule zur Messung des Blindwiderstandes des Bohrungsfeldes. (Abb. aus [L 13]).

Zahlentafel 10. Messung des Wirkwiderstandes und des Ständerblindwiderstandes der Maschine I bei ausgebautem Feldmagneten.

Strang	J Amp	U Volt	J^2R Watt	R Ohm	X_1 Ohm
I	21,5	7,97	53,3	0,118	0,355
II	21,5	7,93	53,0	0,115	0,349
III	21,5	7,85	51,8	0,112	0,345

für die drei Stränge angegeben: der Ankerstrom, die Strangspannung und die Wirkleistung. Die Blindleistung wurde aus der Scheinleistung berechnet. In den beiden letzten Spalten sind der Wirkwiderstand und der Ständerblindwiderstand angeschrieben.

In Zahlentafel 11 sind die Meßwerte der unmittelbaren Bestimmung des Stirnfeldblindwiderstandes bei ausgebautem Feldmagneten angegeben: der Ankerstrom des Stranges II, in dem die Probespulen um die Stirnverbindungen liegen, und

Zahlentafel 11. Unmittelbare Messung des Stirnfeldblindwiderstandes der Maschine I bei ausgebautem Feldmagneten.

Kopf	J Amp	E_s Volt	X_s Ohm
I	21,5	0,187	0,0783
II	21,5	0,162	0,0678
Σ			0,1461

die an den Probespulen gemessenen Spannungen E_S für den innen- und den außenliegenden Kopf. Die Berechnung des Stirnfeldblindwiderstandes ist die gleiche wie die des Stirnstreublindwiderstandes auf S. 73.

Der Blindwiderstand des Bohrungsfeldes berechnet sich aus der unter einer Spulengruppe in der Probespule nach Abb. 53 gemessenen EMK E_B, dem Strangstrom J und dem Verhältnis der gesamten im Strang in Reihe geschalteten Windungszahl w zur Windungszahl w_P der Probespule.

$$X_B = \frac{w}{w_P} \cdot \frac{E_B}{J}. \tag{53}$$

Bei 21,5 Amp im Strang II wurde an der Probespule mit $w_P = 6$ Windungen E_B zu 0,3595 Volt gemessen. Somit wird

$$X_B = \frac{54}{6} \cdot \frac{0{,}3595 \text{ Volt}}{21{,}5 \text{ Amp}} = 0{,}151 \text{ Ohm}.$$

K. Vergleich der gerechneten und gemessenen Wirk- und Blindwiderstände der Maschine I.

Um die Ergebnisse der Rechnung und Messung nach den verschiedenen Verfahren besser vergleichen zu können, sind diese in Zahlentafel 12 zusammengestellt. Die gemessenen Werte beziehen sich auf den Strang II. In der Zahlentafel sind die wichtigsten Werte durch stärkeren Druck hervorgehoben und solche Zahlenwerte, die erst durch Vereinigung gerechneter und gemessener Werte entstehen, in Klammern gesetzt.

Der Wirkwiderstand (0,1235 Ohm) ist um 12,0% größer als der Gleichwiderstand (0,1100 Ohm). Die Erhöhung durch Stromverdrängung in den Nuten (auf 0,1103 Ohm) berechnet sich zu 0,3%. Für die Berechnung des Wirkwiderstandes wäre hier zum Gleichwiderstand ein Zuschlag von 0,25% der Nennleistung als zusätzlicher Verlust in Rechnung zu setzen (vgl. [L 21]).

Der für das Verhalten der Synchronmaschine im stationären Betrieb maßgebende Verlustblindwiderstand X ergibt sich als Summe der Nuten-, Spalt-, Zahnkopf- und Stirnstreuung. Gegenüber dem bei Nutzfeldleere im Strang gemessenen Wert (0,1893 Ohm), der bis auf 0,4% mit dem bei Kurzschluß gemessenen (0,190 Ohm) übereinstimmt, berechnen wir den Verlustblindwiderstand um 0,9% zu groß (0,1911 Ohm), wenn wir der Berechnung der Stirnstreuung die Ergebnisse des zweiten Teiles dieser Arbeit zugrunde legen. Nach dem von Potier angegebenen Verfahren wird der Verlustblindwiderstand (0,431 Ohm) um 128,0% zu groß bestimmt. Die Ursache für diese Abweichung ist in der Vernachlässigung der durch Belastung hervorgerufenen Änderung der Feldmagnetstreuung und Gegendurchflutung zu suchen. Zieht man von dem bei ausgebautem Feldmagneten gemessenen Ständerblindwiderstand X_1 (0,349 Ohm) den nach Schenkel berechneten Bohrungsblindwiderstand X_B (0,110 Ohm) ab, so erhält man einen Blindwiderstand (0,239 Ohm, in der letzten Spalte), der um 26,0% größer ist als der Verlustblindwiderstand X (0,1893 Ohm).

Zur Beurteilung des für das Verhalten der Synchronmaschine im stationären Betrieb maßgebenden Blindwiderstandes der Stirnstreuung beziehen wir alle Werte auf den Blindwiderstand, der sich als Differenz aus dem bei Nutzfeldleere im Strang gemessenen Verlustblindwiderstand (0,1893 Ohm) und dem berechneten Blindwiderstand der Nuten-, Spalt- und Zahnkopfstreuung (0,0533 Ohm + 0,0110 Ohm) ergibt. Er ist in der vierten Spalte der Zahlentafel in Klammern angegeben (0,1250 Ohm). Auf diesen Wert bezogen ist der nach vorliegender Arbeit berechnete Blindwiderstand der Stirnstreuung (0,1268 Ohm) um 1,3% zu groß, der nach Arnold berechnete Wert (0,137 Ohm) um 9,7% zu groß

Zahlentafel 12. Zusammenstellung der berechneten und gemessenen Wirk- und Blindwiderstände der Maschine I in Ohm.

Maschine I	Stationärer Betrieb Rechnung Verfasser Abschn. 9	Stationärer Betrieb Rechnung Arnold (Gl. 40a)	Stationärer Betrieb Rechnung Kloß (Gl. 43)	Stationärer Betrieb Messung Verfasser Nutzfeldleere i. Strang	Stationärer Betrieb Messung Verfasser Nutzfeldleere i. d. Spulengr.	Stationärer Betrieb Messung Verfasser Kurzschluß	Stationärer Betrieb Messung Potier	Ohne Feldmagnet Rechnung Schenkel, Kloß Gl. (51b) u. (43)	Ohne Feldmagnet Messung
R_g Gleichwiderstand				0,1100					
R_s Echtwiderstand	(0,1103)								
R Wirkwiderstand				**0,1235**		0,127			
X_N Nutenstreuung	0,0533							0,053	
X_K Spalt- u. Zahnkopfstreuung	0,0110								
X_{sI} Stirnstreuung — Kopf I	0,0668				0,0678				0,0783
X_{sII} Stirnstreuung — Kopf II	0,0600				0,0555				0,0678
X_s Stirnstreuung — Σ	0,1268	0,137	0,193	(0,1250)	**0,1233**			0,193	**0,1461**
X Verlustblindwiderstand	0,1911			**0,1893**		0,190	0,431		(0,239)
X_B Bohrungsblindwiderstand								0,110	**0,151**
X_1 Ständerblindwiderstand								0,356	**0,349**

und der nach Kloß[1] berechnete (0,193 Ohm) um 54,3% zu groß. Der bei Nutzfeldleere in der Spulengruppe unmittelbar mit einfachen Probespulen gemessene Wert der Stirnstreuung (0,1233 Ohm) ist um 1,3% zu klein. Der Seite 76 definierte Stirnfeldblindwiderstand bei ausgebautem Feldmagneten (0,1461 Ohm) ist gegenüber dem für das stationäre Betriebsverhalten der Maschine maßgebenden Blindwiderstand der Stirnstreuung (0,1250 Ohm) um 17% zu groß.

Die Aufteilung der Stirnstreuung auf die beiden Spulenkopfarten nach den im zweiten Teil dieser Arbeit gewonnenen Ergebnissen stimmt im wesentlichen mit der durch Probespulen bei Nutzfeldleere in den Spulengruppen gemessenen Aufteilung überein. Für den innenliegenden Kopf *I* ist der vorausberechnete Wert (0,0668 Ohm) um 1,4% kleiner wie der gemessene (0,0678 Ohm), für den außenliegenden Kopf *II* (0,0600 Ohm) um 8,1% größer (0,0555 Ohm). Durch das Ausbauen des Feldmagneten wird der Blindwiderstand des Stirnfeldes beider Wicklungskopfarten etwa um den gleichen absoluten Betrag erhöht (innenliegender Kopf von 0,0678 Ohm um 0,0105 Ohm auf 0,0783 Ohm; außenliegender Kopf von 0,0555 Ohm um 0,0123 Ohm auf 0,0678 Ohm).

Der aus der Nutenstreuung, dem Stirnstreublindwiderstand nach Kloß (mit den Konstanten von Schenkel) und dem Bohrungsblindwiderstand nach Schenkel berechnete Ständerblindwiderstand bei ausgebautem Feldmagneten (0,356 Ohm) ist gegenüber dem gemessenen Wert (0,349 Ohm) um 2,0% zu groß. Die rechnerische Aufteilung des Ständerblindwiderstandes auf Stirnfeldblindwiderstand und Bohrungsblindwiderstand weicht stark von der gemessenen ab. Der berechnete Stirnfeldblindwiderstand (0,193 Ohm) ist gegenüber dem gemessenen (0,1461 Ohm) um 32,1% zu groß und der berechnete Bohrungsblindwiderstand (0,110 Ohm) gegenüber dem gemessenen (0,151 Ohm) um 27,1% zu klein.

13. Maschine II mit Bruchlochwicklung.

A. Angaben der Maschine II.

N_N	Nennleistung	27 kVA	n	Drehzahl	1500 U/min
U	Strangspannung	300 Volt	f	Frequenz	50 sek^{-1}
J_N	Strangstrom	30 Amp	p	Polpaarzahl	2

Anker:

D	Bohrungsdurchmesser	40,0 cm
τ	Polteilung	31,4 cm
l_A	Eisenlänge (keine Lüftungsschlitze vorhanden) . . .	16,0 cm
l_i	ideelle Ankerlänge	16,2 cm
q	Nutenzahl auf Pol und Strang	2,5
t_N	Nutteilung	41,9 mm

---

[1] Mit den Konstanten von Schenkel (Gl. 43). Setzt man die Konstanten von Kloß ein (Gl. 42a), so werden die Werte noch ungünstiger. Es wird $X_S = 0,210$ Ohm und der Fehler 68,0%.

s Leiterzahl je Nut 17
 Drahtabmessungen, blank . . . . 4,2 × 2,00 mm
 ,, isoliert . . . . 4,6 × 2,44 mm
q Drahtquerschnitt . . . . 7,78 mm²
w gesamte im Strang in Reihe geschaltete Windungszahl 85

Spulengruppe:	Dreifachspule I	Zweifachspule II

Umfang einer Spulengruppenseite:

u axial . . . . 23,8 cm . . . . 15,4 cm
u_T tangential . . . . 12,8 cm . . . . 9,4 cm
l_S mittl. Wicklungskopflänge . . . . . . 54,0 cm . . . . 50,0 cm
W mittl. Spulenweite . . . . 29,3 cm . . . . 33,5 cm

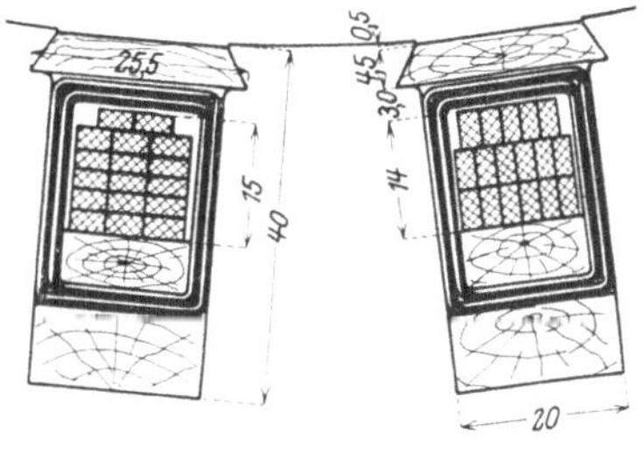

Abb. 54.

Anordnung der Leiter in der Nut und Nutabmessungen der Maschine II in mm für die: Dreifachspule I; Zweifachspule II.

Polrad:

δ Luftspalt . . . . 3,0 mm
l_P Polschuhlänge, axial . . . . 16,4 cm
b_P Polschuhbogen . . . . 17,2 cm
h_P Polschuhhöhe (vgl. Abb. 40) . . . . 3,8 cm
h_K Polkernhöhe . . . . 9,2 cm

B. Berechnung des Echtwiderstandes.

(berechnet nach [L 16 S. 241 u. f.]).

Mit den Nutabmessungen der Abb. 54 erhalten wir die

reduzierte Leiterhöhe . $\begin{cases} \text{Dreifachsp. } I & \xi_I = 0,2117 \\ \text{Zweifachsp. } II & \xi_{II} = 0,4100, \end{cases}$

das Widerstandsverhältnis . . . . . $\begin{cases} k_{N\,I} = 1,0080 \\ k_{N\,II} = 1,0266 \end{cases}$

und mit dem Gleichwiderstand . . . . $R_g = 0,2703$ Ohm,
der für den stationären Betriebszustand der Maschine bei Nutzfeldleere im Strang gemessen wurde,
den Echtwiderstand . . . . $R_e = 0,2712$ Ohm.

C. Berechnung der Blindwiderstände.

a) Nutenstreuung (berechnet nach [L 16 S. 268 u. f.]).

Mit den Nutabmessungen der Abb. 54 erhalten wir

die Leitwertszahl der Nut . . . . $\begin{cases} \lambda_{N\,I} = 0,6515 \\ \lambda_{N\,II} = 0,6375 \end{cases}$

und unter Beachtung der verschiedenen Leitwerte der Nut nach Gl. (7) (worin an Stelle des Index J der Index N zu setzen ist)
den Blindwiderstand der Nutenstreuung . . . . . . $X_N = 0,1195$ Ohm.

b) Spalt- und Zahnkopfstreuung (berechnet nach [L 16 Bd. 2]).

Mit dem Verhältnis Schlitzbreite zu Luftspaltbreite $\dfrac{s}{\delta} = \dfrac{20}{3}$ erhalten wir

nach Gl. (50)
die Leitwertszahl der Spalt- und Zahnkopfstreuung . $\lambda_K = 0{,}0734$
und nach Gl. (7) (Index K statt Index J)
den Blindwiderstand der Spalt- und Zahnkopfstreuung $X_K = 0{,}0136$ Ohm.

c) Stirnstreuung (berechnet nach der erweiterten Rechnung für Bruchlochwicklungen in Abschn. 9).

Die Maschine hat eine Bruchlochwicklung, deren Wicklungsköpfe in zwei Etagen angeordnet sind (Abb. 55). Wir unterscheiden zwei Wicklungskopfarten, die innenliegenden Wicklungsköpfe mit je drei Spulen in der Spulengruppe (im folgenden mit dem Index I bezeichnet) und die außenliegenden Wicklungsköpfe mit je zwei Spulen in der Spulengruppe (Index II). Die ent

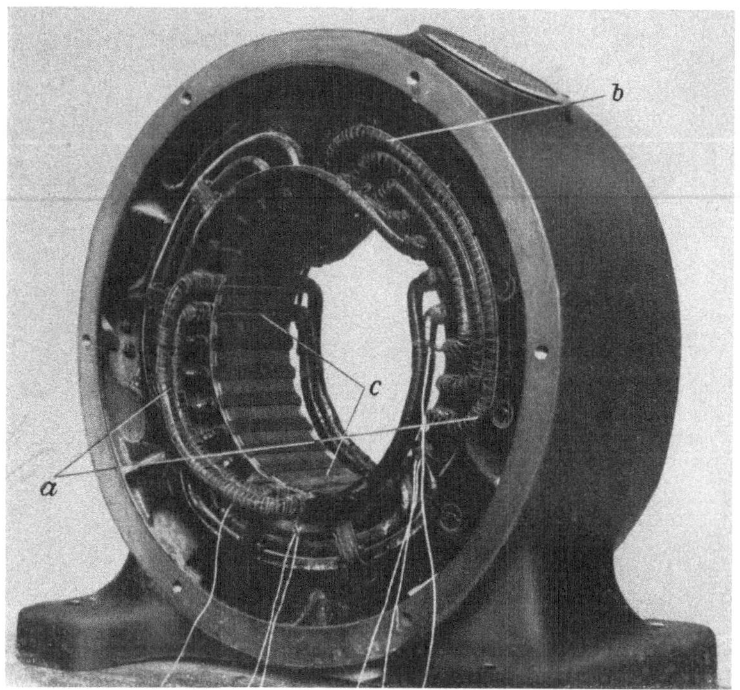

Abb. 55. Ständer der Synchronmaschine II mit Bruchlochwicklung. (a) Doppelsolenoid-Probespule, (b) einfache Probespule zur Messung des Stirnfeldes. (c) Probespule zur Messung des Bohrungsfeldes.

sprechende Etagenanordnung am Modell zeigt die Zwei-Etagen-Ganzlochwicklung der Abb. 25c. Modellwicklungskopf und Maschinenwicklungskopf werden formgleich, wenn beide das gleiche Verhältnis $\dfrac{l_{S\nu}}{W_\nu}$ haben. Mit Hilfe des Verhältnisses $\dfrac{W_0}{\tau_0}$ $(= 1)$, der Spulengruppenweite zur Polteilung der am Modell untersuchten Anordnung, berechnen wir nach Gl. (38′) mit den Konstanten der Zahlentafel 3 ($B_\nu = B = 0{,}385$ und $C_\nu = C = 0{,}538$) die relative Etagenteilung β_ν der Modellanordnung.

$$\beta_\nu = B_\nu \frac{l_{S\nu}}{W_\nu} \cdot \frac{W_0}{\tau_0} - C_\nu . \tag{38′}$$

Es ist für die

Dreifachspule I Zweifachspule II

$$\frac{l_{SI}}{W_I} = \frac{54,0}{29,3} = 1,843 \qquad\qquad \frac{l_{SII}}{W_{II}} = \frac{50,0}{33,5} = 1,492$$

und

$$\beta_I = 0,172 \qquad\qquad\qquad \beta_{II} = 0,037.$$

Hiermit entnehmen wir der Abb. 25c für Schenkelpolmaschinen die Leitwert-bezugszahlen, wobei der Wert für β_{II} zu extrapolieren ist.

$$\lambda''_{SI} = 0,360 \qquad\qquad \lambda''_{SII} = 0,220$$

Der Korrektionsfaktor ϱ wird bestimmt durch

das Verhältnis . . . . $\dfrac{h_K}{\tau} = 0,292$

und das Verhältnis . . . . $\dfrac{h_P}{\tau} = 0,122.$

Für diese beiden Werte entnehmen wir der Abb 36
den Korrektionsfaktor . . . . $\varrho = 1,00.$

Der Korrektionsfaktor $\varkappa$ wird bestimmt durch die Wicklungsart und das Verhältnis $\dfrac{u}{\tau}$. Es beträgt für die

Dreifachspule I Zweifachspule II

$$\frac{u_I}{\tau} = \frac{23,8}{31,4} - 0,76 \qquad\qquad \frac{u_{II}}{\tau} = \frac{15,4}{31,4} = 0,49.$$

Hierfür entnehmen wir der Abb. 39 für die Zwei-Etagen-Wicklung (Kurve II) den Korrektionsfaktor, wobei wir für $\dfrac{u_{II}}{\tau}$ den Wert von $\varkappa$ extrapolieren.

$$\varkappa''_I = 0,95 \qquad\qquad\qquad \varkappa''_{II} = 1,14.$$

Im Hinblick auf die Werte des Korrektionsfaktors $\varkappa'$ bei der Einphasenwicklung (Kurve I)

$$\varkappa'_I = 0,93 \qquad\qquad\qquad \varkappa'_{II} = 1,20$$

schätzen wir den Korrektionsfaktor $\varkappa$ für die Bruchlochwicklung

$$\varkappa_I \approx 0,94 \qquad\qquad\qquad \varkappa_{II} \approx 1,11.$$

Nach Gl. (36) ist die Leitwertszahl der Stirnstreuung

$$\lambda_{SI} = 0,338 \qquad\qquad \lambda_{SII} = 0,244.$$

Der Blindwiderstand berechnet sich für Bruchlochwicklungen nach Gl. (34b). In dem vorliegenden Falle können wir uns die bruchlochbewickelte Maschine in $g = 2$ ganzlochbewickelten Maschinen zerlegt denken. Für die erste ($\gamma = 1$) sind die Werte der Dreifachspule ($p_1 = 1$, $w_1 = 51$, $l_{SI_1} = 54,0$ cm) einzusetzen, für die zweite ($\gamma = 2$) die Werte der Zweifachspule ($p_2 = 1$, $w_2 = 34$, $l_{SII_2} = 50,0$ cm). Wir erhalten alsdann die Teilblindwiderstände

$$X_{SI} = 0,374 \text{ Ohm} \qquad\qquad X_{SII} = 0,111 \text{ Ohm,}$$

und den Gesamtblindwiderstand der Stirnstreuung im Strang

$$X_S = 0,485 \text{ Ohm.}$$

D. Berechnung von Blindwiderständen nach anderen Autoren.

a) Stirnstreuung nach Arnold [L 2 S. 17].

Nach Gl. (40a) wird mit dem Mittelwert der mittleren Wicklungskopflängen $l_s = 52,4$ cm und dem Mittelwert des Umfanges einer Spulengruppenseite im Tangentialteil $u_T = 11,4$ cm

Die Leitwertszahl der Stirnstreuung $\lambda_S = 0,355$

und nach Gl. (18b)
der Blindwiderstand der Stirnstreuung $\qquad X_S = 0,531$ Ohm.
b) **Stirnstreuung nach Kloß [L 10].**
    Nach Gl. (42a) wird mit $l_s = 52,4$ cm
die Leitwertszahl der Stirnstreuung $\qquad \lambda_s = 0,460$
und nach Gl. (43) mit den Konstanten von Schenkel [L 23 S. 1021]
die Leitwertszahl der Stirnstreuung $\qquad \lambda_s = 0,412$.
Mit letzterer erhalten wir nach Gl. (18b)
den Blindwiderstand der Stirnstreuung $\qquad X_S = 0,616$ Ohm.
c) **Blindwiderstand des Bohrungsfeldes [L 22].**
    Mit dem Wicklungsfaktor der Bruchlochwicklung für die Grundwelle
$\xi = 0,951$ erhalten wir nach Gl. (51b)
den Blindwiderstand des Bohrungsfeldes $\qquad X_B = 0,394$ Ohm.

E. Messung der Verlustscheinleistung bei Nutzfeldleere im Strang.

Die Schaltung und die Meßinstrumente waren die gleichen wie bei der Messung an der Maschine I.

Die Probespule zur Messung von E_P. Die in der Probespule induzierte EMK E_P soll der im Strang induzierten EMK E_r proportional sein. Bei Bruchlochwicklungen muß man beachten, daß der Beitrag zur induzierten EMK E_r in den einzelnen Spulengruppen verschieden ist, da sowohl ihre Wicklungsfaktoren, als auch ihre Windungszahlen sich voneinander unterscheiden. Im vorliegenden Falle enthält ein Strang zwei Spulengruppen, die beide verschieden sind, so daß der ganze Strang durch Probespulen nachgebildet werden muß.

Um die Verschiedenartigkeit der Beiträge zur EMK E_P unter den beiden Spulengruppen zu zeigen und ihre Entstehung augenfällig zu machen, verwenden wir in dem nachzubildenden Strang Probespulen, deren Leiter die gleiche Lage zueinander haben wie die entsprechenden Spulenseiten der zugehörigen Spulengruppen. Den 17 Leitern jeder Hauptstromspulenseite entsprechen 2 Leiter der Probespule. Die axiale Seitenlänge beträgt für beide Probespulen 8,0 cm gegenüber 16,0 cm Eisenlänge. Die in beiden in Reihe geschalteten Probespulen bei Nutzfeldleere im Strang induzierte EMK E_P zeigt das Oszillogramm

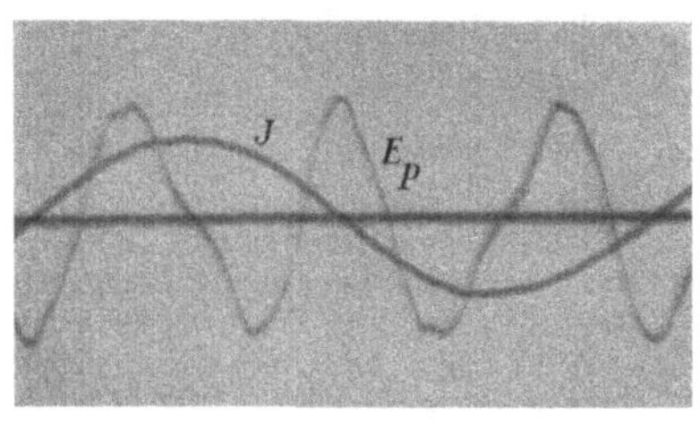

Abb. 56. Strangstrom J und EMK E_P aufgenommen bei Nutzfeldleere im Strang mit zwei Probespulen, die die beiden Spulengruppen eines Stranges der Bruchlochwicklung nachbilden.

der Abb. 56. Zur besseren Sichtbarmachung einer Periode der Grundwelle ist der Strangstrom dazu aufgenommen. Wir beobachten im wesentlichen eine dritte Oberwelle, während die höheren Oberwellen, besonders die Nutungsoberwellen, sehr klein sind. In dem Oszillogramm der Abb. 57 ist die EMK E_P in ihre beiden Teil-EMKe zerlegt, die den Beiträgen in der Dreifachspule (*I*) und der Zweifachspule (*II*) entsprechen (der Maßstab ist hier für beide Kurven der gleiche). Wir erkennen deutlich eine Grundwelle in beiden Kurven. Der Charakter der Kurven läßt sich leicht erklären, wenn man beachtet, daß für die Dreifachspule (*I*) das vom Ständer herrührende Feld überwiegt, während für die Zweifachspule (*II*) das vom Feldmagneten herrührende Feld stärker hervortritt. Die Entstehung der beiden Kurven ist in Abb. 58 an Hand der Feldkurven herrührend vom Feldmagneten (———) und vom Ständer (- - - - -) für die Dreifachspule (Abb. 58a) und für die Zweifachspule (Abb. 58b) angedeutet.

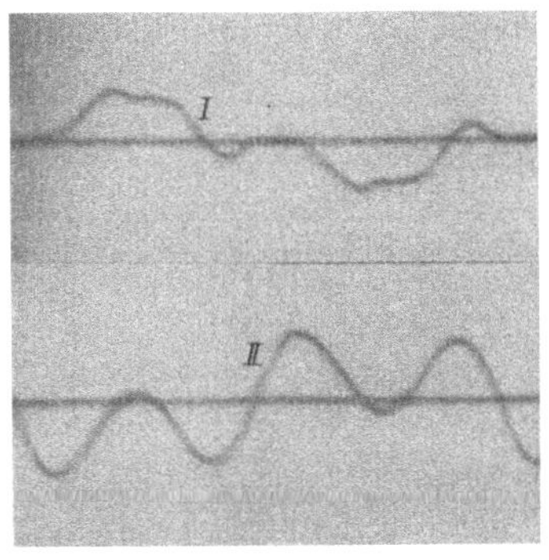

Abb. 57. Beiträge zur EMK E_p in der Dreifachspule (*I*) und der Zweifachspule (*II*) bei Nutzfeldleere im Strang. Die Summe beider Kurven ergibt für die Grundwelle den Wert Null.

Um bei der Untersuchung des Nutzfeldes die Einwirkung des Spaltfeldes möglichst weitgehend auszuschalten, verwenden wir die auf S. 5 angegebene Vierlochprobespule auch bei dieser bruchlochbewickelten Maschine. Wir haben dazu für jede Spulengruppenart eine solche Vierlochprobespule zu wickeln und gleichachsig mit der zugehörigen Spulengruppe anzuordnen. In unserem Falle erhalten wir für die Zweifachspule und die Dreifachspule je eine Vierlochprobespule. Das Windungsverhältnis der beiden Vierlochprobespulen war gleich dem Windungsverhältnis der zugehörigen Spulengruppen. Die der Zweifachspule zugeordnete hatte 8 Windungen, die der Dreifachspule zugeordnete 12 Windungen. Damit die in den Vierlochprobespulen induzierten EMKe den Beiträgen der

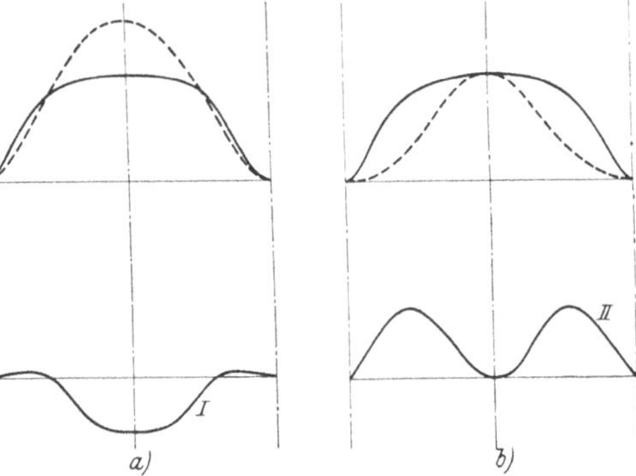

Abb. 58. Zur Erläuterung des Oszillogrammes der Abb. 57; (*a*) für Dreifachspule *I*; (*b*) für die Zweifachspule *II*.

zugehörigen Spulengruppen zur EMK E_r proportional sind, muß noch die Verschiedenartigkeit der Wicklungsfaktoren der Hauptstromspulengruppen berücksichtigt werden. Dies läßt sich leicht erreichen durch verschiedene axiale Seitenlängen der Probespulen. Die Seitenlänge der zur Zweifachspule gehörigen Vierlochprobespule muß sich zur Seitenlänge der zur Dreifachspule gehörigen verhalten wie der Wicklungsfaktor der Zweifachspule (0,9729) zu dem der Dreifachspule (0,9372). Die axialen Ausladungen betrugen dementsprechend 9,35 cm und 9,0 cm.

Um ein Bild zu gewinnen von der Größe der Oberwellen bei Nutzfeldleere im Strang vergleichen wir die Strangspannungen mit den verketteten Spannungen. Bei sinusförmigen Spannungen müßten sich die Werte wie $1 : \sqrt{3}$ verhalten.

Zahlentafel 13 enthält die gemessenen Werte der Strangspannungen und der verketteten Spannungen der fremden Stränge. In der letzten Spalte ist das Verhältnis aus der verketteten Spannung und der Strangspannung gebildet. Es weicht stark von dem Wert $\sqrt{3} = 1{,}732$ ab.

In Zahlentafel 14 sind die Meßwerte zur Bestimmung der Streuung bei Nutzfeldleere im Strang angegeben: Der Strangstrom, die Strangwirkleistung und die unmittelbar gemessene $\sqrt{3}$-fache Strangblindleistung. In den beiden letzten Spalten sind daraus für jeden Strang der Wirkwiderstand R und der Blindwiderstand X berechnet.

Zahlentafel 13. Strangspannung, verkettete Spannung und das Verhältnis beider für Maschine II bei Nutzfeldleere im Strang.

Strang	$U_\lvert$ Volt	$U_\lor$ Volt	$\dfrac{U_\lor}{U_\lvert}$
I	14,1	19,3	1,370
II	14,4	19,1	1,328
III	14,5	19,0	1,312

Zahlentafel 14. Messung des Wirkwiderstandes und des Verlustblindwiderstandes der Maschine II bei Nutzfeldleere im Strang.

Strang	J Amp	J^2R Watt	$\sqrt{3}\,J^2X$ Watt	R Ohm	X Ohm
I	16,08	75,7	264	0,2925	0,591
II	16,10	75,3	264	0,2910	0,589
III	16,04	75,0	263	0,2913	0,591

F. Unmittelbare Messung der Stirnstreuung bei Nutzfeldleere in der Spulengruppe.

Da die Wicklung der Maschine II eine Bruchlochwicklung ist, so müssen wir für jede einzelne Spulengruppe gesondert auf Nutzfeldleere abgleichen und können die Stirnstreuung auch immer nur gerade für diese Spulengruppe messen. Die Schaltung bleibt die gleiche wie zuvor. Zur Abgleichung auf Nutzfeldleere in der Spulengruppe verwenden wir die zu der betreffenden Spulengruppe gehörige Probespule des auf S. 85 beschriebenen Vierlochprobespulensatzes. Die Wicklungsachse der Probespule muß auch hier mit der zugehörigen Wicklungsachse der Hauptstromspulengruppe zusammenfallen.

Der Stirnstreufluß wurde sowohl mit Probespulen einfacher Art als auch mit Doppelsolenoid-Probespulen an den beiden Wicklungsköpfen des Stranges *III* gemessen. Abb. 55 zeigt eine Photographie des Ständers der Maschine. Die mit Probespulen versehenen Wicklungsköpfe und der charakteristische Verlauf der einzelnen Probespulenarten sind deutlich erkennbar. Die Probespulen waren hergestellt aus mit Seide zweifach umsponnenem Kupferdraht von 0,28 mm Durchmesser. Die Befestigung an der Stirnwand ist die gleiche wie in Abb. 49. Jede Probespule hatte je Hauptstromspule 2 Windungen, so daß auf je s Leiter der Nut 2 Leiter der Probespule kamen.

In Zahlentafel 15 sind die gemessenen Werte der Spannungen in den **einfachen** Probespulen angegeben. Da die Abgleichung auf Nutzfeldleere sowohl für den inneren als auch für den äußeren Spulenkopf bei der gleichen Strangspannung U vorgenommen wurde, sind für beide Abgleichungen die Strangströme verschieden. Den Beitrag einer jeden Wicklungskopfart zum Blindwiderstand der Stirnstreuung im Strang berechnen wir aus der Zahl der gleichartigen Wicklungsköpfe — das sind $2p_\gamma$, wenn p_γ gleichartige Spulengruppen im Strang vorhanden sind — dem Verhältnis der Windungszahlen der Stromspule zur Probespule s/s_P, der für jede Spulenkopfart gemessenen EMK $E_{S\gamma}$ und dem Strangstrom J. Es ist

Zahlentafel 15. Unmittelbare Messung der Stirnstreuung der Maschine II bei Nutzfeldleere in der Spulengruppe mit **einfachen** Probespulen.

Kopf	J Amp	$E_{s\gamma}$ Volt	X_s Ohm
I	16,56	0,3570	0,3670
II	14,36	0,0892	0,1058
Σ			0,4728

$$X_{S\gamma} = 2\,p_\gamma \frac{s}{s_P}\,\frac{E_{S\gamma}}{J}\,. \tag{54}$$

Für die Dreifachspule (*I*) ist $p_\gamma = 1$. Somit wird

$$X_{SI} = 2 \cdot 1 \cdot \frac{17}{2} \cdot \frac{0,3570\;\text{Volt}}{16,56\;\text{Amp}} = 0,3670\;\text{Ohm}.$$

In Zahlentafel 16 sind die entsprechenden Werte für die Messung des Stirnstreuflusses mit den Doppelsolenoid-Probespulen angegeben. Die Abgleichung auf Nutzfeldleere in jeder einzelnen Spulen-

Zahlentafel 16. Unmittelbare Messung der Stirnstreuung der Maschine II bei Nutzfeldleere in der Spulengruppe mit **Doppelsolenoid**-Probespulen.

Kopf	J Amp	$E''_{s\gamma}$ Volt	$X''_{s\gamma}$ Ohm	$X_{J\gamma}$ Ohm	$X_{s\gamma}$ Ohm
I	16,56	0,3193	0,3285	0,0147	0,3432
II	14,36	0,0849	0,1010	0,0091	0,1101
Σ					0,4533

gruppe ist die gleiche wie bei der Messung mit einfachen Probespulen, daher sind auch die Strangströme die gleichen wie zuvor. Wir erhalten wie oben aus den gemessenen Werten den Blindwiderstand der äußeren Induktivität $X''_{S\gamma}$ einer jeden Wicklungskopfart, wenn wir an Stelle von $E_{S\gamma}$ den Wert $E''_{S\gamma}$, die in der Doppelsolenoid-Probespule induzierte EMK einführen. Den Beitrag der inneren Induktivität berechnen wir nach Gl. (7) und teilen ihn entsprechend der Windungszahl und mittleren Windungslänge der beiden Spulengruppenarten auf. Die Beiträge $X_{J\gamma}$ zu den Teilblindwiderständen sind in Zahlentafel 16 eingeschrieben. Aus dem Blindwiderstand der äußeren Induktivität $X''_{S\gamma}$ und dem der inneren Induktivität $X_{J\gamma}$ einer jeden Spulenkopfart erhalten wir den zugehörigen Blindwiderstand der Stirnstreuung $X_{S\gamma}$ in der letzten Spalte der Zahlentafel 16.

G. Messung des Verlustscheinwiderstandes im Kurzschluß.

Die Untersuchung der EMK E_r wurde an dieser Maschine mit der auf S. 85 beschriebenen Vierlochprobespule durchgeführt. Wir erhalten die EMK E_r als Summe der Beiträge in den beiden verschiedenen Spulengruppen, deren Teilwerte wir aus den Beiträgen zur EMK E_{P_1} in den zugehörigen Probespulen berechnen. Bezeichnen wir die zur Dreifachspule gehörigen Werte mit dem Index I und die zu der Zweifachspule gehörigen Werte mit dem Index II, so ist nach Gl. (2)

$$E_r = E_{r_I} + E_{r_{II}} = \frac{w_I \xi_{1I} l}{w_{PI} \xi_{P_1 I} l_{PI}} E_{P_1 I} + \frac{w_{II} \xi_{1II} l}{w_{PII} \xi_{P_1 II} l_{PII}} E_{P_1 II}. \tag{55}$$

Für unsere Vierlochprobespulen ist nach S. 85 $\dfrac{w_I}{w_{PI}} = \dfrac{w_{II}}{w_{PII}} = \dfrac{w}{w_P}$, $\xi_{P_1 I} = \xi_{P_1 II} = \xi_{P_1}$ und $\dfrac{l_{PI}}{\xi_{1I}} = \dfrac{l_{PII}}{\xi_{1II}}$. Somit wird für beide Beiträge der Umrechnungsfaktor der gleiche, und es ist

$$E_r = \frac{w \xi_{1I} l}{w_P \xi_{P_1} l_{PI}} E_{P_1}. \tag{56}$$

Mit den im Kopf der Zahlentafel 17 angegebenen Werten der Windungszahlen, Wicklungsfaktoren und axialen Windungslängen erhalten wir aus der EMK E_{P_1} und ihrer Wirkkomponente die entsprechenden Werte der EMK E_r, aus denen wir mit dem Kurzschlußstrom $J = 16,8$ Amp den Verlustscheinwiderstand, den Wirkwiderstand und den Blindwiderstand berechnen.

Zahlentafel 17. Meßwerte zur Bestimmung des Verlustscheinwiderstandes der Maschine II im Kurzschluß.

$J = 16,8$ Amp	$w = 85$ $\quad \xi_{1I} = 0,9729$ $\quad l = 16,4$ cm $\\ w_P = 10$ $\quad \xi_{P_1} = 0,803$ $\quad l_P = 9,35$ cm		
	E_{P_1}	E_r	Z
Gesamtwert	0,612	11,03	0,657
Wirkkomponente	0,280	5,05	0,301
Blindkomponente			0,582

H. Bestimmung der Streuung nach Potier.

In Abb. 59 ist für die Maschine II die Leerlaufcharakteristik $E(i)$ aufgetragen und die Belastungscharakteristik $U'(i)$ für den kapazitiv belasteten Generator und $U''(i)$ für den induktiv belasteten Generator.

Die Belastungscharakteristiken wurden in der gleichen Weise wie bei der Maschine I (S. 74) aufgenommen. Der Belastungsstrom betrug für beide Charakteristiken 29,8 Amp.

Um die Leerlaufcharakteristik mit den Belastungscharakteristiken zur Deckung zu bringen, ist sie in der durch Doppelpfeil angegebenen Richtung parallel zu sich selbst zu verschieben. Drei einander zugeordnete Punkte sind in Abb. 59 hervorgehoben. Für beide Charakteristiken wurde die Streuung bestimmt. Sie ist für jede der beiden Kurven eine Konstante und beträgt für die Charakteristik

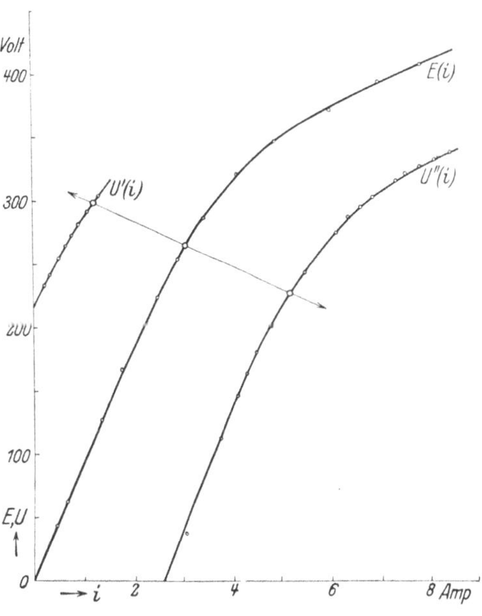

Abb. 59. Leerlauf- und Belastungscharakteristiken ($\cos \varphi = 0$) der Maschine II bei konstantem Ankerstrom ($J = 29,8$ Amp).

U' (i) (kapazitiv) . . . . $X' = 1,17$ Ohm,
U'' (i) (induktiv) . . . . $X'' = 1,27$ Ohm,
Im Mittel ist . . . . $X = 1,22$ Ohm.

J. Bestimmung des Ständerblindwiderstandes bei ausgebautem Feldmagneten.

Bezüglich der Messung des Ständerblindwiderstandes X_1 bei ausgebautem Feldmagneten und seiner Aufteilung auf Nuten-, Stirn- und Bohrungsblindwiderstand gilt das auf S. 75 für die Maschine I Gesagte.

Zur unmittelbaren Messung des Stirnfeldes verwendet man die gleichen Probespulen wie zuvor bei der Messung unter F. Auch hier wurde der Stirnfeldblindwiderstand mit den einfachen Probespulen und den Doppelsolenoid-Probespulen bestimmt.

Die Messung des Bohrungsfeldes erfordert eine Probespule am Ankerumfang, die die induktive Wirkung des Bohrungsfeldes auf den ganzen Strang wiedergibt. Da bei Bruchlochwicklungen infolge der verschiedenen Wicklungsfaktoren und Windungszahlen der einzelnen Spulengruppen die vom Bohrungsfeld induzierten Teil-EMKe in den einzelnen Spulengruppen verschieden sind, so muß man die Probespule ganz ähnlich wickeln wie zur Messung der EMK E_p bei Nutzfeldleere im Strang (S. 84). Wir bilden den in Nuten liegenden Teil der zu einem Strang gehörigen Spulengruppen durch die Probespule auf dem Ankermantel nach. Dabei legen wir die Leiter der Probespule in die Mitte der Nutenschlitze auf den Ankermantel und schließen sie dem Rand der Stirnbleche am Luftspalt folgend zu Spulen (vgl. Abb. 55). Die Probespule hat den gleichen Wicklungsfaktor und die entsprechende Windungszahl wie die zugehörige Spule des untersuchten Stranges. Die Probespule hatte je Nut 2 Leiter und war aus zweifach seideumsponnenem Kupferdraht von 0,28 mm Durchmesser gewickelt.

In Zahlentafel 18 sind die Meßwerte zur Bestimmung des Wirkwiderstandes und des Ständerblindwiderstandes X_1 für jeden der drei Stränge angegeben: der Ankerstrom, die Strangspannung und die

Zahlentafel 18. Messung des Wirkwiderstandes und des Ständerblindwiderstandes der Maschine II bei ausgebautem Feldmagneten.

Strang	J Amp	U_1 Volt	J^2R Watt	R Ohm	X_1 Ohm
I	13,63	17,7	55,15	0,297	1,271
II	13,61	17,7	54,30	0,293	1,268
III	13,59	17,7	54,30	0,294	1,270

Wirkleistung. Die Blindleistung wurde aus der Scheinleistung berechnet. In den beiden letzten Spalten sind die Wirkwiderstände und der Ständerblindwiderstand angeschrieben.

In Zahlentafel 19 sind die Meßwerte der unmittelbaren Bestimmung des Stirnfeldblindwiderstandes mit einfachen Probespulen angegeben: der Ankerstrom im Strang III, dessen Spulengruppen mit Probespulen um die Stirnverbindung versehen sind, und die an den Probespulen gemessenen Spannungen $E_{S\gamma}$ für den innen- (I) und den außenliegenden Spulenkopf (II). Die Berechnung des Stirnfeldblindwiderstandes ist die gleiche wie früher auf S. 87.

Zahlentafel 19.
Unmittelbare Messung des Stirnfeldblindwiderstandes der Maschine II bei ausgebautem Feldmagneten mit einfachen Probespulen.

Kopf	J Amp	$E_{S\gamma}$ Volt	$X_{S\gamma}$ Ohm
I	13,59	0,3303	0,4130
II	13,59	0,1098	0,1373
Σ			0,5503

In Zahlentafel 20 sind die entsprechenden Werte für die Messungen mit den Doppelsolenoid-Probespulen angegeben. Der Teilblind-

Zahlentafel 20. Unmittelbare Messung des Stirnfeldblindwiderstandes der Maschine II bei ausgebautem Feldmagneten mit **Doppelsolenoid-** Probespulen.

Kopf	J Amp	$E''_{S\gamma}$ Volt	$X''_{S\gamma}$ Ohm	$X_{J\gamma}$ Ohm	$X_{S\gamma}$ Ohm
I	13,59	0,3000	0,3755	0,0147	0,3902
II		0,1058	0,1323	0,0091	0,1414
Σ					0,5316

widerstand der äußeren Induktivität $X''_{S\gamma}$ berechnet sich aus dem Ankerstrom J und der für einen Wicklungskopf gemessenen Spannung $E''_{S\gamma}$ wie früher auf S. 87. Der Beitrag der inneren Induktivität ist der gleiche wie früher (Zahlentafel 16). Aus $X''_{S\gamma}$ und X_J erhalten wir für jede Wicklungskopfart den Beitrag zum Stirnfeldblindwiderstand in der letzten Spalte der Zahlentafel 20.

Der Blindwiderstand des Bohrungsfeldes berechnet sich nach Gl. (53) aus der für den ganzen Strang gemessenen EMK der Probespule E_B, dem Verhältnis der Windungszahlen im Ständerstrang und in der Probespule w/w_P und dem Strangstrom J. Mit einer Probespule von 10 Windungen wurde bei 13,59 Amp im Strang III E_B zu 0,968 Volt gemessen, wobei der Anteil der Dreifachspulengruppe (I) 0,671 Volt, der der Zweifachspulengruppe (II) 0,297 Volt betrug. Somit wird

$$X_B = \frac{85}{10} \cdot \frac{0,968\ \text{Volt}}{13,59\ \text{Amp}} = 0,606\ \text{Ohm}.$$

K. Vergleich der gerechneten und gemessenen Wirk- und Blindwiderstände der Maschine II.

In Zahlentafel 21 sind für den Strang III alle Werte der Rechnung und Messung zusammengestellt. In der Zahlentafel sind die wichtigsten Werte durch stärkeren Druck hervorgehoben und solche Zahlenwerte, die erst durch Vereinigung gerechneter und gemessener Werte entstehen, in Klammern gesetzt. In der nun folgenden vergleichenden Betrachtung der gewonnenen Ergebnisse sind die entsprechenden Werte der prozentualen Abweichungen der zuvor untersuchten Maschine I in Klammern beigefügt.

Der Wirkwiderstand (0,2913 Ohm) ist um 7,8% (12,0%) größer als der Gleichwiderstand (0,2703 Ohm). Die Erhöhung durch Stromverdrängung in den Nuten (auf 0,2712 Ohm) berechnet sich zu 1,3% (0,3%). Für die Vorausberechnung des Wirkwiderstandes wäre hier zum Gleichwiderstand ein Zuschlag von etwa 0,21% (0,25%) der Nennleistung als zusätzlicher Verlust in Rechnung zu setzen.

Der für das Verhalten der Synchronmaschine im stationären Betrieb maßgebende Verlustblindwiderstand X ergibt sich als Summe der Nuten-, Spalt-, Zahnkopf- und Stirnstreuung. Gegenüber dem bei Nutz-

Zahlentafel 21. Zusammenstellung der berechneten und gemessenen Wirk- und Blindwiderstände der Maschine II in Ohm.

Maschine II.	Stationärer Betrieb								Ohne Feldmagnet		
	Rechnung			Messung					Rechnung	Messung	
	Verfasser	Arnold	Kloß	Verfasser			Kurz-schluß	Po-tier	Schen-kel, Kloß	einf. Psp.	Doppelsol.-P.
					Nutzfeldleere						
				im Strang	in d. Spulengruppe						
	Abschn. 9	Gl. (40a)	Gl. (43)		einf. Psp.	Doppelsol.-P.			Gl. (51b) u. (43)		
R_g Gleichwiderstand . . .	(0,2712)			0,2703							
R_e Echtwiderstand . . .											
R Wirkwiderstand . . .				**0,2913**			0,301				
X_N Nutenstreuung	0,1195								0,120		
X_K Spalt- und Zahnkopf-streuung	0,0136										
X_{SI} Stirn- Kopf *I* . .	0,374				0,3670	0,3432				0,4130	0,3902
X_{SII} streuung Kopf *II* .	0,111				0,1058	0,1101				0,1373	0,1414
X_S Σ	0,485	0,531	0,616	(0,458)	0,4728	**0,4533**			0,616	0,5503	**0,5316**
X Verlustblindwiderstand	0,618			**0,591**			0,582	1,22			(0,876)
X_B Bohrungsblindwiderst.									0,394		**0,606**
X_1 Ständerblindwiderstand									1,130		**1,270**

feldleere im Strang gemessenen Wert (0,591 Ohm), der bis auf 1,4% (— 0,4%) mit dem bei Kurzschluß gemessenen Wert (0,582 Ohm) übereinstimmt, berechnen wir den Verlustblindwiderstand um 4,7% (0,9%) zu groß (0,618 Ohm), wenn wir der Berechnung der Stirnstreuung die Ergebnisse des zweiten Teiles dieser Arbeit zugrunde legen. Nach dem von Potier angegebenen experimentellen Verfahren wird der Verlustblindwiderstand (1,22 Ohm) um 106,5% (128,0%) zu groß bestimmt. Zieht man von dem bei ausgebautem Feldmagneten gemessenen Ständerblindwiderstand X_1 (1,270 Ohm) den nach Schenkel berechneten Bohrungsblindwiderstand X_B (0,394 Ohm) ab, so erhält man einen Blindwiderstand (0,876 Ohm, in der letzten Spalte), der um 48,2% (26,0%) größer ist als der Verlustblindwiderstand X (0,591 Ohm).

Zur Beurteilung des für das Verhalten der Synchronmaschine im stationären Betrieb maßgebenden Blindwiderstandes der Stirnstreuung beziehen wir alle Werte auf den Blindwiderstand, der sich als Differenz aus dem bei Nutzfeldleere im Strang gemessenen Verlustblindwiderstand (0,591 Ohm) und dem berechneten Blindwiderstand der Nuten-, Spalt- und Zahnkopfstreuung (0,1195 Ohm + 0,0136 Ohm) ergibt. Er ist in der vierten Spalte der Zahlentafel in Klammern angegeben (0,458 Ohm). Auf diesen Wert bezogen ist der nach vorliegender Arbeit berechnete Blindwiderstand der Stirnstreuung (0,485 Ohm) um 5,8% (1,3%) zu groß, der nach Arnold berechnete Wert (0,531 Ohm) um 15,9% (9,7%) zu groß und der nach Kloß mit den Konstanten von Schenkel berechnete (0,616 Ohm) um 34,3% (54,3%) zu groß. Der bei Nutzfeldleere in der Spulengruppe mit einfachen Probespulen unmittelbar gemessene Blindwiderstand der Stirnstreuung (0,4728 Ohm) ist um 3,2% (— 1,3%) zu groß, dagegen mit Doppelsolenoid-Probespulen gemessen (0,4533 Ohm) um 1,0% zu klein. Der S. 76 definierte Stirnfeldblindwiderstand bei ausgebautem Feldmagneten wird durch den mit Doppelsolenoid-Probespulen gemessenen Wert (0,5316 Ohm) wiedergegeben. Er ist gegenüber dem für das stationäre Betriebsverhalten der Maschine maßgebenden Wert der Stirnstreuung (0,458 Ohm) um 16% (17%) zu groß. Mit der einfachen Probespule (0,5503 Ohm) messen wir 3,5% mehr wie mit der Doppelsolenoid-Probespule.

Die Aufteilung der für das stationäre Betriebsverhalten der Maschine maßgebenden Stirnstreuung auf die beiden Spulenkopfarten nach den im zweiten Teil der Arbeit gewonnenen Ergebnissen stimmt im wesentlichen mit der durch Probespulen bei Nutzfeldleere in der Spulengruppe gemessenen Aufteilung überein. Beziehen wir alle Werte auf die mit Doppelsolenoid-Probespulen gemessenen, wahrscheinlichsten Werte, so ergibt die Vorausberechnung für beide Spulenkopfarten zu große Werte, und zwar für den innenliegenden Kopf (I, 0,374 Ohm gegen 0,3432 Ohm) um 9,0% (— 1,4%) und für den außenliegenden Kopf (*II*, 0,111 Ohm gegen 0,1101 Ohm) um 1,0% (8,1%). Mit einfachen Probespulen messen wir die Stirnstreuung des innenliegenden Kopfes (*I*) um 7% zu groß (0,3670 Ohm gegen 0,3432 Ohm) und den des außenliegenden Kopfes (*II*) um 3,8% zu klein (0,1058 Ohm gegen 0,1101 Ohm). Durch das Ausbauen des Feldmagneten steigt der Blindwiderstand des Stirnfeldes für beide Spulenkopfarten (innenliegender Kopf (*I*) von 0,3432 Ohm um 0,0470 Ohm auf 0,3902 Ohm; außenliegender Kopf (*II*) von 0,1101 Ohm um 0,0313 Ohm auf 0,1414 Ohm). Mit der einfachen Probespule wird der Blindwiderstand des Stirnfeldes bei ausgebautem Feldmagneten für den innenliegenden Kopf (*I*) um 5,8% zu groß gemessen (0,4130 Ohm gegen 0,3902 Ohm) und für den außenliegenden Kopf (*II*) um 2,8% zu klein (0,1373 Ohm gegen 0,1414 Ohm).

Der aus der Nutenstreuung, dem Stirnstreublindwiderstand nach Kloß (mit dem Konstanten von Schenkel) und dem Bohrungsblindwiderstand nach Schenkel berechnete Ständerblindwiderstand X_1 bei ausgebautem Feldmagneten (1,130 Ohm) ist gegenüber dem gemessenen Wert (1,270 Ohm) um 11,0% (— 2,0%) zu klein. Die rechnerische Aufteilung des Ständerblindwiderstandes auf Stirnfeldblindwiderstand und Bohrungsblindwiderstand weicht erheblich von der gemessenen ab. Der berechnete Stirnfeldblindwiderstand (0,616 Ohm) ist gegenüber dem gemessenen (0,5316 Ohm) um 16,0% (32,1%) zu groß und der berechnete Bohrungsblindwiderstand (0,394 Ohm) gegenüber dem gemessenen (0,606 Ohm) um 35,0% (27,1%) zu klein.

Literaturverzeichnis.

1. Abraham-Föppl: Theorie der Elektrizität I. Leipzig: Teubner 1921.
2. Arnold: Wechselstromtechnik Bd. IV. Berlin: Springer 1913.
3. Blondel: Streuungskoeffizient und Ankerrückwirkung in Drehstromgeneratoren. ETZ 1901, S. 474.
4. Dreyfus: Eine Theorie der Stirnstreuung. ETZ 1920, S. 106.
5. Emde: Spaltfeld und Durchflutung der Wicklungsköpfe. El. u. Maschinenb. 1922, S. 557.
6. Fischer-Hinnen: Berechnung des Spannungsabfalles von Wechselstromgeneratoren. ETZ 1901, S. 1061.
7. Görges: Vektordiagramm der Feldstärke. ETZ 1907, S. 1.
8. Heiles: Beitrag zur magnetischen Abschirmung und Spiegelung. El. u. Maschinenb. 1922, S. 477.
9. Hemmeter: Kritisches zur Theorie der Streuung. Arch. Elektrot. Bd. XV. S. 193. 1925.
10. Kloß: Die Berechnung der Stirnstreuung in Drehstrommotoren. El. u. Maschinenb. 1910, S. 53.
11. Maxwell-Weinstein: Elektrizität und Magnetismus. Berlin: Springer 1883.
12. Orlich: Kapazität und Induktivität. Braunschweig: Vieweg & Sohn 1909.
13. Pohl: Besprechung des Vortrages von Rüdenberg: „Zusätzliche Verluste in Synchronmaschinen" [L 21]. ETZ 1925, S. 1013.
14. Potier: Sur la réaction d'induit des alternateurs. L'éclairage électrique Tome XXIV, page 133. 28. VII. 1900.
15. Richter: Ankerwicklungen. Berlin: Springer 1920.
16. Richter: Elektrische Maschinen. Bd. I. Berlin: Springer 1924.
17. Richter: Das Ankerfeld in den Pollücken und die in einer Ankerwindung induzierte EMK. Arch. Elektrot. Bd. XIII, S. 1. 1924.
18. Rüdenberg: Über die Erzeugung reiner Sinusströme. ETZ 1904, S. 252.
19. Rüdenberg: Über die Verteilung der magnetischen Induktion in Dynamoankern und die Verlustberechnung. ETZ 1906, S. 109.
20. Rüdenberg: Über die experimentelle Aufnahme von Feldkurven. El. u. Maschinenb. 1909, S. 1031.
21. Rüdenberg: Zusätzliche Verluste in Synchronmaschinen und ihre Messung. ETZ 1924, S. 37.
22. Schenkel: Beitrag zur Bestimmung der Streuung von Wechselstromwicklungen. El. u. Maschinenb. 1909, S. 201.
23. Schenkel: Praktische Streuungsberechnung insbesondere bei Wechselstrom-Kollektormotoren. El. u. Maschinenb. 1911, S. 1019.
24. Sumec: Berechnung der Selbstinduktion gerader Leiter und rechteckiger Spulen. ETZ 1906, S. 1175.
25. Voege: Ein neues Meßgerät für schwache Wechselströme. ETZ 1906, S. 467.
26. Weißheimer: Stirnstreuung der Einphasenwicklung. Diplomarbeit 1922.

Über die Erwärmung axial gelüfteter Turbo-Generatoren.

Von Dr.-Ing. **Ernst Stumpp.**

I. Die Vorlage und ihre mathematische Einkleidung.

1. Einige grundsätzliche Berechnungen.

a) Allgemeiner Arbeitsplan. Die Vorausberechnung der Temperaturverteilung im Innern einer elektrischen Maschine ist bis heute fast ausnahmslos in der Weise versucht worden, daß man den Nachdruck darauf legte, wie von vornherein das wärmewirtschaftliche Verhalten der als Körperganzes aufzufassenden Konstruktion in e i n e n Ansatz zu bringen sei. Man hat in diesen Weg vielleicht die Hoffnung gesetzt, daß man dabei die eingebürgerten überschlägigen Methoden der Praxis würde stützen können, die durch Einführung des empirischen Begriffes der „wirksamen Oberfläche" den Aufschluß über die Erwärmung eines elektrischen Apparates bis heute noch in die Form des N e w t o n s c h e n A b k ü h l u n g s g e s e t z e s zwängt. Dadurch ist man einer g r ü n d l i c h e n Arbeit, auch da, wo sie geleistet werden könnte, immer ziemlich aus dem Wege gegangen. Man gelangte wohl zu qualitativen Aufschlüssen, aber die eigentliche Aufgabe war nicht zu fördern. Dem Wesen dieser Aufgabe als potentialtheoretischem Probleme entspricht es, daß man sich vor allen Dingen erst den Körperelementen und den e l e m e n t a r e n Wärmewirtschaften, die darin ein mehr oder weniger selbständiges Leben führen, zuwendet. Der Endaufgabe fällt dann die Lösung des mit unerläßlichen Annahmen immer noch genug belasteten Ansatzes für die A u s t a u s c hb e z i e h u n g e n zu, die in wärmewirtschaftlicher Hinsicht zwischen den einzelnen Körperelementen bestehen.

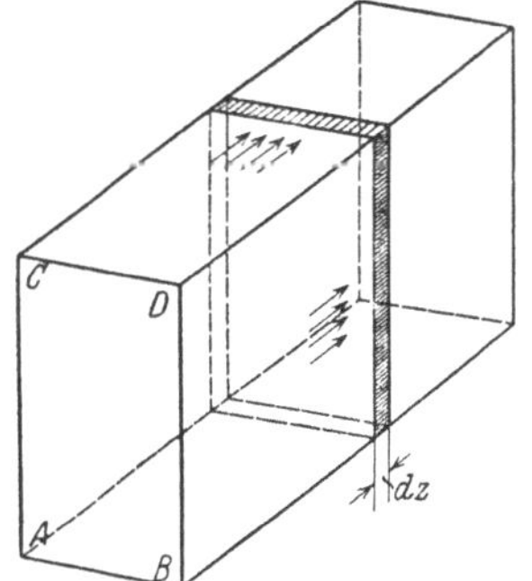

Abb. 1. Zur Formulierung des Plattenproblemes.

b) Das Plattenproblem des Elektromaschinenbaues. Eine Aufgabe, auf die man beim Einschlagen dieses Weges immer wieder stößt, ist die Berechnung der folgenden Anordnung (Abb. 1):

Ein Element aus einer in einer Richtung (z) unendlich sich erstreckenden Platte von rechteckförmigem Querschnitt $ABCD$ nach Abb. 1 steht durch seine gesamte Oberfläche in rein konvektivem Wärmeaustausch mit an dieser entlanggeführten Kühlmittelströmen. Dieser Wärmeaustausch ist stationär und hervorgerufen durch Wärmequellen stationärer Ergiebigkeit, die sein Volumen homogen erfüllen, oder auch dadurch, daß ein Wärmestrom an einer dieser Oberflächen ein- und zu den anderen Oberflächen wieder austritt.

Der Elektromaschinenbau bedient sich bis heute einer nicht besonders vollkommenen Lösung dieser Aufgabe, die von M. Jakob auf Grund der Annahme einer konstanten Oberflächentemperatur gegeben wurde [L 2]. In dem folgenden Ansatze soll sie in dem Bereiche, in welchem sie im Verlaufe der in dieser Arbeit vorgenommenen Untersuchungen auftritt, einer ausführlicheren Lösung zugeführt werden.

Das Rechteck $ABCD$ in Abb. 2 stelle den Querschnitt der Platte dar, deren Material der Wärmebewegung in seiner Ebene nach allen Richtungen dieselbe Wärmeleitfähigkeit k biete. Die Ergiebigkeit der Wärmequellen, die die Volumeinheit der Platte erfüllen, sei mit q bezeichnet. Die im Parallelstrom entlang den Plattenoberflächen geführten Kühlmittelströme mögen, wie in Abb. 2 angeschrieben, die voneinander verschiedenen Temperaturen t_{L_0}, t_{L_1}, t_{L_2} besitzen. Von diesen vom Eispunkt aus zu messenden Temperaturen werde die beiderseits gleiche Temperatur t_{L_0} des Kühlmittelstromes der Querschnittsflanken im Ansatz als Bezugstemperatur gewählt. Die aus Gründen, die später zutage treten, mit λ bezeichnete Wärmeübergangszahl möge die in der Abb. 2 angeschriebenen, längs der Seiten des Querschnittes konstanten Werte $\lambda_0, \lambda_1, \lambda_2$ haben. Der Ursprung des rechtwinkligen Koordinatensystems sei in die Mitte der Querschnittsseite AB gelegt.

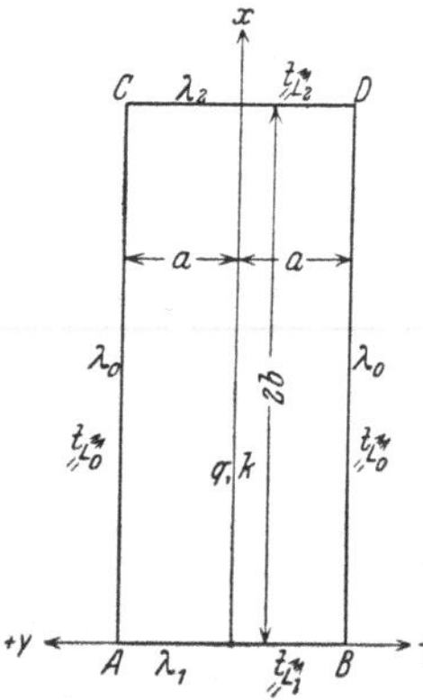

Abb. 2. Zur Aufstellung des Ansatzes.

Für die Temperatur

$$\Theta = t - t_{L_0}$$

gilt in diesen Bezeichnungen der folgende Ansatz[1]:

$$\frac{\partial^2 \Theta}{\partial x^2} + \frac{\partial^2 \Theta}{\partial y^2} + \frac{q}{k} = 0 \tag{1}$$

mit den Randbedingungen

$$\left.\begin{array}{l} x = x \\ y = \pm a \end{array}\right\} \qquad \mp k\,\frac{\partial \Theta}{\partial y} = \lambda_0 \Theta\,, \tag{1a}$$

$$\left.\begin{array}{l} x = 0 \\ y = y \end{array}\right\} \qquad + k\,\frac{\partial \Theta}{\partial x} = \lambda_1 \Theta - \lambda_1 (t_{L_1} - t_{L_0})\,, \tag{1b}$$

$$\left.\begin{array}{l} x = 2b \\ y = y \end{array}\right\} \qquad - k\,\frac{\partial \Theta}{\partial x} = \lambda_2 \Theta - \lambda_2 (t_{L_2} - t_{L_0})\,. \tag{1c}$$

---

[1] Die ausführliche Behandlung dieses Ansatzes hoffen wir in Bälde mit einer größeren Abhandlung, die sich mit der Lösung des Problemes der zweidimensionalen Wärmeströmung aus Platten von rechteckförmigem Querschnitt und ihre Anwendung auf Bauformen des Elektromaschinenbaues eingehender befaßt, verbinden zu können.

Dieser Ansatz läßt die Möglichkeit eines linearen Aufbaues des resultierenden Temperaturfeldes Θ im Plattenquerschnitt aus drei Einzelfeldern Θ_0, Θ' und Θ'' erkennen:

1. dem Temperaturfelde Θ_0 der im Querschnitt homogen verteilten Wärmequellen ($q \neq 0$) bei allseitig gleicher Umgebungstemperatur $t_{L_1} = t_{L_2} = t_{L_0}$,

2. den Temperaturfeldern Θ' und Θ'' zweier im Innern des Querschnittsgebietes quellenfrei verlaufender Wärmeströmungen ($q = 0$), die sich ersterem nach dem Superpositionsprinzip überlagern und an flächenhaft verteilten Wärmequellen

$$q' = \lambda_1(t_{L_1} - t_{L_0}) \quad \text{bzw.} \quad q'' = \lambda_2(t_{L_2} - t_{L_0})$$

in den Querschnittseiten $x = 0$ bzw. $x = 2b$ ihren Ursprung nehmen.

Diese Anschauungsweise kommt in der Abb. 3 zum Ausdruck, in der wir die nur Θ_0 bestimmenden Größen eckig, die nur Θ' bzw. Θ'' bestimmenden rund eingeklammert haben, die beide Feldarten bestimmenden Größen aber klammerlos gelassen haben.

Das Temperaturfeld der Wärmeströmung aus den Quellen des Gebietes selbst wollen wir künftig Temperaturfeld erster Art nennen. Entsprechend sollen alle

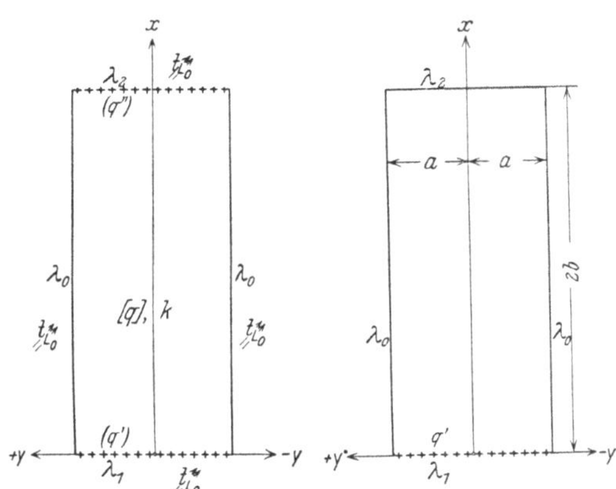

Abb. 3. Zur Synthese des resultierenden Temperaturfeldes der Anordnung nach Abb. 2.

Abb. 4a. Zum genauen Ansatze für ein Temperaturfeld zweiter Art.

Temperaturfelder aus Wärmeströmungen, die innerhalb des Gebietes quellenfrei verlaufen und deren Ursprung wir daher in einer Randbelegung erblicken können, Temperaturfelder zweiter Art heißen.

c) Genaue Berechnung eines Temperaturfeldes zweiter Art. Der Anteil, den z. B. das Temperaturfeld des Wärmebelages q' am gesamten Temperaturpotential Θ hat, werde wie oben mit Θ' bezeichnet. Dann gilt für das „Temperaturpotential" Θ' der Ansatz

$$\frac{\partial^2 \Theta'}{\partial x^2} + \frac{\partial^2 \Theta'}{\partial y^2} = 0 \tag{2}$$

mit den Randbedingungen (Abb. 4a):

$$\left.\begin{array}{l} x = x \\ y = \pm a \end{array}\right\} \qquad \mp \frac{\partial \Theta'}{\partial y} = \frac{\lambda_0}{k}\,\Theta', \tag{2a}$$

$$\left.\begin{array}{l} x = 0 \\ y = y \end{array}\right\} \qquad -\frac{\partial \Theta'}{\partial x} = \frac{q'}{k} - \frac{\lambda_1}{k}\,\Theta', \tag{2b}$$

$$\left.\begin{array}{l} x = 2b \\ y = y \end{array}\right\} \qquad -\frac{\partial \Theta'}{\partial x} = \frac{\lambda_2}{k}\,\Theta'. \tag{2c}$$

Ein partikuläres Integral der Differentialgl. (2), welches unserer Vermutung über den ungefähren Verlauf der Temperaturfunktion Θ' entspricht, ist

$$\Theta'_p = \left[a\,e^{-2r\frac{b}{a}\frac{x}{2b}} + b\,e^{-2r\frac{b}{a}\left(1 - \frac{x}{2b}\right)} \right] \cos r\,\frac{y}{a}, \tag{3}$$

wie durch Einsetzen in die Gl. (2) leicht erwiesen ist. r ist eine noch unbestimmte Konstante, welche zur Erfüllung der beiden Bedingungen (2a) der transzendenten Gleichung

$$\frac{r}{a}\sin r = \frac{\lambda_0}{k}\cos r \tag{4'}$$

genügen muß; diese nimmt nach Einführung der „relativen Wärmeübergangszahl" [L 3, S. 14]

$$\frac{\lambda_0}{k} = h_0 \tag{5}$$

die Form

$$r\,\mathrm{tg}\,r = a\,h_0 \tag{4}$$

mit dem dimensionslosen Parameter $a\,h_0$ an.

Mit Hilfe des vollständigen Systemes der „Eigenwerte", worunter wir also die Wurzeln der transzendenten Gl. (4) verstehen, setzen wir das vollständige Integral der Differentialgl. (2) in der Form

$$\Theta' = \sum \left[a_\nu\,e^{-m_\nu p_x} + b_\nu\,e^{-m_\nu(1-p_x)} \right] \cos r_\nu\,p_y \tag{6}$$

an. Wir haben darin die den Eigenwerten r_ν proportionalen Exponenten

$$m_\nu = 2r_\nu\,\frac{b}{a} \tag{7}$$

eingeführt, um fortan im System der dimensionslosen Koordinaten

$$p_x = \frac{x}{2b} \quad \text{und} \quad p_y = \frac{y}{a}$$

verbleiben zu können.

In der vollständigen Lösung nach Gl. (6) haben wir die Konstantensysteme a_ν und b_ν noch frei zur Erfüllung der restlichen Randbedingungen (2b) und (2c). Setzt man an deren Stelle die Summe und die Differenz von (2b) und (2c), so folgt:

$$\frac{q'}{k} = \sum \left\{ a_\nu \left[\frac{r_\nu}{a} + \frac{\lambda_1}{k} - \left(\frac{r_\nu}{a} - \frac{\lambda_2}{k} \right) e^{-m_\nu} \right] \right.$$
$$\left. + b_\nu \left[\frac{r_\nu}{a} + \frac{\lambda_2}{k} - \left(\frac{r_\nu}{a} - \frac{\lambda_1}{k} \right) e^{-m_\nu} \right] \right\} \cos r_\nu \, p_y \,, \qquad (8\,\mathrm{a})$$

$$\frac{q'}{k} = \sum \left\{ a_\nu \left[\frac{r_\nu}{a} + \frac{\lambda_1}{k} + \left(\frac{r_\nu}{a} - \frac{\lambda_2}{k} \right) e^{-m_\nu} \right] \right.$$
$$\left. - b_\nu \left[\frac{r_\nu}{a} + \frac{\lambda_2}{k} + \left(\frac{r_\nu}{a} - \frac{\lambda_1}{k} \right) e^{-m_\nu} \right] \right\} \cos r_\nu \, p_y \,. \qquad (8\,\mathrm{b})$$

Die Randbedingungen (2b) und (2c) sind somit erfüllt, wenn sich die gegebene Funktion $\frac{q'}{k}$ gemäß (8a) und (8b) nach den „Eigenfunktionen" $\cos r_\nu \, p_y$ entwickeln läßt.

Dividieren wir die Gl. (8a) und (8b) durch $h_0 = \frac{\lambda_0}{k}$ [Gl. (5)] und führen die stehenbleibenden Verhältnisse λ_1/λ_0 und λ_2/λ_0 durch die Gleichungen

$$\frac{\lambda_1}{\lambda_0} = \varkappa_1 \,, \qquad \frac{\lambda_2}{\lambda_0} = \varkappa_2 \qquad (9\,\mathrm{a, b})$$

ein, so erhalten wir bei Beachtung von Gl. (4):

$$\frac{q'}{\lambda_0} = \sum \left\{ \frac{a_\nu}{\operatorname{tg} r_\nu} \left[1 + \varkappa_1 \operatorname{tg} r_\nu - (1 - \varkappa_2 \operatorname{tg} r_\nu) e^{-m_\nu} \right] \right.$$
$$\left. + \frac{b_\nu}{\operatorname{tg} r_\nu} \left[1 + \varkappa_2 \operatorname{tg} r_\nu - (1 - \varkappa_1 \operatorname{tg} r_\nu) e^{-m_\nu} \right] \right\} \cos r_\nu \, p_y \,, \qquad (8'\,\mathrm{a})$$

$$\frac{q'}{\lambda_0} = \sum \left\{ \frac{a_\nu}{\operatorname{tg} r_\nu} \left[1 + \varkappa_1 \operatorname{tg} r_\nu + (1 - \varkappa_2 \operatorname{tg} r_\nu) e^{-m_\nu} \right] \right.$$
$$\left. - \frac{b_\nu}{\operatorname{tg} r_\nu} \left[1 + \varkappa_2 \operatorname{tg} r_\nu + (1 - \varkappa_1 \operatorname{tg} r_\nu) e^{-m_\nu} \right] \right\} \cos r_\nu \, p_y \,. \qquad (8'\,\mathrm{b})$$

Für einen konstanten Wert von q' längs der Kante $p_x = 0$ ist die vorgegebene Funktion q'/λ_0 eine Konstante, der die Eigenschaften der Stetigkeit und Glattheit in dem in Betracht stehenden Grundgebiete ohne weiteres zukommen, und die Möglichkeit der durch die Gl. (8'a, b) vorgeschriebenen Entwicklungen erwiesen [L 1]. Die Entwicklung gestaltet sich ferner äußerst einfach, da die Funktionen $\cos r_\nu \, p_y$ Orthogonalitätseigenschaft [L 1, S. 33) besitzen. Denn es ist für zwei voneinander verschiedene Eigenwerte ($\mu \neq \nu$):

$$\int_{-1}^{+1} \cos r_\mu \, p_y \cos r_\nu \, p_y \, dp_y = \frac{-2}{\mu^2 - \nu^2} \left(r_\nu \sin r_\nu \cos r_\mu - r_\mu \sin r_\mu \cos r_\nu \right)$$

$$= -\frac{2 \cos r_\mu \cos r_\nu}{\mu^2 - \nu^2} \left(r_\nu \operatorname{tg} r_\nu - r_\mu \operatorname{tg} r_\mu \right) = 0 \,,$$

dadurch, daß gemäß Gl. (4)

$$r_\nu \operatorname{tg} r_\nu = r_\mu \operatorname{tg} r_\mu = a h_0.$$

Für zwei gleiche Eigenwerte ($\mu = \nu$) folgt:

$$\int_{-1}^{+1} \cos^2 \nu_y\, p_y\, d p_y = 1 + \frac{\sin 2 r_\nu}{2 r_\nu} \neq 0.$$

Zusammenfassend gilt also

$$\int_{-1}^{+1} \cos r_\mu p_y \cos r_\nu p_y\, d p_y \begin{cases} = 0 & \text{für} \quad \mu \neq \nu, \\ \neq 0 & \text{für} \quad \mu = \nu. \end{cases}$$

Die Bestimmung der Konstanten a_ν und b_ν ist somit in der Weise möglich, daß man den Ausfall aller Glieder der Reihe mit Ausnahme des einen betrachteten herbeiführen kann. In Ausführung dieses Verfahrens erhält man für einen konstanten Wert von q' längs der Kante $p_x = 0$, wenn die Abkürzung

$$\frac{\displaystyle\int_{-1}^{+1} \cos r_\nu p_y\, d p_y}{\displaystyle\int_{-1}^{+1} \cos^2 r_\nu p_y\, d p_y} = \frac{\dfrac{2 \sin r_\nu}{r_\nu}}{1 + \dfrac{\sin 2 r_\nu}{2 r_\nu}} = \varphi_1(r_\nu) \tag{10}$$

eingeführt wird, für jeden Wurzelwert r_ν zwei Gleichungen

$$\frac{q'}{\lambda_0} \varphi_1(r_\nu) = \frac{a_\nu}{\operatorname{tg} r_\nu} [1 + \varkappa_1 \operatorname{tg} r_\nu - (1 - \varkappa_2 \operatorname{tg} r_\nu)\, e^{-m_\nu}]$$

$$+ \frac{b_\nu}{\operatorname{tg} r_\nu} [1 + \varkappa_2 \operatorname{tg} r_\nu - (1 - \varkappa_1 \operatorname{tg} r_\nu)\, e^{-m_\nu}], \tag{11a}$$

$$\frac{q'}{\lambda_0} \varphi_1(r_\nu) = \frac{a_\nu}{\operatorname{tg} r_\nu} [1 + \varkappa_1 \operatorname{tg} r_\nu + (1 - \varkappa_2 \operatorname{tg} r_\nu)\, e^{-m_\nu}]$$

$$- \frac{b_\nu}{\operatorname{tg} r_\nu} [1 + \varkappa_2 \operatorname{tg} r_\nu + (1 - \varkappa_1 \operatorname{tg} r_\nu)\, e^{-m_\nu}], \tag{11b}$$

aus welchen sich die zugehörigen Konstanten a_ν und b_ν bestimmen und damit die ganze Entwicklung von q'/λ_0.

Die Differenz dieser beiden Gleichungen ergibt das Verhältnis

$$\frac{b_\nu}{a_\nu} = \frac{1 - \varkappa_2 \operatorname{tg} r_\nu}{1 + \varkappa_2 \operatorname{tg} r_\nu}\, e^{-m_\nu}, \tag{12a}$$

die Summe der Gl. (11a, b):

$$\frac{q'}{\lambda_0}\, \varphi_1(r_\nu) = a_\nu\, \frac{1 + \varkappa_1 \operatorname{tg} r_\nu}{\operatorname{tg} r_\nu} \left(1 - \frac{b_\nu}{a_\nu} \frac{1 - \varkappa_1 \operatorname{tg} r_\nu}{1 + \varkappa_1 \operatorname{tg} r_\nu}\, e^{-m_\nu} \right)$$

ergibt, nach a_ν aufgelöst, bei Einführung von b_ν/a_ν nach Gl. (12a) und Erweiterung mit $\varkappa_1$:

$$a_\nu = \frac{q'}{\lambda_1}\, \frac{\varkappa_1\,\mathrm{tg}\,r_\nu}{1+\varkappa_1\,\mathrm{tg}\,r_\nu}\; \frac{e^{2m_\nu}}{e^{2m_\nu}-\dfrac{1-\varkappa_1\,\mathrm{tg}\,r_\nu}{1+\varkappa_1\,\mathrm{tg}\,r_\nu}\cdot\dfrac{1-\varkappa_2\,\mathrm{tg}\,r_\nu}{1+\varkappa_2\,\mathrm{tg}\,r_\nu}}\;\varphi_1(r_\nu) \qquad (12\,\mathrm{b})$$

oder abgekürzt

$$a_\nu = \frac{q'}{\lambda_1}\,R'_\nu\,\varphi_1(r_\nu) \qquad (13)$$

mit

$$R'_\nu = \frac{u'_\nu}{1+u'_\nu}\; \frac{e^{2m_\nu}}{e^{2m_\nu}-\dfrac{1-u'_\nu}{1+u'_\nu}\cdot\dfrac{1-u''_\nu}{1+u''_\nu}}, \qquad (13\,\mathrm{a})$$

worin

$$u'_\nu = \varkappa_1\,\mathrm{tg}\,r_\nu\,, \qquad u''_\nu = \varkappa_2\,\mathrm{tg}\,r_\nu\,. \qquad (13\,\mathrm{b,\,c})$$

Damit gewinnt die Lösung Θ' für das Temperaturfeld zweiter Art des Wärmestromes aus einer konstanten Belegung q' der Kante $p_x=0$ die Gestalt

$$\Theta'(p_x,p_y) = \frac{q'}{\lambda_1}\sum R'_\nu\,e^{-m_\nu}\,\varphi_1(r_\nu)\left[e^{m_\nu(1-p_x)}\right.$$
$$\left.+\,\frac{1-u''_\nu}{1+u''_\nu}\,e^{-m_\nu(1-p_x)}\right]\cos r_\nu\,p_y\,, \qquad \textbf{(15)}$$

welche sowohl die Differentialgl. (2) als auch sämtliche Randbedingungen (2a), (2b), (2c) erfüllt.

Als Mittelwert über die Querschnittsbreite 2a für beliebiges p_x erhält man aus Gl. (15)

$$\Theta'_m(p_x) = \int\limits_{p_y=-1}^{+1}\Theta'(p_x,p_y)\,dp_y = \frac{q'}{\lambda_1}\sum R'_\nu\,e^{-m_\nu}\,\varphi_1(r_\nu)\,\varphi_2(r_\nu)\left[e^{m_\nu(1-p_x)}\right.$$
$$\left.+\,\frac{1-u''_\nu}{1+u''_\nu}\,e^{-m_\nu(1-p_x)}\right], \qquad (16)$$

mit

$$\varphi_2(r_\nu) = \frac{\sin r_\nu}{r_\nu}\,. \qquad (17)$$

Als Mittelwert über die Querschnittsbreite 2b für beliebiges p_y:

$$\Theta'_m(p_y) = \int\limits_{p_x=0}^{+1}\Theta'(p_x,p_y)\,dp_x = \frac{q'}{\lambda_1}\sum R'_\nu\,e^{-m_\nu}\,\varphi_1(r_\nu)\left(\frac{e^{m_\nu}-1}{m_\nu}\right.$$
$$\left.+\,\frac{1-u''_\nu}{1+u''_\nu}\,\frac{1-e^{-m_\nu}}{m_\nu}\right)\cos r_\nu\,p_y\,, \qquad (18)$$

wovon später Gebrauch gemacht werden wird.

Diese Entwicklung läßt sich Schritt für Schritt für das Temperaturfeld Θ'' der konstanten Belegung q'' der Kante $p_x=1$ wiederholen. Verbleibt das Koordinatensystem am bisherigen Ort, so erhält man die Lösung

$$\Theta'' (p_x, p_y) = \frac{q''}{\lambda_2} \sum R_\nu'' e^{-m_\nu} \varphi_1 (r_\nu) \left(e^{m_\nu p_x} + \frac{1 - u_\nu'}{1 + u_\nu'} e^{-m_\nu p_x}\right) \cos r_\nu p_y, \quad \textbf{(19)}$$

mit

$$R_\nu'' = \frac{u_\nu''}{1 + u_\nu''} \frac{e^{2 m_\nu}}{e^{2 m_\nu} - \frac{1 - u_\nu'}{1 + u_\nu'} \cdot \frac{1 - u_\nu''}{1 + u_\nu''}}, \quad (20)$$

alle anderen Einführungen wie bisher.

Die entsprechenden Mittelwerte der Temperatur Θ'' sind [vgl. die Gl. (16) und (18)]:

$$\Theta_m'' (p_x) = \frac{q''}{\lambda_2} \sum R_\nu'' e^{-m_\nu} \varphi_1 (r_\nu) \varphi_2 (r_\nu) \left(e^{m_\nu p_x} + \frac{1 - u_\nu'}{1 + u_\nu'} e^{-m_\nu p_x}\right), \quad (21)$$

$$\Theta_m'' (p_y) = \frac{q''}{\lambda_2} \sum R_\nu'' e^{-m_\nu} \varphi_1 (r_\nu) \left(\frac{e^{m_\nu} - 1}{m_\nu} + \frac{1 - u_\nu'}{1 + u_\nu'} \frac{1 - e^{-m_\nu}}{m_\nu}\right) \cos r_\nu p_y. \quad (22)$$

Strengere Untersuchungen über die **Konvergenz** der durch die Gl. (15) definierten Reihe können in dem Zahlenbereiche, der bei den im Verlaufe dieser Arbeit erscheinenden numerischen Rechnungen für den Parameter $a h_0$ in Frage kommt, durch eine einfache Probe ersetzt werden. λ_0 bewegt sich im Intervalle

$$0{,}0025 \leqq \lambda_0 \leqq 0{,}007 \ \text{W}/^0\text{C cm}^2 .$$

Für die Teilung $2a = 6{,}0$ cm und mit dem Werte $k = 0{,}653$ W/^{0}C cm [L 4, Zahlentafel 16, S. 332] erhalten wir die obere Grenze des entsprechenden Intervalles von $a h_0$ mit dem Werte

$$a h_0 = 0{,}03 .$$

Für diesen Wert des Parameters $a h_0$ liefert die leicht abzuleitende Näherungsgleichung

$$r_\nu \approx \frac{\nu \pi}{2} + \sqrt{\left(\frac{\nu \pi}{2}\right)^2 + a h_0} , \quad \nu = 0, 1, 2, \ldots$$

noch alle Wurzeln der transzendenten Gl. (4) mit ausreichender Genauigkeit. Der größte Fehler beträgt, wie durch Vergleich mit dem in Zahlentafel 1 oder in Abb. 5, S. 106 zu finden den genaueren Werte ersichtlich ist, weniger als 1,0% für die erste Wurzel r_0. Zur Ermittlung weiterer Wurzeln kann darin auch noch die unbequeme Operation des Radizierens umgangen werden, indem man den Radikanden $\left(\frac{\nu \pi}{2}\right)^2 + a h_0$

als das Quadrat des Binomes $\dfrac{v\pi}{2} + \dfrac{a\,h_0}{v\pi}$ unter Vernachlässigung des Restgliedes $-\left(\dfrac{a\,h_0}{v\pi}\right)^2$ auffaßt und so zur Näherungsgleichung

$$r_v \approx v\pi + \frac{a\,h_0}{v\pi}, \qquad v = 1, 2, 3, \ldots$$

übergeht.

Damit wird aber das Verhalten der Entwicklungskoeffizienten $R'_v\,\varphi_1\,(r_v)$ in der für diese Betrachtungen am besten in der Form

$$\Theta'(0,0) = \frac{q'}{\lambda_1} \sum R'_v\,\varphi_1\,(r_v)\left(1 + \frac{1 - u''_v}{1 + u''_v}\,e^{-2m_v}\right)$$

für den Scheitelwert von Θ' anzuschreibenden Lösung sehr übersichtlich. Erheblicher Veränderung mit zunehmender Ordnungszahl unterliegt in dem Ausdruck R'_v [Gl. (13a)] nur der erste Faktor $\dfrac{u'_v}{1 + u'_v}$, der zweite Faktor wird durch das starke Überwiegen der Funktion e^{2m_v} dadurch, daß der Exponent $2m_v$ bei einem Verhältnis $b/a \approx 4{,}0$ mindestens den 16fachen Wert der zugehörigen Wurzel r_v hat, schon im ersten Gliede der Reihe nahe an den Wert 1,0 herangebracht. Die Funktion $\varphi_1\,(r_v)$ [Gl. (10)] unterscheidet sich für das erste Glied nur wenig vom Werte 1,0; denn für $a\,h_0 = 0{,}03$ gilt noch mit einer für diese Betrachtungen genügenden Genauigkeit

$$\sin r_0 \approx \operatorname{tg} r_0 \approx r_0, \qquad \sin 2\,r_0 \approx \operatorname{tg} 2\,r_0 \approx 2\,r_0.$$

Es liegt also $R'_0\,\varphi_1\,(r_0)$ bei

$$R'_0\,\varphi_1\,(r_0) \approx \frac{\varkappa_1\sqrt{a\,h_0}}{1 + \varkappa_1\sqrt{a\,h_0}} = \frac{\varkappa_1\,a\,h_0}{\sqrt{a\,h_0} + \varkappa_1\,a\,h_0}.$$

Mit noch größerer Berechtigung darf gesetzt werden:

$$\operatorname{tg}\left(v\pi + \frac{a\,h_0}{v\pi}\right) = \operatorname{tg}\frac{a\,h_0}{v\pi} \approx \frac{a\,h_0}{v\pi},$$

$$\sin\left(v\pi + \frac{a\,h_0}{v\pi}\right) = (-1)^v \sin\frac{a\,h_0}{v\pi} \approx (-1)^v \cdot \frac{a\,h_0}{v\pi},$$

$$\sin 2\left(v\pi + \frac{a\,h_0}{v\pi}\right) = \sin 2\,\frac{a\,h_0}{v\pi} \approx 2\,\frac{a\,h_0}{v\pi},$$

so daß für $v = 1, 2, 3, \ldots$

$$R'_v\,\varphi_1\,(r_v) \approx \frac{\varkappa_1\,a\,h_0}{v\pi + \varkappa_1\,a\,h_0}\,\frac{(-1)^v \cdot 2\,a\,h_0}{(v\pi)^2 + 2\,a\,h_0}.$$

Für alle unsere numerischen Rechnungen werden wir uns also bei Anwendung der Gl. (15) auf das erste Glied beschränken dürfen, denn mit $a\,h_0 = 0{,}03$ hat schon der Entwicklungskoeffizient des zweiten Gliedes nur noch allerhöchstens $^2/_{1000}$ vom Werte des Entwicklungskoeffizienten des ersten Gliedes.

Zahlentafel 1. Die erste Wurzel der Gl. $f(r, a h_0) = r \sin r - a h_0 \cos r = 0$ im Intervalle $0 \leq a h_0 \leq 0{,}1$ des Parameters.

$a h_0$	r_0	$a h_0$	r_0	$a h_0$	r_0
0,000	0,000	0,035	0,186	0,070	0,261
0,005	0,071	0,040	0,198	0,075	0,270
0,010	0,099	0,045	0,210	0,080	0,279
0,015	0,121	0,050	0,221	0,085	0,288
0,020	0,140	0,055	0,232	0,090	0,296
0,025	0,157	0,060	0,242	0,095	0,304
0,030	0,172	0,065	0,252	0,100	0,311

d) Eine angenäherte Lösung der vorigen Aufgabe. Die Betrachtungen am Schlusse des vorigen Abschnittes lassen jetzt schon erkennen, daß bei den Beispielen, auf welche die erörterte Rechnung im Rahmen

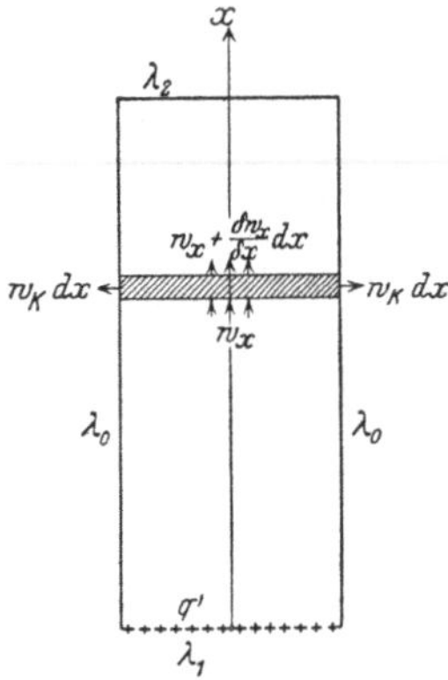

Abb. 4b. Zum Ansatze für die Näherungslösung für ein Temperaturfeld zweiter Art.

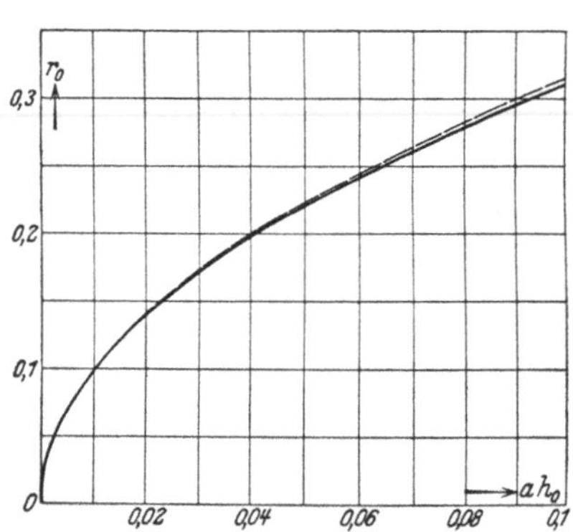

Abb 5. Die erste Wurzel der Gl. (4) im Intervalle $0 \leq a h_0 \leq 0{,}1$ des Parameters nach genauerer Ermittlung (———) und angenähert $(r_0 \approx \sqrt{a h_0})$ (— — — —).

dieser Arbeit Anwendung finden wird, die größte Schwankung der Temperatur über der Querschnittsbreite $2a$ 1,5% betragen wird. Wir versuchen auf Grund dieser Feststellung einen Ansatz, der diese Schwankung vernachlässigt. Den Ansatz zu dem einachsigen Problem, zu dem wir dadurch geführt werden, wollen wir an der Abb. 4b aufstellen.

Bezeichnet w_x die Wärmeströmung an der Stelle x und $w_K\,dx$ diejenige Wärmemenge, die den Querschnitt durch die Flanken an der Stelle x einseitig verläßt, so erhalten wir aus der Bilanz

$$\left[w_x - \left(w_x + \frac{\partial w_x}{\partial x} dx \right) \right] 2a - 2 w_K\,dx = 0$$

die Differentialgleichung

$$- a \frac{d w_x}{d x} - w_K = 0. \tag{23}$$

Für w_x haben wir einzuführen:

$$w_x = -k \frac{d\Theta'}{dx}, \qquad (24)$$

und w_K ist definiert durch die Gleichung

$$w_K = \lambda_0 \Theta'. \qquad (25)$$

Damit erhalten wir die Differentialgleichung

$$\frac{d^2\Theta'}{dx^2} - \frac{1}{a^2} \frac{a\,\lambda_0}{k} \Theta' = 0. \qquad (26)$$

Deren Lösung ist eine Funktion von der Gestalt

$$\Theta' = A_1' e^{m'\,p_x} + A_2' e^{-m'\,p_x}, \qquad (32')$$

mit

$$m' = 2\sqrt{\frac{a\,\lambda_0}{k}}\,\frac{b}{a} = 2\,\sigma\,\frac{b}{a}, \qquad (27)$$

$$\sigma = \sqrt{\frac{a\,\lambda_0}{k}} = \sqrt{a\,h_0}. \qquad (28)$$

Aus den Randbedingungen

$$x = 0: \qquad -\frac{d\Theta'}{dx} = \frac{q'}{k} - \frac{\lambda_1}{k}\Theta', \qquad (26\,\text{a})$$

$$x = 2b: \qquad -\frac{d\Theta'}{dx} = \frac{\lambda_2}{k}\Theta' \qquad (26\,\text{b})$$

folgen die Bestimmungsgleichungen für A_1' und A_2':

$$-\frac{\sigma}{a}(A_1' - A_2') = \frac{q'}{k} - \frac{\lambda_1}{k}(A_1' + A_2'),$$

$$-\frac{\sigma}{a}(A_1' e^{m'} - A_2' e^{-m'}) = \frac{\lambda_2}{k}(A_1' e^{m'} + A_2' e^{-m'}),$$

die nach Einführung der Verhältnisse $\varkappa_1$ und $\varkappa_2$ nach den Gl. (9a, b) und Beachtung der Gl. (28) auf die Form

$$-A_1'(1 - \varkappa_1\sigma) + A_2'(1 + \varkappa_1\sigma) = \frac{q'}{\lambda_1}\varkappa_1\sigma, \qquad (29\,\text{a})$$

$$-A_1' e^{m'}(1 + \varkappa_2\sigma) + A_2' e^{-m'}(1 - \varkappa_2\sigma) = 0 \qquad (29\,\text{b})$$

gebracht werden können. Mit

$$\Delta' = \begin{vmatrix} -(1 - \varkappa_1 \sigma), & 1 + \varkappa_1 \sigma \\ -e^{m'}(1 + \varkappa_2 \sigma), & e^{-m'}(1 - \varkappa_2 \sigma) \end{vmatrix} \qquad (30)$$

$$\Delta_1' = \begin{vmatrix} 1 & , & 1 + \varkappa_1 \sigma \\ 0 & , & e^{-m'}(1 - \varkappa_2 \sigma) \end{vmatrix} \qquad (30\,\text{a})$$

$$\Delta_2' = \begin{vmatrix} -(1 - \varkappa_1 \sigma), & 1 \\ -e^{m'}(1 + \varkappa_2 \sigma), & 0 \end{vmatrix} \qquad (30\,\text{b})$$

wird

$$A_1' = \frac{q'}{\lambda_1} \frac{\Delta_1'}{\Delta'} \varkappa_1 \sigma \,, \qquad A_2' = \frac{q'}{\lambda_1} \frac{\Delta_2'}{\Delta'} \varkappa_1 \sigma \,, \qquad (31\,\text{a, b})$$

und die Lösung hat also die Form

$$\Theta' = \frac{q'}{\lambda_1} \varkappa_1 \sigma \left(\frac{\Delta_1'}{\Delta'} e^{m' \, p_x} + \frac{\Delta_2'}{\Delta'} e^{-m' \, p_x} \right). \qquad (32)$$

Als Mittelwert im Bereiche $0 \leqq p_x \leqq 1$ erhalten wir den Wert

$$\Theta_m' = \frac{q'}{\lambda_1} \varkappa_1 \sigma \left(\frac{\Delta_1'}{\Delta'} \frac{e^{m'} - 1}{m'} + \frac{\Delta_2'}{\Delta'} \frac{1 - e^{-m'}}{m'} \right), \qquad (33)$$

der in dieser Lösung für alle Stellen p_y unverändert ist.

Rechnet man in der Gl. (32) die Determinanten aus, so erhält man

$$\Theta' = \frac{q'}{\lambda_1} \varkappa_1 \sigma \frac{\Delta_2'}{\Delta'} e^{-m'} \left[e^{m'(1 - p_x)} + \frac{1 - \varkappa_2 \sigma}{1 + \varkappa_2 \sigma} e^{-m'(1 - p_x)} \right],$$

$$= \frac{q'}{\lambda_1} \frac{\varkappa_1 \sigma}{1 + \varkappa_1 \sigma} \frac{e^{m'}}{e^{2m'} - \dfrac{1 - \varkappa_1 \sigma}{1 + \varkappa_1 \sigma} \cdot \dfrac{1 - \varkappa_2 \sigma}{1 + \varkappa_2 \sigma}} \left[e^{m'(1 - p_x)} + \frac{1 - \varkappa_2 \sigma}{1 + \varkappa_2 \sigma} e^{-m'(1 - p_x)} \right],$$

also diejenige Form der Lösung, in welche sich in dem für uns in Betracht kommenden Zahlenbereiche des Parameters $a\,h_0$ die Gl. (15) an Hand der am Ende des vorigen Abschnittes unternommenen Diskussion direkt überführen läßt.

Wir zeigen an einem Zahlenbeispiel, wie wenig in diesem Bereiche des Parameters $a\,h_0$ beide Lösungen sich voneinander unterscheiden, indem wir Ergebnisse nach der Gl. (32) mit entsprechenden nach der genauen Mittelwertsgl. (16) vergleichen. Es sei

$$a\,h_0 = 0{,}03, \qquad \frac{b}{a} = 4{,}0, \qquad \varkappa_1 = 2{,}65, \qquad \varkappa_2 = 3{,}0,$$

Werte, die ungefähr in dieser Größenordnung in den späteren Rechnungen als charakteristische Daten wiederkehren werden. Es sind einzuführen:

in Gl. (32)	in Gl. (16)	
	für das 1. Glied	für das 2. Glied
$\sigma = 0{,}1732$	$r_0 = 0{,}172$ $\operatorname{tg} r_0 = 0{,}17372$ $\sin r_0 = 0{,}17115$	$r_1 = \pi + 0{,}0095$ $\operatorname{tg} r_1 = 0{,}0095$ $\sin r_1 = -\,0{,}0095$
$m' = 1{,}386$ $e^{2\,m'} = 15{,}979$	$m_0 = 1{,}376$ $e^{2\,m_0} = 15{,}674$	$m_1 = 25{,}2087$
$\varkappa_1\,\sigma = 0{,}459$ $\varkappa_2\,\sigma = 0{,}5196$	$u_0' = 0{,}4604$ $u_0'' = 0{,}5212$	$u_1' = 0{,}0252$ $u_1'' = 0{,}0285$
$\dfrac{\varkappa_1\,\sigma}{1 + \varkappa_1\,\sigma} = 0{,}3146$	$\dfrac{u_0'}{1 + u_0'} = 0{,}3152$	$\dfrac{u_1'}{1 + u_1'} = 0{,}0246$
— —	$\varphi_1(r_0) = 1{,}0049$ $\varphi_2(r_0) = 0{,}9951$ $R_0' = 0{,}3176$	$\varphi_1(r_1) = -\,0{,}0060$ $\varphi_2(r_1) = -\,0{,}0030$ $R_1' = 0{,}0246$
$\varkappa_1\,\sigma\,\dfrac{\varDelta_2'}{\varDelta'}\,e^{-m'} = 0{,}3169$	$R_0'\,\varphi_1\,\varphi_2 = 0{,}3176$	$R_1'\,\varphi_1\,\varphi_2 = 0{,}000000445$

Wir erhalten die Temperaturen

nach Gl. (32)	nach Gl. (16)
$\Theta'(0) - q'/\lambda_1 \cdot 0{,}32320$ $\Theta'(1) = q'/\lambda_1 \cdot 0{,}10435$	$\Theta'(0) - q'/\lambda_1 \cdot 0{,}32392$ $\Theta'(1) = q'/\lambda_1 \cdot 0{,}10547$

für die Stelle $p_x = 0$ eine Abweichung von 0,2%, für die Stelle $p_x = 1{,}0$ eine Abweichung von 1,08%.

e) Die angenäherte Berechnung des Temperaturfeldes erster Art. Der Erfolg der angenäherten Berechnung eines Temperaturfeldes zweiter Art in dem aufgeführten Bereiche der Konstanten, der im Verlaufe der eigentlichen Untersuchungen nicht überschritten werden wird, gibt uns Veranlassung, die Berechnung eines Temperaturfeldes erster Art überhaupt nur nach dem angenäherten Ansatze durchzuführen. Die Aufnahme der genauen Rechnung würde im Rahmen dieser Arbeit einen unverhältnismäßig großen Raum beanspruchen. Wiederholen wir also den eben behandelten Ansatz mit der Erweiterung, daß wir die Divergenz der Wärmeströmung gleich dem Inhalte des Volumteiles an stationären Wärmequellen setzen:

$$2a\left[w_x - \left(w_x + \frac{\partial w_x}{\partial x}\,dx\right)\right] - 2w_K\,dx + 2a\,q\,dx = 0\,,$$

so werden wir zur Differentialgleichung

$$\frac{d^2\Theta_0}{dx^2} - \frac{1}{a^2}\,\frac{\lambda_0\,a}{k}\,\Theta_0 + \frac{q}{k} = 0 \tag{34}$$

geführt, wenn wir den Anteil des Temperaturfeldes erster Art am gesamten Temperaturpotential mit Θ_0 bezeichnen. Die Lösung ist mit den Einführungen nach den Gl. (27) und (28) von der Form

$$\Theta_0 = A_{01}\, e^{m'p_x} + A_{02}\, e^{-m'p_x} + \frac{qa^2}{k}\frac{1}{\sigma^2}\,. \tag{39'}$$

Aus den Randbedingungen

$$x = 0: \qquad \frac{d\Theta_0}{dx} = \frac{\lambda_1}{k}\Theta_0\,, \tag{34a}$$

$$x = 2\,b: \qquad -\frac{d\Theta_0}{dx} = \frac{\lambda_2}{k}\Theta_0 \tag{34b}$$

sind für A_{01} und A_{02} die Bestimmungsgleichungen

$$\frac{\sigma}{a}(A_{01} - A_{02}) = \frac{\lambda_1}{k}\Big(A_{01} + A_{02} + \frac{q\,a^2}{k}\frac{1}{\sigma^2}\Big),$$

$$-\frac{\sigma}{a}(A_{01}\,e^{m'} - A_{03}\,e^{-m'}) = \frac{\lambda_2}{k}\Big(A_{01}\,e^{m'} + A_{02}\,e^{-m'} + \frac{q\,a^2}{k}\frac{1}{\sigma^2}\Big).$$

abzuleiten. Ihre Entwicklung nach Einführung der Verhältnisse $\varkappa_1$ und $\varkappa_2$ nach den Gl. (9a, b) ergibt

$$A_{01}(1 - \varkappa_1\sigma) - A_{02}(1 + \varkappa_1\sigma) = \frac{q\,a^2}{k}\frac{\varkappa_1}{\sigma}\,, \tag{35a}$$

$$A_{01}\,e^{m'}(1 + \varkappa_2\sigma) - A_{02}\,e^{-m'}(1 - \varkappa_2\sigma) = -\frac{q\,a^2}{k}\frac{\varkappa_2}{\sigma}\,. \tag{35b}$$

Mit

$$\varDelta_0 = \begin{vmatrix} 1 - \varkappa_1\sigma & , & -(1 + \varkappa_1\sigma) \\ e^{m'}(1 + \varkappa_2\sigma), & & -e^{-m'}(1 - \varkappa_2\sigma) \end{vmatrix} \tag{36}$$

$$\varDelta_{01} = \begin{vmatrix} \varkappa_1 & , & -(1 + \varkappa_1\sigma) \\ -\varkappa_2 & , & -e^{-m'}(1 - \varkappa_2\sigma) \end{vmatrix} \tag{36a}$$

$$\varDelta_{02} = \begin{vmatrix} 1 - \varkappa_1\sigma & , & \varkappa_1 \\ e^{m'}(1 + \varkappa_2\sigma), & & -\varkappa_2 \end{vmatrix} \tag{36b}$$

wird

$$A_{01} = \frac{Q}{k}\frac{1}{2\,m'}\frac{\varDelta_{01}}{\varDelta_0}\,, \qquad A_{02} = \frac{Q}{k}\frac{1}{2\,m'}\frac{\varDelta_{02}}{\varDelta_0}\,, \tag{37a, b}$$

wenn

$$Q = 4\,qab \tag{38}$$

den gesamten Wärmeinhalt des Plattenstreifens auf der Längeneinheit bezeichnet. Wir erhalten die Lösung

$$\Theta_0 = \frac{Q}{k}\frac{1}{2\,m'}\Big(\frac{\varDelta_{01}}{\varDelta_0}\,e^{m'p_x} + \frac{\varDelta_{02}}{\varDelta_0}\,e^{-m'p_x} + \frac{1}{\sigma}\Big)\,. \tag{39}$$

Für den späteren Gebrauch lassen wir hier noch deren Mittelwertsgleichung

$$\Theta_{0m} = \frac{Q}{k}\frac{1}{2\,m'}\Big(\frac{\varDelta_{01}}{\varDelta_0}\frac{e^{m'} - 1}{m'} + \frac{\varDelta_{02}}{\varDelta_0}\frac{1 - e^{-m'}}{m'} + \frac{1}{\sigma}\Big) \tag{40}$$

folgen, die für die Berechnung der Wärmeabgabe der Querschnittsflanken in Betracht kommt.

2. Die Vorbereitung des Ansatzes.

Zur Behandlung liege eine Maschine mit rein axialer Lüftung vor, wie sie in dem Buche Richters: „Elektrische Maschinen" [L 4], auf S. 299 durch die Abb. 269 dargestellt ist. In der untenstehenden, stärker schematisierten Abb. 6 ist das lüftungstechnisch Wesentliche dieser Vorlage noch mehr betont. Wir schicken der Inangriffnahme ihrer mathematischen Einkleidung eine Aufzählung und Besprechung der im Interesse der Durchführbarkeit der Aufgabe liegenden Annahmen voraus. Die Voruntersuchungen über den radialen Temperaturverlauf, die ei-

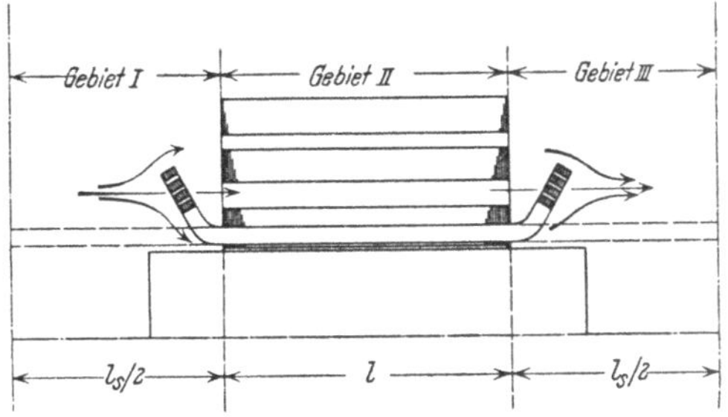

Abb. 6. Schema der Anordnung bei rein axialer Lüftung.

gentlich in dieses vorbereitende Kapitel mit aufzunehmen wären, werden wir, weil sie einen breiteren Raum beanspruchen, im Kapitel 3 besonders behandeln.

a) Annahmen über die allgemeine Anordnung. Wir haben vorerst die Frage zu entscheiden, inwieweit die Aufgabe für den Ständer der Maschine getrennt von der Aufgabe für den Läufer behandelt werden kann. Das Ineinandergehen beider Wärmewirtschaften, des Ständers und des Läufers, ist durch die Anordnung selbst auf den Luftspalt beschränkt. Seine genaue Berücksichtigung würde aber trotzdem von vornherein einen mathematischen Ansatz für die simultane Lösung der Ständer- und Läuferaufgabe bedingen. Miß-achten wir kurzweg den Umstand, daß im Luftspalt auch der Läufer Wärme an das durch ihn gedrückte Kühlmittel verfrachtet, so begeben wir uns auf die unsichere Seite der Rechnung. Mit geeigneten Annahmen über das Temperaturverhältnis von im Luftspalt einander gegenüberliegenden Punkten des Ständer- und Läuferumfanges läßt sich aber der Einfluß des Läufers im Ansatz für die getrennte Ständer-aufgabe berücksichtigen. Dürften wir z. B. annehmen, daß im Luft-spalt einander gegenüberliegende Punkte des Ständer- und Läufer-umfanges die gleiche Temperatur haben, so könnte diese Berücksich-tigung in beinahe exakter Weise dadurch geschehen, daß wir die durch die Zahnköpfe in den Luftspalt fließende Wärme doppelt rechnen.

Die Nutfüllung nehmen wir als ganzen, gebackenen Stab, in dem das Leiterkupfer den Kern ausmacht. Schneiden wir die Spulen beiderseitig in der Mitte der Wicklungsköpfe auf und strecken die Kopfhälften gerade, so erhalten wir, wie es in der Abb. 6 gestrichelt gezeichnet ist, ein loses Gitter von durch die Nut gesteckten Stäben. So ergibt die Anordnung aus sich, daß drei Gebiete getrennt zu behandeln sind und erst bei der Randwertaufgabe ineinander übergeführt werden können:

a) Das Gebiet I der Wicklungsköpfe, über welche die kalte Luft den Bohrungen zuströmt.

b) Das Gebiet II, in dem die Spulen in Eisen gebettet liegen.

c) Das Gebiet III der Wicklungsköpfe, über welche die warme Luft aus den Bohrungen abgesaugt wird.

b) Annahmen in den Gebieten I und III. Unsere Annahme im Gebiet I geht dahin, daß die hier eintretende Frischluft die Wicklungsköpfe auf der ganzen Länge mit einer konstanten Temperatur umspült. Wir könnten diese Temperatur in erster Näherung gleich der Eintrittstemperatur t_{L_e} setzen. Es würde in dieser Annahme eine geringe Beeinflussung der Rechnung nach der unsicheren Seite hin liegen; denn die durch das Gitter der Wicklungsköpfe blasende Luft bringt schon etwas Wärme mit, jene Wärme, die durch die Reibungsverluste auf dem bereits hinter ihr liegenden Wege verursacht ist oder die sie bereits Oberflächen entnehmen mußte, die an ihrem Wege lagen. Sie erwärmt sich dann weiter bei ihrem Durchtritt durch das Gitter der Stabverbindungen. Man könnte nun daran denken, die Umspülungstemperatur nach Schätzung etwas über der Eintrittstemperatur zu wählen, um die Rechnung unbedingt auf der sicheren Seite zu halten. Die ausführlichen Vorschläge in dieser Hinsicht wollen wir den Überlegungen bei der Randwertaufgabe vorbehalten. Beim Eintritt in die Bohrungen des Gebietes II soll dann die Kühlluft mit der im Gebiete I an sie übertretenden Wärmemenge völlig gleichmäßig aufgeladen sein, so daß ihre Temperatur beim Eintritt in die Kanäle des Eisenkörpers und in den Luftspalt die gleiche ist.

Über die Wahl der Umspülungstemperatur der Wicklungsköpfe im Gebiet III gelten sinngemäße Überlegungen. Man könnte hier die Umspülungstemperatur der Wicklungsköpfe nach Schätzung etwas unter der Austrittstemperatur t_{L_a} des Kühlmittelstromes aus der Maschine halten.

c) Festlegung über die Wicklungstemperatur t_K. Es wird festgesetzt, daß unter der Wicklungstemperatur t_K diejenige Temperatur zu verstehen ist, die als mittlere Temperatur längs des blanken Umfanges des Stabkernes zu berechnen wäre. Sehr bedeutende Unterschiede in der Temperatur der einzelnen Bänder, aus denen der Kupferkern des Stabes zusammengesetzt ist, können bei einer vorsorglichen Verdrillung zur Verhütung der zusätzlichen Stromwärme nicht mehr auftreten[1].

---

[1] Praktische Messungen zeigen für Einschichtwicklungen nur die leichte Senkung der Temperatur der Leitermitte nach dem Nutengrund zu, die wegen der unter dem Keil liegenden stärkeren Isolierung zu erwarten ist [L 5].

Für den Wärmeaustritt aus dem Stabkern ist zur Berücksichtigung des nach dem Keil zu erschwerten Wärmeüberganges mit einem ideellen Stabumfange zu rechnen. Vorschlagsweise möchten wir als ideellen Stabumfang das arithmetische Mittel setzen aus dem U-förmigen Teile des dem Eisen anliegenden Hülsenumfanges und den blanken Umfangsstücken des Stabkernes, die diesem Teile des Hülsenumfanges gegenüberliegen.

d) **Annahmen über die Verteilung der Wärmequellen.** Die charakteristische Verteilung der Eisenwärme wird in ihren Einwirkungen auf den radialen Temperaturverlauf zum Gegenstand der im nächsten Kapitel folgenden Voruntersuchungen gemacht werden. Für die Kupferwärme soll die von der Temperatur abhängige Ergiebigkeit der Wärmequellen vorläufig in den Ansatz aufgenommen werden; ob sie bei der Lösung berücksichtigt werden kann, hängt von den Schwierigkeiten ab, die dadurch für die mathematische Behandlung erwachsen. Dagegen ist es ein leichtes, die höhere Ergiebigkeit der Wärmequellen der ins Eisen gebetteten Spulenteile infolge der Stromverdrängung zu berücksichtigen, wenn sie aus Gleich- und Echtwiderstand der Wicklung hinreichend genau berechenbar ist und ausschließlich auf die ins Eisen gebetteten Spulenteile geschlagen werden darf.

Es erwächst nur noch eine Schwierigkeit bei der Frage, wie die unberechenbaren Wärmequellen der zusätzlichen Verluste (mit Ausnahme des auf die Stromverdrängung entfallenden Anteiles) geeignet unterzubringen sind. Wir machen den Versuch, sie je zur Hälfte in die Gebiete I und III zu verlegen, und verteilen sie dort, um sie in das mathematische Kleid des Ansatzes einzupassen, als gleichmäßigen Wärmebelag auf geeignete Innenflächen der Stirnräume.

In die Gebiete I und III fällt auch in der Hauptsache die Umsetzung der Ventilationsarbeit in Wärme und wäre daher auf der Eintrittsseite der Luft dadurch in den Ansatz aufzunehmen, daß man an der sprunghaften Erwärmung der Luft vor dem Eintritt in die Bohrungen des Eisenkörpers etwa die Hälfte der dieser Ventilationsarbeit äquivalenten Wärme Anteil nehmen läßt.

3. Die Voruntersuchungen über den radialen Temperaturverlauf im Gebiet II.

Im Gebiet II haben wir Stellung zu nehmen zu der bei ähnlichen Rechnungen fast traditionell gewordenen Annahme, daß das Temperaturgefälle im Eisen in radialer Richtung verschwindend sei. Diese Annahme ist an und für sich recht praktisch, weil sie vor allen Dingen auch ohne Diskussion die Inhomogenität der Quellenverteilung im Eisen zu übergehen gestattet. Man gründet sie auf die Tatsache der guten Wärmeleitfähigkeit des Dynamobleches; aber immerhin ist diese von endlichem Betrage und z. B. fast sechsmal geringer als diejenige von Kupfer. Müßte also eine beträchtliche Wärmebewegung in der Ebene des Bleches stattfinden, so könnte diese Begründung doch auf sehr schwache Füße zu stehen kommen. Namentlich ist zu erwarten, daß die enge Brücke des Zahngebietes den intensiven Wärmefluß nach dem Zahnkopf nur mit erheblichem Temperaturgefälle durchläßt. Unter diesen Bedenken erscheint uns die Voruntersuchung über den radialen Temperaturverlauf für eine gründlichere Vorbereitung des Ansatzes zum mindesten nicht überflüssig.

a) Zurechtlegung der Anordnung. Wir betrachten den kreisringförmigen Schnitt durch den Eisenkörper (Abb. 7a). Wenn wir die

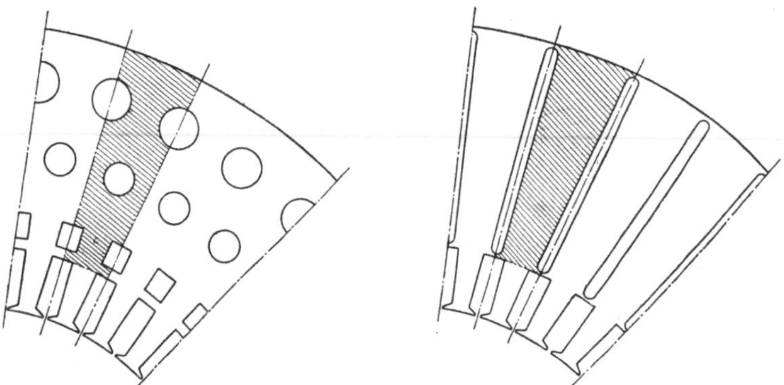

Abb. 7a. Wirkliche Anordnung der Bohrungen des Kerngebietes.

Abb. 7b. Idealisierte Anordnung der Bohrungen des Kerngebietes.

Wärmebewegung in der Längsachse des Eisenkörpers, die durch die bedeutend schlechtere Querleitfähigkeit sowieso sehr erschwert ist, vorläufig außer acht lassen [L 4, S. 347], so ergibt sich auf Grund der charakteristischen Verteilung der Wärmequellen von vornherein die folgende synthetische Betrachtung über das resultierende Temperaturfeld in seinem in Abb. 7a auf einer Nutteilung schraffierten Kerngebiet:

Über das Temperaturfeld der im Kerngebiet homogen verteilt angenommenen Wärmequellen q_1 lagern sich die Temperaturfelder mehrerer quellenfreier Wärmeströmungen. Das wesentlichste dieser Temperaturfelder rührt von dem Wärmefluß her, der sich aus der Wurzel der Zähne heraus in radialer Richtung nach außen in das Kerngebiet hinein verbreitet. Weitere quellenfreie Wärmeströmungen nehmen ihren Verlauf von Randstellen mit wärmerer nach solchen mit kälterer Umgebung.

Die wirkliche Anordnung nach Abb. 7a mit von Bohrungen durchsiebtem Kerngebiet können wir leicht in die in Abb. 7b dargestellte idealisierte Anordnung überführen, indem wir die Kühlwirkung der auf eine Nutteilung entfallenden Bohrungen ersetzen durch die Kühl-

wirkung von Schlitzen, die auf der ganzen Tiefe des Kernes die Nutteilung durchgehend flankieren. Die dazu nötige einfache Rechnung
bringen wir nur, um in die Bezeichnungen einzuführen. Die technische
Ausführung ist gewöhnlich so, daß mehrere Reihen von Bohrungen,
gegeneinander versetzt, auf Umfangslinien verschiedenen Durchmessers angeordnet sind. Oft unterscheiden sich die Löcher dieser
Bohrungsreihen noch durch verschiedene Querschnittsform. Bezeichnet nun z_μ die Zahl der Löcher einer Reihe, U_μ den Querschnittsumfang einer Bohrung und α_μ den Wert der Wärmeübergangszahl in den Bohrungen dieser Reihe, so definiert die Gleichung

$$W_{E\mu} = z_\mu\, U_\mu\, \alpha_\mu \qquad (41)$$

das spezifische Wärmeabgabevermögen dieser Bohrungsreihe,
d. h. diejenige Wärmemenge, die bei 1^0 Temperaturunterschied
zwischen Bohrungswand und in der Bohrung strömendem Kühlmittel
auf einer axialen Länge des Eisenkörpers gleich der Einheit an das
Kühlmittel übergeht. Summieren wir
über alle Bohrungsreihen des Kerngebietes und teilen diesen Summen-
wert W_{E_0} durch die Zahl N der Nuten, so erhalten wir das spezifische
Wärmeabgabevermögen eines dieser
Schlitze und daraus die seinen
Wänden zuzuschreibende Wärmeübergangszahl

$$\lambda_0 = \frac{W_{E_0}}{N\,4\,b} \qquad (42)$$

mit

$$W_{E_0} = \sum z_\mu\, U_\mu\, \alpha_\mu, \qquad (43)$$

wenn wir die Schlitzlänge (Kern-
tiefe) gleich $2\,b$ setzen. Entfällt die
ungleiche Profilierung der Bohrungen, so ist natürlich einfacher

$$W_{E_0} = z\, U_0\, \alpha_0. \qquad (43\,\mathrm{a})$$

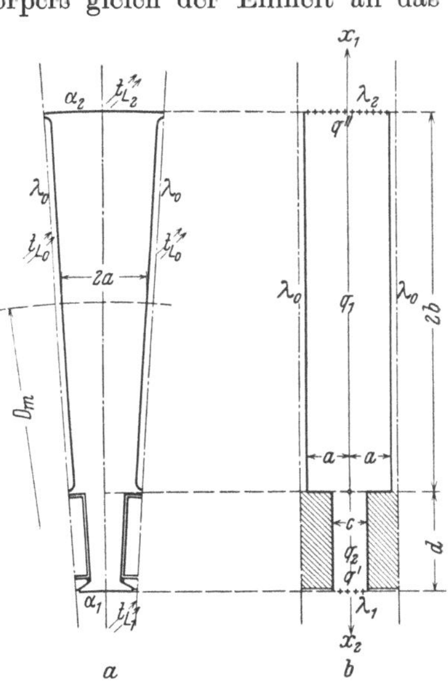

Abb. 8 a und b. Entwicklung des Elementes
zur leichter berechenbaren Ersatzform.

So erscheint als Element, dessen Wärmewirtschaft zunächst unser
Interesse verdient, der in der Abb. 8a besonders herausgezeichnete
Kreissektor einer Nutteilung. Bei genügender Schlankheit dürfen wir
ihn wohl ohne großen Fehler für die Rechnung in zwei aneinander-
grenzende Rechtecke entwickeln, um die im ersten Kapitel behandelten Ansätze anwenden zu können. An dieser Ersatzform (Abb. 8b)
behandeln wir der Reihe nach die folgenden Aufgaben:

a) Das Temperaturfeld Θ_1 von Wärmequellen der Ergiebigkeit q_1, die das **Kerngebiet** homogen erfüllen.

b) Das Temperaturfeld Θ_2 von Wärmequellen der Ergiebigkeit q_2, die das **Zahngebiet** homogen erfüllen.

Diese beiden Temperaturfelder bilden, aufgebaut auf der Temperatur t_{L_0} der Flankenumgebung, den unveränderlichen Grundstock der Eisentemperatur, soweit es sich bei den Wärmequellen q_2 nur um die Zahneisenwärme handelt. Wenn nun die Umgebungstemperatur t_{L_2} am Rücken des Paketes und die Temperatur t_{L_1} im Luftspalt von der Temperatur t_{L_0} abweichen, so treten zwei **Ausgleichsfelder** auf:

c) Das Temperaturfeld Θ'' des **Wärmerückstromes** auf Grund der Temperaturdifferenz $t_{L_2} - t_{L_0}$, darstellbar durch das Temperaturfeld einer Randbelegung $q'' = \lambda_2(t_{L_2} - t_{L_0})$.

d) Das Temperaturfeld Θ' des auf Grund der Temperaturdifferenz $t_{L_1} - t_{L_0}$ in das Kerngebiet zurückgestauten Wärmeflusses, darstellbar durch das Temperaturfeld einer Randbelegung $q' = \lambda_1(t_{L_1} - t_{L_0})$.

Davon kommt dem zuletzt aufgeführten die größere Bedeutung zu, weil es die einflußreichere Erscheinung kennzeichnet, daß infolge sehr ungleicher Wärmeübergangsverhältnisse der Bohrungen und des Luftspaltes der **rascher** warm werdende Kühlmittelstrom des Luftspaltes im Fortschreiten längs des inneren Ankermantels gezwungen ist, den Wärmeübergang immer mehr von sich abzudrängen.

Für diese Rechnungen sollen die Zahnflanken als **wärmedicht** vorausgesetzt werden, was aber nicht verhindern soll, einen gewissen Anteil der im Zahngebiet lokalisierten und des Abtransportes harrenden Wärme als Kupferwärme zu denken. Als Basis für die zu berechnenden Temperaturpotentiale ist, wie gesagt, die Temperatur t_{L_0}, d. h. die mittlere Temperatur der Kühlluft in den Bohrungen gewählt. Die Orientierung erfolge, wie aus Abb. 8b hervorgeht, nach den Achsen x_1 bzw. x_2, die beide von der Zahnwurzel aus sich positiv in ihre Gebiete erstrecken.

b) Berechnung der beiden Grundfelder. Das **Temperaturfeld Θ_1**. Die Aufgabe für das Temperaturfeld Θ_1 gleicht in allem dem im Abschnitte e des ersten Kapitels bereits gelösten Falle des Temperaturfeldes erster Art. Es handelt sich hier nur darum, wie man den quellenfreien Verlauf dieses Temperaturfeldes im **Zahngebiet** in geeigneter Weise in die **Randbedingung** für die Fläche $x_1 = 0$ aufnehmen kann. Diese Frage ist gleichbedeutend mit der Frage nach der ideellen Wärmeübergangszahl λ_{1_i}, die der Fläche $x_1 = 0$ zuzuschreiben ist, um den Widerstand mit zu berücksichtigen, den der dem Luftspalt zustrebende Wärmefluß auf dem Wege durch das Zahngebiet findet.

Wir können diesen Wärmewiderstand in gesonderter Rechnung ermitteln und erfahren dabei zugleich, in welcher Weise die wirkliche Zahnform in die Ersatzform nach Abb. 8b am besten übergeführt werden kann. Eine normale Zahnform ist in der Abb. 9 für sich wiederholt. Wir berechnen das Temperaturgefälle, das ein Wärmefluß w_0, der mit gleichmäßiger Dichte in die Zahnwurzel eintritt, für seinen gesamten Verlauf im Zahn beansprucht. Bei der vorgegebenen Voraussetzung über die Zahnflanken muß an jeder Stelle die Gleichung

$$w_x = -\, k\, c_x \frac{d\Theta}{dx} = w_0$$

gelten, also

$$-\, d\Theta = \frac{w_0}{k} \frac{dx}{c_x}.$$

Im gesamten Verlaufe von der Zahnwurzel $(x=0)$ bis zum Zahnkopf $(x=d)$ verzehrt der Wärmestrom w_0 also die Temperaturspanne

$$\Theta(0) - \Theta(d) = w_0 \frac{1}{k} \int\limits_0^d \frac{dx}{c_x} = w_0\, R_z. \qquad (44)$$

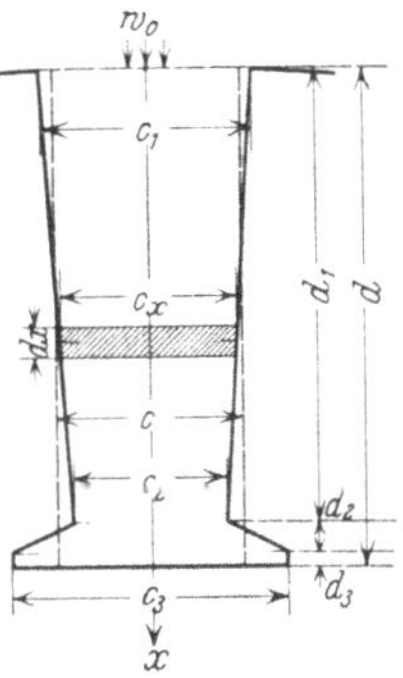

Abb. 9. Zur Berechnung der Ersatzform des Zahnes.

Für R_z erhalten wir durch Ausführung der Integration in den Bezeichnungen der Abb. 9 den Wert

$$R_z = \frac{1}{k} \left(\frac{d_1}{c_2} \frac{\ln\left(1 + \dfrac{c_1 - c_2}{c_2}\right)}{\dfrac{c_1 - c_2}{c_2}} + \frac{d_2}{c_2} \frac{\ln\left(1 + \dfrac{c_3 - c_2}{c_0}\right)}{\dfrac{c_3 - c_2}{c_2}} + \frac{d_3}{c_3} \right). \qquad (45)$$

Eine „widerstandsgleiche", rechteckförmige Ersatzform des Zahngebietes hat bei gleicher Höhe die Querschnittsbreite

$$c = \frac{1}{k} \frac{d}{R_z}. \qquad (46)$$

Ist α_1 die Wärmeübergangszahl am Zahnkopf (Abb. 8a), so beansprucht der Wärmestrom w_0 für seinen Übergang an die Luft die Temperaturdifferenz

$$\Theta(d) = \frac{w_0}{c_3\, \alpha_1}. \qquad (47)$$

Führen wir diesen Wert in Gl. (44) ein, so erhalten wir

$$\Theta(0) = w_0 \frac{1 + c_3\, \alpha_1\, R_z}{c_3\, \alpha_1},$$

also, mit R_z nach Gl. (46),

$$w_0 = \frac{c_3\, \alpha_1}{1 + \left(\dfrac{c_3}{c}\, \alpha_1\right) \dfrac{d}{k}}\, \Theta(0).$$

Schreiben wir diese Gleichung, mit

$$\lambda_1 = \frac{c_3}{c}\,\alpha_1 \qquad\qquad (48)$$

in der Form

$$w_0 = c\,\frac{\lambda_1}{1 + \dfrac{\lambda_1 d}{k}}\,\Theta(0), \qquad\qquad (49)$$

so ist darin alles für die Ersatzform des Zahnes zu Beachtende enthalten. Gleichzeitig ist auch die Frage nach der **ideellen** Wärmeübergangszahl gelöst; denn betrachten wir nun den Zahn, im Anschluß an das Kerngebiet des Elementes, so ist $\Theta(0) = \Theta(x_1 = 0)$ und w_0 gleichzusetzen

$$w_0 = 2\,a\,k\,\frac{d\,\Theta_1}{d\,x_1}\,(x_1 = 0).$$

Daraus folgt die Randbedingung

$$\left.\begin{array}{r} x_1 = 0 \\ (x_2 = 0) \end{array}\right\} \qquad k\,\frac{d\,\Theta_1}{d\,x_1} = \lambda_{1_i}\,\Theta_1 \qquad\qquad (50)$$

mit

$$\lambda_{1_i} = \frac{c}{2\,a}\,\frac{\lambda_1}{1 + \dfrac{\lambda_1 d}{k}}. \qquad\qquad (51)$$

Damit gleicht aber der Ansatz für das Temperaturfeld Θ_1 in allem dem in 1. e gelösten. Es ist vielleicht nicht ganz unnütz, noch auf eine weitere Reduktion aufmerksam zu machen, die für die Randbedingung an der Stelle $x_1 = 2\,b$ zu beachten ist. Wie die Flächenreduktion des Zahnkopfes bei der Ersatzform für den Zahn in der Wärmeübergangszahl α_1 nach Gl. (48) zu berücksichtigen ist, so steigert natürlich auch eine Flächenreduktion für die Rechnung die Wärmeübergangszahl α_2 zum Werte λ_2. Hierauf haben wir von vornherein abheben wollen dadurch, daß wir die üblichere Bezeichnung α für die Wärmeübergangszahlen der **wirklichen** Anordnung vorbehalten haben und in den vorausgeschickten Ansätzen die Bezeichnung λ für Größen derselben Dimension an der **Ersatzanordnung** wählten. Die Bezeichnung λ soll ferner auch andeuten, daß für den Wärmeübergang an einer betrachteten Stelle zu berücksichtigen ist, ob an dieser Stelle die Körperoberfläche eine Bedeckung (Lacküberzug!) von **anderer** Wärmeleitfähigkeit besitzt, so daß als Wärmeübergangszahl, wenn wir **unmittelbar auf die eigentliche Körperoberfläche** Bezug nehmen, nicht der Wert α einzuführen ist, der an der vom passierenden Kühlmittel **benetzten** Außenfläche der bedeckenden Schicht gilt, sondern ein Wert

$$\lambda = \frac{\alpha}{1 + \dfrac{\alpha\,\delta_i}{k_i}}, \qquad\qquad (52)$$

der den Wärmewiderstand der die Körperoberfläche bedeckenden Schicht berücksichtigt, die die Dicke δ_i und die Wärmeleitfähigkeit k_i besitzt.

Die Lösung für Θ_1 im Kerngebiet lautet also mit den Einführungen nach den Gl. (27) und (28) analog der Gl. (39') (S. 110):

$$\Theta_{11} = A_{11}\, e^{m'p_{x_1}} + A_{12}\, e^{-m'p_{x_1}} + \frac{q_1 a^2}{k}\, \frac{1}{\sigma^2}.$$

Die Bestimmung der Konstanten A_{11} und A_{12} hat unter Einführung der im Verhältnis zu λ_0 gemessenen Werte von λ_{1_i} und λ_2 nach den Gl. (9a, b) mit Hilfe der Determinanten $\Delta_1 = \Delta_0$, $\Delta_{11} = \Delta_{01}$ und $\Delta_{12} = \Delta_{02}$ nach den Gl. (36) und (36a, b) zu erfolgen:

$$A_{11} = \frac{Q_1}{k}\, \frac{1}{2\,m'}\, \frac{\Delta_{11}}{\Delta_1}, \qquad A_{12} = \frac{Q_1}{k}\, \frac{1}{2\,m'}\, \frac{\Delta_{12}}{\Delta_1}, \qquad (53\,\mathrm{a, b})$$

wenn

$$Q_1 = 4\, q_1\, a\, b \qquad (54)$$

den gesamten Wärmeinhalt des Kerngebietes auf einer Nutteilung und auf einer axialen Länge gleich der Einheit bezeichnet. Wir erhalten im Kerngebiet den Verlauf nach der Gleichung

$$\Theta_{11} = \frac{Q_1}{k}\, \frac{1}{2\,m'} \left(\frac{\Delta_{11}}{\Delta_1}\, e^{m'p_{x_1}} + \frac{\Delta_{12}}{\Delta_1}\, e^{-m'p_{x_1}} + \frac{1}{\sigma} \right). \qquad (55)$$

Für die Berechnung der Flankenabgabe wichtig ist ihr Mittelwert

$$\Theta_{11\,m} = \frac{Q_1}{k}\, K_{10} \qquad (56)$$

mit

$$K_{10} = \frac{1}{2\,m'} \left(\frac{\Delta_{11}}{\Delta_1}\, \frac{e^{m'} - 1}{m'} + \frac{\Delta_{12}}{\Delta_1}\, \frac{1 - e^{-m'}}{m'} + \frac{1}{\sigma} \right), \qquad (57)$$

der zugleich die mittlere Eisentemperatur im Kerngebiet angibt. Diese Gleichung ist damit in eine für die weitere Verwendung im Ansatze äußerst zweckmäßige Gestalt gebracht. Der Faktor K_{10} von $\frac{Q_1}{k}$ ist dimensionslos und nur eine Funktion der geometrischen und wärmewirtschaftlichen Charakteristik des Elementes. Er gibt der „Temperatur $\frac{Q_1}{k}$" das entsprechende Gewicht und danach führen wir ihn ein unter dem Begriffe des Temperaturgewichtes der Flanken des Elementes für das Temperaturfeld Θ_1 der Wärmequellen q_1.

Im Zahngebiet erhalten wir einen geradlinigen Verlauf, dessen Bestimmung am besten aus der Beziehung

$$2\, a\, \lambda_{1_i}\, \Theta_{11}\, (p_{x_1} = 0) = c\, \lambda_1\, \Theta_{12}\, (p_{x_2} = 1)$$

erfolgen kann. Wir gewinnen damit zugleich den für die Berechnung der **Luftspaltabgabe** wichtigen Wert

$$\Theta_{12}\,(p_{x_2} = 1) = \frac{2\,a}{c}\,\frac{\lambda_{1_i}}{\lambda_1}\,\Theta_{11}\,(p_{x_1} = 0)$$

$$= \frac{Q_1}{k\,2\,m'\,(1 + \tau^2)}\left(\frac{\varDelta_{11} + \varDelta_{12}}{\varDelta_1} + \frac{1}{\sigma}\right)^{*} \tag{58}$$

in der der Gl. (56) analogen Gestalt

$$\Theta_{12}\,(p_{x_2} = 1) = \frac{Q_1}{k}\,K_{11}, \tag{59}$$

mit

$$K_{11} = \frac{1}{2\,m'\,(1 + \tau^2)}\left(\frac{\varDelta_{11} + \varDelta_{12}}{\varDelta_1} + \frac{1}{\sigma}\right). \tag{60}$$

Der Vollständigkeit wegen stellen wir auch noch in derselben Form den für die **Rückenabgabe** wichtigen Wert auf:

$$\Theta_{11}\,(p_{x_1} = 1) = \frac{Q_1}{k}\,K_{12}, \tag{61}$$

mit

$$K_{12} = \frac{1}{2\,m'}\left(\frac{\varDelta_{11}}{\varDelta_1}\,e^{m'} + \frac{\varDelta_{12}}{\varDelta_1}\,e^{-m'} + \frac{1}{\sigma}\right), \tag{62}$$

sowie den Temperaturmittelwert im **Zahngebiet**:

$$\Theta_{12m} = \frac{1}{2}\,(\Theta_{12}\,(p_{x_2} = 1) + \Theta_{11}\,(p_{x_1} = 0)) = \frac{Q_1}{k}\,K_{1m}, \tag{63}$$

mit

$$K_{1m} = \left(1 + \frac{\tau^2}{2}\right)K_{11}. \tag{64}$$

Zur Systematik in der Wahl der Bezeichnungen für diese vier besonders hervorgehobenen Temperaturgewichte möchten wir erläuternd folgendes bemerken: Die Zugehörigkeit zum entsprechenden Feld wird durch denselben Index in derselben Stellung kenntlich gemacht, in dem das Teilfeld selbst bezeichnet ist. Als zweiter Index tritt dann noch einer der Indizes 0, 1, 2 oder m hinzu, der bedeutet, daß der betreffende K-Wert jeweils für den Rand gilt, an dem entsprechend die Wärmeübergangszahl $\lambda_0, \lambda_1, \lambda_2$ herrscht bzw. kennzeichnend ist für den Mittelwert im Zahngebiet.

Das **Temperaturfeld** Θ_2. Für diese Aufgabe sind zwei Ansätze miteinander zu vereinigen. Im **Zahngebiet** gilt die Differentialgleichung

$$\frac{d^2\Theta_{22}}{d\,x_2^2} + \frac{q_2}{k} = 0, \tag{65}$$

$$* \quad \frac{2\,a}{c}\,\frac{\lambda_{1_i}}{\lambda_1} = \frac{1}{1 + \dfrac{\lambda_1\,d}{k}} = \frac{1}{1 + \tau^2}, \text{ siehe die Gl. (51) und (66).}$$

im Kerngebiet setzen wir die Näherungsgl. (26) an. Wir haben also den Temperaturverlauf

$$\Theta_{21} = A_{21}\, e^{m' p_{x_1}} + A_{22}\, e^{-m' p_{x_1}}$$

im Kerngebiet durch die Randbedingungen in den Temperaturverlauf

$$\Theta_{22} = -\frac{q_2 d^2}{k}\, p_{x_2}^2 + C_1\, p_{x_2} + C_2, \qquad \left(p_{x_2} = \frac{x_2}{d}\right)$$

im Zahngebiet überzuführen. Dazu dienen die vier Randbedingungen

$$x_2 = d: \qquad -\frac{d\Theta_{22}}{d x_2} = \frac{\lambda_1}{k}\,\Theta_{22}, \tag{65a}$$

$$x_2 = 0 \; \Big| \qquad\qquad \Theta_{22} = \Theta_{21}, \tag{65b}$$

$$x_1 = 0 \; \Big| \qquad -c\,\frac{d\Theta_{22}}{d x_2} = 2\,a\,\frac{d\Theta_{21}}{d x_1}, \tag{65c}$$

$$x_1 = 2h: \qquad -\frac{d\Theta_{21}}{d x_1} = \frac{\lambda_2}{k}\,\Theta_{21}, \tag{65d}$$

in ausführlicher Form

$$\frac{q_2 d^2}{k}\left(1 + \frac{1}{2}\,\frac{\lambda_1 d}{k}\right) = C_1\left(1 + \frac{\lambda_1 d}{k}\right) + C_2\,\frac{\lambda_1 d}{k},$$

$$C_2 = A_{21} + A_{22},$$

$$-C_1 = 2\,\sigma\,\frac{d}{c}\,(A_{21} - A_{22}),$$

$$-\sigma\,(A_{21}\, e^{m'} - A_{22}\, e^{-m'}) = \frac{\lambda_2 a}{k}\,(A_{21}\, e^{m'} + A_{22}\, e^{-m'}).$$

Für A_{21} und A_{22} erhalten wir hieraus nach Einführung des Verhältnisses $\varkappa_2$ nach der Gl. (9b) und der „Kenngröße"

$$\frac{\lambda_1 d}{k} = \tau^2, \tag{66}$$

die der Kenngröße

$$\frac{\lambda_0 a}{k} = \sigma^2 \tag{28}$$

entspricht:

$$A_{21}\left[\tau^2 - 2\,\sigma\,\frac{d}{c}\,(1 + \tau^2)\right] + A_{22}\left[\tau^2 + 2\,\sigma\,\frac{d}{c}\,(1 + \tau^2)\right] = \frac{q_2 d^2}{k}\left(1 + \frac{\tau^2}{2}\right), \tag{67a}$$

$$-A_{21}\, e^{m'}\,(1 + \varkappa_2 \sigma) + A_{22}\, e^{-m'}\,(1 - \varkappa_2 \sigma) = 0. \tag{67b}$$

Mit Hilfe der Determinanten

$$\Delta_2 = \begin{vmatrix} \tau^2 - 2\,\sigma\,\dfrac{d}{c}\,(1 + \tau^2)\,, & \tau^2 + 2\,\sigma\,\dfrac{d}{c}\,(1 + \tau^2) \\[2mm] -\,e^{m'}\,(1 + \varkappa_2\,\sigma)\,, & e^{-m'}\,(1 - \varkappa_2\,\sigma) \end{vmatrix} \qquad (68)$$

$$\Delta_{21} = \begin{vmatrix} 1 & , & \tau^2 + 2\,\sigma\,\dfrac{d}{c}\,(1 + \tau^2) \\[2mm] 0 & , & e^{-m'}\,(1 - \varkappa_2\,\sigma) \end{vmatrix} \qquad (68\,\mathrm{a})$$

$$\Delta_{22} = \begin{vmatrix} \tau^2 - 2\,\sigma\,\dfrac{d}{c}\,(1 + \tau^2)\,, & 1 \\[2mm] -\,e^{m'}\,(1 + \varkappa_2\,\sigma)\,, & 0 \end{vmatrix} \qquad (68\,\mathrm{b})$$

bestimmen sich die Konstanten wie folgt:

$$A_{21} = \frac{q_2 d^2}{k}\left(1 + \frac{\tau^2}{2}\right)\frac{\Delta_{21}}{\Delta_2}\,, \qquad (69\,\mathrm{a})$$

$$A_{22} = \frac{q_2 d^2}{k}\left(1 + \frac{\tau^2}{2}\right)\frac{\Delta_{22}}{\Delta_2}\,, \qquad (68\,\mathrm{b})$$

$$C_1 = -\,\frac{q_2 d^2}{k}\,2\,\sigma\,\frac{d}{c}\left(1 + \frac{\tau^2}{2}\right)\frac{\Delta_{21} - \Delta_{22}}{\Delta_2}\,, \qquad (69\,\mathrm{c})$$

$$C_2 = \frac{q_2 d^2}{k}\left(1 + \frac{\tau^2}{2}\right)\frac{\Delta_{21} + \Delta_{22}}{\Delta_2}\,. \qquad (69\,\mathrm{d})$$

Das Temperaturpotential folgt also im **Kerngebiet** der Gleichung

$$\Theta_{21} = \frac{q_2 d^2}{k}\left(1 + \frac{\tau^2}{2}\right)\left(\frac{\Delta_{21}}{\Delta_2}\,e^{m' p x_1} + \frac{\Delta_{22}}{\Delta_2}\,e^{-m' p x_1}\right) \qquad (70)$$

und im **Zahngebiet** der Gleichung

$$\Theta_{22} = \frac{q_2 d^2}{k}\left[\left(1 + \frac{\tau^2}{2}\right)\frac{\Delta_{21} + \Delta_{22}}{\Delta_2} - 2\,\sigma\,\frac{d}{c}\left(1 + \frac{\tau^2}{2}\right)\frac{\Delta_{21} - \Delta_{22}}{\Delta_2}\,p_{x_2} - \frac{1}{2}\,p_{x_2}^2\right]. \qquad (71)$$

Die drei wichtigen Randwerte und den Mittelwert im Zahngebiet bilden wir auch hier in der Form der Gl. (56), (59), (61) und (64):

$$\Theta_{21\,m} = \frac{Q_2}{k}\,K_{20}\,, \qquad (72)$$

mit

$$Q_2 = Q_Z + Q_K = q_2\,c\,d\,, \qquad (73)$$

wenn wir die auf die axiale Längeneinheit aus einem Zahn abzuführende Wärme nach der Zahneisenwärme Q_Z und der Kupferwärme Q_K zerlegen, und

$$K_{20} = \left(1 + \frac{\tau^2}{2}\right)\left(\frac{\Delta_{21}}{\Delta_2}\frac{e^{m'} - 1}{m'} + \frac{\Delta_{22}}{\Delta_2}\frac{1 - e^{-m'}}{m'}\right)\frac{d}{c}, \qquad (74)$$

$$\Theta_{22}(p_{x_2} = 1) = \frac{Q_2}{k}K_{21}, \qquad (75)$$

mit

$$K_{21} = \left[\left(1 + \frac{\tau^2}{2}\right)\frac{\Delta_{21} + \Delta_{22}}{\Delta_2} - 2\sigma\frac{d}{c}\left(1 + \frac{\tau^2}{2}\right)\frac{\Delta_{21} - \Delta_{22}}{\Delta_2} - \frac{1}{2}\right]\frac{d}{c}, \qquad (76)$$

$$\Theta_{21}(p_{x_1} = 1) = \frac{Q_2}{k}K_{22}, \qquad (77)$$

mit

$$K_{22} = \left(1 + \frac{\tau^2}{2}\right)\left(\frac{\Delta_{21}}{\Delta_2}e^{m'} + \frac{\Delta_{22}}{\Delta_2}e^{-m'}\right)\frac{d}{c}, \qquad (78)$$

und

$$\Theta_{22\,m} = \frac{Q_2}{k}K_{2\,m}, \qquad (79)$$

mit

$$K_{2\,m} = \left[\left(1 + \frac{\tau^2}{2}\right)\frac{\Delta_{21} + \Delta_{22}}{\Delta_2} - \sigma\frac{d}{c}\left(1 + \frac{\tau^2}{2}\right)\frac{\Delta_{21} - \Delta_{22}}{\Delta_2} - \frac{1}{6}\right]\frac{d}{c}. \qquad (80)$$

c) Berechnung der beiden Ausgleichsfelder. Das Temperaturfeld Θ''. Mit λ_{1_i} nach Gl. (51), $q'' = \lambda_2(t_{L_2} - t_{L_0})$ ist die genaue Lösung hierfür enthalten in den Gl. (19) bis (22). Es ist also insbesondere

$$\Theta_1'' = (t_{L_2} - t_{L_0})\sum R_\nu'' e^{-m_\nu}\varphi_1(r_\nu)\left(e^{m_\nu\,p_{x_1}} + \frac{1 - u_\nu'}{1 + u_\nu'}e^{-m_\nu\,p_{x_1}}\right)\cos r_\nu\,p_y. \quad (81)$$

Der geradlinige Verlauf im Zahngebiet ist wieder bestimmt durch die beiden Werte

$$\Theta_2''(p_{x_2} = 0) = \Theta_{1\,m}''(p_{x_1} = 0)$$

$$= (t_{L_2} - t_{L_0})\sum R_\nu'' e^{-m_\nu}\varphi_1(r_\nu)\varphi_2(r_\nu)\left(1 + \frac{1 - u_\nu'}{1 + u_\nu'}\right) \qquad (82)$$

und

$$\Theta_2''(p_{x_2} = 1) = \frac{\Theta_2''(p_{x_2} = 0)^*}{1 + \tau^2} = (t_{L_2} - t_{L_0})K_1''. \qquad (83)$$

Die Temperaturgewichte haben die Werte

$$K_0'' = \sum R_\nu'' e^{-m_\nu}\varphi_1(r_\nu)\cos r_\nu\left(\frac{e^{m_\nu} - 1}{m_\nu} + \frac{1 - u_\nu'}{1 + u_\nu'}\frac{1 - e^{-m_\nu}}{m_\nu}\right), \qquad (84)$$

$$K_1'' = \frac{1}{1 + \tau^2}\sum R_\nu'' e^{-m_\nu}\varphi_1(r_\nu)\varphi_2(r_\nu)\left(1 + \frac{1 - u_\nu'}{1 + u_\nu'}\right), \qquad (85)$$

$$K_2'' = \sum R_\nu'' e^{-m_\nu}\varphi_1(r_\nu)\varphi_2(r_\nu)\left(e^{m_\nu} + \frac{1 - u_\nu'}{1 + u_\nu'}e^{-m_\nu}\right), \qquad (86)$$

$$K_m'' = \left(1 + \frac{\tau^2}{2}\right)K_1''. \qquad (87)$$

---

* Siehe Gl. (58).

Das Temperaturfeld Θ'. Der Doppelansatz zur Aufstellung der Gleichungen für das Temperaturpotential Θ' geht parallel mit dem im vorigen Abschnitte entwickelten Ansatze für das Temperaturpotential Θ_2. Im **Zahngebiet** ist der Temperaturverlauf

$$\Theta'_2 = C'_1 p_{x_2} + C'_2$$

anzusetzen, der überzuleiten ist in den Temperaturverlauf

$$\Theta'_1 = A'_1 e^{m' p_{x_1}} + A'_2 e^{-m' p_{x_1}}$$

im **Kerngebiet**, und zwar mit Hilfe der Randbedingungen

$$x_2 = d: \qquad \frac{d\Theta'_2}{dx_2} = \frac{q'}{k} - \frac{\lambda_1}{k}\Theta'_2 , \tag{88a}$$

$$
\left.\begin{array}{l} x_1 = 0 \\[1.2em] x_2 = 0 \end{array}\right\{
\begin{array}{l}
\Theta'_2 = \Theta'_1 , \tag{88b} \\[1.2em]
c\,\dfrac{d\Theta'_2}{dx_2} = -\,2\,a\,\dfrac{d\Theta'_1}{dx_1} , \tag{88c}
\end{array}
$$

$$x_1 = 2b: \qquad -\frac{d\Theta'_1}{dx_1} = \frac{\lambda_2}{k}\Theta'_1 . \tag{88d}$$

Daraus folgen die ausführlichen Gleichungen

$$C'_1 = \frac{q'd}{k} - \frac{\lambda_1 d}{k}(C'_2 + C'_1) ,$$

$$C'_2 = A'_1 + A'_2 ,$$

$$C'_1 = -\,2\,\sigma\,\frac{d}{c}(A'_1 - A'_2) ,$$

$$-\,\sigma(A'_1 e^{m'} - A'_2 e^{-m'}) = \frac{\lambda_2 a}{k}(A'_1 e^{m'} + A'_2 e^{-m'}) .$$

Wir behalten davon die beiden Bestimmungsgleichungen für A'_1 und A'_2:

$$A'_1\left[\tau^2 - 2\sigma\frac{d}{c}(1 + \tau^2)\right] + A'_2\left[\tau^2 + 2\sigma\frac{d}{c}(1 + \tau^2)\right] = \frac{q'd}{k} , \tag{89a}$$

$$-\,A'_1 e^{m'}(1 + \varkappa_2\,\sigma) + A'_2 e^{-m'}(1 - \varkappa_2\,\sigma) = 0 . \tag{89b}$$

Ihre Determinante Δ' und ihre Unterdeterminanten Δ'_1 und Δ'_2 nehmen die Werte nach den Gl. (68) und (68a, b) an:

$$\Delta' = \Delta_2 , \quad \Delta'_1 = \Delta_{21} , \quad \Delta'_2 = \Delta_{22} . \tag{90},(90a, b)$$

Es erreichen also mit $q' = \lambda_1(t_{L_1} - t_{L_0})$ die Konstanten A'_1, A'_2, C'_1 und C'_2 die Werte

$$A'_1 = (t_{L_1} - t_{L_0})\tau^2\frac{\Delta_{21}}{\Delta_2} , \tag{91a}$$

$$A'_2 = (t_{L_1} - t_{L_0})\tau^2\frac{\Delta_{22}}{\Delta_2} , \tag{91b}$$

$$C'_1 = -\,(t_{L_1} - t_{L_0})\tau^2\,2\sigma\,\frac{d}{c}\,\frac{\Delta_{21} - \Delta_{22}}{\Delta_2} , \tag{91c}$$

$$C'_2 = (t_{L_1} - t_{L_0})\tau^2\frac{\Delta_{21} + \Delta_{22}}{\Delta_2} . \tag{91d}$$

Wir erhalten den Verlauf

$$\Theta_1' = (t_{L_1} - t_{L_0})\, \tau^2 \left(\frac{\varDelta_{21}}{\varDelta_2}\, e^{m' p_{x_1}} + \frac{\varDelta_{22}}{\varDelta_2}\, e^{-m' p_{x_1}} \right) \qquad (92)$$

im Kerngebiet und

$$\Theta_2' = (t_{L_1} - t_{L_0})\, \tau^2 \left(\frac{\varDelta_{21} + \varDelta_{22}}{\varDelta_2} - 2\sigma\, \frac{d}{c}\, \frac{\varDelta_{21} - \varDelta_{22}}{\varDelta_2}\, p_{x_2} \right) \qquad (93)$$

im Zahngebiet. Die Temperaturgewichte gewinnen die Werte

$$K_0' = \left(\frac{\varDelta_{21}}{\varDelta_2}\, \frac{e^{m'} - 1}{m'} + \frac{\varDelta_{22}}{\varDelta_2}\, \frac{1 - e^{-m'}}{m'} \right) \tau^2, \qquad (94)$$

$$K_1' = \left(\frac{\varDelta_{21} + \varDelta_{22}}{\varDelta_2} - 2\sigma\, \frac{d}{c}\, \frac{\varDelta_{21} - \varDelta_{22}}{\varDelta_2} \right) \tau^2, \qquad (95)$$

$$K_2' = \left(\frac{\varDelta_{21}}{\varDelta_2}\, e^{m'} + \frac{\varDelta_{22}}{\varDelta_2}\, e^{-m'} \right) \tau^2, \qquad (96)$$

$$K_m' = \left(\frac{\varDelta_{21} + \varDelta_{22}}{\varDelta_2} - \sigma\, \frac{d}{c}\, \frac{\varDelta_{21} - \varDelta_{22}}{\varDelta_2} \right) \tau^2. \qquad (97)$$

d) Der rechnerische Befund am Beispiel. Wir fügen hier die erste ausführlichere Zahlenrechnung an, um am Beispiel zu zeigen, was die vorstehende Untersuchung über den radialen Temperaturverlauf zutage fördert. Es ist dieser und allen folgenden Rechnungen ein und dieselbe Maschine vorgelegt, deren Hauptdaten wir am Schlusse zusammengestellt haben, um uns in den Angaben darüber nicht wiederholen zu müssen.

Die geometrische Charakteristik des zu betrachtenden Elementes (Abb. 8) läßt sich in die folgenden Angaben zusammenfassen:

Kerngebiet: $2b = 25{,}95$ cm, $2a = 6{,}00$ cm, $b/a = 4{,}325$
Zahngebiet: $d = 6{,}80$ cm, $c = 2{,}45$ cm, $d/c = 2{,}774$.

Die wärmewirtschaftliche Charakteristik des Elementes stellen wir für einen Leerlaufzustand der Maschine auf, über den Versuchsergebnisse mitgeteilt sind (Abb. 23, S. 172), so daß diese Zahlenrechnung in ihrer weiteren Verfolgung auf S. 144 zugleich eine eingehendere Probe für die bis dahin erzielten theoretischen Ergebnisse abgeben kann.

Es handelt sich um eine selbstkühlende Maschine. Die Kühlluft bläst, nachdem sie auf der Eintrittsseite das Gitter der Wicklungsköpfe passiert hat, durch den Luftspalt und durch eine Reihe von Bohrungen, die in drei Gruppen im Ständerblechpaket angeordnet sind (Abb. 7a, S. 114). Sie wird im jenseitigen Stirnraum der Maschine wieder gesammelt und zusammen mit der durch den Läufer gedrückten Kühlluft in den Raum zwischen aktivem Ständereisen und Gehäuse abgelassen. Auf den Ständer entfällt nach Angaben eine sekundliche Luftmenge $V = 2{,}6 \ \mathrm{m^3/s}$; das entspricht einer „spezifischen Kühlleistung"[1]

$$L = s\,c\,V = 3160 \ \mathrm{W/^0C}.$$

Verteilt man diese Luftmenge nach bekannten Gesetzen [L 3 S. 165 und L 6 S. 94], nach denen auf S. 137 die Schluckfähigkeit der einzelnen Bohrungsgruppen ermittelt ist, so berechnen sich in den drei Bohrungsgruppen des Ständers Luftgeschwindigkeiten zwischen 15,0 und 19,5 m/s, im Luftspalt eine axiale Luftgeschwindigkeit $v_1 = 18{,}1$ m/s. Die Umfangsgeschwindigkeit des Läufers erreicht den Wert $u = 98$ m/s.

Für die Berechnung der Wärmeübergangszahlen wird an den bekannt gewordenen Vorschlägen festgehalten, wie sie in eingehender Weise von Richter [L 4 S. 322] gegeneinandergehalten und verarbeitet worden sind. Wir haben zur Erleichterung dieser Rechnungen das Nomogramm der Abb. 10 aufgestellt, aus dem zunächst ohne Berücksichtigung des empirischen Wirbelungsfaktors k_W [L 7] die Wärmeübergangszahlen für die einzelnen Bohrungsgruppen entnommen werden können. Das Nomogramm stellt die in den Maßeinheiten dem vorliegenden Zwecke angepaßte Formel von Nusselt [L 8] dar. Die wichtigsten Unterlagen für diese Berechnung gehen aus der folgenden Aufstellung hervor:

Bohrungsgruppe	Hydraul. Durchm. cm	Fläche cm²	Querschnittsumfang $z_\mu\,U_\mu$ cm	Luftgeschw. f. $V = 2{,}6\,\mathrm{m^3/s}$ m/s	Wirbelgsfaktor k_W	W_{E_μ} [Gl. (41)] W/^{0}C cm
1. Axiale Luftwege im Blechpaket						
48 □-förm. Bohrungen 24·30 mm	2,67	345,6	518,4	15,0	1,6	5,2
40 ○-förm. Bohrungen 30 mm ⌀	3,0	282,7	377,0	16,0	1,6	4,0
40 ○-förm. Bohrungen 40 mm ⌀	4,0	502,7	502,7	19,5	1,8	6,5
2. Luftspalt						
	3,6[2]	363,0	178,6	98,0[3]	2,1	9,82

Das spezifische Wärmeabgabevermögen sämtlicher Bohrungen des Kerngebietes erreicht somit den Wert $W_{E_0} = 15{,}7 \ \mathrm{W/^0C \ cm}$ [Gl. (43)]. Die Wärmeabgabezahl am Rücken des Eisenkörpers ist auf

$$\alpha_2 = 0{,}0040 \ \mathrm{W/^0C \ cm^2}$$

---

[1] Über den Begriff der „spezifischen Kühlleistung" siehe S. 132, Gl. (108).
[2] [L 4, S. 323].   [3] Umfangsgeschwindigkeit des Läufers [L 7.]

zu schätzen. Es ergeben sich dann an der Ersatzform des Elementes
die reduzierten Werte (in $W/{}^{\circ}C\,cm^2$):

$$\lambda_0 = 0{,}0063 \quad [\text{Gl. (42)}],$$
$$\lambda_1 = 0{,}0835 \quad [\text{Gl. (48)}],$$
$$\lambda_2 = 0{,}0057\,.$$

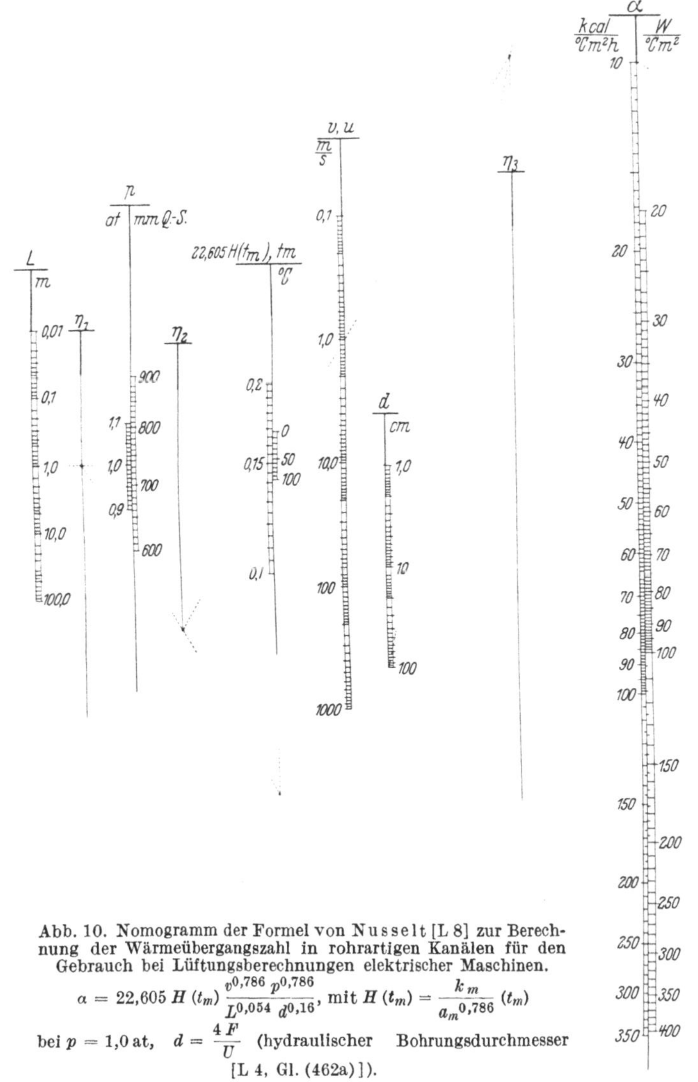

Abb. 10. Nomogramm der Formel von Nusselt [L 8] zur Berechnung der Wärmeübergangszahl in rohrartigen Kanälen für den
Gebrauch bei Lüftungsberechnungen elektrischer Maschinen.

$$\alpha = 22{,}605\,H\,(t_m)\,\frac{v^{0,786}\,p^{0,786}}{L^{0,054}\,d^{0,16}},\ \text{mit}\ H\,(t_m) = \frac{k\,m}{a_m^{\,0,786}}\,(t_m)$$

bei $p = 1{,}0$ at, $\quad d = \dfrac{4\,F}{U}$ (hydraulischer   Bohrungsdurchmesser
[L 4, Gl. (462a)]).

Bei $k = 0{,}653\ W/{}^{\circ}C\,cm$ [L 4 Zahlentafel 16, S. 332] kennzeichnen
die folgenden Größen das wärmewirtschaftliche Verhalten des Elementes

im vorliegenden Leerlaufzustand der Maschine:

$$\sigma^2 = 0{,}02895 \ [\text{Gl.}(28)], \quad \tau^2 = 0{,}86892 \ [\text{Gl.}(66)],$$

$$\lambda_{1i} = 0{,}01825 \ \text{W}/^0\text{C cm}^2 \, [\text{Gl.}(51)],$$

$$\varkappa_1 = \frac{\lambda_{1i}}{\lambda_0} = 2{,}895, \quad \varkappa_2 = \frac{\lambda_2}{\lambda_0} = 0{,}91 \ [\text{Gl.}(9\,\text{a, b})].$$

Nach den über die Verluste gemachten Angaben, die wir durch Nachrechnung kontrollieren konnten, ist

$$Q_1 = 10{,}65 \ \text{W/cm} \ [\text{Gl.}(54)], \quad Q_2 = 4{,}65 \ \text{W/cm} \ [\text{Gl.}(73)].$$

Die Abb. 11 zeigt den Temperaturverlauf, wie er den vorstehenden Charakteristiken entspricht. Es ist darin der Verlauf der Temperaturpotentiale Θ_1, Θ_2, Θ' und Θ'' einzeln und das Ergebnis ihrer Superposition dargestellt. Für Θ' und Θ'' ist eine gleiche Temperaturdifferenz

$$t_{L_1} - t_{L_0} = t_{L_2} - t_{L_0} = 10^0$$

angenommen. Ferner sind darin auch schon die an späterer Stelle [Gl.(104) und (105) S.131] definierten Temperaturdifferenzen $\varDelta_1$ und $\varDelta_2$ hervorgehoben.

Unsere Erwartungen über den radialen Temperaturverlauf finden wir bestätigt. Das betrifft namentlich den Temperaturverlauf im

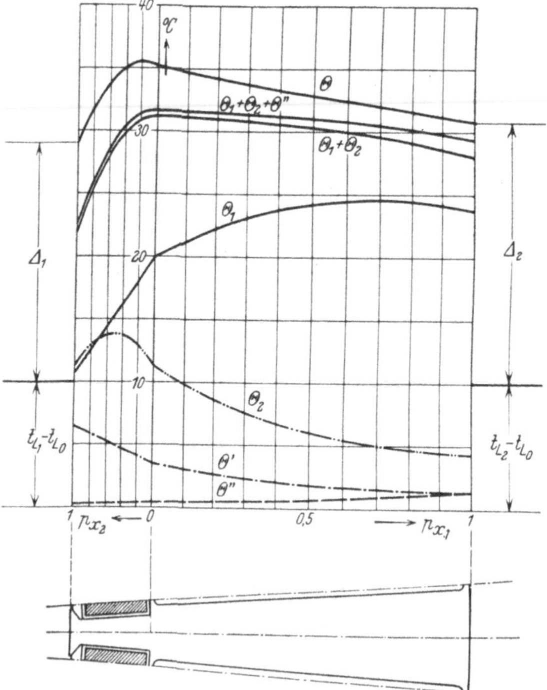

Abb. 11. Das Ergebnis der Voruntersuchung über den radialen Temperaturverlauf.

Zahngebiet. Während die Oberflächen des Kerngebietes, die für die Wärmeübertragung in Betracht kommen, Temperaturunterschiede aufweisen, über die man hinwegsehen könnte, verliert die am inneren Ankermantel für den Wärmeübergang wirksame Temperaturdifferenz einen erheblichen Betrag durch den starken Abfall, den die Eisentemperatur auf dem Wege von der Zahnwurzel nach dem Zahnkopf erfährt.

Die in der Zahlentafel 2 gegebene Zusammenstellung der K-Werte des Elementes gibt für das vorliegende Beispiel eine gute Übersicht über die Beteiligung der Einzelfelder am synthetischen Aufbau des resultierenden Temperaturfeldes Θ. Günstigstenfalls, bei verschwindenden Temperaturdifferenzen $t_{L_1} - t_{L_0}$ und $t_{L_2} - t_{L_0}$, teilten sich äußerer Ankermantel, Zahnkopf und Umfangsteile der Kernbohrungen in die Wärmeübertragung wie folgt:

Umfangsteile der Kernbohrungen:

$$\Theta_{11\,m} \cdot 4\,b\,\lambda_0 = \frac{Q_1}{k} K_{10} \cdot 4\,b\,\lambda_0 = 16{,}315 \cdot 1{,}435 \cdot 0{,}327 = 0{,}719\,Q_1 = 7{,}66\ \mathrm{W/cm}$$

$$\Theta_{21\,m} \cdot 4\,b\,\lambda_0 = \frac{Q_2}{k} K_{20} \cdot 4\,b\,\lambda_0 = \ \ 7{,}122 \cdot 0{,}936 \cdot 0{,}327 = 0{,}469\,Q_2 = \underline{2{,}18 \quad ,,}$$
$$9{,}84\ \mathrm{W/cm} = 0{,}643\,(Q_1 + Q_2)$$

Zahnkopf:

$$\Theta_{12}(1) \cdot c\,\lambda_1 = \frac{Q_1}{k} K_{11} \cdot c\,\lambda_1 = 16{,}315 \cdot 0{,}653 \cdot 0{,}205 = 0{,}205\,Q_1 = 2{,}18\ \mathrm{W/cm}$$

$$\Theta_{22}(1) \cdot c\,\lambda_1 = \frac{Q_2}{k} K_{21} \cdot c\,\lambda_1 = \ \ 7{,}122 \cdot 1{,}593 \cdot 0{,}205 = 0{,}499\,Q_2 = \underline{2{,}32 \quad ,,}$$
$$4{,}50\ \mathrm{W/cm} = 0{,}294\,(Q_1 + Q_2)$$

Äußerer Ankermantel:

$$\Theta_{11}(1) \cdot 2\,a\,\lambda_2 = \frac{Q_1}{k} K_{12} \cdot 2\,a\,\lambda_2 = 16{,}315 \cdot 1{,}455 \cdot 0{,}034 = 0{,}076\,Q_1 = 0{,}81\ \mathrm{W/cm}$$

$$\Theta_{21}(1) \cdot 2\,a\,\lambda_2 = \frac{Q_2}{k} K_{22} \cdot 2\,a\,\lambda_2 = \ \ 7{,}122 \cdot 0{,}609 \cdot 0{,}034 = 0{,}032\,Q_2 = \underline{0{,}15 \quad ,,}$$
$$0{,}96\ \mathrm{W/cm} = 0{,}063\,(Q_1 + Q_2)$$

Der Zahnkopf führte also beinahe genau die im Zahn entwickelte Wärme ab.

Zahlentafel 2. Zusammenstellung der K-Werte des Elementes für das Rechenbeispiel des Leerlaufzustandes. [Gl. (57, (60), (62) u. (64); Gl. (74), (76), (78) u. (80); Gl. (84) … (87) u. (94) … (97)].

Grundfeld Θ_1 $\dfrac{Q_1}{k} = 16{,}315^0$	Grundfeld Θ_2 $\dfrac{Q_2}{k} = 7{,}122^0$	Ausgl.-Feld Θ' $t_{L_1} - t_{L_0} = 10^0$	Ausgl.-Feld Θ'' $t_{L_2} - t_{L_0} = 10^0$
$K_{10} = 1{,}435$	$K_{20} = 0{,}936$	$K_0' = 0{,}205$	$K_0'' = 0{,}077$
$K_{1m} = 0{,}936$	$K_{2m} = 1{,}823$	$K_m' = 0{,}499$	$K_m'' = 0{,}032$
$K_{11} = 0{,}653$	$K_{21} = 1{,}593$	$K_1' = 0{,}651$	$K_1'' = 0{,}023$
$K_{12} = 1{,}455$	$K_{22} = 0{,}609$	$K_2' = 0{,}133$	$K_2'' = 0{,}139$

Dieser Bilanz gegenüber geht aber die Beteiligung des äußeren Ankermantels an der Wärmeübertragung durch das Bestehen einer Temperaturdifferenz $t_{L_2} - t_{L_0} = 10^0$ zurück um den Betrag

$$\lambda_2\,2\,a\,(1 - K_2'')\,(t_{L_2} - t_{L_0}) = 0{,}034 \cdot 0{,}861 \cdot 10 = 0{,}296\ \mathrm{W/cm};$$

das sind etwa 2% des Wärmeinhaltes von 15,3 W/cm, den das Element auf 1 cm axialer Länge aufweist, und fast 31% des Betrages, der im günstigsten Falle den Paketrücken verlassen könnte.

Die Beteiligung des Zahnkopfes an der Wärmeübertragung erfährt einen noch erheblicheren Rückgang, wenn eine merkbare Temperaturdifferenz $t_{L_1} - t_{L_0}$ auftritt. Für $t_{L_1} - t_{L_0} = 10^0$ ist die Einbuße:

$$\lambda_1 c (1 - K_1')(t_{L_1} - t_{L_0}) = 0{,}205 \cdot 0{,}349 \cdot 10 = 0{,}749 \text{ W/cm};$$

das sind fast 5% der überhaupt abzuführenden Wärmemenge und 16% des Betrages, der im günstigsten Falle vom Zahnkopf übernommen wird.

e) Einige Folgerungen für den Entwurf. Für die generelle Einrichtung einer Axialkühlung ergeben sich aus dieser Feststellung über den nachteiligen Einfluß, den das Aufkommen der beiden Ausgleichsfelder auf die Wärmewirtschaft des Elementes ausübt, Schlüsse, die schon an dieser Stelle eine wichtige konstruktive Forderung zu formulieren gestatten. Das synthetische Ergebnis über das resultierende Temperaturpotential $\Theta = t_E - t_{L_0}$ läßt sich in die folgenden vier Gleichungen für die (mittleren) Randwerte und die beiden Mittelwerte im Kerngebiet und im Zahngebiet zusammenfassen:

Mittelwert im Kerngebiet und zugleich maßgebende (mittlere) Temperaturdifferenz Δ_0 für die Wärmeübertragung an den Bohrungswänden des Kerngebietes:

$$\Theta_{1\,m} = \Delta_0 = \frac{Q_1}{k} K_{10} + \frac{Q_Z + Q_K}{k} K_{20} + (t_{L_1} - t_{L_0}) K_0' + (t_{L_2} - t_{L_0}) K_0'', \quad (98)$$

Mittelwert im Zahngebiet:

$$\Theta_{2\,m} = \frac{Q_1}{k} K_{1\,m} + \frac{Q_Z + Q_K}{k} K_{2\,m} + (t_{L_1} - t_{L_0}) K_m' + (t_{L_2} - t_{L_0}) K_m'', \quad (99)$$

Randwert am inneren Ankermantel:

$$\Theta_2 (p_{x_2} = 1) = \frac{Q_1}{k} K_{11} + \frac{Q_Z + Q_K}{k} K_{21} + (t_{L_1} - t_{L_0}) K_1' + (t_{L_2} - t_{L_0}) K_1'', \quad (100)$$

Randwert am äußeren Ankermantel:

$$\Theta_1 (p_{x_1} = 1) = \frac{Q_1}{k} K_{12} + \frac{Q_Z + Q_K}{k} K_{22} + (t_{L_1} - t_{L_0}) K_2' + (t_{L_2} - t_{L_0}) K_2''. \quad (101)$$

Führen wir statt der Randwerte des Temperaturpotentiales nach den Gl. (100) und (101) die für den Wärmeübergang an diesen Rändern maßgebenden Temperaturdifferenzen

$$\Delta_1 = t_E (p_{x_2} = 1) - t_{L_1} = \Theta_2 (p_{x_2} = 1) - (t_{L_1} - t_{L_0}), \quad (102)$$

$$\Delta_2 = t_E (p_{x_1} = 1) - t_{L_2} = \Theta_1 (p_{x_1} = 1) - (t_{L_2} - t_{L_0}) \quad (103)$$

ein, so erhalten wir

$$\Delta_1 = \frac{Q_1}{k} K_{11} + \frac{Q_z + Q_K}{k} K_{21} - (t_{L_1} - t_{L_0})(1 - K_1') + (t_{L_2} - t_{L_0}) K_1'', \quad (104)$$

$$\Delta_2 = \frac{Q_1}{k} K_{12} + \frac{Q_z + Q_K}{k} K_{22} + (t_{L_1} - t_{L_0}) K_2' - (t_{L_2} - t_{L_0})(1 - K_2''). \quad (105)$$

Der ungünstige Einfluß der Ausgleichsfelder geht aus diesen Gleichungen mehrfach hervor und läßt sich etwa folgendermaßen kennzeichnen: Der Wärmefluß aus dem Element zeigt bei gegebener geometrischer und wärmewirtschaftlicher Charakteristik eine dem Gesetze vom kleinsten Aufwand gemäße günstigste Verteilung auf die einzelnen Oberflächen im Kühlmittelstrom von allseitig gleicher Temperatur. In diesem Falle ist der aus der Gleichung

$$Q_1 + Q_z + Q_K = 4 b \lambda_0 \Delta_0 + 2 a \lambda_2 \Delta_2 + c \lambda_1 \Delta_1 = R_w \lambda_0 \Delta_0$$

definierte „wirksame Querschnittsumfang"

$$R_w = 2 b \left(2 + \frac{a}{b} \frac{\lambda_2}{\lambda_0} \frac{\Delta_2}{\Delta_0} + \frac{c}{2 b} \frac{\lambda_1}{\lambda_0} \frac{\Delta_1}{\Delta_0} \right) \qquad (106)$$

des Elementes ein Maximum. Jeder andere Zustand, den wir uns im Rahmen des praktisch Möglichen denken, bedeutet für das Element eine Verschärfung seiner wärmewirtschaftlichen Lage. Er wirkt sich aus in einer Verminderung des „wirksamen Querschnittsumfanges" und hat daher eine Heraufsetzung der zur Charakterisierung seines Erwärmungszustandes herausgestellten Temperatur Δ_0 im Gefolge. Die Einrichtung einer Axialkühlung sollte daher danach streben, das Aufkommen von Ausgleichsfeldern zu verhindern. Dieser Forderung zuwider läuft z. B. schon der Gebrauch, die Profile der Bohrungen nach dem vorhandenen Raume verschieden groß auszubilden. Man kann sich leicht überlegen, daß gerade die verschiedene Profilierung der Kernbohrungen bei dem ziemlich flachen radialen Temperaturverlauf (Abb. 11) im Kerngebiet vom thermodynamischen Standpunkte aus zu verurteilen ist, weil sie eine Wirkung erzeugt, die das angestrebte Verhalten des Wärmeflusses, auf dem kürzesten Wege in das Kühlmittel überzutreten, wieder stark unterbindet. Große Löcher am äußeren Rande des Blechschnittes z. B. gegenüber kleinen in der Gegend des Zahnkranzes müssen, besonders bei erheblichen Ankerlängen, einen gegen die Austrittsseite hin immer mehr anwachsenden Zuzug von Wärme aus entfernteren Gebieten auf sich lenken, denn der Kühlmittelstrom, den sie führen, bleibt erheblich kälter als jener, welcher auf dem Parallelwege durch die Bohrungen kleineren Profiles verläuft.

Aber auch die in den bisherigen Rechnungen eingehend verfolgten beiden Ausgleichsfelder Θ' und Θ'' brauchen durchaus nicht als ein notwendiges Übel angesehen werden. Es ist unsere nächste Aufgabe zu sehen, wie ihrem Aufkommen gesteuert werden könnte.

Die Unterbindung des Wärmerückstromes aus den Abluftkammern des Gehäuses ist von nicht so großer Wichtigkeit; denn dieser dringt auch in den ersten Blechlagen, worin er sich am stärksten ausbildet, mit nur mäßiger Dichte bis in das Zahngebiet vor, und die einschneidenden konstruktiven Maßnahmen, die am Gehäuse getroffen werden müßten, um die Warmluft vom Rücken des Eisenkörpers fernzuhalten und sie durch Kaltluft zu ersetzen, würden vielleicht durch eine Verminderung um 2 oder 3^0 der mittleren Eisentemperatur im Zahngebiet nicht aufgewogen. Dagegen muß zur Beseitigung des im Zahngebiet sehr stark auftretenden Ausgleichsfeldes auf Grund einer Temperaturdifferenz $t_{L_1} - t_{L_0}$ dafür gesorgt werden, daß der Temperaturanstieg der durch die Bohrungen des Kerngebietes gedrückten Luft von Anfang an mit dem Temperaturanstieg der durch den Luftspalt ziehenden Kühlluft gleichen Schritt hält. Diese konstruktive Forderung läßt sich leicht mathematisch formulieren. Der Anstieg der Temperatur t_{L_0} des Luftstromes in den Bohrungen des Kerngebietes setzt gleich hinter der Eintrittsstelle $z = 0$ mit dem Werte

$$\frac{dt_{L_0}}{dz}(z = 0) = \frac{W_{E_0}}{L_0} \varDelta_0 (z = 0) \qquad (107\,\text{a})$$

ein. Darin bedeutet mit Beachtung der Forderung nach gleichem hydraulischen Durchmesser der Kernbohrungen W_{E_0} das spezifische Wärmeabgabevermögen der Bohrungen des Kerngebietes in der Definition nach Gl. (43a). L_0 ist diejenige Wärmemenge, welche die in die Bohrungen des Kerngebietes gedrückte sekundliche Luftmenge für eine Erwärmnng um 1^0 aufnimmt. Auf Grund ihrer begrifflichen Verwandtschaft mit einer Leistung können wir diese Größe vielleicht am passendsten als die spezifische Kühlleistung der auf die Bohrungen des Kerngebietes entfallenden Luftmenge bezeichnen. Aus dem sekundlich die Eintrittsstelle passierenden Volumen V_0 des Kühlmittels, seinem spezifischen Gewicht s und seiner spezifischen Wärme c berechnet sich diese spezifische Leistung des Kühlmittels zu

$$L_0 = s\,c\,V_0 . \qquad (108)$$

In analoger Weise ist der Anstieg der Temperatur t_{L_1} der durch den Luftspalt ziehenden Kühlluft, wenn wir zunächst einmal nur an die Wärmeentnahme aus dem Ständer denken, gegeben durch die Gleichung

$$\frac{dt_{L_1}}{dz}(z = 0) = \frac{W_{E_1}}{L_1} \varDelta_1 (z = 0) . \qquad (107\text{b}).$$

Die konstruktiven Maßnahmen zur Verhütung eines ungleichen Anstieges der Temperaturen t_{L_0} und t_{L_1} sind also niederzulegen in der Bedingung

$$\frac{W_{E_0}}{L_0}\,\Delta_0 = \frac{W_{E_1}}{L_1}\,\Delta_1 . \tag{109}$$

Die wesentliche Aussage dieser Gleichung läuft auf die Forderung einer ziemlich strengen Anpassung der Kernbohrungen an die vorhandene Luftspaltbohrung hinaus. Es lohnt sich, dieser Forderung nachzugehen, besonders auch, um festzustellen, ob sie immer vereinbar ist mit den übrigen Rücksichten, die für die Dimensionierung der Kernbohrungen zu beachten sind.

Mit gegebenem hydraulischen Durchmesser $2\,r_1$ der Luftspaltbohrung hat man es beim Entwurf einer Axialkühlung durch die Wahl des hydraulischen Durchmessers $2\,r_0$ der Kernbohrungen noch ziemlich in der Hand, die für ausreichend geschätzte sekundliche Luftmenge V auf die beiden parallelgeschalteten Hauptwege durch den Luftspalt und durch die Bohrungen des Kerngebietes zu verteilen. Axiale Geschwindigkeit v_1 der Luft im Luftspalt und Geschwindigkeit v_0 in den Kernbohrungen stellen sich bei verschiedenen hydraulischen Durchmessern $2\,r_1$ und $2\,r_0$ nach dem Verhältnis[1]

$$\frac{v_1}{v_0} = \left(\frac{r_1}{r_0}\right)^n \tag{110}$$

ein. Der Gesamtquerschnitt F_0 der im Kerngebiet vorzusehenden Bohrungen ist daher nach der Gleichung

$$V = v_0\left[F_0 + F_1\left(\frac{r_1}{r_0}\right)^n\right] \tag{111}$$

nicht nur durch die Wahl der Geschwindigkeit v_0, sondern auch durch die Wahl des Verhältnisses r_1/r_0 willkürlich. Der Querschnitt F_1 der Luftspaltbohrung liegt fest nach der Gleichung

$$\cdot\; F_1 = \pi\,(D - \delta)\,\delta \tag{112}$$

---

[1] Obige Gleichung ist eine Folgerung aus dem auf experimenteller und physikalischer Grundlage gefundenen Gesetz über den Strömungswiderstand in geraden, zylindrischen Rohren. Wir verweisen auf unsere Quellen [L 3 S. 165] und [L 6 S. 94]. Der Exponent ist vorläufig noch offen gelassen, da er stark abhängig ist von der Rauhigkeit der Rohrwand und seine zahlenmäßige Einführung ohne vorherige spezielle Versuche nur die Bedeutung eines Vorschlages haben kann. Es ist vielleicht auch nicht ganz zu rechtfertigen, daß er, wie es in Gl. (110) geschah, für die Luftspaltbohrung und für die Kernbohrungen mit dem gleichen Werte eingeführt wird, da im Luftspalt andere Rauhigkeitsverhältnisse anzunehmen sind. Wir möchten aber dieses Bedenken der Übersichtlichkeit dieser Überlegungen zum Opfer bringen; denn es gilt vorerst nur eine Erscheinung grundsätzlich herauszuarbeiten, die bisher in der Praxis wenig Beachtung gefunden zu haben scheint.

($D =$ innerer Ankerdurchmesser, $\delta =$ Breite des Luftspaltes). Es folgt also die folgende Aufteilung der insgesamt verfügbaren Kühlluftmenge V auf Kernbohrungen und Luftspalt:

$$V_0 = \frac{F_0}{F_0 + F_1\left(\dfrac{r_1}{r_0}\right)^n}\, V\,, \qquad V_1 = \frac{F_1\left(\dfrac{r_1}{r_0}\right)^n}{F_0 + F_1\left(\dfrac{r_1}{r_0}\right)^n}\, V\,. \qquad \text{(113a, b)}$$

Damit und durch Einführung von

$$W_{E_0} = z\,U_0\,\alpha_0 = \frac{4\,F_0}{2\,r_0}\,\alpha_0\,, \tag{114}$$

$$W_{E_1} = U_1\,\alpha_1\,, \tag{115}$$

$$r_1 \approx \delta * \tag{116}$$

lautet die Bedingung (109)

$$\frac{\alpha_0}{r_0^{1+n}} = \frac{1}{2}\,\frac{U_1}{\pi\,(D-\delta)}\,\frac{\varDelta_1}{\varDelta_0}\,\frac{\alpha_1}{\delta^{1+n}}\,.$$

Auf der rechten Seite dieser Gleichung steht ein Festwert, der sich ziemlich vollständig konstruktiven Eingriffen entzieht, da ja α_1 im wesentlichen durch die Umfangsgeschwindigkeit u des Läufers bestimmt scheint [L 7]. Aus diesem Grunde wird der Wert von α_1 auch stets den Wert von α_0 weit überbieten, und um die obige Gleichung zu erfüllen, muß also der hydraulische Durchmesser $2\,r_0$ der Kernbohrungen einen ganz bestimmten Wert annehmen. Es wird sich in der weiteren Entwicklung zeigen müssen, ob diese „Anpassung" des hydraulischen Durchmessers $2\,r_0$ der Kernbohrungen an den hydraulischen Durchmesser $2\,r_1 \approx 2\,\delta$ der Luftspaltbohrung vereinbar ist mit den übrigen Rücksichten, die bei der Bemessung der ersteren mitsprechen.

Wenn man vorheriger Entscheidung gemäß (S. 126) die Wärmeübergangszahlen α_1 und α_0 nach der Gleichung von Nusselt [L 8] formuliert, wobei als Rohrgeschwindigkeit im Falle α_1 die Umfangsgeschwindigkeit u des Läufers eingesetzt wird [L 7], so schält sich aus obiger Forderung zunächst im wesentlichen eine Beziehung zwischen dem Verhältnis v_0/u und dem Verhältnis r_0/δ:

$$\frac{\alpha_0}{\alpha_1} = \frac{k_{W_0}\,(2\,r_0)^{-0{,}16}\,v_0^{0{,}786}}{k_{W_1}\,(2\,\delta)^{-0{,}16}\,u^{0{,}786}} = \frac{1}{2}\,\frac{U_1}{\pi\,(D-\delta)}\,\frac{\varDelta_1}{\varDelta_0}\left(\frac{r_0}{\delta}\right)^{1+n}\,. \tag{117}$$

Der Faktor $\dfrac{k_{W_1}}{k_{W_0}}\,\dfrac{U_1}{\pi\,(D-\delta)}\,\dfrac{\varDelta_1}{\varDelta_0}$ läßt sich als ungefähre Konstante in

---

* [L 4, Gl. (462 b)].

Rechnung stellen; mit den Werten $\varDelta_1 = 0,7\,\varDelta_0$, $k_{W_1} = 2,1$ und $\dfrac{U_1}{\pi\,(D-\delta)} = 0,85$, die wir aus den bisherigen Rechnungen entnehmen, und mit $k_{W_0} = 1,6$ als Wirbelungsfaktor für Bohrungen von 25 bis 30 mm Durchmesser hat er den Wert

$$\frac{k_{W_1}}{k_{W_0}}\,\frac{U_1}{\pi\,(D-\delta)}\,\frac{\varDelta_1}{\varDelta_0} = 0,8\;.$$

Es ist nun aber noch zu berücksichtigen, daß der Temperaturanstieg der durch den Luftspalt ziehenden Kühlluft dadurch, daß auch noch die von der Läuferoberfläche übertragene Wärme hinzukommt, stärker als nach Gl. (107b) erfolgt. Gemäß dem Vorschlag auf S. 111 kann dies dadurch zum Ausdruck gebracht werden, daß man das spezifische Wärmeabgabevermögen W_{E_1} mit einem Faktor $\gamma > 1,0$ multipliziert in Rechnung stellt. Wir dürfen somit mit einem Werte zwischen 1,0 und 1,5 des Faktors $\dfrac{k_{W_1}}{k_{W_0}}\,\dfrac{U_1}{\pi\,(D-\delta)}\,\dfrac{\varDelta_1}{\varDelta_0}$ rechnen, entsprechend Werten zwischen 1,25 und 1,9 für γ. Führen wir das arithmetische Mittel zwischen beiden Grenzen als Zahlenwert in die Gl. (117) ein, so wird daraus

$$\left(\frac{v_0}{u}\right)^{0,786} = 0,625\left(\frac{r_0}{\delta}\right)^{1,8258},$$

wenn wir dazu gemäß dem Vorgehen Richters [L 4 S. 308 Gl. (439a)] in Ermangelung spezieller Erfahrungen über den Exponenten n für Bohrungen, die quer durch das geblätterte Eisen verlaufen, den Wert

$$n = \frac{1,281}{1,924} = 0,6658$$

einführen, den Rietschel [L 6 S. 94] für Rohre der praktischen Lüftungstechnik vorschlägt. Diese Gleichung lautet explizite in r_0/δ:

$$\frac{r_0}{\delta} = 1,30\left(\frac{v_0}{u}\right)^{0,4305}. \tag{118a}$$

Die eigentliche „Anpassungs"-Bedingung erhält man sodann durch Zurückgreifen auf die Gl. (110), indem man darin $r_1/r_0 = \delta/r_0$ nach Gl. (118a) einführt:

$$\frac{v_1}{u} = 0,84\left(\frac{v_0}{u}\right)^{0,7134}. \tag{118b}$$

Das ist auch die Ausgangsgleichung für einen Entwurf, der auf Grund der Überlegungen dieses Abschnittes eine „abgestimmte" Axialkühlung anstrebt.

Jetzt treten aber auch schon die Grenzen hervor, die ihrer Ausführbarkeit gesetzt sind vor allen Dingen dadurch, daß der hydraulische Durchmesser der Kernbohrungen kleineren Luftspaltwerten in der durch die Gl. (118a) geforderten Weise nicht folgen kann; denn das Übergewicht bei der Bemessung der Kernbohrungen muß nach wie vor der Rücksichtnahme auf die hydrodynamische Seite der Aufgabe zugestanden werden. Man kann mit Rücksicht auf die übrigen, im Wege des Luftstromes liegenden Widerstände die bei Eigenlüftung ziemlich invariante Förderhöhe des Lüfters [L 4 S. 305 Gl. (432)] nicht beliebig für die Überwindung der Rohrreibung in dem Kanalsystem des Blechpaketes in Anspruch nehmen. Dieses Kanalsystem darf andererseits mit Rücksicht auf die elektromagnetischen Vorgänge im Blechpaket nur einen begrenzten Teil der Fläche des Blechschnittes beanspruchen. Dadurch ist ein bestimmter minimaler hydraulischer Durchmesser der Kernbohrungen festgelegt, bei dem sich diejenige sekundliche Luftmenge noch einstellt, die imstande ist, die Maschine gegen unzulässige Erwärmungen zu sichern.

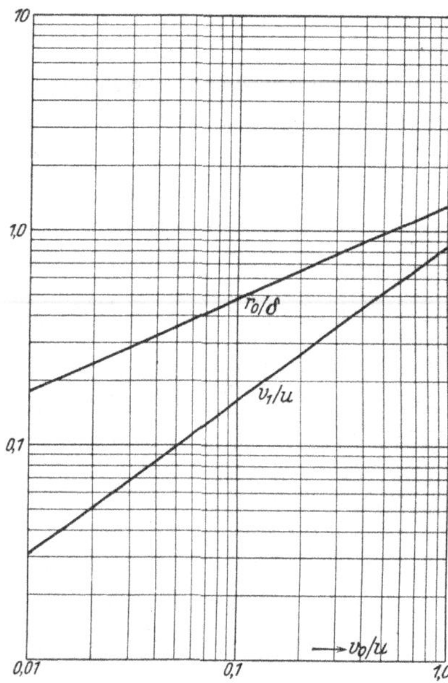

Abb. 12. Schaubild der Funktionen Gl. (118a und b) zur Entnahme passender Verhältnisse der hydraulischen Durchmesser von Luftspalt und Kernbohrungen beim Entwurf einer Axialkühlung. Koordinaten in logarithmischer Teilung.

Wir haben die Gl. (118a) und (118b) in der Abb. 12 mit Koordinaten in logarithmischer Teilung veranschaulicht und bedienen uns dieser Abbildung, um die obigen Überlegungen noch mit einigen Zahlenwerten zu stützen.

Wenn wir den Druckverlust im Kanalsystem mit 20 mm W.-S. je Meter Kanallänge in Rechnung stellen, so dürften wir damit ziemlich den äußersten Betrag eingesetzt haben, den die Rohrreibung an der gesamten vom Lüfter erzeugten Druckhöhe beanspruchen kann. Wenn sich mit diesem Druckgefälle die Kanalgeschwindigkeit des Kühlmittels auf Werte zwischen 10 und 20 m/s einstellen soll, muß nach der bereits angeführten Formel [L 4 S. 308 Gl. (439a)] der hydraulische Durchmesser der Kanäle entsprechend zwischen 12 und 33 mm gewählt werden. Ist dann die Umfangsgeschwindigkeit beispielsweise $u = 100$ m/s, so schreibt die Bedingung (118b) zum Intervalle

$$0,10 \leqq \frac{v_0}{u} \leqq 0,20$$

das entsprechende Intervall

$$0{,}1625 \leqq \frac{v_1}{u} \leqq 0{,}2665$$

vor. Die diesen Verhältnissen entsprechende axiale Luftgeschwindigkeit v_1 im Luftspalt ist hergestellt, wenn die Luftspaltbreite entsprechend zwischen 12 und 25 mm liegt.

Hiernach scheint es also bei einer Axialkühlung für größere Maschinen sehr wohl möglich zu sein, daß man durch Anpassung des hydraulischen Durchmessers der Kernbohrungen an den hydraulischen Durchmesser der Luftspaltbohrung verhütet, daß der durch den Luftspalt ziehende Kühlmittelstrom in seinem Endverlauf den Wärmeübergang stärker und stärker von sich abdrängt. Bei Maschinen mit kleinem Luftspalt dagegen gelangt man bei dieser Rücksichtnahme auf hydraulische Durchmesser der Kernbohrungen, die unausführbar sind, weil damit das im Blechpaket unterbringbare Kanalsystem nicht mehr die hinreichende Schluckfähigkeit besäße.

Wir beurteilen zum Schluß unter vorstehenden Gesichtspunkten das Kühlsystem der unseren Zahlenrechnungen als Beispiel unterliegenden Maschine. In Ergänzung der in die Zahlentafel auf S. 126 bereits aufgenommenen diesbezüglichen Daten berechnen wir die folgende in Prozenten der gesamten Luftmenge V ausgedrückte Schluckfähigkeit der einzelnen Bohrungsgruppen und des Luftspaltes:

$$
\begin{array}{ll}
48 \;\square\text{-Bohrungen } 24 \times 30 \text{ mm}^2 \ldots\ldots\ldots\ldots & 19{,}7\,\% \\
40 \;\bigcirc\text{-Bohrungen } 30 \text{ mm } \varnothing \ldots\ldots\ldots\ldots & 17{,}4\,\% \\
40 \;\bigcirc\text{-Bohrungen } 40 \text{ mm } \varnothing \ldots\ldots\ldots & \underline{37{,}6\,\%} \\
\quad \text{Kühlsystem des Blechpaketes zusammen}\ldots & 74{,}7\,\% \\
\quad \text{Luftspalt } \ldots\ldots\ldots\ldots\ldots\ldots\ldots\ldots & 25{,}3\,\%
\end{array}
$$

Für $V = 2{,}6\ \text{m}^3/\text{s}$ stellt sich also im Luftspalt bei $0{,}0363\ \text{m}^2$ Bohrungsfläche eine axiale Luftgeschwindigkeit $v_1 = 18{,}1\ \text{m/s}$ her. Wir entnehmen den Kurven der Abb. 12 zu dem Verhältnis $v_1/u = 18{,}1/98 = 0{,}185$ passend das Verhältnis $v_0/u = 0{,}12$ und das Verhältnis $r_0/\delta = 0{,}521$, müßten also für ein auf den Luftspalt $\delta = 18\ \text{mm}$ „abgestimmtes" Kanalsystem des Blechpaketes Bohrungen fordern, deren hydraulischer Durchmesser den Wert $2\,r_0 = 19\ \text{mm}$ nicht überschreitet. Es besteht also ein ganz erheblicher Unterschied zwischen der jetzigen Ausführung des Kühlsystems und derjenigen, welche die sparsamste Gestaltung des Temperaturfeldes im Blechpaket anstrebt. Diese Feststellung hat ihre Bedeutung unbeschadet der Tatsache, daß das Kanalsystem des Ständers in seiner jetzigen Ausführung eine bedeutend reichlichere Luftführung hat, als wie sie zu erreichen ist mit Bohrungen von 19 mm Durchmesser bei derselben Bohrungsfläche von 0,1131 m² und unveränderter Förderhöhe des Lüfters, weil sie nachweist, daß in diesem Kühlsystem diese Luftmenge schlecht verwirtschaftet ist und demzufolge nicht die Kühlwirkung hat, die sie in einem „abgestimmten" System entfalten könnte.

4. Probeansatz für das Temperaturfeld bei Leerlauf der Maschine zur Einkleidung der Gesamtwirkung der Ausgleichsfelder.

Die theoretische Seite der Vorbereitung des Ansatzes über den axialen Verlauf der Temperaturen kann mit dem Ergebnis der Gl. (98) bis (105) als abgeschlossen betrachtet werden. Um nun aber auch die technischen Schwierigkeiten und den rechnerischen Aufwand, den seine Durchführung erfordert, auf ein erträgliches Maß zu reduzieren, wäre es sehr erwünscht, wenn die Gesamtwirkung der Ausgleichsfelder auf den axialen Temperaturverlauf in ein Gesetz gebracht werden könnte, das sich in den Ansatz verarbeiten ließe, ohne daß dadurch, wie es der Fall ist, wenn seine Aufstellung auf Grund der Gl. (98) bis (105) erfolgt, die Ordnung der Differentialgleichung hinaufgesetzt wird. Wir untersuchen die in dieser Richtung liegenden Möglichkeiten, indem wir einen Probeansatz zur Lösung bringen, der nur darauf abhebt, das Wirken der Ausgleichsfelder herauszustellen. Als sehr geeignet hierfür erweist sich der Leerlaufzustand der Maschine. Wenn wir da zunächst einmal über die Wärmebewegung in der axialen Richtung hinwegsehen, und ferner auch die geringe Entlastung vernachlässigen, die die Wärmewirtschaft des tätigen Ankereisens dadurch erfährt, daß einige Prozente seines gesamten Wärmeinhaltes auf dem Wege über das Ankerkupfer abgeführt werden, so wird ein anderer als der in bezug auf die Längsrichtung z geradlinige Verlauf der Eisentemperatur in einem beliebigen Abstand von der Maschinenachse nur durch den verschiedenen Verlauf der Temperaturen t_{L_0}, t_{L_1} und t_{L_2} hervorgerufen.

Wir können von den beiden simultanen Differentialgleichungen für die Temperaturen t_{L_0} und t_{L_1} ausgehen, die wir schon in den Gl. (107a) und (107b) kennengelernt haben:

$$\frac{d\,t_{L_0}}{dz} = \frac{W_{E_0}}{L_0}\,\varDelta_0 ,$$

$$\frac{d\,t_{L_1}}{dz} = \gamma\,\frac{W_{E_1}}{L_1}\,\varDelta_1 ,$$

letztere nunmehr unter Berücksichtigung des Vorschlages auf S. 111 angeschrieben (siehe S. 135). Die Temperatur t_{L_2} wird als konstant längs des äußeren Ankermantels angesetzt, wie es der Anordnung entspricht, bei der die äußere Mantelfläche des Eisenkörpers von der abziehenden Kühlluft bespült wird. Ihre Berechnung kann im voraus aus der gesamten spezifischen Kühlleistung $L = L_0 + L_1$ und der stationären Wärmeentwicklung Q_0, die bei Leerlauf an den Luftstrom zu verfrachten ist, erfolgen nach der Beziehung

$$t_{L_2} = t_{La} = t_{Le} + \frac{Q_0}{L} \approx t_L(z = 0) + \frac{Q_0}{L}, \qquad (119)$$

t_{La} und t_{Le} in der im Abschnitt b des 2. Kapitels auf S. 112 gegebenen Definition. In den nach den Gl. (98) und (104) einzuführenden Ausdrücken für die Temperaturdifferenzen $\varDelta_0$ und $\varDelta_1$ entfällt gemäß der obigen Voraussetzung das Glied mit Q_K, das die Entlastung durch den Abzug von Wärme in das Gebiet I und III der Wicklungsköpfe zum Ausdruck brächte. Was dann bleibt, wird am besten in der Form

$$\varDelta_0 = G_0 + (t_{L_1} - t_{L_0}) K_0' + (t_{L_2} - t_{L_0}) K_0'', \qquad (98')$$

$$\varDelta_1 = G_1 - (t_{L_1} - t_{L_0})(1 - K_1') + (t_{L_2} - t_{L_0}) K_1'' \qquad (104')$$

mit

$$G_0 = \frac{Q_1}{k} K_{10} + \frac{Q_z}{k} K_{20}, \qquad (120)$$

$$G_1 = \frac{Q_1}{k} K_{11} + \frac{Q_z}{k} K_{21} \qquad (121)$$

in das obige Simultansystem eingeführt. Nach erfolgter Berücksichtigung des Rotoreinflusses nach dem Vorschlag auf S. 135 ist es nunmehr zweckmäßig, die Verhältnisse $\dfrac{W_{E_0}}{L_0}$ und $\gamma \dfrac{W_{E_1}}{L_1}$ in die Beziehung

$$\gamma \frac{W_{E_1}}{L_1} = \varepsilon \frac{W_{E_0}}{L_0} \qquad (122)$$

zu bringen. Das Simultansystem lautet damit

$$\frac{dt_{L_0}}{dz} + \frac{W_{E_0}}{L_0}(K_0' + K_0'') t_{L_0} - \frac{W_{E_0}}{L_0} K_0' t_{L_1} - \frac{W_{E_0}}{L_0}(G_0 + K_0'' t_{L_2}) = 0, \quad (122\,\mathrm{a})$$

$$\frac{dt_{L_1}}{dz} + \varepsilon \frac{W_{E_0}}{L_0}(1 - K_1') t_{L_1} - \varepsilon \frac{W_{E_0}}{L_0}(1 - K_1' - K_1'') t_{L_0}$$
$$- \varepsilon \frac{W_{E_0}}{L_0}(G_1 + K_1'' t_{L_2}) = 0. \qquad (122\,\mathrm{b})$$

Im Eliminationsverfahren erhalten wir aus diesen beiden, mit abgekürzten Koeffizienten, wie folgt, zu schreibenden Gleichungen

$$\frac{dt_{L_0}}{dz} + a_0 t_{L_0} - b_0 t_{L_1} - c_0 = 0, \qquad (122'\,\mathrm{a})$$

$$\frac{dt_{L_1}}{dz} + a_1 t_{L_1} - b_1 t_{L_0} - c_1 = 0 \qquad (122'\,\mathrm{b})$$

für t_{L_0} z. B. die lineare Differentialgleichung

$$\frac{d^2 t_{L_0}}{dz^2} + (a_0 + a_1)\frac{d t_{L_0}}{dz} + (a_0 a_1 - b_0 b_1)\, t_{L_0} - (a_1 c_0 + b_0 c_1) = 0. \quad (123)$$

Ihr allgemeines Integral ist die Gleichung

$$t_{L_0} = A_{01}\, e^{r_1 z} + A_{02}\, e^{r_2 z} + A_{03};$$

darin sind r_1 und r_2 die Wurzeln der „charakteristischen Gleichung"

$$r^2 + (a_0 + a_1)\, r + (a_0 a_1 - b_0 b_1) = 0: \quad (124)$$

$$r_{1,2} = -\frac{1}{2}\left[(a_0 + a_1) \mp \sqrt{(a_0 + a_1)^2 - 4\,(a_0 a_1 - b_0 b_1)}\,\right].$$

Sie lassen sich so schreiben, daß derjenige Bestandteil, der ihre Dimension bestimmt, als Faktor dem dimensionslosen Rest voransteht:

$$r_{1,2} = \frac{W_{E_0}}{L_0}\,\beta_{1,2} \quad (125)$$

mit

$$\beta_{1,2} = -\frac{1}{2}\Bigg\{\left[(K_0' + K_0'') + \varepsilon\,(1 - K_1')\right]$$

$$\mp \sqrt{\left[(K_0' + K_0'') + \varepsilon\,(1 - K_1')\right]^2 - 4\,\varepsilon\left[(1 - K_1')\,K_0'' + K_0'\,K_1''\right]}\Bigg\}. \quad (126)$$

Die Konstante A_{03} der Lösung für t_{L_0} ist als partikuläres Integral der Differentialgl. (123) bestimmt zu

$$A_{03} = \frac{a_1 c_0 + b_0 c_1}{a_0 a_1 - b_0 b_1} = t_{L_2} + \frac{(1 - K_1')\,G_0 + K_0'\,G_1}{(1 - K_1')\,K_0'' + K_0'\,K_1''}. \quad (127)$$

Die allgemeine Lösung für t_{L_1} ist aus der Gl. (122′b) ableitbar und von der gleichen Form wie die Lösung für t_{L_0}:

$$t_{L_1} = A_{11}\, e^{r_1 z} + A_{12}\, e^{r_2 z} + A_{13}$$

mit

$$A_{11} = \frac{r_1 + a_0}{b_0}\, A_{01} = \frac{\beta_1 + K_0' + K_0''}{K_0'}\, A_{01}, \quad (128\,\text{a})$$

$$A_{12} = \frac{r_2 + a_0}{b_0}\, A_{02} = \frac{\beta_2 + K_0' + K_0''}{K_0'}\, A_{02}, \quad (128\,\text{b})$$

$$A_{13} = \frac{a_0}{b_0}\, A_{03} - \frac{c_0}{b_0} = t_{L_2} + \frac{(1 - K_1' - K_1'')\,G_0 + (K_0' + K_0'')\,G_1}{(1 - K_1')\,K_0'' + K_0'\,K_1''}. \quad (128\,\text{c})$$

Die Randbedingung

$$z = 0: \quad t_{L_0} = t_{L_1} = t_L(z = 0)$$

läßt sich spalten in

$$A_{01} + A_{02} = A_{01}\frac{\beta_1 + K_0' + K_0''}{K_0'} + A_{02}\frac{\beta_2 + K_0' + K_0''}{K_0'} - \frac{K_1'' G_0 - K_0'' G_1}{(1 - K_1') K_0'' + K_0' K_1''},$$

$$A_{01} + A_{02} + \frac{(1 - K_1') G_0 + K_0' G_1}{(1 - K_1') K_0'' + K_0' K_1''} + t_{L_2} - t_L(z = 0) = 0,$$

woraus zur Bestimmung von A_{01} und A_{02} die beiden Gleichungen

$$A_{01}\frac{\beta_1 + K_0''}{K_0'} + A_{02}\frac{\beta_2 + K_0''}{K_0'} = \frac{K_1'' G_0 - K_0'' G_1}{(1 - K_1') K_0'' + K_0' K_1''}, \qquad (129\,\text{a})$$

$$A_{01} + A_{02} = -\left[t_{L_2} - t_L(0) + \frac{(1 - K_1') G_0 + K_0' G_1}{(1 - K_1') K_0'' + K_0' K_1''}\right] \qquad (129\,\text{b})$$

erhalten werden. Ihre Hauptdeterminante lautet

$$\Delta = \frac{1}{K_0'}(\beta_1 - \beta_2), \qquad (130)$$

ihre Unterdeterminanten

$$\Delta' = \frac{K_1'' G_0 - K_0'' G_1}{(1 - K_1') K_0'' + K_0' K_1''}$$
$$+ \frac{\beta_2 + K_0''}{K_0'}\left[t_{L_2} - t_L(0) + \frac{(1 - K_1') G_0 + K_0' G_1}{(1 - K_1') K_0'' + K_0' K_1''}\right], \qquad (130\,\text{a})$$

$$\Delta'' = -\left\{ \frac{K_1'' G_0 - K_0'' G_1}{(1 - K_1') K_0'' + K_0' K_1''} \right.$$
$$\left. + \frac{\beta_1 + K_0''}{K_0'}\left[t_{L_2} - t_L(0) + \frac{(1 - K_1') G_0 + K_0' G_1}{(1 - K_1') K_0'' + K_0' K_1''}\right]\right\}. \qquad (130\,\text{b})$$

Es wird also

$$A_{01} = \frac{\Delta'}{\Delta} = \frac{1}{\beta_1 - \beta_2}(M + \beta_2 N), \qquad (131\text{a})$$

$$A_{02} = \frac{\Delta''}{\Delta} = \frac{-1}{\beta_1 - \beta_2}(M + \beta_1 N), \qquad (131\,\text{b})$$

mit

$$M = G_0 + K_0''(t_{L_2} - t_L(0)), \qquad (132)$$

$$N = t_{L_2} - t_L(0) + \frac{(1 - K_1') G_0 + K_0' G_1}{(1 - K_1') K_0'' + K_0' K_1''}. \qquad (133)$$

Setzen wir durch Einführung der bezogenen Länge $p_z = z/l$

$$r_1 z = \frac{W_{E_0}}{L_0} \beta_1 z = \frac{W_{E_0} l}{L_0} \beta_1 p_z, \qquad (134\,\text{a})$$

$$r_2 z = \frac{W_{E_0}}{L_0} \beta_2 z = \frac{W_{E_0} l}{L_0} \beta_2 p_z, \qquad (134\,\text{b})$$

und bezeichnen symbolisch

$$e^{\frac{W_{E_0} l}{L_0} \beta_1 p_z} = E_1(p_z), \qquad (135\,\text{a})$$

$$e^{\frac{W_{E_0} l}{L_0} \beta_2 p_z} = E_2(p_z), \qquad (135\,\text{b})$$

so lauten die Lösungen für t_{L_0} und t_{L_1}:

$$t_{L_0} = A_{01} E_1(p_z) + A_{02} E_2(p_z) + A_{03} \qquad (136')$$

mit A_{01} und A_{02} nach den Gl. (131a, b) und A_{03} nach Gl. (127) und

$$t_{L_1} = A_{11} E_1(p_z) + A_{12} E_2(p_z) + A_{13}, \qquad (137')$$

mit A_{11}, A_{12} und A_{13} nach den Gl. (128a bis c).

Führen wir die Werte der Konstanten nach diesen Gleichungen ein, so erhalten wir

$$t_{L_0} = t_L(z=0) + N + \frac{1}{\beta_1 - \beta_2} (M + \beta_2 N) E_1(p_z)$$
$$- \frac{1}{\beta_1 - \beta_2} (M + \beta_1 N) E_2(p_z) \qquad \textbf{(136)}$$

$$t_{L_1} = t_L(z=0) + N - \frac{K_1'' G_0 - K_0'' G_1}{(1 - K_1') K_0'' + K_0' K_1''} + \frac{\beta_1 + K_0' + K_0''}{K_0'(\beta_1 - \beta_2)} (M + \beta_2 N) E_1(p_z)$$
$$- \frac{\beta_2 + K_0' + K_0''}{K_0'(\beta_1 - \beta_2)} (M + \beta_1 N) E_2(p_z). \qquad \textbf{(137)}$$

Die Gleichungen für die Temperaturdifferenzen Δ_0 und Δ_1 können entweder auf dem Umwege über die Gl. (98) und (104) erhalten werden oder direkt durch Einsetzen der Lösungen (136') und (137') in die Ausgangsform des Ansatzes. Wir wählen den kürzeren Weg:

$$\Delta_0 = \frac{L_0}{W_{E_0}} \frac{dt_{L_0}}{dz} = \beta_1 A_{01} E_1(p_z) + \beta_2 A_{02} E_2(p_z), \qquad (138)$$

$$\Delta_1 = \frac{L_0}{\varepsilon W_{E_0}} \frac{dt_{L_1}}{dz} = \frac{1}{\varepsilon} (\beta_1 A_{11} E_1(p_z) + \beta_2 A_{12} E_2(p_z)). \qquad (139)$$

Wenn man nachsieht, ob sich dadurch, daß an der Eintrittsstelle außerdem noch die Gleichung $\dfrac{W_{E_0}}{L_0}\,\varDelta_0 = \gamma\,\dfrac{W_{E_1}}{L_1}\,\varDelta_1$ erfüllt ist (Bedingung für einen möglichst günstigen Entwurf), besondere Lösungen ergeben, findet man aus der Gleichung

$$\varepsilon\,\varDelta_1\,(z=0) = \varDelta_0\,(z=0)\,,$$

daß auch das Verschwinden der Diskriminante der charakteristischen Gl. (124) einen Fall bedeutet, in dem der Anstieg beider Temperaturen t_{L_0} und t_{L_1} unmittelbar hinter der Eintrittsstelle mit gleicher Stärke erfolgt. Man kann zunächst durch die Beseitigung aller gemeinsamen Faktoren die Bedingung

$$K_0'\,M = M\,(\beta_1 + \beta_2) + M\,(K_0' + K_0'') + N\,\beta_1\,\beta_2$$

finden, aus der durch Ausrechnen die Forderung

$$G_0 + (t_{L_2} - t_L(0))\,K_0'' = \varepsilon\lfloor G_1 + (t_{L_2} - t_L(0))\,K_1''\rfloor$$

folgt, die man mit Hilfe der Gl. (98) und (104) auch unmittelbar anschreiben kann. Wenn man aber die Division durch $\beta_1 - \beta_2$ auf beiden Seiten nicht ausführt, so besagt die obige Gleichung, daß

$$K_0'\,M\,(\beta_1 - \beta_2) = M\,(\beta_1^2 - \beta_2^2) + [M\,(K_0' + K_0'') + N\,\beta_1\,\beta_2]\,(\beta_1 - \beta_2)$$

sein muß. Das trifft zu für $\beta_1 = \beta_2$.

Theoretisch besteht zwar die Möglichkeit, daß für zufällige Werte der in der Diskriminanten auftretenden Konstanten diese zu Null gebracht wird, aber von praktischer Bedeutung ist diese Feststellung nicht. Es läßt sich nämlich leicht nachweisen, daß in praktischen Fällen die Diskriminante der Gl. (124) nie zu Null zu bringen ist. Damit überhaupt ε-Werte existieren, mit denen das erreicht werden kann, muß die Diskriminante der in ε selbst wieder quadratischen Gleichung

$$[(K_0' + K_0'') + \varepsilon(1 - K_1')]^2 - 4\,\varepsilon[(1 - K_1')\,K_0'' + K_0'\,K_1''] = 0\,.$$

zum mindesten den Wert Null erreichen. Sie lautet

$$\left(\frac{2\,K_0'\,K_1''}{1 - K_1'} + K_0'' - K_0'\right)^2 - (K_0' + K_0'')^2,$$

ihr Wert

$$4\,K_0'\left[-K_0''\left(1 - \frac{K_1''}{1 - K_1'}\right) - K_0'\frac{K_1''}{1 - K_1'}\left(1 - \frac{K_1''}{1 - K_1'}\right)\right]$$

$$= -\left(1 - \frac{K_1''}{1 - K_1'}\right)\left(K_0'' + K_0'\frac{K_1''}{1 - K_1'}\right)4\,K_0'$$

ist aber bei den praktischen Beträgen von K_1' und K_1'' stets kleiner als Null.

Da wir die Grundlagen für eine Durchführung dieses Probeansatzes im Abschnitte 3d durch die Aufstellung der K-Werte für unser Beispiel bereits geschaffen haben, bringt die nunmehr anzuschließende Zahlenrechnung keinen großen Aufenthalt. Als vollständig neuer Wert tritt nur der Faktor ε [Gl. (122)] auf, der nach den Ableitungen des Abschnittes 3e den Grad der „Verstimmung" der Kühlanordnung angibt. Von seinen Komponenten sind die Werte

$$W_{E_0} = 15{,}7 \ \mathrm{W}/^{\circ}\mathrm{C} \ \mathrm{cm} \quad \text{und} \quad W_{E_1} = N\,c\,\lambda_1 = 9{,}82 \ \mathrm{W}/^{\circ}\mathrm{C}\,\mathrm{cm}$$

ohne weiteres zur Hand. Gemäß der auf S. 137 berechneten Verteilung der Kühlluft auf Kernbohrungen und Luftspalt verzweigt sich die spezifische Kühlleistung L wie folgt:

$$L_0 = 0{,}747\,L = 2360 \ \mathrm{W}/^{\circ}\mathrm{C}, \qquad L_1 = 0{,}253\,L = 800 \ \mathrm{W}/^{\circ}\mathrm{C}.$$

Zum ungefähren Wert des Faktors γ führt die folgende Überlegung: Nach der Bilanz auf S. 129 nimmt im Anfange der Kanalstrecke noch die gesamte Zahnwärme den Weg über den Zahnkopf; wir schätzen, daß am Ende der Kanalstrecke die Wärmeübertragung durch den Zahnkopf auf $^2/_3$ dieses Anfangswertes zurückgeht, so daß wir damit rechnen können, daß im Mittel jedes Ankerblech etwa 80 bis 85% der Zahnwärme durch die Zahnköpfe abführt. Die durch den Luftspalt blasende Kühlluft übernimmt also etwa 15,7 kW Statorwärme. Die Rotorwärme beträgt nach Angabe etwa 7,2 kW bei Nennspannung. Da der dieser Berechnung vorgelegte Leerlaufsversuch mit etwa 1,4facher Nennspannung gefahren wurde, werden wir diese Angabe um etwa 50%, auf 11,0 kW erhöhen müssen. Wir dürfen sicher annehmen, daß hiervon der weitaus größte Teil durch den Luftspalt abgeführt wird und kommen unter dieser Annahme auf ein Verhältnis

$$\gamma = \frac{15{,}7 + 11{,}0}{15{,}7} = 1{,}7\,.$$

Damit hat für unser Beispiel der „Verstimmungsfaktor" ε den Wert

$$\varepsilon = 3{,}14\,.$$

Das Ergebnis dieser zahlenmäßigen Durchführung des Probeansatzes stellen wir in der Abb. 13 vor Augen. In Abb. 13a ist in der Art einer Höhenlinienkarte das Temperaturfeld im gesamten Ankereisen aufgezeichnet. Einer peinlicheren Kritik gegenüber sei gleich gesagt, daß wir uns dabei gestattet haben, die Brechung der Isothermen an der durch den Nutengrund und die Zahnwurzel gelegten Fläche, wie sie nach der Rechnung erfolgen sollte, durch eine kleine Abrundung zu verwischen. Sehr deutlich wird in dieser Abbildung der Einfluß der Ausgleichsfelder Θ' und Θ'' herausgestellt. Nach den Voraussetzungen dieses Probeansatzes (S. 138) müßten die Isothermen genau als Äquidistanten verlaufen, wenn die Temperaturen t_{L_0}, t_{L_1} und t_{L_2} einen kongruenten, geradlinigen Anstieg nehmen würden. Da

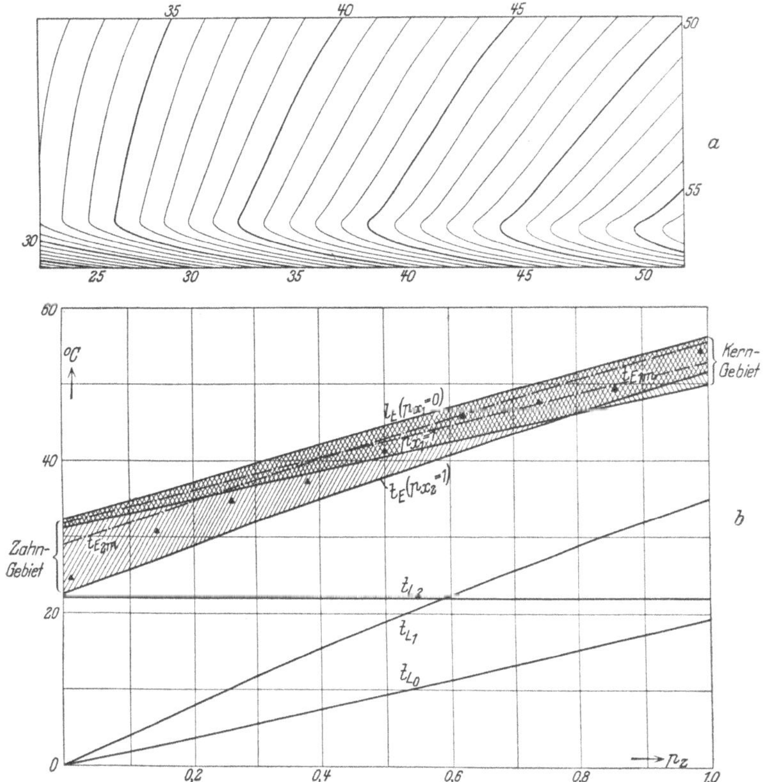

Abb. 13a und b. Ergebnis einer Zahlenrechnung nach dem Probeansatze. Isothermenkarte des Temperaturfeldes im Blechpaket (a) und axialer Verlauf der Eisentemperaturen am Zahnkopf ($p_{x_2} = 1$), an der Zahnwurzel ($p_{x_1} = 0$), der Manteltemperatur ($p_{x_1} = 1$), der Mittelwerte in radialer Richtung im Kerngebiet ($t_{E_1 m}$) und im Zahngebiet ($t_{E_2 m}$) und der Kühlmitteltemperaturen. ▲▲▲ gemessene Temperatur in Zahnmitte.

dies in diesem Beispiel bei weitem nicht der Fall ist, werden sie aus diesem Grundcharakter stärker und stärker verbogen, je mehr es der Austrittsseite zugeht. Im Gefolge dieser Erscheinung tritt zugleich eine in der Durchzugsrichtung des Kühlmittels nach innen fortschreitende Verlagerung der Stelle der höchsten Temperatur im Blech auf. In unserem Beispiel nimmt diese allerdings einen nicht besonders in die Augen fallenden Umfang an, weil infolge des hohen Betrages der Zahnwärme[1] die Kuppe des Temperaturfeldes Θ_2 sehr hoch liegt (Abb. 11), so daß die Stelle des Temperaturmaximums in den Blechen, die der Eintrittsseite zunächst liegen, bereits in das Zahngebiet gedrückt wird. In anderen Fällen kann es vorkommen, daß diese Verlagerung der Höchsttemperatur beinahe die gesamte radiale Breite des Blechpaketquerschnittes bestreicht. Die Abb. 14 zeigt einen solchen Fall, in dem unter anderen wärmewirtschaftlichen Verhältnissen die Stelle des Temperaturmaximums im Kerngebiet eine ungefähr in der Diagonalrichtung nach innen fortschreitende Verlagerung erfährt.

Die Abb. 13 b zeigt den axialen Verlauf der Eisen- und Lufttemperaturen. Aus dieser Abbildung ersieht man an der starken Veränderung, die das Radialprofil des Temperaturberges erfährt, den Einfluß der Ausgleichsfelder; man erkennt hieraus besonders deutlich,

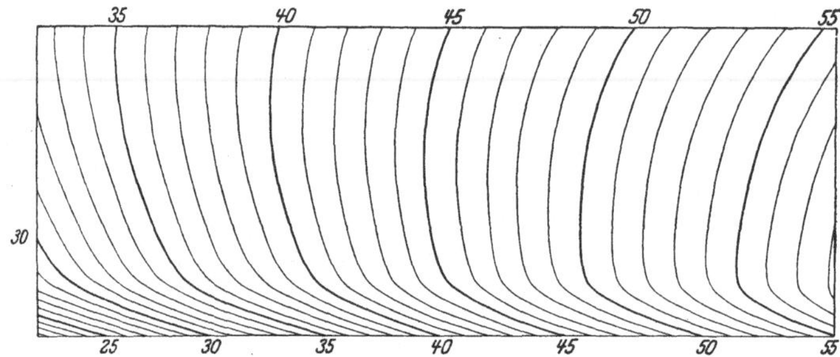

Abb. 14. Isothermenkarte des Temperaturfeldes im Blechpaket unter anderen wärmewirtschaftlichen Bedingungen mit diagonal durch den Paketquerschnitt sich verlagernden Höchsttemperaturen.

wie unvollkommen die „gute" Wärmeleitfähigkeit des Ankerbleches imstande ist, der Ausbildung dieser Ausgleichsfelder entgegenzuwirken und den verschiedenen Temperaturverlauf der Kanalwände auszugleichen, der eine Folge davon ist, daß die sie bestreichende Kühlluft sich längs der Kanalstrecke nicht gleichmäßig erwärmt.

Dem quantitativen Ergebnis der in Abb. 13 vorgeführten Rechnung können wir eine experimentelle Kontrolle zur Seite stellen, die zeigt, daß der hier entwickelte Probeansatz den Temperaturzustand bei Leerlauf der Maschine in hinreichendem Maße erschließt, weil sich die Frage nach der Temperatur des bei Leerlauf tot im Ankereisen liegenden Kupfers erübrigt, da diese auf alle Fälle unterhalb der Kurve der mittleren Zahneisentemperatur verläuft. Die mittlere Zahneisentemperatur ist in der Abb. 13 b strichpunktiert eingetragen (Kurve $t_{E_{2m}}$). Dicht über ihr in beinahe konstantem Abstande von etwa $0{,}8^0$ verläuft die Kurve $t_E\,(p_{x_2} = 0{,}5)$ der Temperatur in Zahn-

---

[1] Es treten sehr hohe Zahnpulsationsverluste auf (siehe die Daten im Anhang).

mitte. Dieselbe Temperatur ist bei dem dieser Rechnung vorgelegten
Versuche an 9 Stellen gemessen worden und in Abb. 13b durch
schwarze Dreiecke markiert. Nach anfänglich stärkerer Abweichung
biegt die experimentelle Kurve etwa in der Mitte der Kanalstrecke
ziemlich genau in die Richtung der berechneten ein und verläuft von
da an in einem mittleren Abstande von etwa 2° unterhalb derselben.
In der der Austrittsseite zugewendeten Maschinenhälfte scheint also
unsere Rechnung die tatsächliche wärmewirtschaftliche Lage auch in
quantitativer Hinsicht recht genau zu beschreiben. Daß in der der
Eintrittsseite zugewandten Maschinenhälfte niedrigere Temperaturen
gemessen wurden als wie berechnet sind, läßt darauf schließen, daß
wir bei unserer Schätzung der Wärmeübergangszahlen den am Ende
der Rohrstrecke herrschenden Zustand ziemlich richtig getroffen
haben, daß zu Anfang der Rohrstrecke aber die Wärmeabgabefähig-
keit der Rohrwandungen durch die noch völlig ungeordnete Luft-
strömung stark heraufgesetzt ist [L 9].

Das Gesamtbild über die Wärmewirtschaft des aktiven Eisenkörpers ergibt sich aus der zahlenmäßigen Bilanz über die Beteiligung
seiner Oberflächen an der Wärmeübertragung. In Prozenten des gesamten Wärmeinhaltes (64,65 kW) ausgedrückt, führen ab:

$$\text{Die Bohrungswände} \dots \dots \quad 45{,}50 \text{ kW} = 70{,}40\%$$
$$\text{Die Zahnköpfe} \dots \dots \dots \quad 16{,}40 \text{ kW} = 25{,}35\%$$
$$\text{Der äußere Ankermantel} \dots \dots \quad 2{,}75 \text{ kW} = 4{,}25\%.$$

Stellt man diese Bilanz von Ort zu Ort auf der ganzen Ankerlänge
auf, so erhält man die Abb. 15. Als sehr
bemerkenswerte Rechenerfahrung, die
sich bei wiederholter Durchrechnung
des Probeansatzes mit jeweils verschiedenen K-Werten und verändertem Verstimmungsfaktor behauptet, stellen wir
daran fest, daß sich die Kernbohrungen
ihren Anteil an der Wärmeübertragung,
im vorliegenden Falle rund 70%, auf
der ganzen Ankerlänge ziemlich unverändert wahren, daß also die mittlere
Temperatur $t_{E_1 m}$ des Kerngebietes in fast
unverändertem Abstande von der Temperatur t_{L_0} der durch die Kernbohrungen
gedrückten Kühlluft verläuft. In diesem

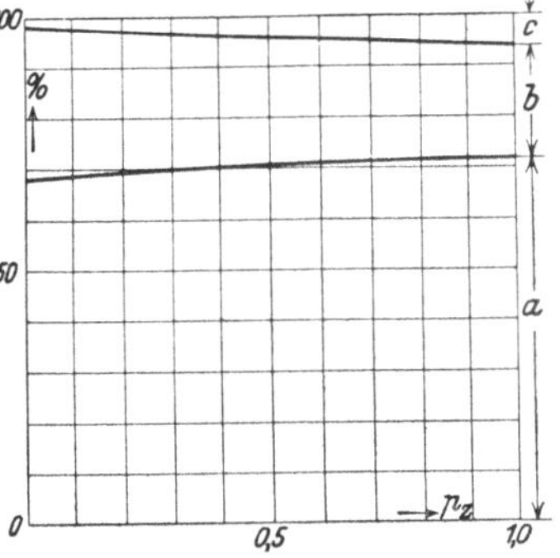

Abb. 15. Die Wärmebilanz der gekühlten
Flächen bei Leerlauf, gesondert nach
den Anteilen der Kernbohrungen (a),
der Zahnköpfe (b) und des äußeren Ankermantels (c).

Punkte verhält sich diese Kühlanordnung also noch beinahe wie eine
abgestimmte Anordnung trotz des hohen Wertes von ε.

Wir haben den vorstehenden Probeansatz durchgeführt mit dem besonderen Ziele, den auf die Frage nach den Temperaturverhältnissen und der Wärmewirtschaft des Ankerkupfers ausgedehnten Ansatz für den axialen Verlauf der Temperaturen im wichtigsten Falle der stationär belasteten Maschine einfacher zu gestalten, als wie er sich auf der Grundlage der Ergebnisse der Voruntersuchungen in der Form der Gl. (98), (99), (104) und (105) ergibt. Im Falle der abgestimmten Anordnung liegt diese Vereinfachung auf der Hand: Der Kühlmittelstrom nimmt in allen seinen Zweigen denselben Verlauf, und das Radialprofil des Temperaturberges im Eisen ist praktisch nur der einen Veränderung unterworfen, daß seine Basis mit der Erwärmung des Kühlmittelstromes Schritt halten muß. Mit dem Bekanntwerden des axialen Verlaufes der Temperatur t_E an einer Stelle $p_x = \text{const}$ ist deshalb die Temperatur an jeder Stelle des Paketquerschnittes erschlossen.

In einer stark verstimmten Anordnung dagegen ist dieses Verhalten der einzelnen Zweige des Kühlmittelstromes und die relative Unveränderlichkeit des radialen Verlaufes der Temperatur im Ankerblech nicht mehr gewahrt. Eine Möglichkeit, die starke Erschwerung zu vermeiden, die das Zurückgreifen auf die Gl. (98), (99), (104) und (105) mit sich brächte, scheint sich aber auch hier durch die obige Rechenerfahrung zu eröffnen, wonach die Temperatur $\Theta_{E_1 m} = \Delta_0$ in ziemlich unverändertem Abstande von der Temperatur t_{L_0} des Hauptzweiges des Luftstromes bleibt und das von Blech zu Blech verschiedene radiale Gepräge des Wärmetransportes sich im wesentlichen als ein Austausch zwischen den Zahnköpfen und dem äußeren Ankermantel darstellt. Man wird also in den Ansatz nur denjenigen Teil der aus dem Blech abzuführenden Wärme einführen, der die Temperatur $\Delta_0 = \Theta_{E_1 m}$ bestimmt. Die Ungenauigkeit setzt dann aber ein bei der Einführung der Temperatur $\Theta_{E_2 m}$, die bei einer stark verstimmten Anordnung nicht mehr in ein konstantes Verhältnis zur Temperatur $\Theta_{E_1 m}$ zu bringen ist (Abb. 13 b). Wenn es im Interesse der Einfachheit des Ansatzes aber doch geschieht, daß die mittlere Temperatur $\Theta_{E_2 m}$ in ein konstantes Verhältnis zur mittleren Temperatur $\Theta_{E_1 m}$ gesetzt wird, so muß man sich darüber klar werden, daß diese Ungenauigkeit zurückwirkt auf den Verlauf der Temperatur des Ankerkupfers. Um diese Rückwirkung abschätzen zu können, wird sich in diesen Fällen immer die vollständige Lösung des vorstehenden Probeansatzes bis zum Ergebnis der Abb. 13 b erforderlich machen, während im Falle einer abgestimmten Anordnung die vorbereitenden Rechnungen nur bis zur Ermittlung des radialen Temperaturverlaufes im Blech (Abb. 11) durchgeführt zu werden brauchen.

II. Der Ansatz für das betriebsmäßige Temperaturverhalten des Ständers einschließlich der Wicklung.

1. Das System simultaner Differentialgleichungen für das Gebiet II.

a) Seine Aufstellung und Begründung. Nach den vorbereitenden Untersuchungen des ersten Teiles sind die radialen, von Ort zu Ort veränderlichen Wärmeverschiebungen im Blech, die sich als Überlagerungserscheinungen bei sehr verstimmter Anordnung kennzeichnen, durch die Beobachtung einiger konstruktiver Forderungen, welche durchaus im Sinne einer guten Wirkungsweise der Anlage liegen, soweit reduzierbar, daß ein Ansatz für die Berechnung der gesamten Wärmewirtschaft des Ständers, der namentlich auch auf die Ermittlung der Wicklungstemperatur abhebt, lediglich noch das axiale Gepräge des Wärmetransportes im Maschineninnern im Auge zu behalten braucht. Dadurch ist ihm der große Vorteil der Einaxigkeit gesichert, d. h. der Abhängigkeit aller Erscheinungen von nur einer Koordinate.

Es sei also vorausgesetzt, daß eine Anordnung zu berechnen ist, die unter Beobachtung der unter I. 3e abgeleiteten konstruktiven Forderungen entworfen wurde. Im wesentlichen treten dann im Ansatz für das betriebsmäßige Temperaturverhalten des Ständers drei Veränderliche auf:

Eine Temperatur t_L des Kühlmittelstromes, da dieser auf allen Parallelwegen angenähert gleiches Verhalten zeigt,

die Temperatur t_K im Leiterstab und

eine Eisentemperatur t_E.

Da bei nur einigermaßen erreichter thermodynamischer Anpassung der Parallelwege des Luftstromes untereinander das Bild des radialen Temperaturverlaufes im Blech einen von seiner Lage im Eisenkörper wenig abhängigen Charakter zeigt, wenn man es mit der örtlichen Temperatur des Kühlmittels als Basis aufträgt, können wir eine vorkommende Eisentemperatur als Bezugstemperatur wählen und die übrigen zu ihr ins Verhältnis setzen. Als Bezugstemperatur t_E nehmen wir die mittlere Temperatur des Eisens im Kerngebiet, deren Gefälle in axialer Richtung im wesentlichen maßgebend ist für die axiale Wärmebewegung im Eisenkörper. Denn auch diese müssen wir nun in Betracht ziehen, besonders in Fällen, in denen, wie in unserem Berechnungsbeispiel, der kalorische Effekt der Wirbelströme in den Stirnplatten stärker in Erscheinung tritt[1].

---

[1] Das ist in unserem Beispiel der Fall, wie der experimentelle Befund beim Kurzschlußversuch zeigt (Abb. 23 S. 172).

Die Beziehungen zwischen diesen drei Temperaturen nehmen ihren Ausgang von einem System dreier simultaner Differentialgleichungen, an dessen Aufstellung an Hand der Abb. 16 wir uns nun begeben wollen. Die erste dieser Gleichungen gilt den Wärmeaustauschbeziehungen des Stabelementes mit seiner Umgebung. Wir betrachten das Volumelement eines Stabes zwischen zwei Ebenen im Abstande dz (Abb. 16). Nach dem Divergenzgesetz gilt die Gleichung

$$w_K f_K - \left(w_K + \frac{\partial w_K}{\partial z} dz\right) f_K - w\,u\,dz + q_K f_K\,dz = 0\,.$$

Es bedeuten darin f_K den Kupferquerschnitt des Stabes, u den ideellen Stabumfang (siehe S. 113). Die Funktion w_K bezeichnet die Intensität des Wärmeflusses durch den Stabquerschnitt an der Stelle z, w hat dieselbe Bedeutung für den Wärmefluß aus der Stabhülse. Wir müßten wohl an dieser Stelle auf die Eigenschaften dieser Funktionen als Mittelwerte genauer eingehen; aber der allgemeine Gebrauch rechtfertigt es, daß wir beim Leser die Vertrautheit mit obiger Näherungsgleichung voraussetzen. q_K bedeutet die Ergiebigkeit der Wärmequellen im betrachteten Volumelement, die durch ihre Temperaturabhängigkeit selbst eine Funktion des axialen Temperaturverlaufes ist. Wir wollen mit ihrer Definition gleich beginnen. Wir führen q_K ein in der Gestalt

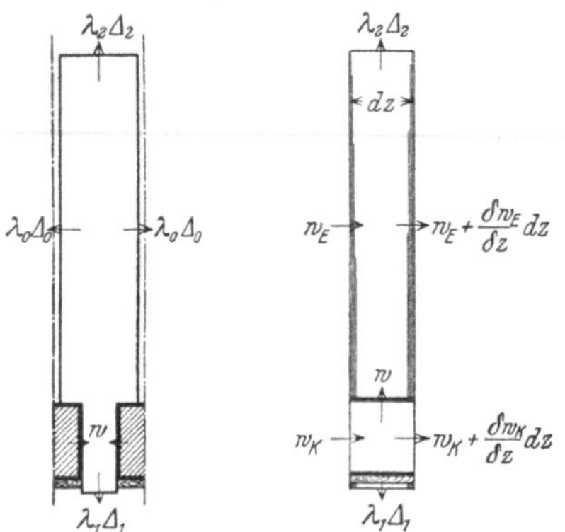

Abb. 16. Zur Aufstellung des Ansatzes für die gesamte Wärmewirtschaft des Ständers.

$$q_K = q_{K_0}(1 + \alpha t_K)\,, \tag{140}$$

worin q_{K_0} den Wert bei der für die Temperaturen als Basis gewählten Temperatur und α den Temperaturkoeffizienten für Kupfer bedeuten. w_K ist nach dem Gesetze für die Wärmeleitung in festen Stoffen, mit k_K als Wärmeleitfähigkeit für Kupfer, proportional dem Gefälle der Kupfertemperatur in Richtung der Stabachse:

$$w_K = - k_K \frac{d t_K}{dz}\,, \tag{141}$$

und w nach dem Gesetze für den Wärmedurchgang durch eine dünne Schicht gleich

$$w = \lambda\,(t_K - t_{E_z})\,, \tag{142}$$

t_{E_z} ist die mittlere Temperatur des die Hülse umschließenden Eisens (mittlere Zahneisentemperatur). λ definiert man gewöhnlich mit Hilfe der Wärmeleitfähigkeit k_i der Stabhülse und ihrer Stärke δ nach der Gleichung

$$\lambda = \frac{k_i}{\delta} \qquad (142\,\text{a})$$

und nimmt für k_i, auf das Experiment gestützt, einen entsprechend geringen Wert, um die Wirkung des undichten Anliegens an den Wänden der Nut zu berücksichtigen [L 10]. Bei der Einführung der Temperatur t_{E_z} machen wir von den Ergebnissen der Voruntersuchungen in der oben angeführten Weise zum ersten Male Gebrauch. Danach können wir bei einigermaßen abgestimmter Anordnung die Temperatur t_{E_z} (mittlere Temperatur des Eisens im Zahngebiet) gut ins Verhältnis setzen zur mittleren Temperatur t_E des Eisens im Kerngebiet, auf deren Berechnung wir abzielen. Sie erheben sich beide so über die (mittlere) Temperatur t_L des Luftstromes, daß das Verhältnis

$$\zeta_m = \frac{t_{E_z} - t_L}{t_E - t_L}$$

auf der ganzen Ankerlänge nur geringe Schwankungen aufweist. Lösen wir nach t_{E_z} auf, so erhalten wir

$$t_{E_z} = \zeta_m t_E + (1 - \zeta_m)\, t_L \,. \qquad (143)$$

Führen wir die Funktionen, Gl. (140) bis (143) in die Ausgangsgleichung ein und multiplizieren sie zugleich mit der Zahl N der Nuten, so gewinnt die erste Differentialgleichung die Form

$$\Lambda_K \frac{d^2 t_K}{dz^2} - W_K [t_K - \zeta_m t_E - (1 - \zeta_m)\, t_L] + Q_{K_{0_1}} (1 + \alpha\, t_K) = 0 \,.$$

Darin haben wir die folgenden Produkte zu Konstanten zusammengefaßt

$$N f_K k_K = \Lambda_K \,, \qquad (144)$$

$$N u \lambda = W_K \,, \qquad (145)$$

$$N f_K q_{K_0} = Q_{K_{0_1}} \,. \qquad (146)$$

Wir dürfen uns auf unsere Rechenerfahrung berufen, wenn wir behaupten, daß diese Konstanten in geeigneter begrifflicher Interpretierung die Anschauung über die Vorgänge sehr wesentlich zu unterstützen vermögen. Wir definieren vielleicht am zweckmäßigsten Λ_K als den „spezifischen axialen Wärmestrom" im Ankerkupfer, d. h. als diejenige Wärmemenge, die unter der Wirkung des Temperaturgefälles von 1^0 C je Längeneinheit in der Richtung der Stabachse in Bewegung kommt. In entsprechender Weise heiße W_K der „spezifische radiale Wärmestrom" aus dem Ankerkupfer. $Q_{K_{0_1}}$ ist die auf die Längeneinheit ausgerechnete Kupferwärme bei der als Basis gewählten Temperatur.

Die zweite Gleichung des Simultansystems wird erhalten durch die Aufstellung der analogen Bilanz am plattenförmigen Element des Eisenkörpers. Sie lautet, wie an der Abb. 16 ablesbar ist:

$$w_E f_E - \left(w_E + \frac{\partial w_E}{\partial z}\,dz\right) f_E + N\,w\,u\,dz$$

$$+ Q_{E_1}\,dz - (W_{E_1}\,\varDelta_1 + W_{E_2}\,\varDelta_2 + W_{E_0}\,\varDelta_0)\,dz = 0\,.$$

f_E ist die dem axialen Wärmefluß im Eisen gebotene Fläche. Die Möglichkeit, diesen Wärmefluß durch das Gefälle der mittleren Eisentemperatur im Kerngebiet einigermaßen richtig zu definieren, besteht um so mehr, je flacher der radiale Temperaturverlauf ist und je unveränderter sich auf der ganzen Ankerlänge das Bild des radialen Temperaturverlaufes erhält. Wie das Ergebnis der Voruntersuchungen zeigt, kann man mit der einigermaßen abgestimmten Anordnung beide Kriterien ziemlich gut verwirklichen, so daß Gewähr dafür vorhanden ist, daß wir uns mit der Definition

$$w_E\,f_E = -\,f_E\,k_E\,\frac{dt_E}{dz} = -\,\varLambda_E\,\frac{dt_E}{dz} \tag{147}$$

nicht allzuweit von der Wirklichkeit entfernen. Die Funktion

$$W_{E_1}\,\varDelta_1 + W_{E_2}\,\varDelta_2 + W_{E_0}\,\varDelta_0$$

kann auf Grund der Ergebnisse des Probeansatzes eine ganz wesentliche Vereinfachung erfahren. Danach besteht zwischen den Anteilen $W_{E_1}\,\varDelta_1 + W_{E_2}\,\varDelta_2$ der Zahnköpfe und des äußeren Ankermantels einerseits und $W_{E_0}\,\varDelta_0$ der Kernbohrungen andererseits an der Wärmeübertragung ein auf der ganzen Ankerlänge fast unveränderliches Verhältnis

$$\frac{W_{E_2}\,\varDelta_2 + W_{E_1}\,\varDelta_1}{W_{E_0}\,\varDelta_0} = \zeta\,.$$

Es ist also mit großer Näherung

$$W_{E_1}\,\varDelta_1 + W_{E_2}\,\varDelta_2 + W_{E_0}\,\varDelta_0 = W_{E_0}\,(1 + \zeta)\,\varDelta_0\,,$$

oder mit

$$\varDelta_0 = t_E - t_L$$

und

$$W_{E_0}\,(1 + \zeta) = W_E\,, \tag{148}$$

$$W_{E_1}\,\varDelta_1 + W_{E_2}\,\varDelta_2 + W_{E_0}\,\varDelta_0 = W_E\,(t_E - t_L)\,. \tag{149}$$

Wir können also die zweite Differentialgleichung ebenfalls als Näherungsgleichung in der Form

$$\Lambda_E \frac{d^2 t_E}{dz^2} + W_K\left[t_K - \zeta_m t_E - (1 - \zeta_m) t_L\right] - W_E (t_E - t_L) + Q_{E_1} = 0$$

schreiben. Durch die Einführung der Konstanten

$$k_E f_E = \Lambda_E \tag{150}$$

und

$$W_{E_0}(1 + \zeta) = W_E \tag{148}$$

machen wir in ähnlicher Weise wie vorhin Gebrauch von den beiden anschaulichen Begriffen des „spezifischen axialen Wärmestromes" im Eisenkörper und des „spezifischen radialen Wärmestromes" aus dem Eisenkörper. Q_{E_1} ist die auf die Längeneinheit des Ankers ausgerechnete Eisenwärme.

Die dritte Differentialgleichung endlich beschreibt das Temperaturverhalten des Kühlmittelstromes:

$$t_E - t_L = \frac{L}{W_E} \frac{dt_L}{dz}.$$

Darin erkennen wir die Konstante L von den Untersuchungen des ersten Teiles her bereits als die „spezifische Kühlleistung" des Kühlmittels.

In geordneter Zusammenstellung lautet das zur Lösung aufgegebene System simultaner Differentialgleichungen also folgendermaßen:

$$\frac{\Lambda_K}{W_K} \frac{d^2 t_K}{dz^2} - \left(1 - \frac{\alpha\, Q_{K_{0_1}}}{W_K}\right) t_K + \zeta_m t_E + (1 - \zeta_m)\, t_L + \frac{Q_{K_{0_1}}}{W_K} = 0\,, \tag{151}$$

$$\frac{\Lambda_E}{W_E} \frac{d^2 t_E}{dz^2} - \left(1 + \zeta_m \frac{W_K}{W_E}\right) t_E + \frac{W_K}{W_E} t_K$$

$$- \left[(1 - \zeta_m) \frac{W_K}{W_E} - 1\right] t_L + \frac{Q_{E_1}}{W_E} = 0\,, \tag{152}$$

$$\frac{dt_L}{dz} + \frac{W_E}{L} t_L - \frac{W_E}{L} t_E = 0\,. \tag{153}$$

b) Seine allgemeine Lösung. Aus dem Gleichungssystem (151), (152) und (153) wird durch Einführung von

$$t'_K = t_K + \frac{1}{\alpha}\left(\frac{Q_{E_1}}{Q_{K_{0_1}}} + 1\right), \tag{154'}$$

$$t'_E = t_E + \frac{1}{\alpha}\left(\frac{W_K - \alpha\, Q_{K_{0_1}}}{W_K} \frac{Q_{E_1}}{Q_{K_{0_1}}} + 1\right), \tag{155'}$$

$$t'_L = t_L + \frac{1}{\alpha}\left(\frac{W_K - \alpha\, Q_{K_{0_1}}}{W_K} \frac{Q_{E_1}}{Q_{K_{0_1}}} + 1\right), \tag{156'}$$

das homogene System

$$\frac{\Lambda_K}{W_K}\frac{d^2 t'_K}{dz^2} - \left(1 - \frac{\alpha\, Q_{K0_1}}{W_K}\right) t'_K + \zeta_m\, t'_E + (1 - \zeta_m)\, t'_L = 0\,, \qquad (151')$$

$$\frac{\Lambda_E}{W_E}\frac{d^2 t'_E}{dz^2} - \left(1 + \zeta_m\frac{W_K}{W_E}\right) t'_E + \frac{W_K}{W_E}\, t'_K - \left[(1 - \zeta_m)\frac{W_K}{W_E} - 1\right] t'_L = 0\,, \qquad (152')$$

$$\frac{d t'_L}{dz} + \frac{W_E}{L}\, t'_L - \frac{W_E}{L}\, t'_E = 0 \qquad\qquad (153')$$

erhalten. Es ist im vorliegenden Falle nicht erforderlich, daß man zu seiner Lösung den Eliminationsweg ausführlich geht. Sein Ergebnis kann schon aus einem kurzen Plan ersehen werden. Führt man die aus Gl. (153') zu erhaltenen Funktionen

$$t'_E = \frac{L}{W_E}\frac{d t'_L}{dz} + t'_L$$

und

$$\frac{d^2 t'_E}{dz^2} = \frac{L}{W_E}\frac{d^3 t'_L}{dz^3} + \frac{d^2 t'_L}{dz^2}$$

in die Gl. (151') und (152') ein, so erhält man die beiden simultanen Differentialgleichungen

$$f_1\left(\frac{d^2 t'_K}{dz^2},\ t'_K,\ \frac{d t'_L}{dz},\ t'_L\right) = 0\,,$$

$$f_2\left(t'_K,\ \frac{d^3 t'_L}{dz^3},\ \frac{d^2 t'_L}{dz^2},\ \frac{d t'_L}{dz},\ t'_L\right) = 0\,.$$

Die weitere Entwicklung nach einer Gleichung, die z. B. nur t'_K und Ableitungen von t'_K enthält, führte auf dem Eliminationswege zu einer homogenen Differentialgleichung 5. Ordnung von der Form

$$f\left(\frac{d^5 t'_K}{dz^5},\ \frac{d^4 t'_K}{dz^4},\ \frac{d^3 t'_K}{dz^3},\ \frac{d^2 t'_K}{dz^2},\ \frac{d t'_K}{dz},\ t'_K\right) = 0\,.$$

Deren allgemeines Integral hat die Gestalt

$$t'_K = \sum_{\varkappa=1}^{5} A_\varkappa\, e^{r_\varkappa z}\,, \qquad\qquad (154'')$$

und dieselbe Form

$$t'_E = \sum_{\varkappa=1}^{5} B_\varkappa\, e^{r_\varkappa z}\,, \qquad\qquad (155'')$$

$$t'_L = \sum_{\varkappa=1}^{5} C_\varkappa\, e^{r_\varkappa z} \qquad\qquad (156'')$$

haben, dem linearen Charakter des Systems entsprechend, die allgemeinen Lösungen für t'_E und t'_L.

Die „charakteristische" Gleichung, deren Wurzeln $r_\varkappa$ in diese Lösungen eingehen, sowie die konstanten Verhältnisse zwischen den Koeffizienten $A_\varkappa$, $B_\varkappa$ und $C_\varkappa$ sind auf dem folgenden Wege zu ermitteln: Nach einfachen Überlegungen über den Aufbau der allgemeinen Lösungen müssen die partikulären Integrale

$$t'_{Kp} = A\,e^{rz},$$

$$t'_{Ep} = B\,e^{rz},$$

$$t'_{Lp} = C\,e^{rz},$$

in das Simultansystem eingesetzt, die Gesamtlösung in jeder Weise vertreten können. Wir führen obige Partikulärlösungen also in die Gl. (151'), (152') und (153') ein und erhalten

$$\left[\frac{A_K}{W_K}r^2 - \left(1 - \frac{\alpha Q_{K_{0_1}}}{W_K}\right)\right]A + \zeta_m B + (1 - \zeta_m)\,C = 0\,, \quad (151'')$$

$$\left[\frac{A_E}{W_E}r^2 - \left(1 + \zeta_m \frac{W_K}{W_E}\right)\right]B + \frac{W_K}{W_E}A - \left[(1 - \zeta_m)\frac{W_K}{W_E} - 1\right]C = 0,\ (152'')$$

$$\left(\frac{L}{W_E}r + 1\right)C - B = 0\,. \tag{153''}$$

Dieses lineare Gleichungssystem ist für beliebige Werte von A, B und C erfüllt, wenn seine Determinante

$$\begin{vmatrix} \dfrac{A_K}{W_K}r^2 - \left(1 - \dfrac{\alpha Q_{K_{0_1}}}{W_K}\right), & \zeta_m, & 1 - \zeta_m \\[2ex] \dfrac{W_K}{W_E}, & \dfrac{A_E}{W_E}r^2 - \left(1 + \zeta_m \dfrac{W_K}{W_E}\right), & -\left[(1 - \zeta_m)\dfrac{W_K}{W_E} - 1\right] \\[2ex] 0, & -1, & \dfrac{L}{W_E}r + 1 \end{vmatrix}$$

verschwindet. Diese Bedingung führt zu der „charakteristischen" Gleichung

$$A_K A_E\left(r^5 + \frac{W_E}{L}r^4\right) - [W_K(A_E + \zeta_m A_K) - \alpha Q_{K_{0_1}}A_E + W_E A_K]\,r^3$$

$$- [W_K(A_E + A_K) - \alpha Q_{K_{0_1}}A_E]\frac{W_E}{L}r^2 + [W_K W_E - \alpha Q_{K_{0_1}}(W_E + \zeta_m W_K)]\,r$$

$$- \alpha Q_{K_{0_1}}W_K\frac{W_E}{L} = 0\,. \tag{157}$$

Weiter entnehmen wir dem Gleichungssystem (151'') bis (153''), daß zwischen den Koeffizienten $A_\varkappa$, $B_\varkappa$ und $C_\varkappa$ die folgenden Verhältnisse bestehen:

$$B_\varkappa = C_\varkappa\,\beta_\varkappa = C_\varkappa\left(\frac{L}{W_E}\,r_\varkappa + 1\right), \tag{158}$$

$$A_\varkappa = -\,C_\varkappa\,\alpha_\varkappa = -\,C_\varkappa\,\frac{1 + \zeta_m\,\dfrac{L}{W_E}\,r_\varkappa}{\dfrac{\Lambda_K}{W_K}\,r_\varkappa^2 - \dfrac{W_K - \alpha\,Q_{K_{0_1}}}{W_K}}. \tag{159}$$

Die vollständige Lösung des durch die Gl. (151), (152) und (153) vorgelegten Simultansystems, mit der wir in die Randwertaufgabe einzutreten haben, lautet also

$$t_K = \sum_{\varkappa=1}^{5} A_\varkappa\,e^{r_\varkappa z} + A_6, \tag{154}$$

$$t_E = \sum_{\varkappa=1}^{5} B_\varkappa\,e^{r_\varkappa z} + B_6, \tag{155}$$

$$t_L = \sum_{\varkappa=1}^{5} C_\varkappa\,e^{r_\varkappa z} + C_6 \tag{156}$$

mit

$$A_6 = -\,\frac{1}{\alpha}\left(\frac{Q_{E_1}}{Q_{K_{0_1}}} + 1\right), \tag{160}$$

$$B_6 = C_6 = -\,\frac{1}{\alpha}\left(\frac{W_K - \alpha\,Q_{K_{0_1}}}{W_K}\,\frac{Q_{E_1}}{Q_{K_{0_1}}} + 1\right). \tag{161}$$

c) Die sehr instruktive Lösung für $a = 0$. Wir möchten bis zu diesem Punkte eine zweite, sehr instruktive Lösung unseres Simultansystems fördern, die für den Fall erhalten wird, daß man die Temperaturabhängigkeit der Wärmequellen im Ankerkupfer vernachlässigt. Für den Fall $\alpha = 0$ hat die charakteristische Gl. (157) eine Wurzel $r = 0$. Wir schließen daher auf die Lösungen

$$t_K = t'_K + A_5 z + A_6, \tag{162'}$$

$$t_E = t'_E + B_5 z + B_6, \tag{163'}$$

$$t_L = t'_L + C_5 z + C_6. \tag{164'}$$

Darin bedeuten t'_K, t'_E und t'_L wieder die Lösungen des entsprechenden homogenen Systems, die in diesem Falle von der Form

$$t'_K = \sum_{\varkappa=1}^{4} A_\varkappa\,e^{r_\varkappa z}, \tag{162''}$$

$$t'_E = \sum_{\varkappa=1}^{4} B_\varkappa \, e^{r \varkappa z}, \qquad\qquad (163'')$$

$$t'_L = \sum_{\varkappa=1}^{4} C_\varkappa \, e^{r \varkappa z} \qquad\qquad (164'')$$

sind. Wir können sehr rasch zum Ziele kommen, wenn wir die partikulären Lösungen

$$t_{Kp} = A \, e^{r z} + A_5 z + A_6 \, ,$$

$$t_{Ep} = B \, e^{r z} + B_5 z + B_6 \, ,$$

$$t_{Lp} = C \, e^{r z} + C_5 z + C_6$$

in die Gl. (151) bis (153) einsetzen:

$$\left[\left(\frac{\Lambda_K}{W_K} r^2 - 1 \right) A + \zeta_m B + (1 - \zeta_m) C \right] e^{r z} - \left[A_5 - \zeta_m B_5 - (1 - \zeta_m) C_5 \right] z$$

$$- A_6 + \zeta_m B_6 + (1 - \zeta_m) C_6 + \frac{Q_{K_1}}{W_K} = 0 \, ,$$

$$\left\{ \left[\frac{\Lambda_E}{W_E} r^2 - \left(1 + \zeta_m \frac{W_K}{W_E} \right) \right] B + \frac{W_K}{W_E} A - \left[(1 - \zeta_m) \frac{W_K}{W_E} - 1 \right] C \right\} e^{r z}$$

$$- \left\{ \left(1 + \zeta_m \frac{W_K}{W_E} \right) B_5 - \frac{W_K}{W_E} A_5 + \left[(1 - \zeta_m) \frac{W_K}{W_E} - 1 \right] C_5 \right\} z$$

$$- \left(1 + \zeta_m \frac{W_K}{W_E} \right) B_6 + \frac{W_K}{W_E} A_6 - \left[(1 - \zeta_m) \frac{W_K}{W_E} - 1 \right] C_6 + \frac{Q_{E_1}}{W_E} = 0 \, ,$$

$$\left[\left(\frac{L}{W_E} r + 1 \right) C - B \right] e^{r z} + (C_5 - B_5) z + \frac{L}{W_E} C_5 + C_6 - B_6 = 0 \, .$$

Aus den Teilsystemen, in welche dieses Gleichungssystem zerfallen muß, erhalten wir die Beziehungen

$$B_6 = C_6 + \frac{Q_{E_1} + Q_{K_1}}{W_E} = C_6 + \frac{Q_1}{W_E} \, , \qquad\qquad (165)$$

$$A_6 = C_6 + \zeta_m \frac{Q_1}{W_E} + \frac{Q_{K_1}}{W_K} \, , \qquad\qquad (166)$$

$$C_5 = B_5 = A_5 = \frac{Q_1}{L} \, . \qquad\qquad (167)$$

Aus der Gl. (157) ist die charakteristische Gleichung 4. Grades für diesen Fall durch Nullsetzen von α direkt abzuleiten:

$$\Lambda_E \Lambda_K \left(r^4 + \frac{W_E}{L} r^3 \right) - \left[W_K (\Lambda_E + \zeta_m \Lambda_K) + W_E \Lambda_K \right] r^2$$

$$- W_K (\Lambda_E + \Lambda_K) \frac{W_E}{L} r + W_K W_E = 0 \, . \qquad\qquad (168)$$

Ebenso aus den Gl. (158) und (159) die Verhältnisse der Konstanten $A_\varkappa$, $B_\varkappa$ und $C_\varkappa$:

$$B_\varkappa = C_\varkappa\,\beta_\varkappa = C_\varkappa \left(\frac{L}{W_E}\,r_\varkappa + 1\right), \tag{169}$$

$$A_\varkappa = -\,C_\varkappa\,\alpha_\varkappa = -\,C_\varkappa \frac{\zeta_m \dfrac{L}{W_E}\,r_\varkappa + 1}{\dfrac{\varLambda_K}{W_K}\,r_\varkappa^2 - 1} \tag{170}$$

Die Lösungen sind also von der Form

$$t_K = \sum_{\varkappa=1}^{4} A_\varkappa\,e^{r_\varkappa z} + \frac{Q_1}{L}\,z + \zeta_m \frac{Q_1}{W_E} + \frac{Q_{K_1}}{W_K} + C_6, \tag{162}$$

$$t_E = \sum_{\varkappa=1}^{4} B_\varkappa\,e^{r_\varkappa z} + \frac{Q_1}{L}\,z + \frac{Q_1}{W_E} + C_6, \tag{163}$$

$$t_L = \sum_{\varkappa=1}^{4} C_\varkappa\,e^{r_\varkappa z} + \frac{Q_1}{L}\,z + C_6, \tag{164}$$

die sehr einleuchtet, da sie in ihrem Grundcharakter auch rein äußerlich der physikalischen Anschauung entspricht, nach der wir den wesentlichen Aufbau des Temperaturfeldes ohne großen mathematischen Aufwand vollziehen würden.

2. Der Ansatz für die Anschlußgebiete I und III.

Die wieder durch die Anwendung des Divergenzgesetzes auf das Volumelement eines Stabes gewonnene Differentialgleichung der Anschlußgebiete I und III (Gebiete der Wicklungsköpfe) hat, unseren im vorbereitenden Teile auf S. 112 getroffenen Voraussetzungen zufolge, die auch bei anderen Verfassern [L 4 S. 336 Gl. (488); L 11] zu findende Gestalt

$$w_K\,f_K - \left(w_K + \frac{\partial w_K}{\partial z}\,d z\right) f_K - w\,u\,dz + q_K\,f_K\,dz = 0.$$

Für die Funktion

$$w = \lambda\,(t_K - t_L), \tag{171}$$

wenn t_L hier die konstante Umspülungstemperatur bedeutet, haben wir λ in der an den erwähnten Orten ebenfalls gezeigten Weise durch Elimination der Oberflächentemperatur t_0 der Stabhülse aus zwei Gleichungen

$$w = \frac{k_i}{\delta}\,(t_K - t_0) = \alpha_H\,(t_0 - t_L)$$

auszudrücken und erhalten

$$\lambda = \frac{\alpha_H}{1 + \frac{\alpha_H \delta}{k_i}},\qquad (171\,\text{a})$$

worin α_H die mittlere Wärmeübergangszahl der Hülsenoberfläche bedeutet. In den bereits definierten systematischen Konstanten angeschrieben, lautet also die Differentialgleichung für die Gebiete I und III:

$$\frac{d^2 t_K}{dz^2} - \frac{W_K - \alpha Q_{K0_1}}{\Lambda_K}\, t_K + \frac{Q_{K0_1} + W_K t_L}{\Lambda_K} = 0\,. \qquad (172)$$

Ihre Lösung ist bei Vorwegnahme der Bedingung, daß die Temperatur symmetrisch zur Wickelkopfmitte ($z = 0$) verläuft, die Funktion

$$t_K = D\,\mathfrak{Cof}\,a z + \frac{b}{a^2}, \qquad (173)$$

mit

$$a^2 = \frac{W_K - \alpha Q_{K0_1}}{\Lambda_K}, \qquad (174)$$

$$b = \frac{Q_{K0_1} + W_K t_L}{\Lambda_K}. \qquad (175)$$

3. Die Randwertaufgabe.

Um die Aufstellung der Randwertgleichungen besser übersehen zu können, haben wir das für den Ansatz in Abb. 6 zurechtgelegte Schema der Anordnung mit einigen, die Randwertaufgabe betreffenden Zutaten in der Abb. 17 wiederholt. Wir erhalten zwei Gruppen von je vier Gleichungen entsprechend acht zu bestimmenden Unbekannten: Vier Gleichungen, die den Zusammenschluß der Gebiete I und II zu vollziehen haben, und vier Gleichungen für den Anschluß des Gebietes III an das Gebiet II. Wir werden von nun an die systematischen Konstanten in den Fällen, wo sich

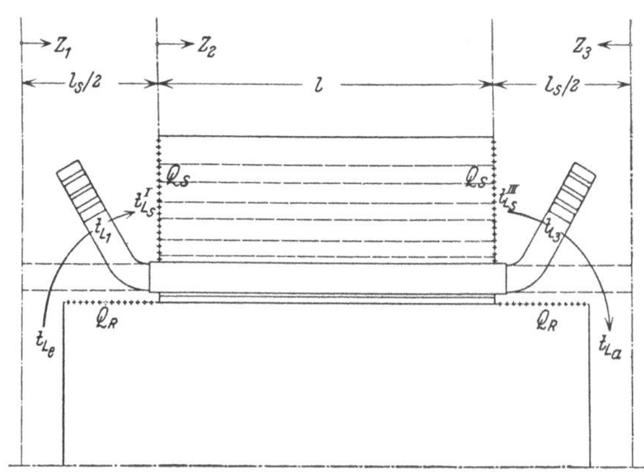

Abb. 17. Zur Aufstellung der Randwertgleichungen.

ihre Werte in den einzelnen Gebieten unterscheiden, durch die tiefgestellten Indizes 1, 2, 3, in einigen Fällen auch durch die hochgestellten Indizes I, II, III unterscheiden.

Für die Temperatur t_K an den Stellen, wo der Stab den Eisenkörper verläßt, gelten die Bedingungen

$$t_{K_1}\left(\frac{l_s}{2}\right) = t_{K_2}(0)\,, \qquad\qquad t_{K_3}\left(\frac{l_s}{2}\right) = t_{K_2}(l)\,,$$

$$\frac{dt_{K_1}}{dz_1}\left(\frac{l_s}{2}\right) = \frac{dt_{K_2}}{dz_2}(0)\,, \qquad -\frac{dt_{K_3}}{dz_3}\left(\frac{l_s}{2}\right) = \frac{dt_{K_2}}{dz_2}(l)\,,$$

in ausführlicher Form nach den Gl. (154) und (173) angeschrieben:

$$\left.\begin{aligned}
D_1 \operatorname{\mathfrak{Cof}}\frac{a_1 l_s}{2} + \frac{b_1}{a_1^2} &= \sum_{\varkappa=1}^{5} A_\varkappa + A_6\,, \\[1ex]
a_1 D_1 \operatorname{\mathfrak{Sin}}\frac{a_1 l_s}{2} &= \sum_{\varkappa=1}^{5} A_\varkappa r_\varkappa\,, \\[1ex]
D_3 \operatorname{\mathfrak{Cof}}\frac{a_3 l_s}{2} + \frac{b_3}{a_3^2} &= \sum_{\varkappa=1}^{5} A_\varkappa e^{r_\varkappa l} + A_6\,, \\[1ex]
-a_3 D_3 \operatorname{\mathfrak{Sin}}\frac{a_3 l_s}{2} &= \sum_{\varkappa=1}^{5} A_\varkappa r_\varkappa e^{r_\varkappa l}\,.
\end{aligned}\;\right\} \qquad (176'\text{a}\ldots\text{d})$$

Die Endflächen des Eisenkörpers sollen unserer Annahme gemäß eine Wärmebelegung tragen, deren Gesamtwert Q_S nach dem Vorschlage auf S. 113 zu berechnen ist. Führen wir das Produkt

$$\alpha_S f_E = W_{E_S} \tag{177}$$

ein ($\alpha_S =$ die Wärmeübergangszahl an den Stirnflächen), so schreiben sich zwei weitere, den beiderseitigen Stirnflächen auferlegte Bedingungen wie folgt:

$$-\varLambda_E \frac{dt_E}{dz_2}(0) = Q_S - W_{E_S}^{I}(t_E(0) - t_{L_S}^{I})\,,$$

$$+\varLambda_E \frac{dt_E}{dz_2}(l) = Q_S - W_{E_S}^{III}(t_E(l) - t_{L_S}^{III})\,.$$

Die Temperatur $t_{L_S}^{I}$ wäre etwa nach der folgenden Überlegung einzuführen:

$$t_{L_S}^{I} = t_{L_1} + \frac{1}{L}\int_0^{\frac{l_s}{2}} W_{K_1}(t_{K_1} - t_{L_1})\,dz_1 \tag{178'}$$

Mit t_{L_1} ist die Umspülungstemperatur der Wicklungsköpfe

$$t_{L_1} = t_{L_s} + Z_1$$

eingesetzt (Abb. 17), wobei durch den Zuschlag Z_1 die Temperaturzunahme des Luftstromes durch die anderweitigen Wärmequellen des Stirnraumes der Eintrittsseite (siehe S. 113) im Interesse einer sicheren Rechnung v o r h e r berücksichtigt ist. Wir berechnen das in Gl. (178′) auftretende Integral

$$\int_0^{\frac{l_s}{2}} (t_{K_1} - t_{L_1})\, dz_1 = \frac{D_1}{a_1}\, \mathfrak{Sin}\, \frac{a_1 l_s}{2} + \left(\frac{b_1}{a_1^2} - t_{L_1}\right)\frac{l_s}{2}$$

$$= \frac{D_1}{a_1}\, \mathfrak{Sin}\, \frac{a_1 l_s}{2} + \frac{Q_{K_{0_1}}^I (1 + \alpha t_{L_1})}{W_{K_1} - \alpha\, Q_{K_{0_1}}^I}\, \frac{l_s}{2}, \tag{179}$$

damit wird

$$t_{L_S}^I = t_{L_1} + \frac{W_{K_1}}{a_1 L}\left(D_1\, \mathfrak{Sin}\, \frac{a_1 l_s}{2} + \frac{Q_{K_{0_1}}^I (1 + \alpha t_{L_1})}{W_{K_1} - \alpha\, Q_{K_{0_1}}^I}\, \frac{a_1 l_s}{2}\right). \tag{178}$$

Die Temperatur $t_{L_S}^{III}$ setzen wir gleich der Austrittstemperatur $t_{L_2}(l)$ der Luft beim Verlassen der Bohrungen. Die obigen beiden Bedingungen lauten somit in ausführlicher Form, mit t_E und t_{L_2} nach den Gl. (155) und (156) unter Berücksichtigung der Gl. (161)

$$\left.\begin{aligned} -\,A_E \sum_{\varkappa=1}^{5} B_\varkappa\, r_\varkappa &= Q_S - W_{E_S}^I \left(\sum_{\varkappa=1}^{5} B_\varkappa + C_6 - t_{L_S}^I\right), \\ A_E \sum_{\varkappa=1}^{5} B_\varkappa\, r_\varkappa\, e^{r_\varkappa l} &= Q_S - W_{E_S}^{III} \sum_{\varkappa=1}^{5} (B_\varkappa - C_\varkappa)\, e^{r_\varkappa l}, \end{aligned}\right\} \tag{176′ e, f}$$

mit $t_{L_S}^I$ nach Gl. (178).

Die dem Luftstrom an den Ein- und Austrittsstellen auferlegten Temperaturbedingungen liefern endlich die noch fehlenden beiden letzten Gleichungen

$$t_{L_2}(0) = t_{L_S}^I + \frac{W_{E_S}^I}{L}\,(t_E(0) - t_{L_S}^I),$$

$$t_{L_2}(l) = t_{L_3} - \frac{W_{E_S}^{III}}{L}\,(t_E(l) - t_{L_2}(l)),$$

ausführlich:

$$\left.\begin{aligned} \sum_{\varkappa=1}^{5} C_\varkappa + C_6 &= \frac{W_{E_S}^I}{L}\left(\sum_{\varkappa=1}^{5} B_\varkappa + C_6\right) + \left(1 - \frac{W_{E_S}^I}{L}\right) t_{L_S}^I, \\ \sum_{\varkappa=1}^{5} C_\varkappa\, e^{r_\varkappa l} + C_6 &= t_{L_3} - \frac{W_{E_S}^{III}}{L} \sum_{\varkappa=1}^{5} (B_\varkappa - C_\varkappa)\, e^{r_\varkappa l}. \end{aligned}\right\} \tag{176′ g, h}$$

Für das geordnete System der Randwertgleichungen zur Bestimmung der Unbekannten $C_\varkappa$, D_1, D_3 und t_{L_3} können wir uns die Unterscheidung der systematischen Konstanten in den Gebieten I und III sparen; denn diese Konstanten können doch nicht mit einem solchen Grade von Genauigkeit ermittelt werden, daß es angebracht wäre, ihre kleinen Unterschiede in den Gebieten I und III zu berücksichtigen. Da wir die systematischen Konstanten des Gebietes II nur implizite durch die beiden Konstanten C_6 und A_6 in das System aufnehmen, können wir auch auf ihre Unterscheidung gegenüber denen des Gebietes II verzichten. Wir rechnen also in den Gebieten I und III mit gleichen Werten

$$W_{K_1} = W_{K_3} = W_K, \quad W_{E_S}^I = W_{E_S}^{III} = W_{E_S}, \quad Z_1 = Z_3 = Z,$$

$$Q_{K_{0_1}}^I = Q_{K_{0_1}}^{III} = Q_{K_{0_1}}, \quad a_1 = a_3 = a \quad \text{usw.}$$

Unter Verwendung dieser Abmachungen und der Gl. (158) und (159), sowie der Gl. (174), (175) und (178) erhalten wir dann das folgende geordnete System von acht linearen Gleichungen:

$$\left.
\begin{aligned}
&\sum_{\varkappa=1}^{5} C_\varkappa \alpha_\varkappa + D_1 \mathfrak{Cof}\,\frac{a\,l_s}{2} = A_6 - \frac{Q_{K_{0_1}} + W_K\,t_{L_1}}{W_K - \alpha\,Q_{K_{0_1}}}, \\[2mm]
&\sum_{\varkappa=1}^{5} C_\varkappa \alpha_\varkappa \frac{r_\varkappa}{a} + D_1 \mathfrak{Sin}\,\frac{a\,l_s}{2} = 0, \\[2mm]
&\sum_{\varkappa=1}^{5} C_\varkappa \alpha_\varkappa\, e^{r_\varkappa l} + D_3 \mathfrak{Cof}\,\frac{a\,l_s}{2} = A_6 - \frac{Q_{K_{0_1}} + W_K\,t_{L_3}}{W_K - \alpha\,Q_{K_{0_1}}}, \\[2mm]
&\sum_{\varkappa=1}^{5} C_\varkappa \alpha_\varkappa \frac{r_\varkappa}{a}\, e^{r_\varkappa l} - D_3 \mathfrak{Sin}\,\frac{a\,l_s}{2} = 0, \\[2mm]
&\sum_{\varkappa=1}^{5} C_\varkappa \beta_\varkappa \left(1 - \frac{\Lambda_E}{W_{E_S}}\,r_\varkappa\right) - D_1 \frac{W_K}{a\,L}\,\mathfrak{Sin}\,\frac{a\,l_s}{2} \\[1mm]
&\qquad = \frac{Q_S}{W_{E_S}} + t_{L_1} - C_6 + \frac{W_K}{a\,L}\,\frac{a\,l_s}{2}\,\frac{Q_{K_{0_1}}(1 + \alpha\,t_{L_1})}{W_K - \alpha\,Q_{K_{0_1}}}, \\[2mm]
&\sum_{\varkappa=1}^{5} C_\varkappa \left[\beta_\varkappa\left(1 + \frac{\Lambda_E}{W_{E_S}}\,r_\varkappa\right) - 1\right] e^{r_\varkappa l} = \frac{Q_S}{W_{E_S}}, \\[2mm]
&\sum_{\varkappa=1}^{5} C_\varkappa \frac{L - W_{E_S}\,\beta_\varkappa}{L - W_{E_S}} - D_1 \frac{W_K}{a\,L}\,\mathfrak{Sin}\,\frac{a\,l_s}{2} \\[1mm]
&\qquad = t_{L_1} - C_6 + \frac{W_K}{a\,L}\,\frac{a\,l_s}{2}\,\frac{Q_{K_{0_1}}(1 + \alpha\,t_{L_1})}{W_K - \alpha\,Q_{K_{0_1}}}, \\[2mm]
&\sum_{\varkappa=1}^{5} C_\varkappa \left(1 + \frac{W_{E_S}}{W_E}\,r_\varkappa\right) e^{r_\varkappa l} + C_6 = t_{L_3}.
\end{aligned}
\right\} \quad (176\,\mathrm{a-h})$$

Wir können in dieser geschlossenen Form noch bis zu fünf linearen Gleichungen

$$\sum_{\varkappa=1}^{5} C_\varkappa a_{\varkappa_i} = m_i, \quad i = 1, 2, \ldots 5 \tag{180}$$

eliminieren und geben die Werte der Koeffizienten $a_{\varkappa_i}$ und der allgemeinen Glieder m_i in der folgenden Aufstellung

$$
\begin{aligned}
a_{\varkappa_1} &= \alpha_\varkappa \left(\mathfrak{T}\mathrm{ang}\, \frac{a l_s}{2} - \frac{r_\varkappa}{a} \right), \\
a_{\varkappa_2} &= \Big[\alpha_\varkappa \left(\mathfrak{T}\mathrm{ang}\, \frac{a l_s}{2} + \frac{r_\varkappa}{a} \right) \\
&\quad + \frac{W_K}{W_K - \alpha Q_{K0_1}} \Big(1 + \frac{W_{E_S}}{W_E} r_\varkappa \Big) \mathfrak{T}\mathrm{ang}\, \frac{a l_s}{2} \Big] e^{r_\varkappa l}, \\
a_{\varkappa_3} &= \Big[\beta_\varkappa \Big(1 + \frac{\Lambda_E}{W_{E_S}} r_\varkappa \Big) - 1 \Big] e^{r_\varkappa l}, \\
a_{\varkappa_4} &= \beta_\varkappa \Big(1 - \frac{\Lambda_E}{W_{E_S}} r_\varkappa \Big) - \frac{L - W_{E_S}\beta_\varkappa}{L - W_{E_S}}, \\
a_{\varkappa_5} &= \alpha_\varkappa \frac{r_\varkappa}{a} \frac{W_K}{a L} + \frac{L - W_{E_S}\beta_\varkappa}{L - W_{E_S}}.
\end{aligned}
\qquad (181\,\mathrm{a\!-\!e})
$$

$$
\begin{aligned}
m_1 &= \left(A_6 - \frac{Q_{K0_1} + W_K t_{L_1}}{W_K - \alpha Q_{K0_1}} \right) \mathfrak{T}\mathrm{ang}\, \frac{a l_s}{2}, \\
m_2 &= \left(A_6 - \frac{Q_{K0_1} + W_K C_6}{W_K - \alpha Q_{K0_1}} \right) \mathfrak{T}\mathrm{ang}\, \frac{a l_s}{2}, \\
m_3 &= m_4 = \frac{Q_S}{W_{E_S}}, \\
m_5 &= t_{L_1} - C_6 + \frac{W_K}{a L} \frac{a l_s}{2} \frac{Q_{K0_1}(1 + \alpha t_{L_1})}{W_K - \alpha Q_{K0_1}}.
\end{aligned}
\qquad (182\,\mathrm{a\!-\!e})
$$

Mit der Lösung dieses Systems ist durch die Gleichung

$$
t_{L_a} = t_{L_3} + \frac{W_K}{a L} \left(D_3 \,\mathfrak{S}\mathrm{in}\, \frac{a l_s}{2} + \frac{a l_s}{2} \frac{Q_{K0_1}(1 + \alpha t_{L_3})}{W_K - \alpha Q_{K0_1}} \right) + Z \qquad (183)
$$

die Endtemperatur des Kühlmittelstromes bekannt, wenn er seine Aufgabe restlos erfüllt hat. Wir können uns dieser Endtemperatur bedienen, um zur Berechnung der mittleren Kupfertemperatur den längeren Weg über die Gleichung

$$
t_{K_m} = \frac{1}{l + l_s} \left[\int_0^{\frac{l_s}{2}} t_{K_1} dz_1 + \int_0^l t_{K_2} dz_2 + \int_0^{\frac{l_s}{2}} t_{K_3} dz_3 \right]
$$

zu umgehen. Aus der Gleichung

$$
L\,(t_{L_a} - t_{L_e}) = \Sigma Q
$$

geht der Gesamtbetrag der auf dem Wege des Kühlmittelstromes liegenden stationären Wärmequellen hervor. Nach Abzug der von der

Temperatur unabhängigen Wärmequellen verbleibt die stationäre betriebsmäßige Kupferwärme Q_K und aus der Gleichung

$$Q_K = Q_{K_0}\,(1 + \alpha\,t_{K_m})$$

folgt die mittlere Kupfertemperatur t_{K_m} auf einfacherem Wege.

4. Die Lehren des numerischen Beispieles.

Es war ursprünglich unsere Absicht, das zum Aufschluß über den von vorstehendem Ansatze geforderten rechnerischen Aufwand nun anzuschließende Zahlenbeispiel direkt auf den Ergebnissen der in den Kapiteln 3 d und 4 des ersten Teiles durchgeführten Voruntersuchungen

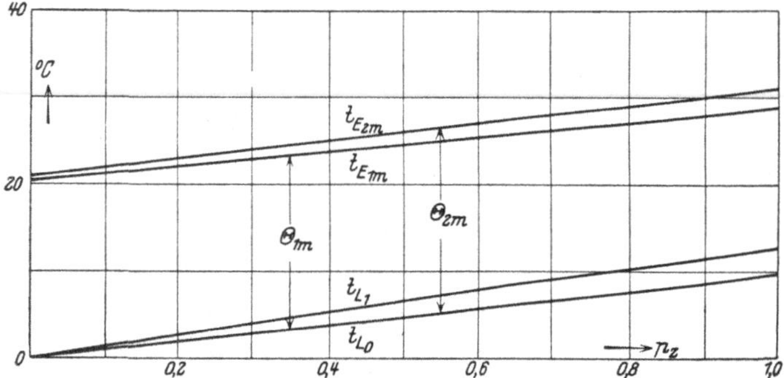

Abb. 18. Voruntersuchungsergebnis nach dem Probeansatze bei Berechnung der betriebsmäßigen stationären Wärmewirtschaft des Blechpaketes (Erläuterungen siehe Abb. 13, Temperaturen über der Eintrittstemperatur $t_L\,(0)$ der Luft in die Bohrungen).

aufzubauen, um dadurch weiter in enger Beziehung zu den vorliegenden Versuchen zu bleiben. Nachdem aber alle Rechnungen soweit durchgeführt waren, traten Zweifel an der Zuverlässigkeit der uns überlieferten Unterlagen auf. Die Richtigstellungen, die erst nach wiederholten Rückfragen und eigenen Nachrechnungen möglich waren, ließen sich des Zeitmangels wegen aber nur in den Rechnungen des ersten Teiles berücksichtigen, so daß jetzt leider der Zusammenhang unserer Zahlenbeispiele unterbrochen wird und auf weitere quantitative Vergleiche etwa mit dem experimentellen Superpositionsergebnis von Leerlauf- und Kurzschlußversuch verzichtet werden muß.

Auf Grund der zuerst mitgeteilten Unterlagen hatte die für die folgende Zahlenrechnung maßgebende Voruntersuchung über den radialen Temperaturverlauf das in den Abb. 18 und 19 dargestellte Ergebnis. Die gegenüber den entsprechenden Abb. 13 b und 15 hervorzuhebenden Abweichungen sind einesteils darauf zurückzuführen, daß die wärmewirtschaftliche Charakteristik des Elementes mit niedrigeren α-Werten

namentlich für den Luftspalt aufgestellt wurde und dann besonders
darauf, daß die abzuführenden Wärmemengen auf Grund der darüber
gemachten Angaben (siehe Anhang) mit erheblich niedrigeren Beträgen eingesetzt sind. Die Anordnung weist dadurch gegenüber der
mit den richtigen Werten durchgerech-
neten einen etwa um die Hälfte gerin-
geren Verstimmungsfaktor auf, der,
wie man sieht, den Gleichlauf der Lufttemperaturen beziehungsweise den
äquidistanten Verlauf der Eisentemperaturen noch nicht sehr stark an-
zutasten vermag, so daß also wesentliche Vorbedingungen für die Genauigkeit der zu unternehmenden Rechnungen vorhanden sind. Als zusammen-
fassendes Ergebnis dieser Voruntersuchungen führen wir in der nachfolgenden Zahlenrechnung ein:

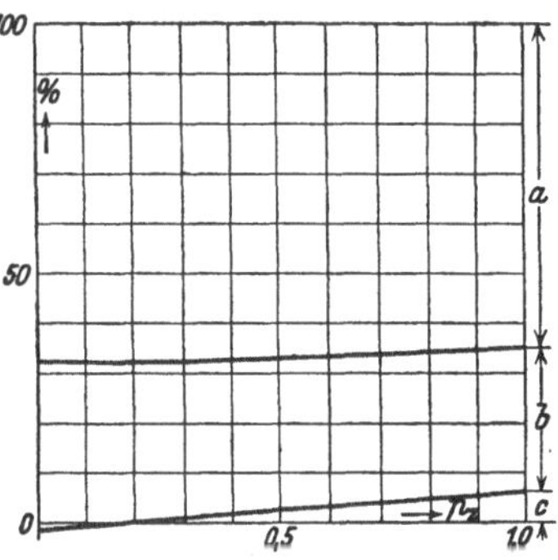

Abb. 19. Wärmebilanz der gekühlten
Flächen bei Berechnung der betriebsmäßigen stationären Wärmewirtschaft
des Blechpaketes nach dem Probeansatz
[(Erläuterungen siehe Abb. 15).

$$\zeta_m = \frac{t_{E_z} - t_L}{t_E - t_L} = \frac{t_{E_2 m} - t_{L_0}}{t_{E_1 m} - t_{L_0}} \equiv \frac{\Theta_{2 m}}{\Theta_{1 m}} \approx 1,0 \quad \text{(Abb. 18)}$$

und

$$\zeta = \frac{W_{E_1} \Delta_1 + W_{E_2} \Delta_2}{W_{E_0} \Delta_0} = \frac{b + c}{a} \approx \frac{30}{70} = 0,43 \quad \text{(Abb. 19)}.$$

Mit welchen Beträgen die in der Zahlenrechnung auftretenden systematischen Konstanten eingesetzt sind, geht aus der Zahlentafel 3 auf
S. 166 hervor. Ihr Zustandekommen aus den geometrischen und wärmewirtschaftlichen Daten der Maschine ist in der Spalte 5 erläutert. Die
wichtigsten Etappen der Rechnung zeigt die Zahlentafel 4 auf S. 168.
Als Ergebnis führen wir in der Abb. 20 den Verlauf der Temperaturen t_E
und t_K vor Augen.

Würden wir aber unsere Aufgabe mit diesem Ergebnis als beendet
ansehen, so wäre ihr praktischer Nutzen sehr in Frage gestellt, denn
auf Grund unserer Rechenerfahrung wissen wir am besten, daß der
Umfang der für eine Anwendung vorstehender Entwicklung erforder-
lichen Zahlenrechnung viel zu groß ist, um in der Praxis Eingang
zu finden.

Auch uns erschien von Anfang an diese ausführliche Zahlenrechnung
weniger als der Weg, der eine weitere Kürzung und Vereinfachung
schlechterdings nicht mehr zuläßt, sondern in der Hauptsache als ein
Mittel, um in die Besprechung unserer Lösung eintreten zu können;
denn bei der Ausdehnung, welche die Endgleichungen angenommen
haben, ist eine Diskussion nach ihren wesentlichen und unwesentlichen

Zahlentafel 3.

Die systematischen Konstanten des numerischen Beispieles.

1	2	3	4	5
A_K	Gl. (144)	1200	W cm/°C	$f_K = 6{,}72\,\mathrm{cm}^2$, $N = 48$, $k_K = 3{,}75\,\mathrm{W/°C\,cm}$
A_E	Gl. (150)	100	„	$f_E = 9030\ \mathrm{cm}^2$, $k_E = 0{,}01\ \mathrm{W/°C\,cm}$
W_E	Gl. (149)	18,567	W/°C cm	$W_{E_0} = 12{,}984\ \mathrm{W/°C\ cm}$
W_{K_1}	Gl. (145)	3,65	„	$u_1 = 14{,}2\ \mathrm{cm}$, $\alpha_H = 0{,}0107\ \mathrm{W/°C\,cm}^2$
				$\delta_1 = 0{,}25\ \mathrm{cm}$, $k_i = 0{,}0027\ \mathrm{W/°C\,cm}$
W_{K_2}	Gl. (145)	2,21	„	$u_2 = 12{,}7\ \mathrm{cm}$, $k_i = 0{,}00145\ \mathrm{W/°C\,cm}$
				$\delta_2 = 0{,}4\ \mathrm{cm}$
W_{E_S}	Gl. (177)	175	W /°C	$\alpha_S = 0{,}0150\ \mathrm{W/°C\,cm}^2$ (mit Zuschlag berechnet: $$W_{E_S} = \alpha_S f_S + W_{E_0}\delta_S\,,$$ wobei die Dicke δ_S der Stirnplatte zu 3,0 cm angenommen wurde).
$Q_{K_{0_1}}^{I}$	Gl. (146)	24	W /cm	
$Q_{K_{0_1}}^{II}$	Gl. (146)	61	„	Die zusätzliche Kupferwärme wurde ganz auf den Nutenteil der Stäbe geschlagen.
Q_{E_1}	S. 153	307	„	
Q_S	S. 160	6585	W	Dieser Betrag entfällt auf eine Stirnplatte, wenn man insgesamt 15,9 kW zusätzliche Verluste, die nach Abzug der zusätzlichen Ankerkupferwärme von 4,2 kW im warmen Zustande der Wicklung pro Stirnraum verbleiben, im nutenförmigen Stirnraum auf die doppelte Stirnplattenoberfläche und die Oberfläche der Rotorkappen (Länge etwa 21,5 cm) verteilt.
L	Gl. (108)	3160	W/°C	$t_{L_e} = 20\,°\mathrm{C}$, $V = 2{,}6\ \mathrm{m}^3/\mathrm{s}$.
Z	S. 161	6,74	°C	

Erläuterungen: Bei den Stoffwerten dieser Aufstellung haben wir uns von der Zahlentafel 16 im Buche Richters, Elektrische Maschinen, Bd. I. S. 332 beraten lassen. Zur Anlage dieser Zahlentafel: Spalte 1 enthält die Bezeichnung der betr. Konstanten, Spalte 2 ihren Nachweis im Text, Spalte 3 den in die Rechnung eingeführten Wert, Spalte 4 die Dimension der betr. Konstanten, die letzte Spalte enthält die Werte ihrer Komponenten und erläuternde Angaben über das Zustandekommen des Wertes in Spalte 3.

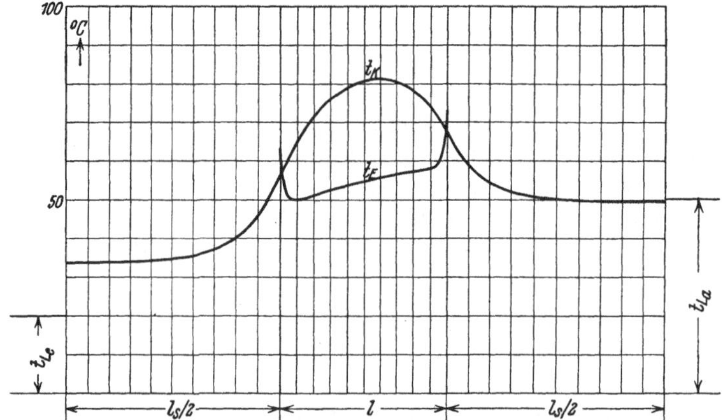

Abb. 20. Der axiale Verlauf der Eisentemperatur t_E (Mittelwert über das Kerngebiet in radialer Richtung) und der Temperatur t_K im Leiterstab bei stationärem Betriebe nach dem ausführlichen Ansatz [Gl. (154) und (155)]. (Temperaturen über dem Eispunkt).

Bestandteilen in allgemeiner Form undurchführbar. Wir mußten zur Zahlenrechnung greifen, um aufzuzeigen, welches die auf die Temperaturgestaltung hauptsächlich einwirkenden Glieder des Ansatzes sind, und auf welche Faktoren es weniger ankommt, durch deren Fortlassung man also den ungeheuren rechnerischen Aufwand reduzieren kann, ohne den Erscheinungen Gewalt anzutun. Wir sehen z. B., daß die heißen Stirnplatten nach dem Paketinnern eine außerordentlich rasch versiegende Wärmeströmung entsenden, so daß nur einige heißere Bleche den Paketquerschnitt beiderseits begrenzen. Die Sperrwirkung dieser beiden sehr schmalen Zonen auf den axialen Wärmefluß im Ankerkupfer kann daher auch kaum in Erscheinung treten. Ein Ansatz mit $\varLambda_E = 0$, durch den wir sie auf Null reduzieren, wird also aller Wahrscheinlichkeit nach im Verlaufe der Temperatur t_K kaum zu bemerken sein; den rechnerischen Aufwand aber wird die Fortlassung des Gliedes $\dfrac{\varLambda_E}{W_E}\dfrac{d^2 t_E}{d z^2}$ in der Gl. (152) des Ansatzes gut um die Hälfte verringern. Nicht so bedeutungslos, aber immerhin gegenüber den beiden ausschlaggebenden Störungsfunktionen der Lösung zurücktretend (siehe die Zahlentafel 4 auf S. 168) erscheint das Glied, das den Einfluß der Temperaturabhängigkeit der Wärmequellen im Kupfer beschreibt (Spalte 1 der Zahlentafel 4). Seine Vernachlässigung durch Einführen von $\alpha = 0$ in den Ansatz würde aber eine weitere sehr fühlbare Verringerung der Rechenarbeit im Gefolge haben.

5. Ein wesentlich vereinfachter Ansatz $\varLambda_E = 0$, $\alpha = 0$.

Wir wollen durch eine nochmalige Durchrechnung des vorgelegten Beispieles die Probe machen und werden daran am ehesten sehen, ob der durch die gleichzeitige Einführung von $\varLambda_E = 0$ und $\alpha = 0$ wesentlich vereinfachte Ansatz noch imstande ist, das Ergebnis der Abb. 20 aufrechtzuerhalten. In den Gl. (162), (163) und (164) im dritten Abschnitte des vorigen Kapitels haben wir für den Fall $\alpha = 0$ die sehr instruktiven Lösungen im Gebiet II bereits aufgestellt. Sie vereinfachen sich, wenn nun noch $\varLambda_E = 0$ gesetzt wird, auf die Form

$$t_K = \sum_{\varkappa=1}^{2} A_\varkappa\, e^{r_\varkappa z} + \frac{Q_1}{L} z + \zeta_m \frac{Q_1}{W_E} + \frac{Q_{K_1}}{W_K} + C_6, \qquad (184)$$

$$t_E = \sum_{\varkappa=1}^{2} B_\varkappa\, e^{r_\varkappa z} + \frac{Q_1}{L} z + \frac{Q_1}{W_E} + C_6, \qquad (185)$$

$$t_L = \sum_{\varkappa=1}^{2} C_\varkappa\, e^{r_\varkappa z} + \frac{Q_1}{L} z + C_6. \qquad (186)$$

Zahlentafel 4.

Daten aus dem Gange der ausführlichen numerischen Rechnung.

$\varkappa =$	1	2	3	4	5
$r_\varkappa$	$0{,}8823\cdot10^{-4}$	$0{,}03760$	$-0{,}03832$	$0{,}45343$	$-0{,}45867$
$r_\varkappa\,l$	$0{,}007764$	$3{,}3088$	$-3{,}3725$	$39{,}902$	$-40{,}363$
$e^{r_\varkappa l}$	$1{,}0078$	$27{,}352$	$0{,}0343$	$2{,}133\cdot10^{17}$	$2{,}957\cdot10^{-18}$
$\beta_\varkappa$	$1{,}0150$	$7{,}402$	$-5{,}525$	$78{,}2005$	$-77{,}0927$
$\alpha_\varkappa$	$-1{,}141$	$-60{,}711$	$59{,}982$	$0{,}70611$	$-0{,}68017$
$C_\varkappa$	$1379{,}03$	$-0{,}0175$	$0{,}465$	$0{,}0957\cdot10^{-17}$	$-0{,}18494$
$B_\varkappa$	$1399{,}75$	$-0{,}1293$	$-2{,}5692$	$7{,}466\cdot10^{-17}$	$14{,}2575$
$A_\varkappa$	$1573{,}48$	$-1{,}0604$	$-27{,}893$	$-0{,}0676\cdot10^{-17}$	$-0{,}1258$

$$C_6 = -1369{,}3 \qquad D_1 = 0{,}0886 \qquad t_{L_1} = Z = 6{,}74$$

$$A_6 = -1508{,}2 \qquad D_3 = 0{,}0708 \qquad t_{L_3} = 22{,}1$$

$$b_1/a^2 = 13{,}677 \qquad \frac{a\,l_s}{2} = 6{,}2312 \qquad t_{Le} = 0$$

$$b_3/a^2 = 29{,}45 \qquad \mathfrak{Cof}\,\frac{a\,l_s}{2} = 254{,}18 \qquad t_{La} = 30{,}2$$

Die beiden Wurzeln $r_{1,2}$ sind in diesem Falle die Wurzeln der quadratischen Gleichung

$$r^2 + \frac{W_R}{\zeta_m L}\,r - \frac{W_R}{\zeta_m \Lambda_K} = 0, \qquad\textbf{(187)}$$

mit

$$W_R = \frac{\zeta_m W_K W_E}{W_E + \zeta_m W_K}. \qquad (187\,\text{a})$$

Für die Konstantenverhältnisse $\dfrac{'B_\varkappa}{C_\varkappa}$ und $\dfrac{A_\varkappa}{C_\varkappa}$ gelten unverändert die Gl. (169) und (170). An die Stelle der Gl. (170) kann in diesem Falle auch die einfachere Gleichung

$$A_\varkappa = C_\varkappa\left(\frac{\zeta_m L}{W_R}\,r_\varkappa + 1\right) \qquad (188)$$

treten. Zur Berechnung von nunmehr noch 5 Unbekannten C_1, C_2, D_1, D_3 und C_6 verwenden wir die Randwertbedingungen nach den Gl. (176′ a—d) und (176′ g) unter Beachtung der Besonderheiten dieser Lösung:

$$\left.\begin{aligned}
&D_1\,\mathfrak{Cof}\,\frac{a l_s}{2} + \frac{b_1}{a^2} = \sum_{\varkappa=1}^{2} A_\varkappa + \zeta_m\frac{Q_1}{W_E} + \frac{Q_{K_1}^{II}}{W_{K_2}} + C_6, \\[2mm]
&a\,D_1\,\mathfrak{Sin}\,\frac{a l_s}{2} = \sum_{\varkappa=1}^{2} A_\varkappa r_\varkappa + \frac{Q_1}{L}, \\[2mm]
&D_3\,\mathfrak{Cof}\,\frac{a l_s}{2} + \frac{b_3}{a^2} = \sum_{\varkappa=1}^{2} A_\varkappa\,e^{r_\varkappa l} + \frac{Q_1}{L}\,l + \frac{Q_{K_1}^{II}}{W_{K_2}} + \zeta_m\frac{Q_1}{W_E} + C_6, \\[2mm]
&- a\,D_3\,\mathfrak{Sin}\,\frac{a l_s}{2} = \sum_{\varkappa=1}^{2} A_\varkappa\,r_\varkappa\,e^{r_\varkappa l} + \frac{Q_1}{L}, \\[2mm]
&\sum_{\varkappa=1}^{2} C_\varkappa + C_6 = t_{L_s}^{I} + \frac{Q_s}{W_{E_s}}.
\end{aligned}\right\} \quad (189'\,\text{a—e})$$

Unter Verwendung der Beziehungen

$$t_{L_a} = t_{L_e} + \frac{\Sigma Q}{L},$$

$$t_{L_s} = t_{L_e} + \frac{\Sigma Q}{L} - Z - \frac{W_{K_1}}{aL}\left(D_3 \operatorname{\mathfrak{Sin}} \frac{al_s}{2} + \frac{Q_{K_1}^{III}}{W_{K_1}} \frac{al_s}{2}\right), \qquad (183)$$

$$t_{L_s}^I = t_{L_e} + Z + \frac{W_{K_1}}{aL}\left(D_1 \operatorname{\mathfrak{Sin}} \frac{al_s}{2} + \frac{Q_{K_1}^I}{W_{K_1}} \frac{al_s}{2}\right) \qquad (178)$$

bringen wir sie in die für die numerische Auswertung zurechtgelegte Form

$$\sum_{\varkappa=1}^{2} C_\varkappa \alpha_\varkappa + D_1 \operatorname{\mathfrak{Cof}} \frac{al_s}{2} - (C_6 - t_{L_e})$$

$$= \zeta_m \frac{Q_1}{W_E} + \frac{Q_{K_1}^{II}}{W_{K_2}} - \frac{Q_{K_1}^I}{W_{K_1}} - Z,$$

$$\sum_{\varkappa=1}^{2} C_\varkappa \alpha_\varkappa \frac{r_\varkappa}{a} + D_1 \operatorname{\mathfrak{Sin}} \frac{al_s}{2} = \frac{Q_1}{aL},$$

$$\sum_{\varkappa=1}^{2} C_\varkappa \alpha_\varkappa e^{r_\varkappa l} + D_3 \operatorname{\mathfrak{Cof}} \frac{al_s}{2}\left(1 - \frac{W_{K_1}}{aL} \operatorname{\mathfrak{Tang}} \frac{al_s}{2}\right) - (C_6 - t_{Le}) \qquad (189\,\mathrm{a-e})$$

$$= \frac{Q_1}{L} l + \zeta_m \frac{Q_1}{W_E} + \frac{Q_{K_1}^{II}}{W_{K_2}} - \frac{\Sigma Q}{L} + Z + \frac{Q_{K_1}^{III}}{L} \frac{l_s}{2} - \frac{Q_{K_1}^{III}}{W_{K_1}},$$

$$\sum_{\varkappa=1}^{2} C_\varkappa \alpha_\varkappa \frac{r_\varkappa}{a} e^{r_\varkappa l} - D_3 \operatorname{\mathfrak{Sin}} \frac{al_s}{2} = \frac{Q_1}{aL},$$

$$\sum_{\varkappa=1}^{2} C_\varkappa - D_1 \frac{W_{K_1}}{aL} \operatorname{\mathfrak{Sin}} \frac{al_s}{2} + (C_6 - t_{Le}) = Z + \frac{Q_s}{L} + \frac{Q_{K_1}^I}{L} \frac{l_s}{2}.$$

Der Einfluß der Nullsetzung von α würde in der Zahlenrechnung sicher dadurch auf ein Minimum beschränkt, daß man abschnittsweise die mittleren Stabtemperaturen in den Gebieten I, II und III vorher abschätzt und auf Grund dieser Schätzung $Q_{K_1}^I$, $Q_{K_1}^{II}$ und $Q_{K_1}^{III}$ möglichst mit denjenigen Mittelwerten einführt, um welche sie dem genaueren Ansatze entsprechend in diesen Gebieten schwanken. Wir sind aber unter Verzicht auf diese größere Genauigkeit dieser Schätzung enthoben, wenn wir die mittlere Temperatur der ganzen Wicklung zugrunde legen, die ja bekanntlich einer leichten experimentellen Ermittlung zugänglich ist. Daher werden wir in die nun folgende Zahlenrechnung die Werte $Q_{K_1}^{II}$ und $Q_{K_1}^I = Q_{K_1}^{III}$ der mittleren Temperatur des Stabes für die Gesamtlänge $l + l_s$ entsprechend einführen. Nach der vorhergehenden ausführlichen Rechnung liegt diese auf der Linie $t_{K_m} = 53,5^0$. Die Folgen dieser Einführung sind sofort zu über-

Zahlentafel 5.

Daten aus dem Gange der Rechnung nach dem einfacheren Ansatze.

$\varkappa =$	1	2	
$r_\varkappa$	0,040 26	$-0,040\,88$	$C_6 - t_{Le} = 9,885$
$r_\varkappa l$	3,5426	$-3,5976$	$b_1/a^2 = 14,414$
$e^{r_\varkappa l}$	34,556	0,0274	$b_3/a^2 = 29,775$
$\beta_\varkappa$	7,854	$-5,9605$	$D_1 = 0,0761$
$\alpha_\varkappa$	$-65,438$	64,438	$D_3 = 0,0591$
$C_\varkappa$	$-0,0115$	0,4063	$\dfrac{a\,l_s}{2} = 6,315$
$B_\varkappa$	$-0,0906$	$-2,4216$	$\mathfrak{Cof}\,\dfrac{a\,l_s}{2} = 276,335$
$A_\varkappa$	$-0,7544$	$-26,179$	$t_{L_3} = 22,1$

sehen, wenn man sich die Gerade $t_{K_m} = 53,5^0$ in die Abb. 20 hinein-
denkt: Die neue Temperaturkurve t_K, die wir zu berechnen vorhaben,
wird im Gebiet I oberhalb der t_K-Kurve nach Abb. 20 verlaufen,
im Gebiet II wird sie sich unterhalb der letzteren halten, um sich im
Gebiet III wieder fast unmerklich über die genaue Kurve zu erheben.

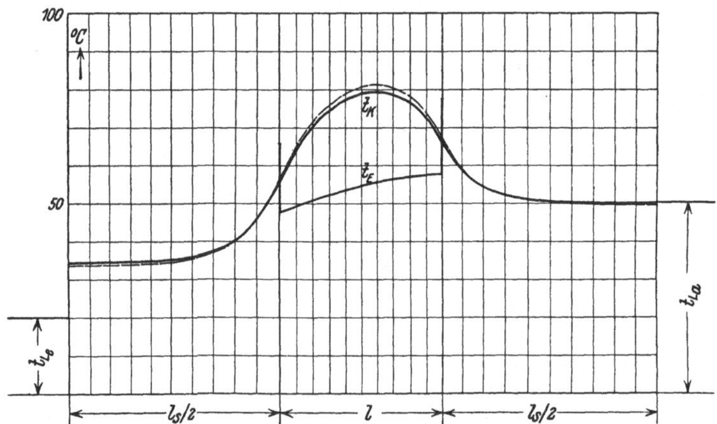

Abb. 21. Der axiale Verlauf der Eisentemperatur t_E (Mittelwert über das Kerngebiet
in radialer Richtung) und der Temperatur t_K im Leiterstab bei stationärem Betriebe
nach dem vereinfachten Ansatz [Gl.(184) und (185)] (Temperaturen über dem Eispunkt) — — — — die aus Abb. 20 übertragene t_K-Kurve.

Wir führen dementsprechend die folgenden, nun konstanten
Werte $Q_{K_1}^{I} = Q_{K_1}^{III} = 28$ W/cm und $Q_{K_1}^{II} = 71$ W/cm in die Rechnung
ein; alle übrigen Konstanten der Zahlentafel 3 auf S. 166 bleiben unverändert. In einer der Zahlentafel 4 auf S. 168 entsprechenden Weise zeigen
wir in der Zahlentafel 5 die wichtigsten Etappen dieser vereinfachten Rechnung. Ihr Ergebnis ist in der Abb. 21 dargestellt und
entspricht unseren Erwartungen ganz genau. Eine andere Veränderung
an der Kurve t_K als wie diejenige, über die wir eben schon Rechen-

schaft abgelegt haben, tritt überhaupt nicht auf. Es lohnt sich also wirklich nicht, in tagelanger Mühe der etwas genaueren Lösung nachzugehen, wenn auf diesem vereinfachten Wege beinahe dasselbe Ergebnis in so leicht diskutierbarer Form von einem einigermaßen geübten Rechner schon nach Stunden erreicht werden kann.

Mit diesem Erfolg unseres Strebens nach möglichster Vereinfachung der umfassenden Aufgabe ist nun auch ein gesundes Verhältnis zwischen ihr und den sie stützenden Voruntersuchungen des ersten Teiles hergestellt. Bei letzteren wiegt es nicht so schwer, daß man einer Fehlannahme wegen die Zahlenrechnungen wiederholen muß; denn ihrer systematischen Anlage nach Gesichtspunkten geometrischer und thermodynamischer Ähnlichkeit gemäß stellt jede neu hinzukommende Zahlenrechnung eine Bereicherung des aus früheren Berechnungen gesammelten Materiales dar, und die getane Arbeit bleibt in gewissem Sinne für spätere Verwendung aufgehoben. Eine mißglückte Zahlenlösung der umfassenden Aufgabe hat aber kaum Aussicht, für einen anderen Fall anwendbar zu sein.

Anhang.
Experimentelle und konstruktive Angaben über die den numerischen Beispielen dienende Vorlage.

Nenngrößen der Maschine:

Nennleistung	$N = 2500 \text{ kVA}$ bei $\cos \varphi = 0,8$	Frequenz $f = 50$ Hz
Klemmenspannung	$U = 3150$ V	
Ankerstrom	$J = 458$ A	
Umlaufszahl	$n = 3000$ Umdr./Min.	

Das Ständerblechpaket:

Außendurchmesser	$Da =$	1315 mm
Bohrungsdurchmesser	$D =$	660 mm
Ankerlänge	$l =$	880 mm
Nutenzahl	$N =$	48
Blechstärke	$\varDelta =$	0,5 mm
Luftspaltbreite	$\delta =$	18,0 mm
Maße der Nut:		siehe Abb. 22
Luftschlitze: keine		

Abb. 22. Nutform und Leiterabmessungen.

Ständerwicklung:

Leiterart:

Doppeltgeführtes, in rechteckförmigen Querschnitt gepreßtes Kupferseil, mit Baumwolle zweimal besponnen und einmal beklöppelt.

Querschnittsabmessungen:

blank: 16,00 × 7,0 mm
isoliert: 17,65 × 8,6 mm.

Zahl der Doppelleiter einer Nut: 3.

Stablänge $l + l_s = 880 + 2290 = 3170$ mm.

Isolierung auf der Länge l gegen Eisen:

Mikartithülse von 2,5 mm Stärke.

Isolierung auf der Länge l_s:

1 mal Ölleinen,   Auftrag: 0,7 mm
1 mal Baumwollband,   ,,   0,8 mm

Gesamtstärke der Isolierung der Stirnverbindungen: 1,5 mm.

Widerstand eines Stranges: bei 20^0: $r_w = 0,0173$ Ohm.

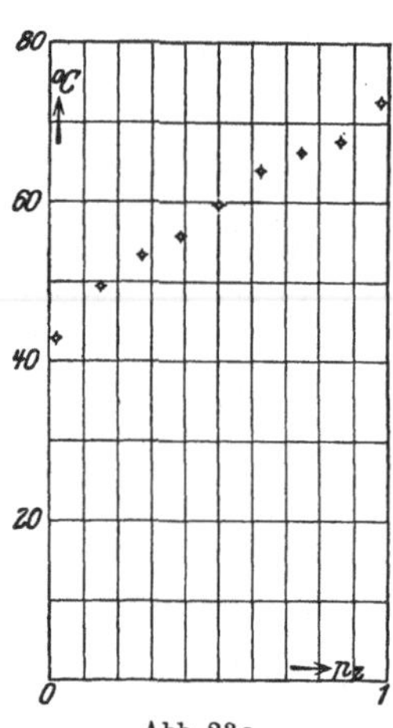
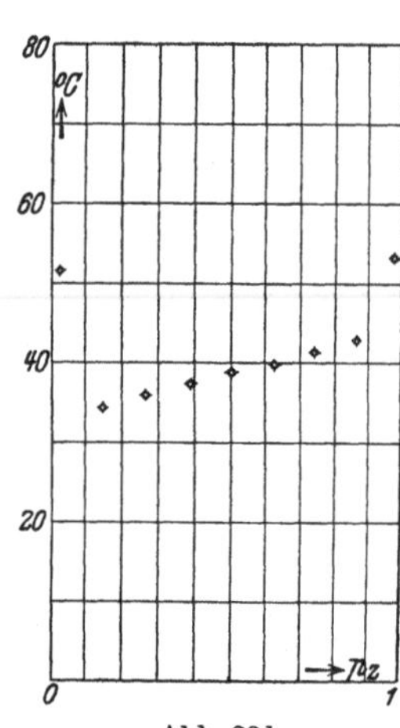

Abb. 23 a.   Abb. 23 b.

Abb. 23 a und 23 b. Zwei experimentelle Kurven des axialen Temperaturverlaufes nach Dauerversuchen. 9 Meßstellen auf der ganzen Ankerlänge etwa in Zahnmitte. (Temperaturen über dem Eispunkt.)

a Leerlaufsversuch bei 4330 V	b Kurzschlußversuch bei 458 A
Raum 21⁰	Raum 19⁰
Zuluft 19⁰	Zuluft 18⁰
Abluft 41⁰	Abluft 35⁰

Lüftung des Ständers:

Vorgesehene Luftmenge . . . . 2,6 m³/s

Vorgesehene axiale Luftwege im Blechpaket:

1 Bohrung 24×30 mm hinter jeder Nut

40 Bohrungen zu 30 mm $\oslash$ auf Durchmesser 1000 mm

40 Bohrungen zu 40 mm $\oslash$ auf Durchmesser 1170 mm.

Aufteilung der Verluste.

Nach ursprünglicher Angabe für die Nennwerte von Strom und Spannung:

Eisenverluste: Zähne . . . . 8,0 kW
Joch . . . . 19,0 kW
Cu-Verluste . . . . 8,4 kW
Zusätzliche Verluste . . . . 36,0 kW
Erregerverluste . . . . 7,2 kW

Nach späterer Mitteilung:

$$\text{Leerlauf bei 4330 V} \ldots \ldots \ldots \ldots 70,0 \text{ kW}$$
$$\text{Kurzschluß bei 458 A} \ldots \ldots \ldots \ldots 49,0 \text{ kW}$$

Berechnet: bei 3150 V   bei 4330 V

Eisenverluste: Zähne . . . . . 10,67 kW   19,65 kW

Joch . . . . . 30,00 kW   45,00 kW

Literaturverzeichnis.

[1] Courant-Hilbert: Methoden der math. Physik I. Berlin: Julius Springer 1924.

[2] Jakob, M.: Temperaturverteilung in Wicklungen von rechteckigem Querschnitt. Arch. Elektrot. Bd. 8, S. 117. 1919.

[3] Gröber: Grundgesetze der Wärmeleitung und des Wärmeüberganges. Berlin: Julius Springer 1921.

[4] Richter: Elektrische Maschinen I. Berlin: Julius Springer 1924.

[5] Juhlin: Temperaturgrenzen in großen Wechselstromgeneratoren. J. Am. Electr. Engs. Bd. 59, S. 281. 1921.

[6] Rietschel-Brabbé: Heiz- u. Lüftungstechnik. Bd. II, 6. Aufl. Berlin: Julius Springer 1922.

[7] Pohl: Grundsätzliches zur Wärmeberechnung el. Maschinen. Arch. Elektrot. Bd. 12, S. 361. 1923.

[8] Nusselt: Wärmeübergang im Rohr. Z. V. d. I. 1917, S. 685.

[9] Latzko: Der Wärmeübergang an einen turbulenten Flüssigkeits- oder Gasstrom. Z. ang. Math. Mech. Bd. 1, S. 233. 1921.

[10] Symons u. Walker: Wege der Wärme in el. Maschinen. J. Am. Electr. Engs. Bd. 48, S. 683. 1912.

[11] Böhm, O.: Erwärmung von Ankerspulen bei gleichmäßig verteilten Luftschlitzen im Eisen. ETZ 1921, S. 1388.

Die Bestimmung der Stoßkurzschlußströme von Turbogeneratoren mit Dämpferkäfig.

Von Dr.-Ing. Jos. Reiser.

Einleitung.

In der deutschen Literatur wurde das Problem der Ausgleichsvorgänge bei Synchronmaschinen am eingehendsten von Dreyfus [L*1], Biermanns [L 2] und Rüdenberg [L 3 u. 4] behandelt. In diesen Arbeiten finden wir alles, was bisher über die Bestimmung der Stoßkurzschlußströme bekannt geworden ist. Andere Arbeiten unterscheiden sich von den eben genannten dadurch, daß sie die Ausgleichsvorgänge unter Vernachlässigung der Wirkwiderstände bestimmen, wobei sich dann die Rechnung sehr vereinfacht. Besonders hervorzuheben ist eine von Boucherot [L 5] angegebene Methode, mit der auf einfache Weise die Wirkwiderstände wenigstens insoweit berücksichtigt werden, als sie den Dämpfungsabfall hervorrufen. Als Einführung in das Problem ist die Arbeit von Rogowski [L 6] geeignet.

Es zeigt sich nun, daß bei Maschinen, die mit einem Dämpferkäfig ausgerüstet sind, die mit den Resultaten der oben angegebenen Arbeiten errechneten Stoßkurzschlußströme und die oszillographisch aufgenommenen Meßwerte keineswegs übereinstimmen, sondern daß die wirklichen Stromwerte bedeutend größer sind als die berechneten (s. Rüdenberg [L 4] S. 38). Die Ursache für die Abweichung finden wir in den der Rechnung zugrunde gelegten idealen Annahmen, auf die wir jetzt kurz eingehen wollen.

Allein zu dem Zweck, um die Rechnung zu vereinfachen, wurde bei Maschinen ohne Dämpferkäfig für die Berechnung der Ausgleichsvorgänge die Läuferwicklung vielfach als symmetrische Mehrphasenwicklung angenommen. Man dachte sich auf dem Läufer noch eine kurzgeschlossene Querfeldwicklung angebracht, die dieselbe Zeitkonstante hat wie die Erregerwicklung. Da durch eine solche Querfeldwicklung in Verbindung mit der Erregerwicklung das erreicht wird, was man von einer Dämpferwicklung verlangt, nämlich das Abdämpfen der nicht synchronen Drehfelder und gegebenenfalls das Beruhigen von Pendelschwingungen beim Parallelbetrieb, so ging man auch auf dieses Schema mit zwei senkrecht aufeinander stehenden, gleichwertigen

* Siehe Literaturverzeichnis S. 250.

Läuferwicklungen zurück, wenn auf dem Läufer wirklich eine Dämpferwicklung angebracht war. In ihrer üblichen Ausführung ist aber die
Dämpferwicklung keine Querfeldwicklung, sondern ein unvollkommener, in selteneren Fällen ein vollkommener Käfig. Auf diese Verhältnisse wurde der Verfasser von Herrn Prof. Dr.-Ing. Brüderlink aufmerksam gemacht. Die Berücksichtigung der Käfigwicklung lediglich
durch eine Querfeldwicklung ist, wie wir sehen werden, die Haupt-
ursache, weshalb die berechneten Stoßkurzschlußströme von den wirklichen so stark abweichen.

Eine weitere Fehlerquelle haben wir in der Annahme unendlich
großer Leitfähigkeit des Eisens in den Streuwegen, wie es zur Berechnung der Stoßkurzschlußströme bisher immer angenommen wurde.
Wie groß der Einfluß des magnetischen Eisenwiderstandes auf die
kritischen Stromwerte sein kann, zeigt uns Biermanns ([L 2] S. 143)
für ein bestimmtes Beispiel in experimentell gefundenen Werten. Die
Berücksichtigung der Eisenleitfähigkeit in den Streuwegen hat eine
besonders große Bedeutung bei solchen Maschinen, die zur Einhaltung
der für die Stoßströme vorgeschriebenen Höchstwerte mit halbgeschlos-
senen Nuten ausgeführt werden.

Die vorliegende Arbeit zerfällt in drei Teile. Im ersten Teil werden
unter Vernachlässigung der Wirkwiderstände und der magnetischen
Beanspruchung im Eisen die Stoßkurzschlußströme von Turbogeneratoren mit Dämpferkäfig bestimmt.

Im zweiten Teil lernen wir für dieselben Maschinen den Einfluß
der Wirkwiderstände auf die Ausgleichsvorgänge kennen. Es sind hier
besonders die Dämpfungsverhältnisse, die sich wesentlich von denen
unterscheiden, die man für Maschinen ohne Käfigwicklung oder bei der
früher üblichen, unzulänglichen Berücksichtigung der Käfigwicklung
gefunden hat.

Im dritten Teil findet die magnetische Beanspruchung im Eisen
Berücksichtigung.

I. Vernachlässigung der Wirkwiderstände und der magnetischen Beanspruchung im Eisen.

1. Die Berechnung der Dämpferwicklung.

In den meisten Fällen ist die Dämpferwicklung bei Turbogeneratoren als unvollkommener Käfig ausgebildet. Die einzelnen Stäbe dieser Wicklung liegen dabei in denselben Nuten wie die Spulenseiten der Erregerwicklung (Abb. 1). Der unvollkommene Käfig ist also bei Turbogeneratoren gerade um eine halbe Polteilung gegenüber seiner Lage bei Schenkelpolmaschinen versetzt, denn bei Schenkelpolmaschinen sind die Stäbe längs der Polschuhe untergebracht, während in der Pollücke die Stäbe gewöhnlich fehlen. Wir wollen nun zeigen, wie man eine solche Wicklung rechnerisch erfassen kann und verwenden dazu eine von Liwschitz [L 7] gebrauchte Methode, die darin besteht, daß man die Käfigwicklung durch zwei senkrecht aufeinander stehende Wicklungen ersetzt[1]. Am Schluß dieses Abschnittes werden wir dann noch auf den Fall zurückkommen, bei dem die Dämpferwicklung ein vollkommener Käfig ist.

Nehmen wir an, daß das durch sämtliche Wicklungen erregte resultierende Feld sinusförmig am Ankerumfang verteilt ist, so können wir

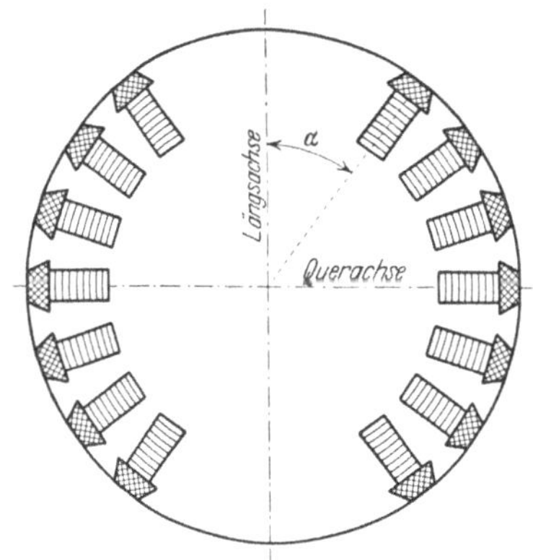

Abb. 1. Läufer eines Turbogenerators.

dieses Feld in zwei Komponenten zerlegen, von denen die eine in der Achse der Erregerwicklung (Längsachse) und die andere senkrecht dazu (Querachse) liegt. In Abb. 2a sind die beiden Komponenten der Induktion in ihrer Lage zur Käfigwicklung eingezeichnet. Mit B_l bezeichnen wir die Induktionsamplitude der Längskomponente und mit B_q die Amplitude der Querkomponente.

Betrachten wir einmal die induzierende Wirkung des Querfeldes auf die Dämpferwicklung für sich, so erkennen wir aus Abb. 2a, daß

---

[1] Liwschitz behandelt a. a. O. die Wirkung der Dämpferwicklung auf die Pendelschwingungen.

je zwei Stäbe, die symmetrisch zur Mittellinie einer Stabgruppe liegen, gleich große aber entgegengerichtete Ströme führen. Wir können also je zwei solcher Stäbe mit den zugehörigen Stirnverbindungen zu einem Stromkreis zusammenfassen. Es fließt somit kein Strom durch die Verbindungsleitung zwischen den Punkten a und b der Abb. 2a, solange nur das Querfeld in Betracht kommt. In bezug auf das Querfeld allein können wir also die Stäbe, die zwischen zwei Polen liegen, als eine getrennte Wicklung auffassen, die unabhängig ist von allen übrigen Stäben. Wir nennen diese Wicklung die Dämpfer q u e r wicklung. Das Längsfeld beeinflußt die Querfeldwicklung nicht, da Feld und Wicklungsachse senkrecht aufeinander stehen. Die Abb. 3a zeigt diese Wicklung, wobei aber die Verbindungen zweier

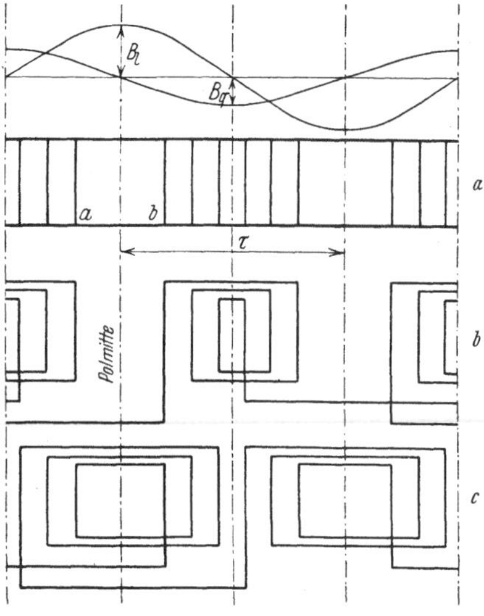

Abb. 2. Unvollkommener Käfig mit Ersatzwicklungen.

Stäbe durch je zwei besondere Leitungen hergestellt sind, während in Wirklichkeit nur zwei Kurzschlußringe für die Verbindung aller Stäbe vorhanden sind. Schalten wir nun die einzelnen Kreise dieser Wicklung hintereinander, wie es die Abb. 2b zeigt, so entspricht dieses Vorgehen einfach einer Mittelwertsbildung über die Ströme.

In bezug auf das Längsfeld ist die Polmitte Symmetrielinie. Das Längsfeld induziert in zwei Stäben, die symmetrisch zur Polmitte liegen, gleich große aber entgegengerichtete Ströme.

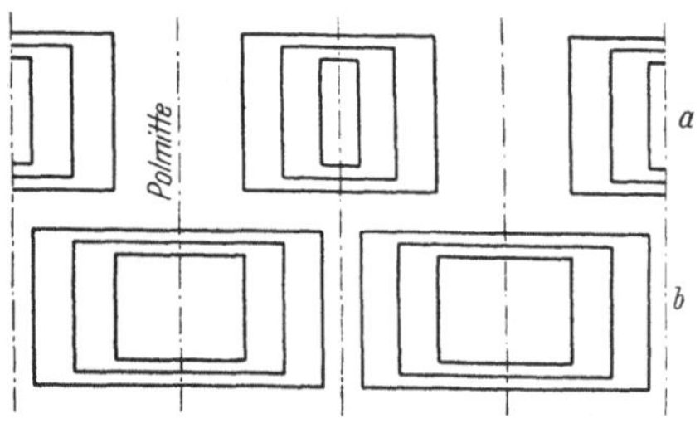

Abb. 3. Ersatzwicklungen des Käfigs mit parallelen Kreisen.

Je zwei solcher Stäbe bilden mit den Verbindungsleitungen einen Stromkreis. Wir kommen somit ohne weiteres auf die Anordnung der Abb. 3b. Wenn wir nun die einzelnen Kreise wieder hintereinander schalten, wie es die Abb. 2c zeigt, so entspricht dies wieder einer Mittelwertsbildung über die Ströme. Diese Wicklung, die nur mit dem Längsfeld verkettet ist, wollen wir Dämpfer l ä n g s wicklung nennen.

Damit hätten wir die Käfigwicklung durch zwei senkrecht aufeinander stehende, einachsige Wicklungen ersetzt. Wir haben dabei die einzelnen Kreise der Abb. 3a und 3b deshalb hintereinander geschaltet, weil sonst bei der mathematischen Behandlung unserer Aufgabe, die Stoßströme zu bestimmen, jeder der einzelnen Kreise der Abb. 3a und 3b für sich als eine Wicklung aufzufassen wäre, die Rechnung also dadurch sehr kompliziert würde. Da nun die Dämpferquerwicklung für die folgende Rechnung nicht gebraucht wird, hätten wir bei dieser Wicklung auf das Hintereinanderschalten der Kreise verzichten können. Wenn wir nun zeigen wollen, daß durch das Hintereinanderschalten der einzelnen Kreise kein größerer Fehler entsteht, so können wir uns also dabei auf die Dämpferlängswicklung beschränken.

Wir nehmen ein am Ankerumfang sinusförmig verteiltes Wechselfeld an und bestimmen die induzierende Wirkung einmal auf die Wicklung der Abb. 3b und dann auf die Spulenwicklung der Abb. 2c. Der Wirkwiderstand R und die Streureaktanz X_σ eines Kreises der Abb. 3b setzen sich zusammen aus den Anteilen der Stäbe und denen der Stirnverbindungen. Während die ersteren für alle Kreise gleich sind, haben die Wirk- und Blindwiderstände der Stirnverbindungen bei den einzelnen Kreisen verschiedene Werte. Die Unterschiede sind jedoch klein, da der Teil der Stirnverbindung, der längs des unbewickelten Bogens des Läuferumfanges liegt, für alle Kreise gemeinsam ist und noch deshalb stark ins Gewicht fällt, weil er die größte Durchflutung führt, Streureaktanz und Wirkwiderstand je Längeneinheit hier also größer sind als in den übrigen Teilen. So können wir näherungsweise annehmen, daß alle Kreise denselben Widerstand $R + j X_\sigma$ haben. Für die Wicklung der Abb. 3b ist dann die durch das Wechselfeld hervorgerufene Durchflutung Θ einer halben Spulenseite

$$\Theta = \frac{1}{|R + j X_\sigma|} (E_1 + E_2 + \cdots + E_\nu + \cdots + E_n), \qquad (1)$$

wenn E_ν die in dem Kreise ν induzierte EMK und n die Zahl der Kreise je Pol ist.

Für die Spule mit den hintereinander geschalteten Kreisen ist die induzierte Durchflutung einer halben Spulenseite

$$\Theta = \frac{E_1 + E_2 + \cdots + E_\nu + \cdots + E_n}{n \cdot |(R + j X_\sigma)|} \cdot n. \qquad (2)$$

Die Gesamtdurchflutung ist also in beiden Fällen gleich.

Zeigt es sich nun, daß die Grundwellen der durch die Durchflutung Θ in den beiden Wicklungen der Abb. 3b und 2c hervorgerufenen Induktionen gleich groß sind, so können wir sagen, daß diese beiden

Wicklungen in magnetischer Hinsicht gleichwertig sind. Wir wollen diese Verhältnisse jetzt untersuchen und bestimmen zu diesem Zweck zunächst einmal die Felderregerkurven der beiden Wicklungen bei derselben Spulenseitendurchflutung 2Θ.

Liegen die Stäbe eines Kreises der Abb. 3b unter einem Winkel α gegen die Längsachse (s. Abb. 1), so ist die in diesem Kreis induzierte EMK und damit auch der dadurch hervorgerufene Strom $\sin\alpha$ proportional. Die Stromverteilung längs des bewickelten Teiles des Läuferumfanges (Bogen 2β) ist also sinusförmig, und so muß auch die Felderregerkurve hier eine Sinuslinie sein. Wir kommen somit auf eine Kurve, wie sie durch Abb. 4a dargestellt ist. Sind aber die einzelnen Kreise hintereinander geschaltet, so ist die Felderregerkurve ein Trapez (Abb. 4b). Für die gebräuchlichste Ausführung der Läuferwicklung, bei der $^2/_3$ des Läuferumfanges bewickelt ist, ist das Verhältnis der Grundwellen der beiden Felderregerkurven 0,97, also kaum von 1 verschieden.

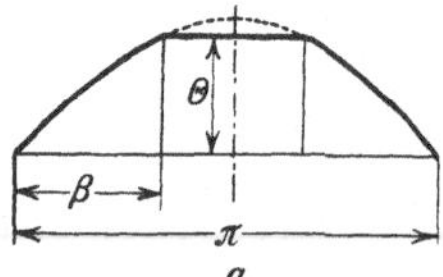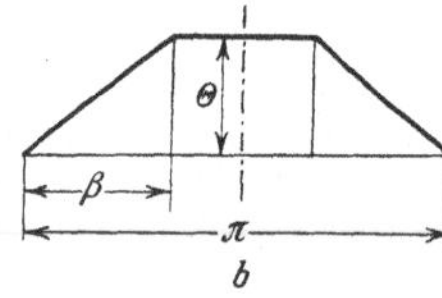

Abb. 4. Felderregerkurven der Dämpferlängswicklungen.
a) für die Wicklung der Abb. 3a.
b) für die Wicklung der Abb. 2c.

Damit ist erwiesen, daß die Spule der Abb. 2c beim Einwirken eines Wechselfeldes das gleiche Gegenfeld hervorbringt wie die Wicklung der Abb. 3b. Das Hintereinanderschalten der einzelnen Kreise ist also in Anbetracht des geringen Fehlers berechtigt.

Vergleichen wir in den Abb. 2b und 2c die beiden Ersatzwicklungen des Käfigs, so erkennen wir, daß die Dämpferlängswicklung die gleiche Windungszahl aber einen bedeutend größeren Wicklungsfaktor hat als die Dämpferquerwicklung. Die Berücksichtigung der Käfigwicklung durch eine Querfeldwicklung allein, wie es bisher vielfach geschehen ist, ist also nicht befriedigend.

Die Berechnung der Induktivitäten der Dämpferlängswicklung geschieht an Hand der Abb. 2c in der üblichen Weise. Der Wicklungsfaktor dieser Wicklung ist genau derselbe wie der der Erregerwicklung, denn die Stäbe sind beim unvollkommenen Käfig am Läuferumfang genau so verteilt wie die Spulenseiten der Erregerwicklung.

Die Wirkwiderstände berechnen wir ebenfalls nach Abb. 2c. Dabei sind aber die Querschnitte der Stirnverbindungen unbekannt. Nehmen wir nun an, daß der Querschnitt des Kurzschlußringes in so viele gleiche Teile unterteilt ist, als Windungen pro Pol vorhanden sind, und daß jeder Teilquerschnitt einer Windung zukommt, so ist dies eine Näherung, deren Fehler verschwindet, sobald die Stäbe einer Wicklungsseite unendlich nahe zusammenrücken. Denn in diesem speziellen Fall sind die Ströme in den einzelnen Kreisen der Abb. 3b gleich groß und verteilen sich demnach gleichmäßig auf den ganzen Querschnitt des Kurzschlußringes. In Wirklichkeit sind die Stäbe aber auf $^2/_3$ des Läuferumfanges verteilt, so daß unsere Annahme mit gleichmäßiger Unterteilung des Gesamtquerschnittes keine genauen Werte gibt. Wir wollen aber auf eine genauere Bestimmung verzichten, da eine komplizierte Rechnung hier sich nicht lohnt.

Ist $2 \cdot n$ die Zahl der Stäbe pro Polteilung und q_r der Querschnitt des Kurzschlußringes, so rechnen wir also für die Stirnverbindung mit einem Querschnitt q_r/n.

Haben wir einen vollkommenen Käfig als Dämpferwicklung, so nehmen wir genau wie früher eine Zerlegung in zwei senkrecht aufeinander stehende, voneinander unabhängige Ersatzwicklungen vor, die sich von den Abb. 3a und 3b nur dadurch unterscheiden, daß die Stäbe über den ganzen Läuferumfang verteilt sind. Um die Dämpferquerwicklung brauchen wir uns hier nicht weiter zu bekümmern, da ihre zahlenmäßigen Größen im folgenden nicht gebraucht werden. Bei der Dämpferlängswicklung müssen wir jetzt aber, wie wir später erkennen werden, unterscheiden zwischen den Stäben, die mit den Spulenseiten der Erregerwicklung in denselben Nuten liegen, und denen, die für sich untergebracht sind. Wir erhalten dann aber nicht mehr eine, sondern zwei Dämpferlängswicklungen, was eine sehr komplizierte Rechnung zur Folge haben würde. Wir greifen deshalb zu einer Näherung, indem wir nur die Stäbe berücksichtigen, die in den Nuten der Erregerwicklung liegen. Den dadurch entstandenen Fehler können wir durch Erniedrigung der Streureaktanz teilweise wieder ausgleichen, wie wir jetzt zeigen wollen.

Bei Annahme gleicher Streureaktanzen und Wirkwiderstände für alle parallelen Kreise der Dämpferlängswicklung (s. Abb. 3b) ist der durch ein sinusförmiges Wechselfeld induzierte Strom sinusförmig am Läuferumfang verteilt. Damit ist auch die Felderregerkurve eine Sinuslinie. Schalten wir nun die Kreise, deren Stäbe gemeinsam mit den Spulenseiten der Erregerwicklung eingebettet sind, hintereinander und vernachlässigen die übrigen, so ist die Felderregerkurve ein Trapez. Die Grundwelle dieses Trapezes ist aber kleiner als die Sinuskurve der Wicklung mit den parallelen Stäben, und zwar ist für den gebräuchlichsten Fall, bei dem $^2/_3$ des Läuferumfanges bewickelt ist, das Verhältnis beider gleich 0,91. Wir können aber die Wirkung der Spule mit den hintereinander geschalteten Kreisen erhöhen, indem wir die Streuinduktivität verringern. Bestimmen wir die Streureaktanz an Hand der Abb. 2c, verkleinern den so errechneten Wert um 9%, so ist die Grundwelle des induzierten Feldes wieder so groß wie bei der unveränderten Längswicklung mit den parallel geschalteten Kreisen, bei der alle Stäbe berücksichtigt sind. Durch diese Verringerung der

Streureaktanz wird allerdings indirekt auch die gegenseitige Einwirkung von Dämpferlängs- und Erregerwicklung etwas verändert. Den dadurch entstehenden kleinen Fehler wollen wir aber vernachlässigen.

Die Dämpferlängswicklung erfassen wir also nach Abb. 2c, gleichgültig, ob es sich um einen vollkommenen oder um einen unvollkommenen Käfig handelt. Beim vollkommenen Käfig verringern wir aber die so errechnete Streuinduktivität um 9%.

Nach diesen Vorbereitungen wollen wir zu unserer eigentlichen Aufgabe übergehen, nämlich zur Bestimmung der kritischen Stromwerte, die beim plötzlichen Kurzschluß auftreten.

2. Die Methode zur Bestimmung der Stoßkurzschlußströme.

Die Stoßkurzschlußströme sollen hier unter Vernachlässigung der Wirkwiderstände bestimmt werden. Durch diese Vernachlässigung wird die Rechnung bedeutend vereinfacht. Die Spannungsgleichungen, die für die einzelnen Wicklungen gelten, sind die Grundgleichungen für unser Problem. Sie lauten in der allgemeinsten Form:

$$i\,R = -\,w\,\frac{d\varphi}{dt}\,, \tag{3}$$

wenn R der Wirkwiderstand und φ der die Spule durchsetzende mittlere Windungsfluß ist, der im allgemeinen auch von Strömen in andern Wicklungen erregt wird. Die Lösung dieser Gleichung beim Widerstand $R = 0$ ist

$$\varphi = \mathrm{const} = \varphi_0\,. \tag{4}$$

Es ist also für jede kurzgeschlossene Spule der Fluß φ während eines beliebigen Vorganges konstant. Dieses Gesetz wollen wir auf den plötzlichen Kurzschluß unserer Synchronmaschine anwenden. Für φ_0 haben wir dabei den im Kurzschlußmoment mit einer betrachteten Wicklung verketteten mittleren Windungsfluß einzusetzen. Wir nennen φ_0 kurz den Schaltfluß der betreffenden Wicklung.

Den Ständer denken wir uns mit einer Wicklung ausgerüstet, die eine Einphasenwicklung oder eine symmetrische Mehrphasenwicklung sein kann. Auf dem Läufer haben wir neben der Erregerwicklung eine Dämpferlängswicklung mit derselben Achsenrichtung wie die Erregerwicklung und senkrecht dazu die Dämpferquerwicklung. In Abb. 5 sind die Wicklungen schematisch dargestellt. In der nachfolgenden Entwicklung ist der Einfachheit halber für die Ständerwicklung eine Einphasenwicklung angenommen.

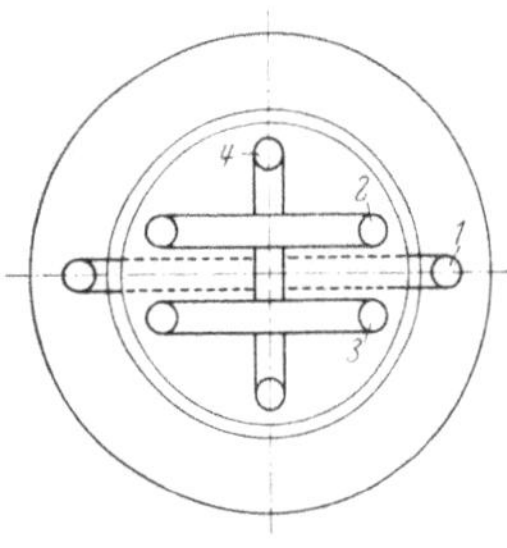

Abb. 5. Wicklungsschema:
1 = Ständerwicklung,
2 = Erregerwicklung,
3 = Dämpferlängswicklung,
4 = Dämpferquerwicklung.

Wir schließen einmal die Ständerwicklung in dem Augenblick kurz, in dem sie den größten Fluß umfaßt. In diesem Augenblick hat der Läufer die in Abb. 5 eingezeichnete Stellung. Drehen wir nun den Läufer weiter, so müssen nach dem obigen Gesetz die Flüsse, die mit den einzelnen Wicklungen verkettet sind, also die Schaltflüsse, konstant bleiben; sie müssen also die Stärke beibehalten, die sie im Augenblick des Kurzschlusses hatten. Nach einer Drehung des Läufers um 180 Polteilungsgrade ist der Fluß der beiden Läuferlängswicklungen gerade entgegengesetzt gerichtet wie der Ständerfluß. Die Flüsse werden sich im Hauptkraftlinienweg demnach ganz oder teilweise aufheben. Da sie ihre Stärke aber beibehalten müssen, können sie sich nur noch in den Streuwegen ausbilden. Der große magnetische Widerstand der Streuwege bedingt nun große Durchflutungen zur Erhaltung der Felder. So ist bekanntlich auf einfache Weise das Auftreten hoher Stromspitzen beim plötzlichen Kurzschluß zu erklären.

Aus dieser Überlegung geht weiter hervor, daß der kritische Kurzschlußstrom nach einer halben Periode in bezug auf den Schaltmoment auftreten muß. Dabei gingen wir von dem ungünstigsten Fall aus, was sich mit folgender Betrachtung zeigen läßt. Wir schließen einmal die Ständerwicklung in dem Augenblick kurz, in dem sie nicht den größten, sondern den Fluß Null umfaßt. Das ist der Fall, wenn die Ständer- und die Erregerwicklung senkrecht aufeinander stehen. Nach einer Drehung um 90 Polteilungsgrade stimmen die Richtungen der Wicklungssachen überein, und die Erregerwicklung sucht ihren Fluß durch die Standerwicklung zu schicken. Die Ständerwicklung muß also hier eine Durchflutung aufbringen, die den von der Erregerwicklung aufgezwungenen Fluß zu Null reduziert, während im ersten Fall mit dem ungünstigsten Kurzschlußmoment der Ständerfluß auf den Wert des negativen Leerlaufsflusses gebracht werden mußte. Es wird also im ersten Fall etwa die doppelte Durchflutung in der Ständerwicklung notwendig sein wie im zweiten. Wählen wir nun für den Kurzschlußmoment eine Zwischenstellung, so wird auch der zu erwartende Ständerstrom zwischen den Werten der beiden obigen Grenzfälle liegen.

Wir beschränken uns im folgenden auf die Bestimmung der größten möglichen Stoßkurzschlußströme, die, wie wir gesehen haben, eine halbe Periode nach dem ungünstigsten Schaltmoment auftreten.

Die Dämpferquerwicklung ist vor dem Kurzschluß mit keinem Fluß verkettet. Um diesen Zustand auch nach dem Kurzschluß zu erhalten, hat die Dämpferquerwicklung einfach die Komponente der Ständerdurchflutung, die in ihr magnetisierend wirkt, zu kompensieren. Erfolgt der Kurzschluß im ungünstigsten Schaltmoment (s. Abb. 5), so steht nach einer Drehung des Läufers um 180 Polteilungsgrade die Dämpferquerwicklung wieder senkrecht zur Ständerwicklung. Der von

der Dämpferquerwicklung zu kompensierende Teil der Ständerdurchflutung ist bei dieser Läuferstellung gleich Null. Im kritischen Augenblick ist die Dämpferquerwicklung demnach stromlos und hat somit
keinen Einfluß auf die Vorgänge in den übrigen Wicklungen. Zur Bestimmung der Stoßkurzschlußströme können wir also ohne Fehler,
solange wir wenigstens die Wirkwiderstände vernachlässigen, **die
Dämpferquerwicklung als nicht vorhanden annehmen.**

Wir bestimmen also die kritischen Kurzschlußströme für den Fall,
daß der Läufer nur zwei und zwar koaxiale Wicklungen trägt, wie
es die Abb. 6 zeigt. Wir können hier darauf verzichten, auch auf den
Verlauf der Ausgleichsvorgänge einzugehen,
da dies im zweiten Teil dieser Arbeit doch
geschehen muß, um den Einfluß der Wirkwiderstände kennenzulernen. Die Rechnung
wird durch diesen Verzicht viel übersichtlicher.

Im folgenden gehört der Index *1* zur
Ständerwicklung, der Index *2* zur Erregerwicklung und der Index *3* zur Dämpferlängswicklung.

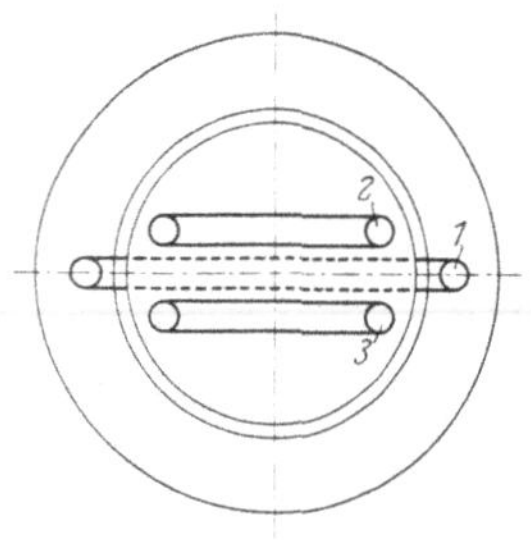

Abb. 6.
Vereinfachtes Wicklungsschema.

**Durch das Vorhandensein von zwei
koaxialen Läuferwicklungen unterscheidet sich prinzipiell die gestellte
Aufgabe von den Arbeiten, die bisher erschienen sind.** Wir
wollen nicht gleich an die Lösung dieser Aufgabe gehen, sondern die Wirkung einer zweiten koaxialen Läuferwicklung zunächst an dem einfachsten
Modell einer Synchronmaschine, nämlich am Transformator kennenlernen. Der Transformator als Modell hat den Vorteil, daß sich bei ihm
die schematische Darstellung der Flüsse sehr übersichtlich gestaltet,
und daß wir die Beziehungen, die unter den Induktivitäten bestehen,
aus dieser Darstellung ohne weiteres ablesen können.

3. Der Transformator mit zwei kurzgeschlossenen Sekundärwicklungen.

Solange wir es mit Dauervorgängen zu tun haben, besteht in physikalischer Hinsicht der Unterschied zwischen einer Mehrphasensynchron-
maschine und einem Transformator darin, daß die sinusförmige Flußänderung bei der Synchronmaschine durch Drehung eines Gleichflusses
und beim Transformator durch Anlegen einer sinusförmigen Wechselspannung bei relativer Ruhe der Wicklungen hervorgerufen wird.
Daraus geht ohne weiteres hervor, daß wir die Dauervorgänge der
Synchronmaschine mit denen des Transformators vergleichen können.
Es ist aber auch ein Vergleich der beim plötzlichen Kurzschluß auftretenden Vorgänge möglich. Wenn wir im folgenden die Wirkung einer

zweiten Sekundärwicklung aber nicht beim plötzlichen Kurzschluß, sondern beim Dauerkurzschluß des Transformators bestimmen, so müssen wir uns zunächst darüber klar werden, was der Dauerkurzschluß des Transformators mit dem plötzlichen Kurzschluß der Synchronmaschine zu tun hat, eine Gegenüberstellung, die zunächst sinnwidrig erscheinen könnte.

Wir wissen, daß beim Dauerkurzschluß des Transformators bei Vernachlässigung der Wirkwiderstände die Primärwicklung einen der angelegten Spannung entsprechenden Wechselfluß und die Sekundärwicklung den Gesamtfluß Null verlangt. Den Dauerkurzschluß wollen wir jetzt mit dem plötzlichen Kurzschluß vergleichen. Wir denken uns zu diesem Zweck die Sekundärwicklung eines leerlaufenden Transformators in dem Augenblick kurzgeschlossen, in dem sie den größten Fluß umfaßt. Nach dem Induktionsgesetz muß bei Vernachlässigung der Wirkwiderstände die Sekundärwicklung diesen Fluß festhalten. Die Primärwicklung verlangt einfach wieder wie beim Dauerkurzschluß den der angelegten Spannung entsprechenden konstanten Wechselfluß. In bezug auf das konstante Wechselfeld der Primärwicklung allein verhält sich also der Transformator beim plotzlichen Kurzschluß genau so wie beim Dauerkurzschluß.

Wenn wir beim plötzlichen Kurzschluß des Transformators einmal nur das konstante Wechselfeld der Primärwicklung und die dadurch bedingten Vorgänge und dann getrennt das mit der Sekundärwicklung verkettete konstante Gleichfeld betrachten, so ist das gleich, wie wenn wir beim plötzlichen Kurzschluß der Synchronmaschine einmal nur den Schaltfluß der Ständerwicklung und dann für sich den Schaltfluß der Läuferwicklung ins Auge fassen. Wir wollen nun zeigen, daß wir die Vorgänge, die durch den Ständerschaltfluß hervorgerufen werden, mit denen vergleichen können, die beim Transformator infolge des konstanten primären Wechselflusses auftreten. Zu diesem Zweck betrachten wir das Verhalten der Läuferwicklung der Synchronmaschine in bezug auf den konstanten Ständerfluß. Die Läuferwicklung verlangt nach dem Induktionsgesetz einen konstanten Fluß, während die Ständerwicklung einen Wechselfluß durch sie hindurchschicken möchte. Genau so verhält sich aber auch die Sekundärwicklung des Transformators. Auch sie verlangt einen konstanten Fluß und muß den von der Ständerwicklung ausgehenden Wechselfluß abweisen. Ein Vergleich der beiden Fälle ist also möglich. Da beim Transformator die durch den konstanten Wechselfluß der Primärwicklung hervorgerufenen Vorgänge dieselben sind wie die, die beim Dauerkurzschluß auftreten, so ist es jetzt klar, daß wir die Vorgänge, die durch den Schaltfluß der Ständerwicklung der Synchronmaschine hervorgerufen werden, mit dem Dauerkurzschluß des Transformators vergleichen können. Dadurch, daß wir die Wirkwiderstände vernachlässigt haben, ist der Ausgleichsvorgang formal sowieso zu einem Dauerzustand geworden, so daß die Gegenüberstellung eines eigentlich vorübergehenden Vorganges mit einem Dauervorgang berechtigt ist. Für das am Läufer hängende Feld könnten wir entsprechende Überlegungen anstellen. Die physikalische Vorstellung, die wir beim Dauerkurzschluß des Transformators gewinnen, können wir also auf den plötzlichen Kurzschluß der Synchronmaschine übertragen.

Wir wollen nun den Dauerkurzschluß eines Transformators mit nur einer Sekundärwicklung mit dem eines Transformators mit zwei Sekundärwicklungen vergleichen. Beim ersteren verlangt die Sekundärwicklung bei Vernachlässigung der Wirkwiderstände den Fluß Null und die Primärwicklung einen konstanten Wechselfluß, den Leerlaufsfluß Φ_1. Der Fluß der Primärwicklung setzt sich zusammen aus dem primären Streufluß $\Phi_{1\sigma}$ und einem Fluß Φ_{1h}, der auf dem Hauptweg

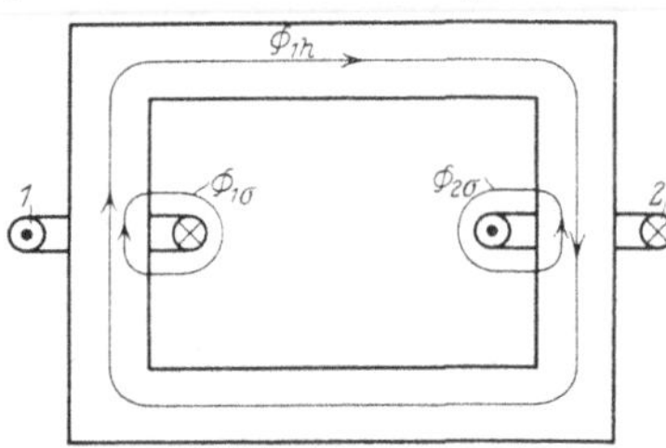
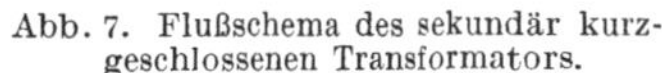
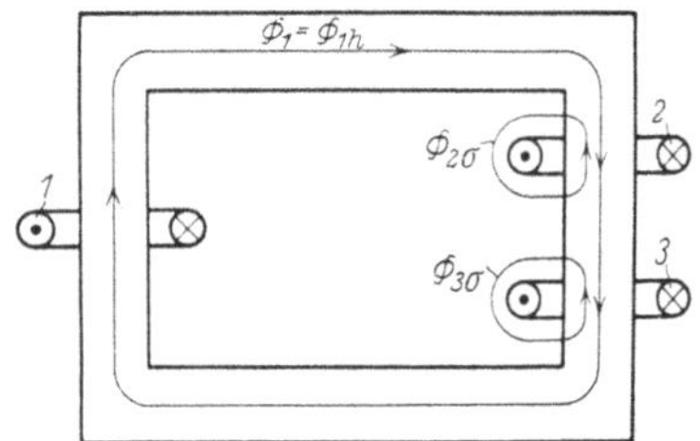

Abb. 7. Flußschema des sekundär kurzgeschlossenen Transformators.
Abb. 8. Flußschema eines Transformators mit zwei kurzgeschlossenen Sekundärwicklungen.

läuft und negativ gleich ist dem sekundären Streufluß, so daß der resultierende Fluß der Sekundärwicklung wieder Null ist. In Abb. 7 sind die Flüsse schematisch dargestellt. Für den Fall, daß die primäre Streuung Null ist, geht der ganze Primärfluß den Eisenweg, und die Sekundärwicklung hat eine Durchflutung aufzubringen, die so groß ist, daß der dadurch hervorgerufene sekundäre Streufluß gleich dem Leerlaufsfluß ist.

Diesem einfachen Transformator wollen wir nun einen Transformator mit zwei kurzgeschlossenen Sekundärwicklungen gegenüberstellen, und zwar sollen die beiden Sekundärwicklungen vollständig getrennte Streuwege haben, wie es Abb. 8 zeigt. Der größeren Übersicht wegen nehmen wir die primäre Streuung zu Null an. Dann geht der ganze Primärfluß $\Phi_1 \equiv \Phi_{1h}$ den Eisenweg. Jede der beiden Sekundärwicklungen muß nun, um den von ihr verlangten Fluß Null zu erhalten, je eine so große Durchflutung aufbringen, daß die dadurch erzeugten Streuflüsse einzeln negativ gleich dem Primärfluß sind. Bei vollkommener Symmetrie der beiden Sekundärwicklungen haben wir in diesem Fall also die doppelte Gesamtdurchflutung wie im ersten, wo nur eine

Sekundärwicklung vorhanden war. Da beim kurzgeschlossenen Transformator die primäre Durchflutung der sekundären direkt proportional ist, so haben wir bei diesem Transformator also eine primäre Stromaufnahme, die doppelt so groß ist wie bei einem Transformator mit nur einer kurzgeschlossenen Sekundärwicklung.

Sind die Streuleitwerte $\Lambda_{2\sigma}$ und $\Lambda_{3\sigma}$ der beiden Sekundärwicklungen nicht gleich groß, so müssen, um einen Streufluß von der Größe Φ_{1h} hervorzubringen, folgende Beziehungen gelten:

$$\Phi_{1h} = \Lambda_{2\sigma} \cdot J_2 \cdot w_2 ,$$
$$\Phi_{1h} = \Lambda_{3\sigma} \cdot J_3 \cdot w_3 ,$$

wenn $J_2 \cdot w_2$ und $J_3 \cdot w_3$ die Amplituden der Durchflutungen der beiden Sekundärwicklungen sind. Daraus ergibt sich für das Verhältnis der beiden sekundären Durchflutungen:

$$\frac{J_2 \cdot w_2}{J_3 \cdot w_3} = \frac{\Lambda_{3\sigma}}{\Lambda_{2\sigma}} . \tag{5}$$

Die Durchflutungen der beiden Sekundärwicklungen verhalten sich also umgekehrt wie ihre Streuleitwerte.

Für die Summe der beiden Durchflutungen erhalten wir:

$$J_2 \cdot w_2 + J_3 \cdot w_3 = \Phi_{1h} \left(\frac{1}{\Lambda_{2\sigma}} + \frac{1}{\Lambda_{3\sigma}} \right) = \Phi_{1h} \frac{\Lambda_{2\sigma} + \Lambda_{3\sigma}}{\Lambda_{2\sigma} \cdot \Lambda_{3\sigma}} , \tag{6}$$

während die Amplitude der sekundären Durchflutung des einfachen Transformators gleich

$$J_2 \cdot w_2 = \Phi_{1h} \frac{1}{\Lambda_{2\sigma}} \tag{7}$$

ist. Das Vorhandensein einer zweiten Sekundärwicklung können wir also dadurch berücksichtigen, daß wir den Streuleitwert $\Lambda_{2\sigma}$ durch den Wert $\dfrac{\Lambda_{2\sigma} \cdot \Lambda_{3\sigma}}{\Lambda_{2\sigma} + \Lambda_{3\sigma}}$ ersetzen, was auch einer Parallelschaltung der beiden Streureaktanzen $X_{2\sigma}$ und $X_{3\sigma}$ entspricht. Da nun der Wert $\dfrac{\Lambda_{2\sigma} \cdot \Lambda_{3\sigma}}{\Lambda_{2\sigma} + \Lambda_{3\sigma}}$ kleiner ist als jeder der beiden Leitwerte $\Lambda_{2\sigma}$ und $\Lambda_{3\sigma}$, so erkennen wir, daß das Hinzukommen einer zweiten Sekundärwicklung wie eine Verringerung der Streureaktanz wirkt. Die Folge davon ist eine größere Stromaufnahme des Transformators.

Die Wirkung einer zweiten Sekundärwicklung tritt erst recht hervor, wenn die Streureaktanz $X_{3\sigma}$ dieser Wicklung sehr klein oder gar gleich Null ist. In diesem speziellen Fall mit $X_{3\sigma} = 0$ ist die Streureaktanz der Parallelschaltung $\dfrac{X_{2\sigma} \cdot X_{3\sigma}}{X_{2\sigma} + X_{3\sigma}}$ ebenfalls gleich Null. Der Transformator verhält sich also so, als ob nur eine Sekundärwicklung mit der Streureaktanz Null vorhanden wäre, ganz gleichgültig, wie groß die Streuinduktivität der ersten Sekundärwicklung ist.

Wir haben oben gesehen, daß wir den Dauerkurzschluß eines Transformators mit dem durch Vernachlässigung der Wirkwiderstände zum Dauervorgang gewordenen plötzlichen Kurzschluß einer Synchronmaschine vergleichen können. **Dabei spielt die Dämpferlängswicklung die Rolle der zweiten Sekundärwicklung.** Da nun die Streuinduktivität dieser Wicklung im allgemeinen **sehr klein ist, so können wir aus den letzten Überlegungen schließen, daß durch diese zweite Längswicklung der Stoßkurzschlußstrom der Ständerwicklung bedeutend erhöht wird.** Wir wollen nun diese Verhältnisse bei der Synchronmaschine genauer untersuchen und stellen zu diesem Zweck zunächst die für die Maschine geltenden Grundgleichungen auf.

Für die Augenblickswerte der Ströme und Spannungen sind allgemein kleine und für die Amplituden dieser Größen große Buchstaben gewählt.

4. Die Grundgleichungen für die Bestimmung der Stoßkurzschlußströme.

Wir haben oben gesehen, daß bei Vernachlässigung der Wirkwiderstände der Gesamtfluß einer jeden kurzgeschlossenen Spule auf jeden Fall konstant bleiben muß. Beim einphasigen Kurzschluß umfaßt im ungünstigsten Schaltmoment die Ständerwicklung den ganzen von der Erregerwicklung hervorgerufenen Hauptfluß von der Größe $\dfrac{L_{21}}{w_1} i_E$.

Dabei ist i_E der Erregergleichstrom und L_{21} die gegenseitige Induktivität von der Erreger- zur Ständerwicklung bei gleichgerichteten Achsen der beiden Wicklungen. Die Erregerwicklung ist mit dem Fluß $\dfrac{L_2}{w_2} i_E$ und die Dämpferlängswicklung mit dem Fluß $\dfrac{L_{23}}{w_3} i_E$ verkettet. Die im Schaltmoment bestehenden Flußverkettungen bleiben nun konstant. Dabei wird aber jeder der drei mittleren Windungsflüsse (Schaltflüsse) von den Strömen aller drei Wicklungen gemeinsam erregt. Die Anteile der einzelnen Spulen lassen sich durch die Induktivitäten ausdrücken, und die so entstehenden Gleichungen sind die Grundgleichungen für unsere Aufgabe.

Wir legen die Wicklungsachsen so fest, daß sie alle im Schaltmoment dieselbe Richtung haben, wie es die Abb. 9a zeigt. Nach einer Drehung des Läufers um 180 Polteilungsgrade treten die kritischen Ströme auf, und so haben wir für diese Stellung des Läufers die Flußverkettungsgleichungen aufzustellen. Die Rich-

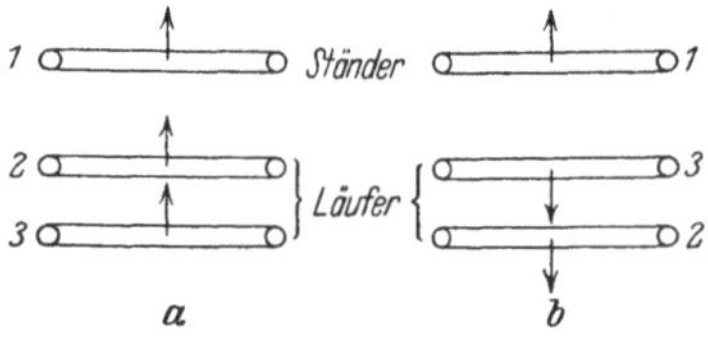

Abb. 9. Festlegung der Wicklungsachsen.

tungen der Wicklungsachsen bestimmen dabei die Vorzeichen der einzelnen Glieder. In Abb. 9b sind die Wicklungsachsen für die Läuferstellung im kritischen Moment eingezeichnet. Wir erhalten so mit den üblichen Bezeichnungen für die Induktivitäten folgende Grundgleichungen:

$$L_1\,i_{1\,kr} - L_{21}\,i_{2\,kr} - L_{31}\,i_{3\,kr} = L_{21}\,i_E, \tag{8}$$

$$L_2\,i_{2\,kr} - L_{12}\,i_{1\,kr} + L_{32}\,i_{3\,kr} = L_2\,i_E, \tag{9}$$

$$L_3\,i_{3\,kr} - L_{13}\,i_{1\,kr} + L_{23}\,i_{2\,kr} = L_{23}\,i_E. \tag{10}$$

Dabei ist die Reihenfolge der Indizes im Sinne von Ursache und Wirkung — d. h. Strom → Flußverkettung oder Strom → Spannung — gewählt.

Die Gl. (8) bis (10) gelten sowohl für den einphasigen als auch für den mehrphasigen Kurzschluß, je nach den Werten, die wir für die Induktivitäten einsetzen. Beim m_1-phasigen Kurzschluß fassen wir nur den Wicklungsstrang ins Auge, dessen Achse im Schaltmoment mit der Längsachse des Läufers gleichgerichtet ist. Der Einfluß der andern Phasen wird dadurch berücksichtigt, daß man die Nutzinduktivität L_{1h} der Ständerwicklung und die gegenseitigen Induktivitäten L_{12} und L_{13} auf das $\frac{m_1}{2}$-fache gegenüber einer einsträngigen Ständerwicklung vergrößert.

Bevor wir an die Auflösung der Grundgleichungen nach den kritischen Stromwerten gehen, wollen wir die Beziehungen, die unter den Induktivitäten bestehen, herleiten.

5. Die Beziehungen zwischen den Induktivitäten.

Wir bezeichnen den Leitwert des Hauptkraftlinienweges mit Λ_h, die Nutzinduktivitäten mit $L_{\nu h}$, die Zahl der in Reihe geschalteten Windungen eines Stranges mit w_ν, die Wicklungsfaktoren mit ξ_ν und die Polpaarzahl mit p. Es ist bei Vernachlässigung des magnetischen Widerstandes im Eisen

$$\Lambda_h = \frac{4}{\pi^2}\,\Pi_0\,\frac{\tau\,l_i}{\delta'}, \tag{11}$$

wobei Π_0 die Permeabilität der Luft, τ die Polteilung, l_i die ideelle Ankerlänge und δ' der mit dem Carterschen Faktor multiplizierte einseitige Luftspalt ist.

Für den **einphasig-einsträngigen Kurzschluß** (Kurzschluß zwischen Außenleiter und Nullpunkt) ist dann definitionsgemäß:

$$L_{1h} = \frac{w_1^2}{p}\cdot\xi_1^2\cdot\Lambda_h, \tag{12}$$

$$L_{2h} = \frac{w_2^2}{p}\cdot\xi_2^2\cdot\Lambda_h, \tag{13}$$

$$L_{3h} = \frac{w_3^2}{p} \cdot \xi_3^2 \cdot \varLambda_h, \tag{14}$$

$$L_{12} = L_{21} = \frac{w_1 \cdot w_2}{p} \xi_1 \xi_2 \varLambda_h, \tag{15}$$

$$L_{13} = L_{31} = \frac{w_1 \cdot w_3}{p} \xi_1 \xi_3 \varLambda_h. \tag{16}$$

Beim **einphasig-zweisträngigen Kurzschluß** (Kurzschluß zwischen zwei Außenleitern) liegen die Stränge, die hintereinander geschaltet sind, unter einem Winkel von 120 Polteilungsgraden zueinander. Die gegenseitige Induktivität ist demnach $\sqrt{3}$-mal und die Nutzinduktivität der Ständerwicklung 3 mal so groß wie bei einer einsträngigen Wicklung. Es ist also

$$L_{1h} = 3\frac{w_1^2}{p} \xi_1^2 \cdot \varLambda_h, \tag{17}$$

$$L_{12} = L_{21} = \sqrt{3}\frac{w_1 \cdot w_2}{p} \xi_1 \xi_2 \varLambda_h, \tag{18}$$

$$L_{13} = L_{31} = \sqrt{3}\frac{w_1 \cdot w_3}{p} \xi_1 \xi_3 \varLambda_h. \tag{19}$$

Die Induktivitäten L_{2h} und L_{3h} sind wieder durch die Gl. (13) und (14) gegeben.

Beim **m_1-phasigen Kurzschluß** ist

$$L_{1h} = \frac{m_1}{2} \cdot \frac{w_1^2}{p} \cdot \xi_1^2 \cdot \varLambda_h, \tag{20}$$

$$L_{12} = \frac{m_1}{2} L_{21} = \frac{m_1}{2} \cdot \frac{w_1 \cdot w_2}{p} \xi_1 \xi_2 \varLambda_h, \tag{21}$$

$$L_{13} = \frac{m_1}{2} L_{31} = \frac{m_1}{2} \cdot \frac{w_1 \cdot w_3}{p} \xi_1 \xi_3 \varLambda_h. \tag{22}$$

L_{2h} und L_{3h} sind wieder durch die Gl. (13) und (14) bestimmt.

Nach den für die gegenseitigen Induktivitäten angeschriebenen Beziehungen ist für alle Kurzschlußarten

$$L_{12} = \frac{w_2}{w_3} \cdot \frac{\xi_2}{\xi_3} L_{13}, \tag{23}$$

$$L_{21} = \frac{w_2}{w_3} \cdot \frac{\xi_2}{\xi_3} L_{31}. \tag{24}$$

Der Leitwert $\varLambda_h$ ist uns auch indirekt durch die Leerlaufcharakteristik gegeben. Gehört in der Leerlaufcharakteristik die effektive Strangspannung E_{eff} zu dem Erregerstrom $J_E = i_E$, so ist, wenn ω die Kreisfrequenz des Läufers ist,

$$L_{21} = \frac{E_{\mathrm{eff}} \cdot \sqrt{2}}{\omega \cdot J_E}.$$

Nach Gl. (15) ist dann

$$\Lambda_h = \frac{p}{w_1 \cdot w_2 \cdot \xi_1 \cdot \xi_2} \cdot \frac{E_{\text{eff}} \cdot \sqrt{2}}{\omega \cdot J_E}. \tag{25}$$

Bei Vernachlässigung der magnetischen Beanspruchung im Eisen ist das Wertepaar E_{eff} und J_E der Verlängerung des untern geradlinigen Teiles der Leerlaufscharakteristik zu entnehmen.

Ist $L_{\nu\sigma}$ die Streuinduktivität einer Wicklung, so nennen wir

$$\sigma_\nu = \frac{L_{\nu\sigma}}{L_{\nu h}} \tag{26}$$

die Streuziffer dieser Wicklung. Die gesamte Induktivität der Wicklung „ν" ist dann

$$L_\nu = L_{\nu h}(1 + \sigma_\nu). \tag{27}$$

Die Größe der gegenseitigen Induktivität L_{23} bestimmen wir an Hand der schematischen Darstellung der Abb. 10. Die besonderen Ver-
hältnisse in der Lage der beiden Sekundärwicklungen (Läuferwicklungen) sind dabei dadurch berücksichtigt, daß die beiden Sekundärwicklungen in eine Art Nut eingebettet sind. In Abb. 10 ist der Fluß, der von der Wicklung 2 (Erregerwicklung) hervorgerufen ist, eingezeichnet. Der weitaus größte Teil dieses Flusses

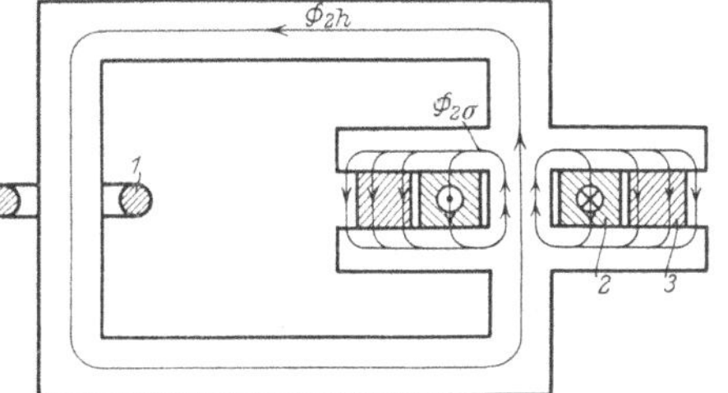

Abb. 10. Von der Erregerwicklung (Wicklung 2) hervorgerufener fiktiver Fluß.

geht den Hauptkraftlinienweg und durchsetzt nach Abb. 10 auch die Wicklung 3 (Dämpferlängswicklung). Neben diesem Fluß des Eisenweges bildet sich noch ein Fluß im Streuweg aus, der aber nur zum Teil auch mit der Wicklung 3 (Dämpferlängswicklung) verkettet ist. Der Teil des Streuflusses, der auch mit der Wicklung 3 verkettet ist, setzt sich aus dem ganzen Zahnkopffluß und einem Teil des Nutenquerflusses zusammen. Der Leitwert Λ_{K_2} der Zahnkopfstreuung ist aus der Maschinenberechnung bekannt, und der für die gegenseitige Induktivität in Frage kommende Leitwert Λ_{N_g} des Nutenquerfeldes berechnet sich nach den Formeln der gegenseitigen Nutenstreuinduktivität. Der gesamte Leitwert Λ_{23} der gegenseitigen Induktivität ist nun

$$\Lambda_{23} = \Lambda_h + \Lambda_{K_2} + \Lambda_{N_g}.$$

Die beiden letzten Glieder fassen wir zusammen zu

$$\Lambda_{g\sigma} = \Lambda_{K_2} + \Lambda_{N_g}.$$

Dabei deutet der Index σ darauf hin, daß der Leitwert eines Streuweges gemeint ist, und der Index g soll daran erinnern, daß es sich um den Leitwert einer gegenseitigen Induktivität handelt. Damit erhalten wir

$$\Lambda_{23} = \Lambda_h + \Lambda_{g\sigma}.$$

Diese Verhältnisse können wir ohne weiteres von dem Schema der Abb. 10 auf die wirkliche Maschine übertragen. Der Leitwert Λ_h des Hauptkraftlinienweges ist durch die Gl. (25) gegeben. Wie in unserm Schema kommt für die gegenseitige Induktivität L_{23} neben Λ_h noch der Leitwert $\Lambda_{g\sigma}$ der Streuwege in Betracht. Wenn wir $\Lambda_{g\sigma}$ auf eine Nut beziehen, so können wir hier die Leitwerte Λ_h und $\Lambda_{g\sigma}$ nicht wieder zu einem Gesamtwert Λ_{23} zusammenfassen, da für beide verschiedene Windungszahlen in Frage kommen. Für L_{23} erhalten wir:

$$L_{23} = \frac{w_2 \cdot w_3}{p} \xi_2 \cdot \xi_3 \Lambda_h + 2 \frac{w_2 \cdot w_3}{p \cdot q_2} \Lambda_{g\sigma}. \tag{28}$$

Dabei ist q_2 die bewickelte Nutenzahl des Läufers je Polteilung. Der rein äußerliche Unterschied der beiden Glieder in Gl. (28) ist folgendermaßen zu erklären. $\Lambda_{g\sigma}$ ist der Leitwert einer Nut. Der Leitwert einer Spulenseite ist also gleich $\frac{\Lambda_{g\sigma}}{q_2}$. Da nun zwei Spulenseiten zu einer Wicklung gehören, so ist der gesamte Streuleitwert gleich $2\frac{\Lambda_{g\sigma}}{q_2}$.

$\Lambda_{g\sigma}$ setzt sich wie im obigen Schema aus den Leitwerten der Zahnkopfstreuung und der gegenseitigen Nutstreuung zusammen. Ist die Entfernung des Wicklungskopfes der Erregerwicklung von dem Kurzschlußring der Dämpferwicklung nicht groß, so kommt noch ein kleiner Anteil hinzu, der die gegenseitige Stirnstreuung berücksichtigt, den man aber wohl meistens vernachlässigen kann.

Die Gl. (28) können wir umformen in

$$L_{23} = \frac{w_2 \cdot w_3}{p} \xi_2 \xi_3 \Lambda_h \left(1 + 2\frac{\Lambda_{g\sigma}}{\Lambda_h} \frac{1}{\xi_2 \cdot \xi_3 \cdot q_2}\right).$$

Mit der Bezeichnung

$$\sigma_g = 2 \cdot \frac{\Lambda_{g\sigma}}{\Lambda_h} \frac{1}{\xi_2 \cdot \xi_3 \cdot q_2} \tag{29}$$

ist

$$L_{23} = \frac{w_2 \cdot w_3}{p} \xi_2 \cdot \xi_3 \Lambda_h (1 + \sigma_g)$$

oder mit Gl. (13)

$$L_{23} = L_{32} = \frac{w_3}{w_2} \cdot \frac{\xi_3}{\xi_2} L_{2h} (1 + \sigma_g). \tag{30}$$

σ_g nennen wir die Ziffer der gegenseitigen Streuinduktivität. Für den Fall, daß die beiden Läuferwicklungen vollständig getrennte Streuwege haben, ist $\sigma_g = 0$. Die Streuziffer σ_g ist genau so aufgebaut wie die Streuziffern der Selbstinduktivitäten. Zum Vergleich und der Vollständigkeit halber wollen wir sie alle zusammenstellen.

Die Streuziffer σ_ν ist durch die Gl. (26) definiert. Nun ist

$$L_{\nu\sigma} = 2 \cdot \frac{w_1^2}{p} \left[\frac{\Lambda_{N_\nu} + \Lambda_{K_\nu}}{q_\nu} + \Lambda_{S_\nu} \right]. \tag{31}$$

Dabei ist Λ_{N_ν} der Leitwert der Nutenstreuung, Λ_{K_ν} der Leitwert der Zahnkopfstreuung, Λ_{S_ν} der Leitwert der Stirnstreuung und q_ν die bewickelte Nutenzahl je Polteilung und Strang. Beim einphasig-zweisträngigen Kurzschluß ist entsprechend der Hintereinanderschaltung zweier Stränge die Streuinduktivität der Ständerwicklung doppelt so groß wie beim einsträngigen Kurzschluß. Mit den Werten der Gl. (12) bis (14), (17) und (20) sind dann nach Gl. (26) die Streuziffern

beim einphasig-einsträngigen Kurzschluß

$$\sigma_1 = \frac{2}{\xi_1^2 \cdot \Lambda_h} \left[\frac{\Lambda_{N_1} + \Lambda_{K_1}}{q_1} + \Lambda_{S_1} \right],$$

beim einphasig-zweisträngigen Kurzschluß

$$\sigma_1 = \frac{4}{3 \cdot \xi_1^2 \cdot \Lambda_h} \left[\frac{\Lambda_{N_1} + \Lambda_{K_1}}{q_1} + \Lambda_{S_1} \right], \tag{32}$$

beim m_1-phasigen Kurzschluß

$$\sigma_1 = \frac{4}{m_1 \xi_1^2 \cdot \Lambda_h} \left[\frac{\Lambda_{N_1} + \Lambda_{K_1}}{q_1} + \Lambda_{S_1} \right].$$

Ferner für alle Fälle

$$\sigma_2 = \frac{2}{\xi_2^2 \Lambda_h} \left[\frac{\Lambda_{N_2} + \Lambda_{K_2}}{q_2} + \Lambda_{S_2} \right], \tag{33}$$

$$\sigma_3 = \frac{2}{\xi_3^2 \cdot \Lambda_h} \left[\frac{\Lambda_{N_3} + \Lambda_{K_3}}{q_3} + \Lambda_{S_3} \right], \tag{34}$$

und nach Gl. (29)

$$\sigma_g = \frac{2}{\xi_2 \xi_3 \Lambda_h} \left[\frac{\Lambda_{N_g} + \Lambda_{K_2}}{q_2} + \Lambda_{S_g} \right]. \tag{35}$$

Λ_{N_g} und Λ_{S_g} sind die Leitwerte der gegenseitigen Nut- und Stirnstreuung.

Um eine klare Vorstellung für die Aussagen der Grundgleichungen in Verbindung mit den jetzt gefundenen Beziehungen unter den Induktivitäten zu gewinnen, zeichnen wir ein Schema der von den einzelnen Wicklungen im kritischen Augenblick erregten fiktiven Flüsse auf. Der von der Ständerwicklung ausgehende Fluß (Abb. 11a) zerfällt in den Nutzfluß $\dfrac{L_{1h}}{w_1} i_{1kr}$ und in den Streufluß $\dfrac{L_{1h} \cdot \sigma_1}{w_1} i_{1kr}$. Nicht so einfach liegen die Verhältnisse bei den beiden andern Wicklungen. In Abb. 11b haben wir neben der Unterteilung des von der Erregerwicklung hervorgebrachten Flusses in den Nutzfluß $\dfrac{L_{2h}}{w_2} i_{2kr}$ und in den Streufluß $\dfrac{L_{2h} \cdot \sigma_2}{w_2} i_{2kr}$ noch eine Verzweigung des letzteren in einen Teil,

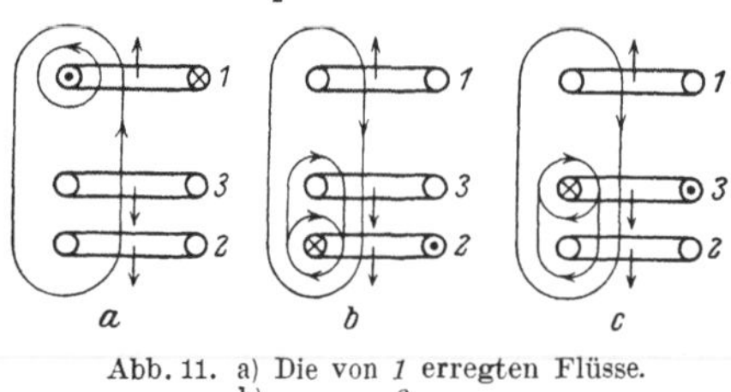

Abb. 11. a) Die von *1* erregten Flüsse.
       b) „ „ *2* „ „
       c) „ „ *3* „ „

der nur mit der Erregerwicklung verkettet ist, und in den Fluß $\dfrac{L_{2h} \cdot \sigma_g}{w_2} i_{2kr}$, der auch die Dämpferlängswicklung durchsetzt. Genau entsprechend liegen die Verhältnisse für die Flüsse, die von der Dämpferlängswicklung ausgehen. Auch hier haben wir eine Verzweigung des Streuflusses $\dfrac{L_{3h} \cdot \sigma_3}{w_3} i_{3kr}$ in zwei Einzelflüsse, wovon der eine mit der Größe $\dfrac{L_{3h} \cdot \sigma_g}{w_3} i_{3kr}$ auch durch die Erregerwicklung geht (Abb. 11c). Die resultierende Flußverteilung ergibt sich jetzt durch Überlagerung der drei Schemen.

6. Die Bestimmung des Stoßkurzschlußstromes der Ständerwicklung.

Der kritische Ständerstrom i_{1kr} ist eine der Unbekannten unserer drei Grundgleichungen [Gl. (8) bis (10)]. Wir wollen diese Gleichungen mit Hilfe von Determinanten auflösen. Für i_{1kr} erhalten wir:

$$i_{1kr} = \frac{\begin{vmatrix} L_{21} i_E & - L_{21} & - L_{31} \\ L_2 i_E & L_2 & L_{32} \\ L_{23} i_E & L_{23} & L_3 \end{vmatrix}}{\begin{vmatrix} L_1 & - L_{21} & - L_{31} \\ - L_{12} & L_2 & L_{32} \\ - L_{13} & L_{23} & L_3 \end{vmatrix}}$$

oder entwickelt:

$$i_{1kr} = \frac{L_{21} i_E (L_2 L_3 - L_{32} L_{23}) + L_2 i_E (L_{21} L_3 - L_{31} L_{23}) + L_{23} i_E (L_{31} L_2 - L_{21} L_{32})}{L_1 (L_2 L_3 - L_{32} L_{23}) - L_{12} (L_{21} L_3 - L_{31} L_{23}) - L_{13} (L_{31} L_2 - L_{21} L_{32})} \cdot$$

Dividieren wir Zähler und Nenner durch $(L_2 L_3 - L_{32} L_{23})$, so erhalten wir unter Verwendung der Gl. (23) und (24):

$$i_{1\,kr} = \frac{L_{21}\, i_E \left[1 + \dfrac{L_2 \cdot L_3 - \dfrac{w_3}{w_2}\dfrac{\xi_3}{\xi_2} L_2 L_{23} + \dfrac{w_3}{w_2}\dfrac{\xi_3}{\xi_2} L_2 L_{23} - L_{23} L_{32}}{L_2 L_3 - L_{32} L_{23}}\right]}{L_1 - L_{12}\, \dfrac{L_{21} L_3 - L_{31} L_{23} + \dfrac{w_3}{w_2}\dfrac{\xi_3}{\xi_2}(L_{31} L_2 - L_{21} L_{32})}{L_2 L_3 - L_{32} L_{23}}}.$$

Erweitern wir den im Nenner stehenden Bruch mit L_1, so können wir aus diesem Bruch den Faktor

$$\frac{L_{2h}}{L_{2h}}\frac{L_{12} L_{21}}{L_{1h} L_{2h}} = \frac{\dfrac{m_1}{2} w_1 \cdot w_2 \cdot \xi_1 \cdot \xi_2 \cdot w_1 \cdot w_2 \, \xi_1 \cdot \xi_2}{\dfrac{m_1}{2} w_1^2 \, \xi_1^2 \cdot w_2^2 \, \xi_2^2} \frac{\varLambda_h}{\varLambda_h} = 1$$

herausziehen. Es ist dann nach den Gl. (13), (14), (27) und (30)

$$i_{1\,kr} = \frac{2 \cdot L_{21}\, i_E}{L_1 \left[1 - \dfrac{(1 + \sigma_3) - (1 + \sigma_g) + (1 + \sigma_2) - (1 + \sigma_g)}{(1 + \sigma_1)\,[(1 + \sigma_2)(1 + \sigma_3) - (1 + \sigma_g)^2]}\right]}$$

oder

$$i_{1kr} = 2 \cdot \frac{L_{21}}{L_1} \frac{1}{\sigma_e}\, i_E \tag{36}$$

mit

$$\sigma_e = 1 - \frac{\sigma_2 + \sigma_3 - 2\sigma_g}{(1 + \sigma_1)(\sigma_2 + \sigma_3 + \sigma_2 \sigma_3 - 2\sigma_g - \sigma_g^2)}. \tag{37}$$

Für eine Maschine ohne Dämpferkäfig lautet die Formel für den Ständerstoßstrom:

$$i_{1\,kr} = 2 \cdot \frac{L_{21}}{L_1} \cdot \frac{1}{\sigma}\, i_E, \tag{38}$$

wobei

$$\sigma = 1 - \frac{1}{(1 + \sigma_1)(1 + \sigma_2)} \tag{39}$$

die Blondelsche Ziffer der Gesamtstreuung ist. Aus dem gleichartigen Aufbau der Gl. (36) und (38) ist zu schließen, daß σ_e der Blondelschen Ziffer entsprechen muß. Wir nennen deshalb sinngemäß σ_e die Ziffer der Gesamtstreuung für eine Maschine mit zwei koaxialen Läuferwicklungen oder kurz die erweiterte Gesamtstreuziffer. In σ_e ist die

Blondelsche Ziffer bereits enthalten, wie wir erkennen, wenn wir $\sigma_3 = \infty$ werden lassen. Bei unendlich großer Streureaktanz der Dämpferlängswicklung verhält sich nämlich diese so, als ob sie gar nicht vorhanden wäre, da durch ein endliches Wechselfeld in ihr kein Strom induziert werden kann.

Wir wollen nun zeigen, inwieweit die Berücksichtigung der Dämpferlängswicklung das Resultat für den kritischen Ständerstrom beeinflußt. Zu diesem Zweck brauchen wir nur die erweiterte Gesamtstreuziffer [Gl. (37)] mit der gewöhnlichen Blondelschen Ziffer [Gl. (39)] zu vergleichen. Der Unterschied der beiden Streuziffern läßt sich nicht ohne weiteres erkennen. In unserm früheren Vergleich mit dem Dauerkurzschluß des Transformators haben wir aber ein verbindendes Glied zwischen den beiden Ziffern gefunden. Ersetzen wir nämlich in der Blondelschen Ziffer σ_2 durch den Wert $\dfrac{\sigma_2 \cdot \sigma_3}{\sigma_2 + \sigma_3}$ so erhalten wir

$$\sigma_e = 1 - \frac{1}{(1 + \sigma_1)\left(1 + \dfrac{\sigma_2 \cdot \sigma_3}{\sigma_2 + \sigma_3}\right)} = 1 - \frac{\sigma_2 + \sigma_3}{(1 + \sigma_1)(\sigma_2 + \sigma_3 + \sigma_2 \sigma_3)}.$$

Das ist aber der Ausdruck der erweiterten Gesamtstreuziffer für den Fall, daß $\sigma_g = 0$ ist, d. h. daß die beiden Läuferwicklungen vollständig getrennte Streuwege haben. Die Berücksichtigung der Dämpferlängswicklung zeigt sich also hier durch den Übergang der Streuziffer σ_2 in die Ziffer $\dfrac{\sigma_2 \cdot \sigma_3}{\sigma_2 + \sigma_3}$. Dieser Wert ist nun bekanntlich kleiner als jeder der beiden Größen σ_2 und σ_3, und zudem ist in praktischen Fällen σ_3 relativ klein gegenüber σ_2. Durch das Hinzukommen der Dämpferlängswicklung wird also gleichsam die sekundäre Streuziffer bedeutend verringert, und die Folge davon ist nach Gl. (38) eine Erhöhung des Ständerstoßstromes. Wir haben somit beim plötzlichen Kurzschluß der Synchronmaschine entsprechende Verhältnisse gefunden wie beim Dauerkurzschluß des Transformators mit zwei Sekundärwicklungen. Die physikalische Vorstellung, mit der wir beim Transformator die erhöhte Stromaufnahme erklären konnten, können wir also auf den plötzlichen Kurzschluß der Synchronmaschine übertragen.

Betrachten wir einmal den Schaltfluß der Ständerwicklung allein, und nehmen wir zur Vereinfachung die Streuung der Ständerwicklung zu Null an, so muß dieser ganze Fluß durch den Hauptkraftlinienweg gehen. Jede der beiden Läuferwicklungen verlangt nun, wenn wir von den Schaltflüssen dieser Wicklungen absehen, den Fluß Null und muß deshalb bei vollständig getrennten Streuwegen für sich eine so große Durchflutung aufbringen, daß der Fremdfluß durch den eigenen Streufluß kompensiert wird. Die Gesamtdurchflutung des Läufers ist also um die Durchflutung der Dämpferlängswicklung größer, als wenn die Erregerwicklung allein vorhanden wäre. Dieser Gesamtdurchflutung ist die Ständerdurchflutung proportional, wie wir leicht erkennen, wenn wir in den beiden Grundgleichungen (9) und (10) die rechten Seiten, also die Schaltflüsse der beiden Läuferwicklungen, zu Null annehmen.

Nun wollen wir die Wirkung der Dämpferlängswicklung in bezug auf die Schaltflüsse der beiden Läuferwicklungen betrachten. Wir nehmen die Streuinduktivität der Ständerwicklung wieder zu Null an. Die Ständerwicklung verlangt, wenn wir von ihrem eigenen Schaltfluß absehen, den Fluß Null und weist, da keine Streuung vorhanden ist, die mit den Läuferwicklungen verketteten Flüsse vollständig ab. So können sich die letzteren nur in den eigenen Streuwegen ausbilden. Nehmen wir wieder an, daß die beiden Läuferwicklungen vollständig getrennte Streuwege haben, so muß jede der beiden Wicklungen für sich einen Streufluß von der Stärke ihres eigenen Schaltflusses aufbringen. Die Gesamtdurchflutung des Läufers ist also auch hier um die Durchflutung der Dämpferlängswicklung größer als bei Fehlen dieser Wicklung. Der Ständerstrom ist dieser Gesamtdurchflutung proportional.

Wir erkennen aus diesen Überlegungen, daß bei den gewählten Annahmen mit $\sigma_1 = 0$ und $\sigma_g = 0$ die Gesamtdurchflutung des Läufers um die Durchflutung der Dämpferlängswicklung größer ist, als wenn die Erregerwicklung allein vorhanden wäre, und daß der Ständerstrom dieser Durchflutung proportional ist.

Die Dämpferlängswicklung führt nun eine um so größere Durchflutung, je kleiner ihre Streuinduktivität ist. Denn zur Erregung eines Streuflusses von bestimmter Stärke, der in diesem Falle (mit $\sigma_1 = \sigma_g = 0$) nach den obigen Betrachtungen gleich der Summe aus den Schaltflüssen der Ständer- und der Dämpferlängswicklung ist, ist eine um so größere Durchflutung notwendig, je kleiner der Leitwert des Streuweges ist. Entsprechend nimmt die Erregerwicklung zur Ausbildung ihres Streuflusses, der gleich der Summe aus den Schaltflüssen der Ständer- und der Erregerwicklung ist, einen Strom auf, der ihrem Streuleitwert umgekehrt proportional ist. Da nun die Streuflüsse der beiden Läuferwicklungen ungefähr gleich stark sind (was daraus hervorgeht, daß der Schaltfluß der Erregerwicklung nur wenig von dem der Dämpferlängswicklung verschieden ist), so muß das Verhältnis der Durchflutung der Erregerwicklung zu der Durchflutung der Dämpferlängswicklung ungefähr gleich $\dfrac{\sigma_3}{\sigma_2}$ sein. In praktischen Fällen ist nun σ_3 immer relativ klein gegenüber σ_2. Es ist deshalb die Durchflutung der Dämpferlängswicklung größer als die der Erregerwicklung. Für die Gesamt-

durchflutung hat also die Dämpferlängswicklung eine weit
größere Bedeutung als die Erregerwicklung. Die absolute
Größe der Durchflutung der Erregerwicklung ist dagegen unabhängig
von dem Vorhandensein einer Dämpferlängswicklung, solange wir $\sigma_1 = 0$
und $\sigma_g = 0$ annehmen. Denn die Erregerwicklung hat mit oder ohne
Dämpferwicklung einen Streufluß zu erzeugen, der nach den obigen
Überlegungen gleich der Summe aus dem Schaltfluß der Ständerwicklung und ihrem eigenen Schaltfluß ist.

Wir wollen nun noch auf den Einfluß der Ständerstreuung eingehen. Betrachten wir zu diesem Zweck einmal den Schaltfluß des
Ständers allein. Dieser Fluß bildet sich teilweise im Streuweg der
Ständerwicklung aus, so daß nur noch der Rest durch den Hauptkraftlinienweg geht und von den Läuferwicklungen kompensiert werden
muß. Es wird also durch die Ständerstreuung die Läuferdurchflutung
und dadurch indirekt auch die Ständerdurchflutung verringert. Da nun,
wie wir gesehen haben, durch eine Dämpferlängswicklung sowohl die
Gesamtdurchflutung des Läufers als auch die Durchflutung der Ständerwicklung erhöht wird, so bewirkt die Dämpferlängswicklung indirekt
eine Vergrößerung des Streuflusses der Ständerwicklung. Die Folge
davon ist ein kleiner werdender Hauptkraftlinienfluß und damit eine
Verringerung der Durchflutungen der beiden Läuferwicklungen. Es ist
also die Durchflutung der Erregerwicklung in Wirklichkeit doch nicht
mehr unabhängig von dem Vorhandensein einer Dämpferlängswicklung.
Die Übertragung dieser Überlegung auf die Schaltflüsse der beiden
Läuferwicklungen führt zu demselben Ergebnis.

Für den Fall, daß keine Streulinienverkettung zwischen der Er-
reger- und der Dämpferlängswicklung vorhanden ist, können wir also
zusammenfassend sagen: Während durch das Hinzukommen einer
Dämpferlängswicklung der Stoßstrom der Ständerwicklung bedeutend
erhöht wird, wird der Stoßstrom der Erregerwicklung verringert. Die
Bedeutung der Erregerwicklung tritt beim plötzlichen Kurzschluß um
so mehr zurück, je kleiner das Verhältnis $\dfrac{\sigma_3}{\sigma_2}$ ist.

Wir wollen nun sehen, wie sich die gefundenen Verhältnisse durch
die Streulinienverkettung ändern. Zu diesem Zweck betrachten wir
einmal das Verhalten der beiden Läuferwicklungen in bezug auf den
Schaltfluß der Ständerwicklung allein und nehmen zur Vereinfachung
die Streuinduktivität der Ständerwicklung wieder zu Null an. Es gilt
hier wieder die alte Forderung, wonach der mit der Erregerwicklung
verkettete und der mit der Dämpferlängswicklung verkettete Streufluß je so groß sein muß wie der Ständerschaltfluß, um den letzteren
zu Null kompensieren zu können. Der Unterschied gegen dem Fall
ohne Streulinienverkettung ist nun der, daß nicht jede der beiden

Wicklungen ihren Streufluß selbst erzeugt, sondern daß die beiden Streuflüsse gemeinsam von beiden Wicklungen erregt werden. Denn für den Teil des von der Erregerwicklung ausgehenden Streuflusses, der auch mit der Dämpferlängswicklung verkettet ist (s. Abb. 10), braucht die Dämpferlängswicklung nicht mehr aufzukommen. Die Erregerwicklung dagegen wird von dem gesamten Nutenquerfluß und dem Zahnkopffluß der Dämpferlängswicklung durchsetzt und braucht deshalb nur noch den restlichen Teil des von ihr verlangten Flusses selbst zu erzeugen. Die Streulinienverkettung der beiden Läuferwicklungen hat also eine Verringerung der Läuferdurchflutung und damit indirekt auch der Ständerdurchflutung zur Folge.

Nehmen wir nun einmal an, daß der Teil des von der Dämpferlängswicklung ausgehenden Streuflusses, der auch mit der Erregerwicklung verkettet ist, gerade so groß ist wie der von der Erregerwicklung geforderte Fluß, so hat die Erregerwicklung selbst überhaupt keinen Streufluß mehr zu erregen, sie wird also stromlos bleiben. Der plötzliche Kurzschluß wird sich in diesem Falle demnach genau so abspielen, als wenn die Erregerwicklung ganz fehlen würde. Ob nun dieser Sonderfall in Wirklichkeit auftreten kann, können wir erst sagen, nachdem wir die Gleichungen für die kritischen Läuferströme hergeleitet haben, und nachdem wir die relative Größe der Streuziffer σ_g gegenüber den Ziffern σ_2 und σ_3 bestimmt haben. Auf die Größenverhältnisse dieser Streuziffern wollen wir nun zunächst eingehen.

7. Das Verhältnis von σ_g zu σ_2 und zu σ_3.

Die Dämpferstäbe liegen in praktischen Ausführungen meistens als flache Kupferstäbe zwischen der Erregerwicklung und einem Verschlußkeil aus Bronze, wie es Abb. 12a zeigt. Dann findet man auch eine Ausführung, bei der der Verschlußkeil nach Abb. 12b in einen Stahlkeil und in einen Dämpferstab aus Bronze unterteilt ist. Auch wird vielfach der Verschlußkeil selbst als Dämpferstab verwendet (Abb. 12c). Die folgende Überlegung gilt

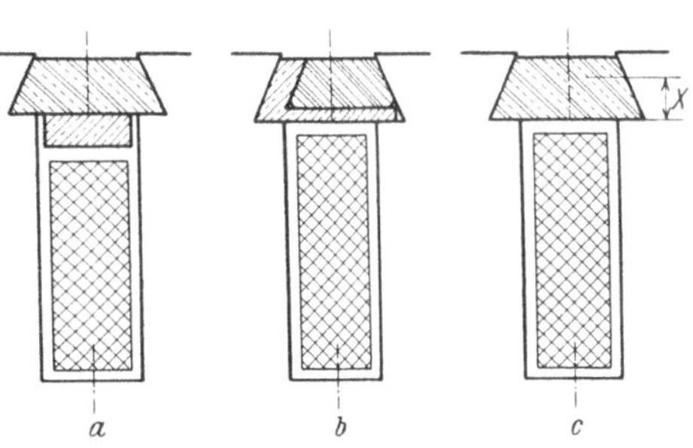

Abb. 12. Ausführungsformen von Dämpferstäben.

nun für jede der drei Ausführungen, und so legen wir ihr die einfachste Form nach Abb. 12c zugrunde.

Zur Bestimmung des Verhältnisses von σ_g zu σ_2 und zu σ_3 müssen wir die Leitwertszahlen für das Nutenquerfeld der Unterschicht (Erregerwicklung), der Oberschicht (Dämpferlängswicklung) und für die gegenseitige Nutenstreuung kennen. Nach den Formeln für die magnetische Energie ist der Leitwert einer Nut

$$\Lambda_N = \int_\tau \Pi H'^2 \cdot d\tau*. \tag{40}$$

Dabei ist H' zahlenmäßig gleich der Feldstärke des Nutenquerfeldes bei der Durchflutung 1, Π die Permeabilität und τ das Volumen. Für die gegenseitige Induktivität gilt:

$$\Lambda_{N_g} = \int_\tau \Pi H_1' H_2' d\tau. \tag{41}$$

Dabei ist H_1' zahlenmäßig gleich der Feldstärke an einer betrachteten Stelle der Nut für den Fall, daß die Unterschicht vom Strom 1 durchflossen und die Oberschicht stromlos ist. H_2' ist die Feldstärke an derselben Stelle bei stromloser Unterschicht und bei einer Durchflutung 1 in der Oberschicht.

Wenden wir die Formel (40) auf die Dämpferwicklung an, so ist das Integral über denselben Raum zu erstrecken wie bei der Berechnung der gegenseitigen Induktivität nach der Formel (41). Betrachten wir nun eine beliebige Stelle in diesem Raum (der von der Dämpferwicklung ausgefüllt ist), und zwar im Abstand x von der Unterkante des Stabes (Abb. 12c), so ist die Feldstärke hier durch eine Durchflutung bestimmt, die innerhalb dieses Abstandes verläuft, also kleiner als 1 ist, da die Gesamtdurchflutung 1 beträgt. Diese Feldstärke ist das H' der Formel (40) und ist ins Quadrat zu erheben. In der Formel (41) haben wir dieselbe Feldstärke als H_2', und diese ist mit einer Feldstärke H_1' zu multiplizieren, die bei demselben magnetischen Widerstand von der Gesamtdurchflutung der Unterschicht mit der Größe 1 hervorgerufen ist. Es ist daraus ersichtlich, daß die Streuziffer σ_g der gegenseitigen Nutenstreuung größer ist als die Streuziffer σ_3 der Dämpferlängswicklung, solange wir wenigstens nur den Nutenquerfluß betrachten.

Das Verhältnis von σ_g zu σ_2 können wir mit ähnlichen Überlegungen bestimmen, solange wir uns auf den Nutenquerfluß beschränken, der ja die andern Flüsse ziemlich stark überwiegt. Wir betrachten wieder den Raum, der von dem Dämpferstab ausgefüllt ist, und erstrecken die Integrale der Gl. (40) und (41) über diesen. Für H' der Formel (40) kommt die ganze Durchflutung der Unterschicht in Frage, und H_1' der Formel (41) ist genau so groß. Die Feldstärke H_2' ist dagegen von

---

* Siehe Richter, R.: Elektrische Maschinen, Bd. 1, Gl. (49) und (57).

einem Bruchteil der Durchflutung 1 hervorgerufen. Das Quadrat H'^2 ist also größer als das Produkt $H_1'H_2'$ und somit ist nach den Formeln (40) und (41) σ_2 größer als σ_g. Es ist also

$$\sigma_2 > \sigma_g > \sigma_3.$$

Bis jetzt haben wir den Zahnkopffluß und den Stirnstreufluß noch nicht berücksichtigt. Der Streuweg über den Zahnkopf kommt sowohl für die Selbstinduktivität als auch für die gegenseitige Induktivität in Betracht, ändert also die gefundene Größenfolge nicht. Anders verhält sich die Stirnstreuung, wenn der Abstand des Wicklungskopfes der Erregerwicklung von dem Kurzschlußring der Dämpferwicklung ziemlich groß ist. Denn in diesem Falle gibt die Stirnstreuung keinen Beitrag zu σ_g, sondern nur zu σ_2 und zu σ_3. Durch den Beitrag der Stirnstreuung kann σ_3 wohl größer sein als σ_g und wird es auch meistens sein, wie die Durchrechnung von praktischen Beispielen zeigt, so daß die Größenfolge dann wäre:

$$\sigma_2 > \sigma_3 > \sigma_g.$$

Rein vorstellungsgemäß kommen wir mit folgender Überlegung zu demselben Ergebnis. Wir denken uns einmal statt der körperlichen Leiter unendlich schmale Bänder vorhanden, wie es die Abb. 13 zeigt. Der von der Oberschicht erregte Nutenquerfluß umfaßt auch die Unterschicht, ist also in seiner ganzen Größe mit beiden Wicklungen verkettet. Es muß also $\sigma_3 = \sigma_g$ sein, und zwar gleichgültig, wie tief die Unterschicht in der Nut liegt. Auch beim körperlichen Leiter umfaßt der ganze von der Oberschicht erregte Nutenquerfluß die Unterschicht, aber es ist dieser Fluß nicht voll-

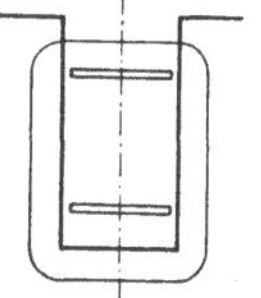

Abb. 13. Zur Bestimmung von $\dfrac{\sigma_3}{\sigma_g}$.

kommen mit der eigenen Wicklung verkettet, denn die Oberschicht wird teilweise von diesem Fluß durchsetzt. Wenn also im letzten Fall $\sigma_3 = \sigma_g$ war, so muß hier $\sigma_3 < \sigma_g$ sein. Die Berücksichtigung der Stirnstreuung bringt nur eine Vergrößerung von σ_3 mit sich, da die Stirnstreuwege der beiden Wicklungen getrennt liegen.

Wenden wir die Gl. (40) zur Bestimmung von σ_2 und σ_3 an, so haben wir das eine Mal das Integral über den Raum der gesamten Nut und das andere Mal nur über den Raum, der von der Dämpferlängswicklung ausgefüllt ist, zu erstrecken. Daraus geht hervor, daß σ_2 bedeutend größer als σ_3 ist.

Wenn wir nun noch die Formeln für die Stoßströme der Läuferwicklungen abgeleitet haben, können wir die am Schlusse des Abschnittes 6 aufgeworfene Frage, ob der theoretisch interessante Fall der schwingungslosen Erregerwicklung bei praktisch ausgeführten Läuferkonstruktionen auftreten kann, beantworten.

8. Die Bestimmung der Stoßkurzschlußströme der Läuferwicklungen.

Wir lösen jetzt die Grundgleichungen (8) bis (10) nach den Unbekannten $i_{2\,kr}$ und $i_{3\,kr}$ auf, und zwar wieder mit Hilfe von Determinanten. Für den kritischen Strom der **Erregerwicklung** erhalten wir:

$$i_{2\,kr} = - \frac{\begin{vmatrix} L_1 & L_{21}\,i_E & -L_{31} \\ -L_{12} & L_2\,i_E & L_{32} \\ -L_{13} & L_{23}\,i_E & L_3 \end{vmatrix}}{\varDelta_N}.$$

Die Nennerdeterminante $\varDelta_N$ haben wir in Abschnitt 6 bei der Berechnung des Ständerstoßstromes bereits bestimmt. Da wir hier genau dieselben Umformungen vornehmen wie dort, so erhalten wir im Nenner den Ausdruck $L_1 \sigma_e$. Entwickeln wir nun die Zählerdeterminante, so ergibt sich:

$$i_{2\,kr} = \frac{L_1\,i_E\,(L_2\,L_3 - L_{32}\,L_{23}) + L_{12}\,i_E\,(L_{21}\,L_3 + L_{31}\,L_{23}) - L_{13}\,i_E\,(L_{21}\,L_{32} + L_{31}\,L_2)}{\varDelta_N}.$$

Wir dividieren Zähler und Nenner durch $(L_2 L_3 - L_{32} L_{23})$ und erhalten:

$$i_{2\,kr} = \frac{L_1\,i_E + L_{12}\,i_E\,\dfrac{L_{21}\,L_3 + L_{31}\,L_{23} - \dfrac{w_3}{w_2}\dfrac{\xi_3}{\xi_2}\,(L_{21}\,L_{32} + L_{31}\,L_2)}{L_2\,L_3 - L_{32}\,L_{23}}}{L_1 \cdot \sigma_e}.$$

Erweitern wir den im Zähler stehenden Bruch mit L_1, und ziehen wir unter Zuhilfenahme der in Abschnitt 5 angegebenen Beziehungen unter den Induktivitäten den Faktor $\dfrac{L_{2\,h}}{L_{2\,h}}\dfrac{L_{12}\,L_{21}}{L_{1\,h}\,L_{2\,h}} = 1$ aus diesem Bruch heraus, so ist

$$i_{2\,kr} = \frac{L_1 \cdot i_E + L_1\,\dfrac{(1 + \sigma_3) - (1 + \sigma_2)}{(1 + \sigma_1)\,[(1 + \sigma_2)(1 + \sigma_3) - (1 + \sigma_g)^2]} \cdot i_E}{L_1 \cdot \sigma_e}$$

oder

$$i_{2\,kr} = \frac{1}{\sigma_e}\left[1 - \frac{\sigma_3 - \sigma_2}{(1 + \sigma_1)(\sigma_2 + \sigma_3 + \sigma_2 \cdot \sigma_3 - 2\,\sigma_g - \sigma_g{}^2)}\right] i_E. \tag{42a}$$

Wenn wir von $i_{2\,kr}$ den dauernden Erregergleichstrom i_E abziehen, so bleibt der Strom i_{2fkr} der freien Schwingung übrig. Es ist also unter Berücksichtigung von Gl. (37)

$$i_{2\,f\,kr} = i_{2\,kr} - i_E = 2\,\frac{1 - \sigma_e}{\sigma_e}\cdot\frac{\sigma_3 - \sigma_g}{\sigma_2 + \sigma_3 - 2\,\sigma_g}\,i_E. \tag{43}$$

Für $i_{2\,kr}$ können wir jetzt schreiben:

$$i_{2\,kr} = \left(1 + 2\,\frac{1 - \sigma_e}{\sigma_e} \cdot \frac{\sigma_3 - \sigma_g}{\sigma_2 + \sigma_3 - 2\,\sigma_g}\right) i_E. \qquad (42)$$

Für den kritischen Stoßstrom der Dämpferlängswicklung erhalten wir aus den Grundgleichungen:

$$i_{3\,kr} = \frac{\begin{vmatrix} L_1 & -L_{21} & L_{21}\,i_E \\ -L_{12} & L_2 & L_2\,i_E \\ -L_{13} & L_{23} & L_{23}\,i_E \end{vmatrix}}{\varDelta_N}.$$

Entwickeln wir die Determinante, so erhalten wir:

$$i_{3\,kr} = \frac{L_1\,i_E\,(L_2\,L_{23} - L_2\,L_{23}) - L_{12}\,i_E\,(L_{21}\,L_{23} + L_{21}\,L_{23}) + L_{13}\,i_E\,(L_{21}\,L_2 + L_{21}\,L_2)}{\varDelta_N}.$$

Wir dividieren Zähler und Nenner durch $(L_2\,L_3 - L_{32}\,L_{23})$. Der Nenner geht dabei, wie wir bei der Bestimmung von $i_{1\,kr}$ gefunden haben, in den Ausdruck $L_1\sigma_e$ über. Es ergibt sich:

$$i_{3\,kr} = \frac{2 \cdot \dfrac{-L_{12}\,L_{21}\,L_{13} + L_{13}\,L_{21}\,L_2}{L_2\,L_3 - L_{32}\,L_{23}}}{L_1 \cdot \sigma_e}\,i_E.$$

Wenn wir den im Zähler stehenden Bruch wieder mit L_1 erweitern und den Faktor $\dfrac{L_{2\,h}}{L_{2\,h}}\,\dfrac{L_{12}\,L_{21}}{L_{1\,h}\,L_{2\,h}} = 1$ vor den Bruch setzen, so ist

$$i_{3\,kr} = \frac{2}{\sigma_e}\,\frac{\sigma_2 - \sigma_g}{(1 + \sigma_1)\,(\sigma_2 + \sigma_3 + \sigma_2\,\sigma_3 - 2\,\sigma_g - \sigma_g{}^2)} \cdot \frac{w_2}{w_3}\,\frac{\xi_2}{\xi_3}\,i_E,$$

oder nach Gl. (37)

$$i_{3\,kr} = 2 \cdot \frac{1 - \sigma_e}{\sigma_e}\,\frac{\sigma_2 - \sigma_g}{\sigma_2 + \sigma_3 - 2\,\sigma_g}\,\frac{w_2}{w_3}\,\frac{\xi_2}{\xi_3}\,i_E. \qquad (44)$$

Die beiden Gleichungen für die kritischen Läuferströme sind also vollkommen symmetrisch aufgebaut, wenn wir nur die freie Schwingung betrachten. Wir wollen nun sehen, was diese Gleichungen aussagen.

Setzen wir einmal $\sigma_g = 0$, so erkennen wir, daß in diesem Fall die freien Ströme der beiden Läuferwicklungen sich bei Gleichheit der Windungszahlen umgekehrt verhalten wie ihre Streuziffern. Auf dieses Verhältnis sind wir schon in unsern früheren Überlegungen näher eingegangen, nur mit dem Unterschied, daß wir dort nicht die freien, sondern die gesamten Ströme miteinander verglichen haben.

Die Gl. (43) gibt uns näheren Aufschluß über den Einfluß der Streulinienverkettung. Aus den obigen Überlegungen über das Verhältnis von σ_g und σ_3 wissen wir, daß σ_g größer sein kann als σ_3, so daß die Differenz $(\sigma_3 - \sigma_g)$ Null und negativ sein kann. Ist diese Differenz Null, so ist der freie Strom der Erregerwicklung nach Gl. (43) ebenfalls Null, und bei negativer Differenz ist der freie Erregerstrom entgegengesetzt gerichtet wie der Gleichstrom i_E . Die physikalische Erklärung für diese Erscheinung haben wir bereits gebracht. Es ist einfach der Teil des von der Dämpferlängswicklung erregten Streuflusses, der auch mit der Erregerwicklung verkettet ist, in dem einen Fall gerade so groß und in dem andern sogar etwas größer als der von der Erregerwicklung verlangte Streufluß.

Wir sehen also, daß der Fall mit schwingungsloser Erregerwicklung möglich ist. Es fragt sich nun, ob es sich dabei um einen seltenen Einzelfall handelt, oder ob bei den üblichen Maschinenausführungen die Verhältnisse immer so liegen, daß die Erregerwicklung gar nicht oder nur wenig mitschwingt. Um diese Frage beantworten zu können, müssen wir untersuchen, ob der Zähler des in Gl. (43) stehenden Bruches

$$\frac{\sigma_3 - \sigma_g}{\sigma_2 + \sigma_3 - 2\sigma_g}$$ klein ist gegenüber dem Nenner. Schon für den Fall, daß $\sigma_g = 0$ ist, hat dieser Bruch einen kleinen Wert, da σ_3 gegenüber σ_2 klein ist. Es kommt dadurch einfach die geringe Bedeutung der Erregerwicklung für den Ausgleichsvorgang zum Ausdruck. Nun kann σ_g kleiner, gleich oder größer sein als σ_3. Es ist also σ_g von derselben Größenordnung wie σ_3 und die Differenz $\sigma_3 - \sigma_g$ gegenüber σ_2 eine sehr kleine Zahl. Daß die Erregerwicklung beim plötzlichen Kurzschluß nur wenig mitschwingt, ist also keine Ausnahme, sondern wir haben diese Erscheinung bei den üblichen Maschinenausführungen mehr oder weniger immer zu erwarten, wenigstens solange wir die Wirbelströme in den Läuferzähnen vernachlässigen können (s. Abschn. 16).

Diese Betrachtungen zeigen uns also, wie wenig es berechtigt ist, bei der Berechnung der Stoßkurzschlußströme den Dämpferkäfig durch eine reine Querfeldwicklung zu ersetzen. Während eine Querfeldwicklung nach einer früheren Überlegung ohne Einfluß auf die Höhe der Stoßströme ist, so haben wir jetzt erkannt, daß wir auf keinen Fall die Dämpferlängswicklung bei der Bestimmung der Stoßströme vernachlässigen dürfen.

Wir haben oben gesehen, daß die in Gl. (37) definierte erweiterte Gesamtstreuziffer σ_c dadurch in die Blondelsche Ziffer übergeht, daß man die Streuziffer einer der beiden Läuferwicklungen gleich unendlich setzt. Nun haben wir auch gefunden, daß bei $\sigma_3 = \sigma_g$ die Erregerwicklung sich so verhält, als ob sie gar nicht vorhanden wäre. Es muß also

σ_e in die gewöhnliche Blondelsche Ziffer für Ständer- und Dämpferwicklung übergehen, wenn wir $\sigma_3 = \sigma_g$ setzen, was wir jetzt kontrollieren
wollen.

Setzen wir in der Gl. (37) $\sigma_3 = \sigma_g$, so erhalten wir:

$$\sigma_e = 1 - \frac{\sigma_2 + \sigma_3 - 2\,\sigma_3}{(1 + \sigma_1)\,(\sigma_2 - \sigma_3)\,(1 + \sigma_3)} = 1 - \frac{1}{(1 + \sigma_1)\,(1 + \sigma_3)}.$$

Das ist aber die Blondelsche Ziffer der Gesamtstreuung für Ständer-
und Dämpferwicklung.

Wenn auch der Fall, daß genau $(\sigma_3 - \sigma_g) = 0$ ist, nur ganz selten
vorliegen wird, so hat diese Differenz im allgemeinen doch einen so
kleinen Wert, daß wir sie bei der Berechnung von σ_e gleich Null setzen
können. Damit vernachlässigen wir einfach das Mitschwingen der Erregerwicklung. Das folgende Beispiel zeigt, daß der so erhaltene Näherungswert für σ_e nur ganz wenig von dem genauen Wert abweicht.

Wir haben in diesem Teil die kritischen Stromwerte unter Vernachlässigung der Wirkwiderstände bestimmt. Nun treten aber, wie
sich im zweiten Teil noch zeigen wird, infolge der Wirkwiderstände
so merkwürdige Dämpfungsverhältnisse auf, daß wir sie weder vernachlässigen, noch durch einen geschätzten Faktor berücksichtigen
können. Wenn wir also die gefundenen Resultate nicht ohne weiteres
praktisch anwenden können, so haben wir doch eine einfache physikalische Vorstellung gewonnen, mit der wir die stromerhöhende Wirkung eines Dämpferkäfigs beim plötzlichen Kurzschluß erklären können,
und auf die wir uns im zweiten und dritten Teil dieser Arbeit stützen
können.

9. Der Streuungsanteil der Erregermaschine.

Wir haben bisher noch nicht besonders darauf hingewiesen, daß alle
von dem Ankerkreis der Erregermaschine hervorgerufenen Flüsse
in unserm Zusammenhang als Streuflüsse der Induktor-Erregerwick-
lung zu betrachten sind. Zu diesen Flüssen gehört zunächst einmal der
ganze Ankerstreufluß, dessen Induktivität aus der Maschinenberechnung bekannt ist. Da wohl die meisten Erregermaschinen als Wendepol-
maschinen ausgeführt sind, können wir den Ankerquerfluß in der Wende-
zone zu Null annehmen. Dann haben wir noch einen Fluß, der von der
Ankerdurchflutung unter den Polschuhen erregt wird, und der im
normalen Betrieb als Ursache der Feldverzerrung bekannt ist. Die genaue Bestimmung der diesem Flusse entsprechenden Induktivität würde
infolge der veränderlichen Permeabilität des Eisens mit sehr großen
Schwierigkeiten verbunden sein. Dagegen ist eine näherungsweise Bestimmung dieser Induktivität unter Vernachlässigung des magnetischen

Widerstandes im Eisen leicht möglich. Da nun aber die Rechnung ergeben hat, daß der Anteil der Erregermaschine an der Streuinduktivität sehr klein ist, so lohnt sich die Wiedergabe der Rechnung nicht. Daß die Induktivität der Erregermaschine relativ klein ist gegenüber der Streuinduktivität der Erregerwicklung der zugehörigen Synchronmaschine, rührt daher, daß neben den kleinen Ausmaßen der Erregermaschine auch die Windungszahl bedeutend kleiner ist als bei der Erregerwicklung der Synchronmaschine. Diese Zahl fällt deshalb noch stark ins Gewicht, weil sie in der Rechnung im Quadrat erscheint. Wir können also, wie es bisher immer geschehen ist, die Induktivität der Erregermaschine beim Ausgleichsvorgang vernachlässigen.

10. Beispiel.

Als Zahlenbeispiel berechnen wir die kritischen Stromwerte einer ausgeführten Dreiphasenmaschine, deren Daten in Arnold, Wechselstromtechnik IV, Tafel VII angegeben sind. Die Nutenkeile des Läufers denken wir uns dabei durch zwei Kurzschlußringe zu einem Dämpferkäfig zusammengeschlossen. Ferner nehmen wir an, daß durch genügende Unterteilung der Leiter der Ständerwicklung die Stromverdrängung praktisch unterdrückt ist. Die uns interessierenden Daten sind im folgenden angegeben.

$$\text{Leistung} = 7000 \text{ kVA}$$

$$\text{Strangspannung } E_{\text{eff}} = 3325 \text{ Volt}$$

$$\text{Nennstrom } J_{N\text{ eff}} = 700 \text{ Amp.}$$

$$\text{Drehzahl/min} \quad 1200$$

$$\text{Periodenzahl } f = 40$$

Die Hauptabmessungen der Maschine sind:

Ständer.

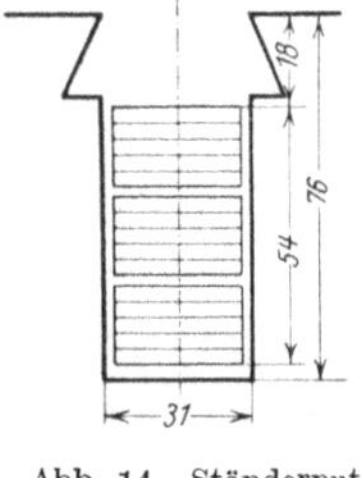

Abb. 14. Ständernut.

Bohrung	$= 140$	cm
Luftspalt	$= 2,5$	cm
Äußerer Eisendurchmesser	$= 210$	cm
Reine Eisenlänge	$= 130$	cm
Kernlänge	$= 160$	cm
Nutenzahl	$N_1 = 60$	
Nutenzahl/Pol und Strang	$q_1 = 5$	
Stabzahl je Nut	$= 3$	
Windungszahl einer Phase	$w_1 = 30$	
Schaltung des Ständers	Stern	

Läufer.

Durchmesser $\qquad D = 135\,\text{cm}$
Bewickelte Nutenzahl/Pol und Strang $\quad q_2 = 8$

Erregerwicklung.

Leiterzahl einer Nut $\qquad = 40$
Windungszahl einer Phase $\qquad w_2 = 640$

Dämpferlängswicklung.

Windungszahl $\qquad w_3 = pq_2 = 16$
Erregerstrom für Leerlauf und Nennspannung: $i_E = 122$ Amp.

Wir berechnen nun der Reihe nach folgende Größen:

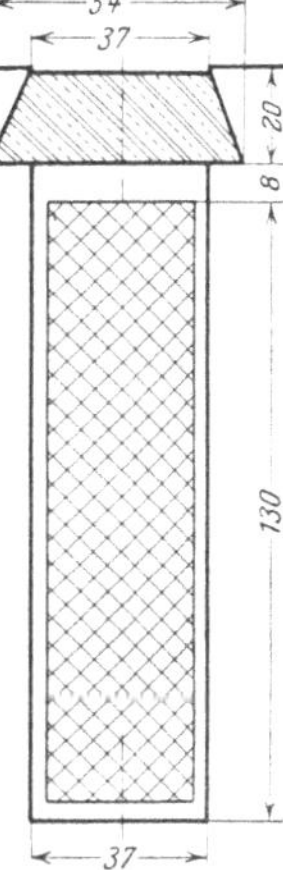

Abb. 15. Läufernut.

$$\Lambda_{N_1} = 234 \cdot 10^{-8}\ \text{Henry} \qquad \Lambda_{N_2} = 370 \cdot 10^{-8}\ \text{Henry}$$
$$\Lambda_{K_1} = 18,3 \cdot 10^{-8} \quad,, \qquad \Lambda_{K_2} = 32 \cdot 10^{-8} \quad,,$$
$$\Lambda_{S_1} = 88 \ \cdot 10^{-8} \quad,, \qquad \Lambda_{S_2} = 30,2 \cdot 10^{-8} \quad,,$$

$$\Lambda_{N_3} = 27 \ \cdot 10^{-8}\ \text{Henry} \qquad \Lambda_{N_g} = 40,4 \cdot 10^{-8}\ \text{Henry}^{[1]}$$
$$\Lambda_{K_3} = 32 \ \cdot 10^{-8} \quad,, \qquad \Lambda_{S_g} \approx 0$$
$$\Lambda_{S_3} = 13,2 \cdot 10^{-8} \quad,,$$

Nach Gl. (25) ist $\Lambda_h = 2010 \cdot 10^{-8}$ Henry.
Mit diesen Werten sind nach den Gl. (32) bis (35) die Streuziffern gleich:

$\sigma_1 = 0,15$ beim einphasig-einsträngigen Kurzschluß,

$\sigma_1 = 0,1$ beim einphasig-zweisträngigen und beim dreiphasigen Kurzschluß.

$$\sigma_2 = 0,114$$
$$\sigma_3 = 0,027$$
$$\sigma_g = 0,013$$

Für den einphasig-einsträngigen Kurzschluß ist dann die erweiterte Gesamtstreuziffer nach Gl. (37)

$$\sigma_e = 0,154 \,.$$

Wenn wir σ_e näherungsweise berechnen, indem wir das Mitschwingen der Erregerwicklung vernachlässigen, so erhalten wir:

$$\sigma_e = 1 - \frac{1}{(1 + \sigma_1)\,(1 + \sigma_3)} = 0,152 \,.$$

---

[1] Dieser Wert wurde mit den Gl. (382d) und (383c) in Richter, R.: Elektr. Maschinen, Bd. I, berechnet.

Der Fehler, den wir mit dieser Vernachlässigung machen, ist also ganz gering. Ferner ist

nach Gl. (15) $L_{21} = 0,153$ Henry

,,   ,, (12) $L_{1h} = 0,00827$,,

,,   ,, (27) $L_1 = 0,0095$,,

Für die Stoßströme erhalten wir dann nach den Gl. (36), (42) und (44):

$$i_{1\,kr} = 25\,500 \text{ Amp.}$$
$$i_{2\,kr} = 286 \text{ ,,}$$
$$i_{3\,kr} = 47\,000 \text{ ,,}$$

Nach der alten Methode, die die Dämpferlängswicklung vernachlässigt, ist $i_{1\,kr} = 17\,800$ Amp.

Für den dreiphasigen Kurzschluß ist

nach Gl. (37) $\sigma_e = 0,115$

,,   ,, (21) $L_{21} = 0,153$ Henry

,,   ,, (20) $L_{1h} = 0,0124$,,

,,   ,, (27) $L_1 = 0,0136$,,

Für die Stoßströme erhalten wir dann nach den Gl. (36), (42) und (44):

$$i_{1\,kr} = 23\,900 \text{ Amp.}$$
$$i_{2\,kr} = 350 \text{ ,,}$$
$$i_{3\,kr} = 66\,000 \text{ ,,}$$

Bei Vernachlässigung der Dämpferlängswicklung ist $i_{1\,kr} = 14\,900$ Amp.

Für den einphasig-zweisträngigen Kurzschluß ist

nach Gl. (37) $\sigma_e = 0,115$

,,   ,, (18) $L_{21} = 0,264$ Henry

,,   ,, (17) $L_{1h} = 0,0248$,,

,,   ,, (27) $L_1 = 0,0273$,,

Für die Stoßströme erhalten wir nach den Gl. (36), (42) und (44):

$$i_{1\,kr} = 20\,500 \text{ Amp.}$$
$$i_{2\,kr} = 350 \text{ ,,}$$
$$i_{3\,kr} = 66\,000 \text{ ,,}$$

Bei Vernachlässigung der Dämpferlängswicklung ist $i_{1\,kr} = 12\,800$ Amp.

II. Berücksichtigung der Wirkwiderstände.
11. Allgemeines.

Im Gegensatz zum ersten Teil können wir hier nicht von den endlichen Flußgleichungen ausgehen, sondern es sind die Differentialgleichungen, die uns die Spannungsgleichgewichte der einzelnen Wicklungen darstellen, unsere Grundgleichungen. Da die Spannungsgleichungen verschieden lauten, je nachdem die Ständerwicklung ein- oder mehrphasig ist, müssen wir den ein- und den mehrphasigen Kurzschluß getrennt behandeln. Unsere Aufgabe besteht nun darin, diese Gleichungen unter Berücksichtigung der Wirkwiderstände aufzulösen. Die Rechnung würde sich aber selbst beim dreiphasigen Kurzschluß äußerst kompliziert gestalten, wenn wir keine vereinfachende Annahme machen würden. Für die Bestimmung der komplexen Kreisfrequenzen hätten wir z. B. eine Gleichung fünften Grades zu erwarten, die wir praktisch nur schwer auswerten könnten.

Wir können nun folgendermaßen vorgehen. Wir bestimmen einmal den Ausgleichsvorgang für den dreiphasigen plötzlichen Kurzschluß unter Vernachlässigung der Dämpferquerwicklung und dann unter der Annahme, daß der Läufer in der Querachse ein gleiches Wicklungspaar trägt wie in der Längsachse. Im zweiten Fall denken wir uns also in der Querachse zwei kurzgeschlossene Wicklungen vorhanden, von denen die eine mit der Erregerwicklung eine symmetrische Zweiphasenwicklung und die andere mit der Dämpferlängswicklung eine symmetrische Zweiphasenwicklung bildet. Wie wir später sehen werden, können wir dann von diesen beiden Grenzfällen auf die wirklichen Verhältnisse schlie-

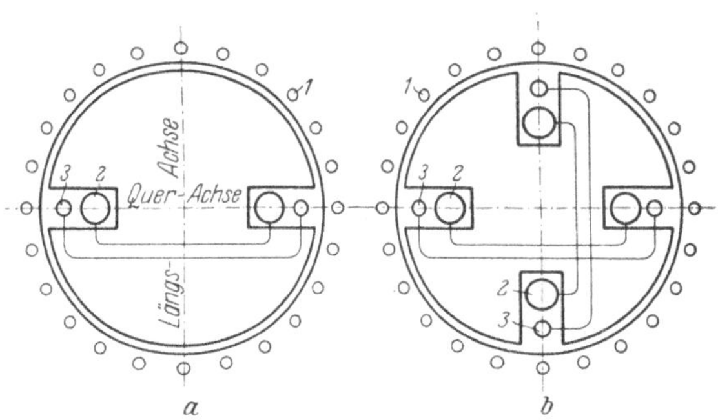

Abb. 16. Wicklungsschemen der beiden Grenzfälle.

ßen. Mit den Erkenntnissen, die wir dabei für den dreiphasigen Kurzschluß gewinnen, können wir dann ohne umständliche Rechnung auch für den einphasigen Kurzschluß den Ständerstoßstrom wenigstens näherungsweise angeben. In Abb. 16a sind die Wicklungen für den ersten Grenzfall und in Abb. 16b für den zweiten schematisch dargestellt.

Für den ersten Fall mit Vernachlässigung der Dämpferquerwicklung gestaltet sich die Rechnung ziemlich kompliziert. Wir wollen deshalb auf die Wiedergabe dieser Rechnung, die vom Verfasser durchgeführt und mit der Dissertation als Anhang eingeliefert worden ist, hier verzichten. Die gefundenen Resultate für die Stoßströme unterscheiden sich von denen des zweiten Falles mit symmetrisch-zweiphasig angenommener Läuferwicklung nur dadurch, daß das am Ständer haftende Feld etwas langsamer abklingt als im zweiten Fall. Auch was den Einfluß der Wirkwiderstände auf den Ausgleichsvorgang anbetrifft, so besteht kein wesentlicher Unterschied zwischen den beiden Grenzfällen. Die viel einfachere Rechnung für den zweiten Fall wollen wir hier jetzt ganz durchführen.

Wir haben bereits erwähnt, daß wir von den Spannungsgleichungen ausgehen müssen. Die Auflösung der Spannungsgleichungen wird nun einmal dadurch erschwert, daß infolge der Drehung des Läufers die gegenseitige Induktivität zwischen einem Ständerstrang und einem Strang der Läuferwicklung eine zeitlich veränderliche Größe ist. Dann aber wird die Rechnung auch dadurch umständlich, weil jeder Strang der Dreiphasenwicklung des Ständers eine besondere Spannungsgleichung verlangt. Wir können aber hier bei der Bestimmung der Ausgleichsvorgänge denselben Kunstgriff anwenden wie bei Dauervorgängen, indem wir nicht mit Strömen, sondern mit rotierenden Strombelägen rechnen und die Spannungsgleichungen als Vektorgleichungen anschreiben. Das setzt allerdings voraus, daß während des ganzen Ausgleichsvorganges Ständer- und Läuferwicklungen nur durch Drehfelder verkettet sind, die aber, wie wir unten sehen werden, in ihrer Größe nicht konstant zu sein brauchen, sondern nach Exponentialfunktionen abklingen können. Schreiben wir also die Spannungsgleichungen als Vektorgleichungen an, so haben wir damit die Form der Lösung bereits vorweggenommen, anstatt sie zu bestimmen. Dies entspricht aber genau dem Vorgehen bei der Lösung von Differentialgleichungen, indem dort eine Funktion, die vermutlich als Lösung in Betracht kommt, untersucht wird, ob und mit welchen Konstanten sie die Gleichung erfüllt. Gelingt es nun, die Frequenzen und die Dämpfungskonstanten der Drehfelder so zu bestimmen, daß sie den Spannungsgleichungen genügen, so ist die Aufgabe bis auf die Einführung der Grenzbedingungen gelöst. Die Vereinfachung bei dieser Methode liegt darin, daß wir jede Mehrphasenwicklung als eine einzige Wicklung auffassen können, und daß keine variablen Koeffizienten für die gegenseitigen Induktivitäten auftreten. Wir können diese Methode bei einer Maschine mit einachsiger Läuferwicklung allerdings nur auf den mehrphasigen Kurzschluß anwenden, da die Zahl der beim einphasigen Kurzschluß einer solchen Maschine auftretenden Drehfelder unendlich groß ist.

Der Dämpfungsabfall wird in den Vektorgleichungen durch den komplexen Wert der Kreisfrequenzen berücksichtigt, was aus folgender Überlegung hervorgeht.

Ein nach einer Exponentialfunktion abklingender Drehfluß läßt sich durch einen im Raum umlaufenden Vektor darstellen:

$$\dot{\Phi} = \Phi\, \varepsilon^{(-\varrho + j\nu t)}.$$

Dabei ist ϱ der Dämpfungsfaktor und ν die Kreisfrequenz, mit der der Fluß umläuft. Betrachten wir nun eine einzelne Spule, so ist der Augenblickswert des diese Spule durchsetzenden Flusses:

$$\varphi = \Phi \cdot \varepsilon^{-\varrho t} \cdot \cos \nu t,$$

oder φ ist gleich dem reellen Teil des Ausdruckes

$$[\Phi\, \varepsilon^{-\varrho t} (\cos \nu t + j \sin \nu t)].$$

Mit Einführung des Symboles $\mathfrak{Re}$, das aussagt, daß nur der reelle Teil des nachfolgenden Ausdruckes gemeint ist, können wir schreiben:

$$\varphi = \mathfrak{Re}\,[\Phi \cdot \varepsilon^{-\varrho t} (\cos \nu t + j \sin \nu t)] = \mathfrak{Re}\,[\Phi\, \varepsilon^{(-\varrho + j\nu)t}].$$

Beim Differenzieren können wir, wie sich leicht beweisen läßt, das Symbol $\mathfrak{Re}$ wie einen konstanten Faktor behandeln, und so erhalten wir für den Augenblickswert der induzierten EMK:

$$e = -\, w \frac{d\varphi}{dt} = -\, w\, \mathfrak{Re}\,[(-\varrho + j\nu)\, \dot{\Phi}]$$

und für den Zeitvektor der EMK:

$$\dot{E} = -\, w\,(-\varrho + j\nu)\, \dot{\Phi} = -\, j\,\dot{\mu}\, w \cdot \dot{\Phi}, \qquad (45)$$

wobei

$$j\,\dot{\mu} = -\,\varrho + j\nu \qquad (46)$$

ist. Die Formeln für die induzierten EMKe stimmen also bei gedämpften und nicht gedämpften Feldern überein, nur daß bei gedämpften Feldern an Stelle der Kreisfrequenz ν die komplexe Kreisfrequenz $\dot{\mu}$ tritt.

Diese Methode, bei nicht stationären Vorgängen die Spannungsgleichungen als Vektorgleichungen anzuschreiben, wurde bei unserm Problem von Dreyfus eingeführt.

12. Der dreiphasige plötzliche Kurzschluß einer Maschine mit zwei symmetrischen Zweiphasenwicklungen auf dem Läufer.

Im Sinne unserer Vektormethode können wir sowohl die dreiphasige Ständerwicklung (Index *1*) als auch die Erregerwicklung zusammen mit ihrer gleichwertigen Wicklung in der Querachse (Index *2*) und die

symmetrisch zweiphasig gedachte Dämpferwicklung (Index *3*) als je
eine Wicklung ansehen. Die Spannungsgleichungen lauten nun, wenn
wir die freie Schwingung allein betrachten:

$$j\,\dot{\mu}\;L_1\,\dot{J}_1 + j\,\dot{\mu}\;L_{21}\,\dot{J}_2 + j\,\dot{\mu}\;L_{31}\,\dot{J}_3 + R_1\,\dot{J}_1 = 0, \qquad (47)$$

$$j\,\dot{\mu}_L\,L_2\,\dot{J}_2 + j\,\dot{\mu}_L\,L_{12}\,\dot{J}_1 + j\,\dot{\mu}_L\,L_{32}\,\dot{J}_3 + R_2\,\dot{J}_2 = 0, \qquad (48)$$

$$j\,\dot{\mu}_L\,L_3\,\dot{J}_3 + j\,\dot{\mu}_L\,L_{13}\,\dot{J}_1 + j\,\dot{\mu}_L\,L_{23}\,\dot{J}_2 + R_3\,\dot{J}_3 = 0. \qquad (49)$$

Dabei ist $\dot{\mu}$ die noch unbekannte komplexe Kreisfrequenz eines möglichen Drehfeldes relativ zum Ständer und $\dot{\mu}_L$ die komplexe Kreisfrequenz desselben Drehfeldes relativ zum Läufer. Ist also

$$\dot{\mu} = \nu + j\varrho \qquad (50)$$

und

$$\dot{\mu}_L = \nu_L + j\varrho, \qquad (51)$$

so muß zwischen den beiden Kreisfrequenzen ν und ν_L folgende Beziehung gelten:

$$\nu = \nu_L + \omega, \qquad (52)$$

wenn ω die mechanische Kreisfrequenz des Läufers ist. Mit J_ν bezeichnen wir die Amplituden der Ströme und mit $\dot{J}_\nu$ deren Vektoren.

Eliminieren wir nun aus den drei Spannungsgleichungen die Ströme,
so erhalten wir eine Gleichung dritten Grades als Bestimmungsgleichung
für die komplexen Kreisfrequenzen. Um die Lösungen dieser Gleichung
dritten Grades in geschlossener Form zu erhalten, können wir so vorgehen, daß wir die eine oder die andere Wurzel dieser Gleichung getrennt
bestimmen und durch Division den Grad der Gleichung herunter-
setzen. Wenn wir aber schon dazu gezwungen sind, die eine der drei
Wurzeln getrennt zu bestimmen, so können wir auch auf die allgemeine
Bestimmungsgleichung ganz verzichten und die Methode, die uns eine
der Wurzeln liefert, auch für die Bestimmung der übrigen anwenden.
Die Rechnung wird dadurch bedeutend einfacher.

Was ermöglicht uns nun die getrennte Bestimmung der komplexen
Kreisfrequenzen? Lösen wir die Gl. (47) bis (49) unter Vernachlässigung der Wirkwiderstände auf, so erhalten wir wie bei einer Maschine
mit nur einer Mehrphasenwicklung auf dem Läufer für die Kreis-
frequenzen die Werte $\nu_L = -\omega$ und $\nu_L' = 0$, bzw. $\nu = 0$ und $\nu' = \omega$;
es kann also bei einem Ausgleichsvorgang ein am Ständer hängendes
und ein am Läufer hängendes Feld auftreten. Es ist nun bekannt, daß
bei einer Maschine, bei der Ständer und Läufer je eine symmetrische
Mehrphasenwicklung tragen, diese beiden Felder nicht mehr vollkommen
stillstehen relativ zum Ständer bzw. zum Läufer, wenn die Wirkwider-

stände berücksichtigt werden. Dieselben Verhältnisse haben wir auch in unserm Fall zu erwarten. Das eine Drehfeld wird sich relativ zum Ständer mit ganz geringer Geschwindigkeit vorwärts bewegen und das andere oder die andern mit ebenfalls kleiner Geschwindigkeit gegenüber dem Läufer zurückbleiben. Wenn es also nicht mehr genau gilt, daß $-\nu_L = \nu' = \omega$ ist, so wissen wir doch, daß $-\nu_L$ und ν' ungefähr diese Größe haben. Und das ermöglicht uns die getrennte Bestimmung der komplexen Kreisfrequenzen, wie wir jetzt sehen werden.

a) Die Bestimmung der komplexen Kreisfrequenzen. Wir wollen nun zunächst Zahl und Größe der komplexen Kreisfrequenzen der am Läufer hängenden Felder bestimmen. Solange wir die Zahl dieser Felder noch nicht kennen, bezeichnen wir die Größen dieser Felder allgemein mit dem Index x. Bei dem großen Wert von $\dot{\mu}_x = j\varrho + \nu_x \approx j\varrho + \omega$ fällt in Gl. (47) das Glied $R_1 J_{1x}$ nicht mehr ins Gewicht, so daß wir es hier ohne merklichen Fehler vernachlässigen können. Daraus ist zu schließen, daß die Vorgänge, die durch das am Läufer hängende Feld hervorgerufen werden, von dem Wirkwiderstand der Ständerwicklung fast unabhängig sind. Aus Gl. (47) erhalten wir dann:

$$\dot{J}_{1x} = -\frac{L_{21}}{L_1}\left(\dot{J}_{2x} + \frac{w_3}{w_2}\frac{\xi_3}{\xi_2}\dot{J}_{3x}\right) = -\frac{L_{21}}{L_1}\dot{J}_{Lx}.$$

Dabei ist $\left(\dot{J}_{2x} + \frac{w_3}{w_2}\frac{\xi_3}{\xi_2}\dot{J}_{3x}\right)$ der gesamte, auf die Windungszahl der Erregerwicklung bezogene Läuferstrom eines Drehfeldes, für den wir die Bezeichnung $\dot{J}_{Lx}$ gebrauchen wollen. Mit den Beziehungen unter den Induktivitäten, die wir im Abschnitt 5 zusammengestellt haben, geht diese Gleichung über in

$$\dot{J}_{1x} = -\frac{2}{m_1}\cdot\frac{w_2}{w_1}\cdot\frac{\xi_2}{\xi_1}\cdot\frac{1}{1+\sigma_1}\dot{J}_{Lx}. \tag{53}$$

Es gilt diese Gleichung auch als Beziehung zwischen den Strömen J_E und J_{1K} des Dauerkurzschlusses, wie man leicht einsieht, wenn man in Gl. (47) $\mu = \omega$ setzt.

Wir denken uns jetzt die Gl. (53) auf ein bestimmtes der möglichen am Läufer hängenden Drehfelder angewandt. Dieses Drehfeld wird durch die Ströme J_{1x} und J_{Lx} erregt. Die magnetisierende Durchflutung ist demnach gleich

$$\frac{m_1}{2}\dot{J}_{1x}\cdot w_1\,\xi_1 + \dot{J}_{Lx}\cdot w_2\,\xi_2 = -\frac{1}{1+\sigma_1}\dot{J}_{Lx}\cdot w_2\,\xi_2 + \dot{J}_{Lx}\cdot w_2\,\xi_2$$

$$= \frac{\sigma_1}{1+\sigma_1}\dot{J}_{Lx}\cdot w_2\,\xi_2.$$

Diese Gleichung sagt aus, daß die resultierende Durchflutung durch die Rückwirkung einer kurzgeschlossenen Ständerwicklung von $J_{Lx} \cdot w_2 \xi_2$ auf $J_{Lx} \cdot w_2 \xi_2 \dfrac{\sigma_1}{1+\sigma_1}$ reduziert wird. Durch die Durchflutung $J_{Lx} \cdot w_2 \xi_2 \dfrac{\sigma_1}{1+\sigma_1}$ wird ein Feld erregt, das durch den Hauptweg geht. Wir kommen aber zu demselben Feld mit einer Durchflutung $J_{Lx} \cdot w_2 \xi_2$, wenn wir den Leitwert des Hauptweges mit $\dfrac{\sigma_1}{1+\sigma_1}$ multiplizieren. So können wir also für die am Läufer hängenden Felder das Vorhandensein einer kurzgeschlossenen Ständerwicklung formal dadurch berücksichtigen, daß wir den Leitwert des Hauptweges oder entsprechend alle Nutzinduktivitäten mit $\dfrac{\sigma_1}{1+\sigma_1}$ multiplizieren. Wir können somit die komplexen Kreisfrequenzen der am Läufer hängenden Felder genau so ableiten, als ob die beiden zweiphasigen Läuferwicklungen allein vorhanden wären, nur müssen wir nach obigem für die Induktivitäten folgende Werte einsetzen:

$$L_2' = L_{2h}\left(\frac{\sigma_1}{1+\sigma_1} + \sigma_2\right), \tag{54}$$

$$L_3' = L_{3h}\left(\frac{\sigma_1}{1+\sigma_1} + \sigma_3\right), \tag{55}$$

$$L_{23}' = L_{32}' = \frac{w_3}{w_2}\frac{\xi_3}{\xi_2} L_{2h}\left(\frac{\sigma_1}{1+\sigma_1} + \sigma_g\right). \tag{56}$$

Die Spannungsgleichungen der beiden Läuferwicklungen lauten dann:

$$j\,\dot{\mu}_{Lx} L_2' \,\dot{J}_{2x} + j\,\dot{\mu}_{Lx} L_{32}' \,\dot{J}_{3x} + R_2\,\dot{J}_{2x} = 0, \tag{57}$$

$$j\,\dot{\mu}_{Lx} L_3' \,\dot{J}_{3x} + j\,\dot{\mu}_{Lx} L_{23}' \,\dot{J}_{2x} + R_3\,\dot{J}_{3x} = 0. \tag{58}$$

Diese Gleichungen stimmen formal mit denen eines gewöhnlichen Transformators überein. Der folgende Rechnungsgang ist deshalb auch derselbe wie bei der Bestimmung der Schwingungskonstanten des frei schwingenden Transformators. Aus Gl. (58) ergibt sich:

$$\dot{J}_{3x} = -\frac{j\,\dot{\mu}_{Lx} L_{23}'}{j\,\dot{\mu}_{Lx} L_3' + R_3}\,\dot{J}_{2x}.$$

Setzen wir diesen Wert in die Gl. (57) ein, so erhalten wir:

$$(j\,\dot{\mu}_{Lx})^2 (L_2' L_3' - L_{23}'^2) + j\,\dot{\mu}_{Lx}(L_2' R_3 + L_3' R_2) + R_2 R_3 = 0. \tag{59}$$

Das ist die Bestimmungsgleichung für die komplexen Kreisfrequenzen der am Läufer hängenden Felder. Sie ist uns bekannt als Bestimmungsgleichung der Schwingungskonstanten des Transformators. Da $L_2' L_3' > L_{23}'^2$, sind die Wurzeln dieser Gleichung reelle Werte; es muß also in

$$j\,\mu_{Lx} = -\,\varrho + j\,\nu_{Lx}$$

die Kreisfrequenz ν_{Lx} gleich Null sein. Die am Läufer hängenden Felder haben demnach keine Relativgeschwindigkeit gegenüber dem Läufer. Da die Bestimmungsgleichung zwei Wurzeln liefert, so wissen wir jetzt also, daß zwei synchrone Drehfelder bei einem Ausgleichsvorgang unserer Maschine möglich sind. Wir bezeichnen die Größen dieser beiden Felder mit den Indizes A und B. Die Wurzeln der Gl. (59) sind die Dämpfungsfaktoren dieser beiden Felder. Für sie erhalten wir folgende Werte:

$$\varrho_{A,\,B} = +\,\frac{1}{2}\,\frac{L_2'\,R_3 + L_3'\,R_2}{L_2'\,L_3' - L_{23}'^2} \mp \sqrt{\frac{1}{4}\left(\frac{L_2'\,R_3 + L_3'\,R_2}{L_2'\,L_3' - L_{23}'^2}\right)^2 - \frac{R_2\,R_3}{L_2'\,L_3' - L_{23}'^2}}\,.\ (60)$$

Wenn die Gl. (59) für die Kreisfrequenzen ν_{Lx} der am Läufer hängenden Felder den Wert Null ergibt, so ist das auf die Vernachlässigung des Widerstandes R_1 der Ständerwicklung in der Gl. (47) zurückzuführen. In Wirklichkeit ist ν_{Lx} von Null etwas verschieden. Die am Läufer hängenden Felder ruhen also nicht nur dann vollständig gegenüber dem Läufer, wenn wir die Wirkwiderstände überhaupt vernachlässigen, sondern auch, wenn der Widerstand der Ständerwicklung allein zu Null angenommen wird. Wir wollen diese Erscheinung jetzt auch physikalisch erklären.

Der Einfachheit wegen nehmen wir für die folgende Überlegung nur eine Zweiphasenwicklung auf dem Läufer an (Abb. 17a). Das fiktive von der Erregerwicklung erzeugte Feld (Index 2), das seiner Richtung nach mit der Polachse zusammenfällt, induziert bei Vernachlässigung des Wirkwiderstandes R_1 in der Ständerwicklung ein Feld

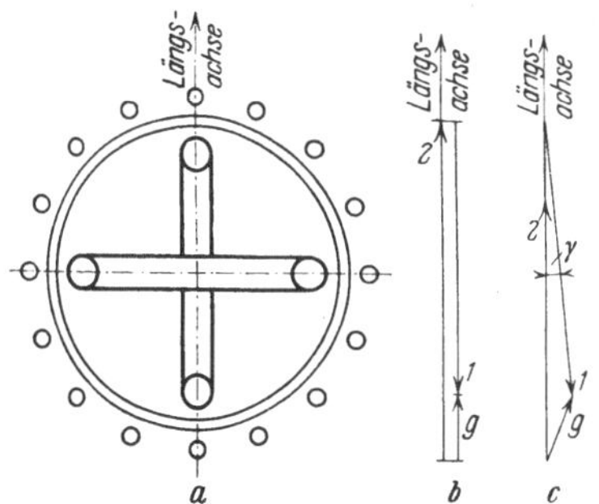

Abb. 17. Vektordiagramm des am Läufer hängenden Feldes ohne und mit Berücksichtigung des Wirkwiderstandes der Ständerwicklung.

(Index 1) von genau entgegengesetzter Richtung. In Abb. 17b ist das Vektordiagramm für diesen Fall aufgezeichnet. Das gemeinsame Feld (Index g) liegt also ebenfalls in der Richtung der Polachse. Fällt nun dieses gemeinsame Feld infolge des Energieverbrauches in der Erregerwicklung ab, so wird durch diese Flußänderung nur in der Erregerwicklung ein Strom zur Erhaltung des Feldes induziert, während die Läuferquerwicklung unbeteiligt bleibt. Das resultierende Feld bleibt also mit der Polachse gleichgerichtet, läuft also synchron mit dem Läufer weiter.

Ist dagegen der Wirkwiderstand der Ständerwicklung nicht gleich Null, so bildet das Vektordiagramm nach Abb. 17c ein Dreieck. Das gemeinsame Feld (Index g) liegt nicht mehr in der Richtung der Polachse, hat also eine Komponente, die mit der Läuferquerwicklung verkettet ist. Beim Abklingen dieses gemeinsamen Feldes wird also auch in der Querwicklung ein Strom induziert. So ist es zu erklären, daß bei Berücksichtigung des Wirkwiderstandes in der Ständerwicklung sich auch die Querwicklung an der Erhaltung des am Läufer hängenden Feldes beteiligt.

Nach Gl. (47) ist der Winkel γ in Abb. 17c gleich

$$\gamma \approx \operatorname{arc\,tg} \frac{R_1}{L_1\,\omega},$$

also so klein, daß praktisch das ganze Diagramm der Abb. 17c in eine Linie fällt. Der durch das Abklingen des gemeinsamen Feldes in der Querwicklung induzierte Strom ist demnach im Kurzschlußmoment noch so klein, daß wir ihn vernachlässigen können. Der Läuferstrom, der zu dem am Läufer hängenden Feld gehört, wirkt also in der ersten Zeit nach dem Kurzschluß nur in der Richtung der Polachse magnetisierend. Sein Vektor hat also dieselbe Richtung wie der Vektor $\dot{J}_E$ des Erregerstromes und behält diese Richtung bei, wenn wir für die Bestimmung der Stoßströme, die ja schon nach Ablauf von $\frac{1}{2\,f}$ sec auftreten, die kleine Relativgeschwindigkeit dieses Feldes gegenüber dem Läufer vernachlässigen.

Mit derselben Methode wollen wir nun die komplexe Kreisfrequenz des am Ständer hängenden Feldes bestimmen. Wir bezeichnen die Größen, die zu diesem Feld gehören, mit dem Index C. Zunächst leiten wir wieder die Beziehung her, die zwischen dem Ständerstrom $\dot{J}_{1C}$ und dem auf die Windungszahl der Erregerwicklung bezogenen Gesamtstrom der beiden Läuferwicklungen $\dot{J}_{LC} = \left(\dot{J}_{2C} + \frac{w_3\,\xi_3}{w_2\,\xi_2}\,\dot{J}_{3C} \right)$ besteht. Zu diesem Zweck multiplizieren wir die Gl. (49) mit $\frac{w_2\,\xi_2}{w_3\,\xi_3}$ und subtrahieren sie von der Gl. (48). Dabei können wir in den Gl. (48) und (49) die Glieder $R_2\,J_{2C}$ und $R_3\,J_{3C}$ ohne merklichen Fehler vernachlässigen, da diese bei der sehr großen Kreisfrequenz $\nu_{LC} \approx -\omega$ nicht mehr ins Gewicht fallen. Wir erhalten dann folgende Beziehung zwischen den beiden Läuferströmen:

$$\dot{J}_{3C} = \frac{w_2}{w_3}\frac{\xi_2}{\xi_3}\frac{(\sigma_2 - \sigma_g)}{(\sigma_3 - \sigma_g)}\,\dot{J}_{2C}. \tag{61}$$

Setzen wir diese Beziehung in die Gl. (48) ein, so erhalten wir nach einigen einfachen Umrechnungen:

$$\dot{J}_{2C} \cdot w_2\, \xi_2 \left[(1 + \sigma_2) + \frac{\sigma_2 - \sigma_g}{\sigma_3 - \sigma_g}\, (1 + \sigma_g) \right] = -\frac{m_1}{2}\, \dot{J}_{1C}\, w_1\, \xi_1 , \qquad (62)$$

und wenn wir dieselbe Beziehung in die Gl. (49) einsetzen, so erhalten wir

$$\dot{J}_{3C}\, w_3\, \xi_3 \left[(1 + \sigma_3) + \frac{\sigma_3 - \sigma_g}{\sigma_2 - \sigma_g}\, (1 + \sigma_g) \right] = -\frac{m_1}{2}\, \dot{J}_{1C}\, w_1\, \xi_1 . \qquad (63)$$

Die Summe der beiden Läuferdurchflutungen ist dann

$$\dot{J}_{LC} \cdot w_2\, \xi_2 = (\dot{J}_{2C}\, w_2\, \xi_2 + \dot{J}_{3C}\, w_3\, \xi_3)$$
$$= -\frac{m_1}{2}\, w_1\, \xi_1\, \frac{\sigma_2 + \sigma_3 - 2\sigma_g}{\sigma_2 + \sigma_3 + \sigma_2\, \sigma_3 - 2\sigma_g - \sigma_g^2}\, \dot{J}_{1C}$$

oder

$$\dot{J}_{LC} \cdot w_2\, \xi_2 = -\frac{m_1}{2}\, w_1\, \xi_1\, (1 - \sigma_e)\, (1 + \sigma_1)\, \dot{J}_{1C} , \qquad (64)$$

wobei σ_e die in Gl. (37) definierte Gesamtstreuziffer ist. Gl. (64) ist die Beziehung, die zwischen dem Ständerstrom und dem gesamten Läuferstrom für das am Ständer hängende Feld besteht. Setzen wir diese Beziehung in die Spannungsgleichung der Ständerwicklung [Gl. (47)] ein, so erhalten wir:

$$j\,\dot{\mu}_C \cdot L_1\, \dot{J}_{1C} - j\,\dot{\mu}_C\, L_{21}\, \frac{m_1}{2} \cdot \frac{w_1}{w_2} \cdot \frac{\xi_1}{\xi_2}\, (1 - \sigma_e)\, (1 + \sigma_1)\, \dot{J}_{1C} + R_1\, \dot{J}_{1C} = 0$$

oder

$$j\,\dot{\mu}_C\, L_1\, \dot{J}_{1C}\, [1 - (1 - \sigma_e)] + R_1\, \dot{J}_{1C} = 0 .$$

Daraus ergibt sich für die komplexe Kreisfrequenz des am Ständer hängenden Feldes:

$$\dot{\mu}_C = j\, \frac{R_1}{L_1\, \sigma_e} , \qquad (65)$$

also wieder ein rein imaginärer Wert. Die Dämpfungskonstante dieses Feldes ist also gleich

$$\varrho_C = \frac{R_1}{L_1\, \sigma_e} , \qquad (66)$$

und die Kreisfrequenz relativ zum Ständer wäre nach Gl. (65) gleich Null, in Wirklichkeit ist sie jedoch von Null etwas verschieden. Diese

Abweichung des in Gl. (65) errechneten Wertes von dem wirklichen ist auf die Vernachlässigung der Wirkwiderstände der beiden Läuferwicklungen bei der Ableitung der Beziehung (64) zurückzuführen.

Zusammenfassend können wir jetzt sagen, daß bei irgend einem Ausgleichsvorgang unserer Maschine zwei annähernd synchrone Drehfelder und ein Drehfeld, das relativ zum Ständer fast still steht, auftreten können. Es bleibt jetzt nur noch übrig, die Integrationskonstanten zu bestimmen, um die Stoßströme beim plötzlichen Kurzschluß berechnen zu können.

b) Die Bestimmung der Integrationskonstanten. Jeden Ausgleichsvorgang können wir als eine Überlagerung des angestrebten Dauerzustandes und der freien Schwingung ansehen. Den Endzustand müssen wir als schon im Kurzschlußmoment uns vorhanden denken. Wird der Ausgleichsvorgang zur Zeit $t = 0$ eingeleitet, so gibt für jede Wicklung die Differenz aus dem Strom, der zu dieser Zeit vor dem Kurzschluß vorhanden ist, und dem Strom des neuen Dauerzustandes den Anfangswert der freien Schwingung. Die Anfangswerte für die freie Schwingung bezeichnen wir mit dem Index 0.

Die Erregerwicklung führt vor und nach Ablauf des Ausgleichsvorganges denselben Strom, so daß der in ihr fließende Ausgleichsstrom im Kurzschlußmoment den Wert Null hat. Es ist also

$$\dot{J}_{2_0} = 0. \tag{67}$$

Für die Dämpferwicklung ist der Anfangswert des Ausgleichsstromes ebenfalls Null, da vor und nach dem Ausgleichsvorgang in ihr kein Strom fließt. Danach ist

$$\dot{J}_{3_0} = 0. \tag{68}$$

Die Ständerwicklung führt vor dem Kurzschluß keinen Strom und nach dem Kurzschluß den Dauerkurzschlußstrom J_{1K}; aus der Differenz beider ergibt sich:

$$\dot{J}_{1_0} = - \dot{J}_{1K}. \tag{69}$$

Jeder der drei Anfangswerte setzt sich entsprechend den drei Drehfeldern, die bei einem Ausgleichsvorgang auftreten können, aus drei Komponenten zusammen. Es ist also

$$\dot{J}_{1_0} = \dot{J}_{1A_0} + \dot{J}_{1B_0} + \dot{J}_{1C_0} = - \dot{J}_{1K}, \tag{70}$$

$$\dot{J}_{2_0} = \dot{J}_{2A_0} + \dot{J}_{2B_0} + \dot{J}_{2C_0} = 0, \tag{71}$$

$$\dot{J}_{3_0} = \dot{J}_{3A_0} + \dot{J}_{3B_0} + \dot{J}_{3C_0} = 0. \tag{72}$$

Durch diese drei Gleichungen und durch die Spannungsgleichungen sind die Anfangswerte der einzelnen Verkettungsformen bestimmt. Um die Rechnung bei der Auflösung dieses Gleichungssystems etwas übersichtlich zu gestalten, fassen wir die einzelnen Glieder der Gl. (70) bis (72) folgendermaßen zusammen.

$$J_{1A_0} + J_{1B_0} = J_{1(A+B)_0}, \tag{73}$$

$$J_{2A_0} + J_{2B_0} = J_{2(A+B)_0}, \tag{74}$$

$$J_{3A_0} + J_{3B_0} = J_{3(A+B)_0}, \tag{75}$$

und ferner

$$J_{2(A+B)_0} + \frac{w_3}{w_2}\frac{\xi_3}{\xi_2} J_{3(A+B)_0} = J_{L(A+B)_0}, \tag{76}$$

$$J_{2C_0} + \frac{w_3}{w_2}\frac{\xi_3}{\xi_2} J_{3C_0} = J_{LC_0}. \tag{77}$$

Wir haben bei der Bestimmung der komplexen Kreisfrequenzen gefunden, daß die am Läufer hängenden Felder im Kurzschlußmoment praktisch in die Richtung der Polachse fallen; die algebraische Addition der einzelnen Glieder in den Gl. (73) bis (76) ist also berechtigt. Nach Gl. (61) konnten wir auch die Glieder in Gl. (77) algebraisch addieren.

Mit den zusammengezogenen Werten gehen die Gl. (70) bis (72) über in

$$\dot{J}_{1(A+B)_0} + \dot{J}_{1C_0} = -\dot{J}_{1K}, \tag{78}$$

$$\dot{J}_{L(A+B)_0} + \dot{J}_{LC_0} = 0 \tag{79}$$

Die Ströme $J_{1(A+B)_0}$ und $J_{L(A+B)_0}$ sind noch durch die Gl. (53) und die Ströme J_{1C_0} und J_{LC_0} durch die Gl. (64) miteinander verbunden. Damit sind die vier unbekannten Ströme der Gl. (78) und (79) bestimmt. Wir erhalten für sie, wenn wir noch die Gl. (53) als Beziehung unter den beim Dauerkurzschluß auftretenden Ströme verwenden, folgende Werte:

$$\dot{J}_{1(A+B)_0} = \frac{1-\sigma_e}{\sigma_e}\dot{J}_{1K}, \tag{80}$$

$$\dot{J}_{L(A+B)_0} = \frac{1-\sigma_e}{\sigma_e}\dot{J}_{E}, \tag{81}$$

$$\dot{J}_{1C_0} = -\frac{1}{\sigma_e}J_{1K}, \tag{82}$$

$$\dot{J}_{LC_0} = -\frac{1-\sigma_e}{\sigma_e}\dot{J}_{E}. \tag{83}$$

Dabei ist σ_e wieder die durch die Gl. (37) definierte Gesamtstreuziffer.

Die Trennung von J_{LC_0} in die Anteile J_{2C_0} und $\dfrac{w_3}{w_2}\dfrac{\xi_3}{\xi_2}J_{3C_0}$ geschieht mit den Gl. (77) und (61). Wir erhalten dabei folgende Werte:

$$\dot{J}_{2C_0} = -\frac{1-\sigma_e}{\sigma_e}\frac{\sigma_3-\sigma_g}{\sigma_2+\sigma_3-2\sigma_g}\dot{J}_E , \tag{84}$$

$$\dot{J}_{3C_0} = -\frac{w_2\,\xi_2}{w_3\,\xi_3}\cdot\frac{1-\sigma_e}{\sigma_e}\frac{\sigma_2-\sigma_g}{\sigma_2+\sigma_3-2\sigma_g}\dot{J}_E . \tag{85}$$

Nach den Gl. (71), (72 und (74)) bis (76) erhalten wir bei der Trennung von $J_{L(A+B)_0}$ in $J_{2(A+B)_0}$ und $J_{3(A+B)_0}$:

$$\dot{J}_{2(A+B)_0} = \frac{1-\sigma_e}{\sigma_e}\frac{\sigma_3-\sigma_g}{\sigma_2+\sigma_3-2\sigma_g}\dot{J}_E , \tag{86}$$

$$\dot{J}_{3(A+B)_0} = \frac{w_2\,\xi_2}{w_3\,\xi_3}\cdot\frac{1-\sigma_e}{\sigma_e}\frac{\sigma_2-\sigma_g}{\sigma_2+\sigma_3-2\sigma_g}\dot{J}_E . \tag{87}$$

Es bleibt jetzt nur noch übrig, die Größen $J_{1(A+B)_0}$, $J_{2(A+B)_0}$ und $J_{3(A+B)_0}$ entsprechend ihrer Zugehörigkeit zu den beiden am Läufer hängenden Feldern zu spalten in J_{1A_0} und J_{1B_0} bzw. in J_{2A_0} und J_{2B_0} und in J_{3A_0} und J_{3B_0}. Dazu brauchen wir neben den Gl. (74) und (75) noch zwei weitere Beziehungen, die uns durch die Spannungsgleichungen gegeben sind. Die in Betracht kommenden Spannungsgleichungen wollen wir hier als Differentialgleichungen anschreiben, da die Integrationskonstanten sich aus den Differentialgleichungen einfacher bestimmen lassen als aus den komplexen Gl. (57) und (58).

Wir haben schon früher darauf hingewiesen, daß die als Vektorgleichungen angeschriebenen Spannungsgleichungen der Läuferwicklungen für die am Läufer hängenden Felder mit denen eines gewöhnlichen Transformators mit den Induktivitäten der Gl. (54) bis (56) formal übereinstimmen. Die Spannungsgleichungen der beiden Läuferwicklungen für die am Läufer hängenden Felder stimmen aber auch mit denen eines Transformators formal überein, wenn wir sie als Differentialgleichungen anschreiben, wie aus folgender Überlegung hervorgeht.

Wir wissen, daß bei Vernachlässigung der kleinen Relativgeschwindigkeit der am Läufer hängenden Felder gegenüber dem Läufer die beiden Querwicklungen des Läufers an der Erhaltung dieser Felder nicht beteiligt sind; wir können sie also als nicht vorhanden annehmen, wenn wir die am Läufer hängenden Felder allein betrachten. Wir brauchen also nur noch die Spannungsgleichungen der beiden Längswicklungen des Läufers aufzustellen, wenn wir das Vorhandensein der Ständerwicklung wieder durch Reduzierung der Nutzinduktivitäten nach den Gl. (54) bis (56) berücksichtigen. Damit ist es klar, daß die

Spannungsgleichungen mit denen eines Transformators formal übereinstimmen. Sie lauten also:

$$L_2' \frac{d\,i_2}{dt} + L_{23}' \frac{d\,i_3}{dt} + R_2\,i_2 = 0, \qquad (88)$$

$$L_3' \frac{d\,i_3}{dt} + L_{23}' \frac{d\,i_2}{dt} + R_3\,i_3 = 0. \qquad (89)$$

(Der Index $(A + B)$ als Bezeichnung der synchronen Verkettungsform wurde der einfacheren Schreibweise wegen hier weggelassen.) Die beiden Gleichungen haben folgende Lösungen:

$$i_{2(A+B)} = J_{2\,A_0}\,\varepsilon^{-\varrho_A\,t} + J_{2\,B_0}\,\varepsilon^{-\varrho_B t}, \qquad (90)$$

$$i_{3(A+B)} = J_{3\,A_0}\,\varepsilon^{-\varrho_A t} + J_{3\,B_0}\,\varepsilon^{-\varrho_B t}. \qquad (91)$$

Die Dämpfungsfaktoren ϱ_A und ϱ_B haben wir bereits in Gl. (60) bestimmt. Bilden wir jetzt die Differentialquotienten $\frac{d\,i_2}{dt}$ und $\frac{d\,i_3}{dt}$ für die Zeit $t = 0$ und setzen diese Werte in die Differentialgleichungen ein, so erhalten wir folgende Beziehungen:

$$L_2'(\varrho_A\,J_{2\,A_0} + \varrho_B\,J_{2\,B_0}) + L_{23}'(\varrho_A\,J_{3\,A_0} + \varrho_B\,J_{3\,B_0}) - R_2\,(J_{2\,A_0} + J_{2\,B_0}) = 0$$

und

$$L_3'(\varrho_A\,J_{3\,A_0} + \varrho_R\,J_{3\,B_0}) + L_{23}'(\varrho_A\,J_{2\,A_0} + \varrho_R\,J_{2\,B_0}) - R_3\,(J_{3\,A_0} + J_{3\,B_0}) = 0.$$

Mit diesen Beziehungen und den Gl. (74) und (75) sind die Integrationskonstanten bestimmt zu

$$J_{2\,A_0} = + \frac{1}{\varrho_A - \varrho_B}\left(\frac{L_3'\,R_2\,J_{2(A+B)_0} - L_{23}'\,R_3\,J_{3(A+B)_0}}{L_2'\,L_3' - L_{23}'^2} - \varrho_B\,J_{2(A+B)_0}\right), \qquad (92)$$

$$J_{2\,B_0} = - \frac{1}{\varrho_A - \varrho_B}\left(\frac{L_3'\,R_2\,J_{2(A+B)_0} - L_{23}'\,R_3\,J_{3(A+B)_0}}{L_2'\,L_3' - L_{23}'^2} - \varrho_A\,J_{2(A+B)_0}\right), \qquad (93)$$

$$J_{3\,A_0} = + \frac{1}{\varrho_A - \varrho_B}\left(\frac{L_2'\,R_3\,J_{3(A+B)_0} - L_{23}'\,R_2\,J_{2(A+B)_0}}{L_2'\,L_3' - L_{23}'^2} - \varrho_B\,J_{3(A+B)_0}\right), \qquad (94)$$

$$J_{3\,B_0} = - \frac{1}{\varrho_A - \varrho_B}\left(\frac{L_2'\,R_3\,J_{3(A+B)_0} - L_{23}'\,R_2\,J_{2(A+B)_0}}{L_2'\,L_3' - L_{23}'^2} - \varrho_A\,J_{3(A+B)_0}\right). \qquad (95)$$

Darin sind die Ströme $J_{2(A+B)_0}$ und $J_{3(A+B)_0}$ durch die Gl. (86) und (87), die Induktivitäten L_2', L_3' und L_{23}' durch die Gl. (54) bis (56) und die Dämpfungsfaktoren $\varrho_{A,B}$ durch die Gl. (60) gegeben.

Die Ständerströme J_{1A_0} und J_{1B_0} erhalten wir durch die Gl. (53) zu

$$J_{1A_0} = -\frac{2}{m_1}\frac{1}{1+\sigma_1}\left(\frac{w_2}{w_1}\frac{\xi_2}{\xi_1} J_{2A_0} + \frac{w_3}{w_1}\frac{\xi_3}{\xi_1} J_{3A_0}\right), \tag{96}$$

$$J_{1B_0} = -\frac{2}{m_1}\frac{1}{1+\sigma_1}\left(\frac{w_2}{w_1}\frac{\xi_2}{\xi_1} J_{2B_0} + \frac{w_3}{w_1}\frac{\xi_3}{\xi_1} J_{3B_0}\right). \tag{97}$$

Damit sind jetzt alle Anfangswerte bestimmt. Was den Einfluß der Wirkwiderstände auf die Anfangswerte anbetrifft, so sehen wir, daß die Wirkwiderstände nur einen merklichen Einfluß auf die Anfangswerte der am Läufer hängenden Felder haben.

Den Verlauf des Ausgleichsvorganges können wir nun ohne weiteres anschreiben. Es ist

$$\dot{J}_1 = -J_{1K}\,\varepsilon^{j\omega t} - \frac{2}{m_1}\frac{1}{1+\sigma_1}\left(\frac{w_2}{w_1}\frac{\xi_2}{\xi_1} J_{2A_0} + \frac{w_3}{w_1}\frac{\xi_3}{\xi_1} J_{3A_0}\right)\varepsilon^{-\varrho_A t}\varepsilon^{j\omega t}$$
$$-\frac{2}{m_1}\frac{1}{1+\sigma_1}\left(\frac{w_2}{w_1}\frac{\xi_2}{\xi_1} J_{2B_0} + \frac{w_3}{w_1}\frac{\xi_3}{\xi_1} J_{3B_0}\right)\varepsilon^{-\varrho_B t}\varepsilon^{j\omega t}$$
$$+\frac{1}{\sigma_e}J_{1K}\varepsilon^{-\varrho_C t}. \tag{98}$$

$$J_2 = J_E + J_{2A_0}\varepsilon^{-\varrho_A t} + J_{2B_0}\varepsilon^{-\varrho_B t}$$
$$-\frac{1-\sigma_e}{\sigma_e}\frac{\sigma_3-\sigma_g}{\sigma_2+\sigma_3-2\sigma_g} J_E\,\varepsilon^{-\varrho_C t}\,\varepsilon^{j\omega t}. \tag{99}$$

$$\dot{J}_3 = J_{3A_0}\varepsilon^{-\varrho_A t} + J_{3B_0}\varepsilon^{-\varrho_B t}$$
$$-\frac{w_2\cdot\xi_2}{w_3\cdot\xi_3}\frac{1-\sigma_e}{\sigma_e}\frac{\sigma_2-\sigma_g}{\sigma_2+\sigma_3-2\sigma_g} J_E\,\varepsilon^{-\varrho_C t}\,\varepsilon^{j\omega t}. \tag{100}$$

Solange wir uns um die Anfangswerte J_{2A_0}, J_{2B_0}, J_{3A_0} und J_{3B_0} nicht bekümmern, sind die Gl. (98) bis (100) leicht zu übersehen. Für den Strom der Ständerwicklung haben wir eine Überlagerung des Dauerkurzschlußstromes mit einem nach der Funktion $\varepsilon^{-\varrho_C t}$ abfallenden Gleichstrom und mit zwei abklingenden Drehströmen. Das Gleichstromglied gehört zu dem am Ständer hängenden Feld, und die beiden umlaufenden Strombeläge sind von den beiden am Läufer hängenden Feldern induziert.

Die freien Ströme der beiden Läuferwicklungen setzen sich aus je zwei Gleichströmen, die zu den beiden am Läufer hängenden Feldern gehören, und einem Drehstrom, der von dem am Ständer hängenden Feld induziert wird, zusammen.

Soweit lassen sich die Ausgleichsvorgänge leicht übersehen. Um aber eine Vorstellung über den zeitlichen Verlauf der resultierenden

Läufergleichströme zu bekommen, müssen wir gleichzeitig die Aussagen der Gl. (92) bis (95), die uns die Anfangswerte der einzelnen Läufergleichströme bestimmen, berücksichtigen. Auf diese Verhältnisse werden wir erst im nächsten Abschnitt näher eingehen.

Die freien Gleichströme der beiden Läuferwicklungen haben dieselbe Phase wie der Erregerstrom j_E, wie aus den früher bestimmten Gleichungen für die Anfangswerte dieser Ströme hervorgeht. Dadurch kommt zum Ausdruck, daß die freien Gleichströme der Querwicklungen des Läufers gleich Null sind. In Wirklichkeit sind jedoch diese Ströme von Null etwas verschieden und nach früheren Überlegungen nur in der ersten Zeit nach dem Kurzschluß zu vernachlässigen, solange eben die am Läufer hängenden Felder infolge ihrer kleinen Relativgeschwindigkeit gegenüber dem Läufer sich noch nicht aus der Richtung der Polachse herausgedreht haben. In den Gl. (98) bis (100) ist das langsame Wandern der Felder relativ zum Läufer bzw. zum Ständer nicht berücksichtigt.

Die kritischen Stromwerte, die wir jetzt bestimmen wollen, treten bei Berücksichtigung der Wirkwiderstände nicht mehr genau nach einer Drehung des Läufers um 180 Polteilungsgrade in bezug auf den Schaltmoment auf. Der Fehler ist jedoch ganz gering, wenn wir nun dennoch in die Gl. (98) bis (100) für die kritische Zeit den Wert $t_{kr} = \dfrac{1}{2f}$, wobei f die Netzfrequenz ist, einsetzen. Wir erhalten dann für die kritischen Stromwerte:

$$i_{1\,kr} = J_{1\,K} + \frac{2}{m_1}\frac{1}{1+\sigma_1}\left(\frac{w_2}{w_1}\frac{\xi_2}{\xi_1} J_{2\,A_0} + \frac{w_3}{w_1}\frac{\xi_3}{\xi_1} J_{3\,A_0}\right)\varepsilon^{-\varrho_A t_{kr}}$$

$$+ \frac{2}{m_1}\frac{1}{1+\sigma_1}\left(\frac{w_2}{w_1}\frac{\xi_2}{\xi_1} J_{2\,B_0} + \frac{w_3}{w_1}\frac{\xi_3}{\xi_1} J_{3\,B_0}\right)\varepsilon^{-\varrho_B t_{kr}}$$

$$+ \frac{1}{\sigma_e} J_{1\,K}\varepsilon^{-\varrho_C t_{kr}}. \tag{101}$$

$$i_{2\,kr} = J_E + J_{2\,A_0}\,\varepsilon^{-\varrho_A t_{kr}} + J_{2\,B_0}\,\varepsilon^{-\varrho_B t_{kr}}$$

$$+ \frac{1-\sigma_e}{\sigma_e}\frac{\sigma_3-\sigma_g}{\sigma_2+\sigma_3-2\,\sigma_g} J_E\,\varepsilon^{-\varrho_C t_{kr}}. \tag{102}$$

$$i_{3\,kr} = J_{3\,A_0}\,\varepsilon^{-\varrho_A t_{kr}} + J_{3\,B_0}\,\varepsilon^{-\varrho_B t_{kr}}$$

$$+ \frac{w_2}{w_3}\frac{\xi_2}{\xi_3}\frac{1-\sigma_e}{\sigma_e}\frac{\sigma_2-\sigma_g}{\sigma_2+\sigma_3-2\,\sigma_g} J_E\,\varepsilon^{-\varrho_C t_{kr}}. \tag{103}$$

Wir wollen hier noch zu der Frage Stellung nehmen, welche Werte wir für die Wirkwiderstände R_1, R_2 und R_3 in unsere Gleichungen einsetzen müssen. Wir haben als Näherung gefunden, daß die Dämpfungskonstante des am Ständer hängenden Feldes nur von R_1 und die Dämpfungskonstanten der am Läufer hängenden Felder nur von R_2 und R_3 abhängig sind. Die Wirkwiderstände gehören also zu den **Gleichfeldern** ihrer eigenen Wicklungen. Das gilt auch für die Integrationskonstanten, soweit diese überhaupt von den Wirkwiderständen abhängig sind. Daraus ist zu schließen, daß wir die **Gleichwiderstände** (Gleichwiderstand im Gegensatz zu dem Wirkwiderstand, der auch die Wirbelströme im Leiter und im Eisen berücksichtigt) in unsere Gleichungen einsetzen müssen.

c) Zahlenbeispiel.

Wir wollen nun die gefundenen Resultate auf unser früheres Zahlenbeispiel anwenden, dessen Angaben im Abschnitt 10 zusammengestellt sind.

Die Streuziffern und die Induktivitäten haben wir im Abschnitt 10 bestimmt. Die Wirkwiderstände der einzelnen Wicklungen sind:

$$R_1 = 0{,}0115\ \Omega\,, \qquad R_2 = 1{,}0\ \Omega \quad \text{und} \quad R_3 = 0{,}0085\ \Omega\,.$$

Wir berechnen nun der Reihe nach folgende Werte:

Nach Gl. (54) $\qquad L_2' = 0{,}582\quad$ Henry

,, ,, (55) $\qquad L_3' = 0{,}00021\quad$,,

,, ,, (56) $\qquad L_{23}' = 0{,}0071\quad$,,

,, ,, (60) $\qquad \varrho_A = \ \ 1{,}6\ \text{sec}^{-1}$

$\qquad\qquad\qquad\qquad\quad \varrho_B = 70{,}4\quad$,,

,, ,, (66) $\qquad \varrho_C = \ \ 7{,}4\quad$,,

,, ,, (86) $\qquad J_{2\,(A+B)_0} = \ \ \ 114\quad$ Amp.

,, ,, (87) $\qquad J_{3\,(A+B)_0} = 33000\qquad$,,

,, ,, (92) $\qquad J_{2\,A_0} = +\ \ \ \ 514\,$ Amp.

,, ,, (93) $\qquad J_{2\,B_0} = -\ \ \ 400\quad$,,

,, ,, (94) $\qquad J_{3\,A_0} = +\ \ \ 950\quad$,,

,, ,, (95) $\qquad J_{3\,B_0} = + 32050\quad$,,

Ferner ist bei

$$J_E = \ \ 122\ \text{Amp.}$$

$$J_{1K} = 1372\quad\text{,,}$$

Setzen wir diese Werte in die Gl. (101) bis (103) ein, so erhalten wir für die Stoßströme:

$$i_{1\,kr} = 19\,990 \text{ Amp.}$$
$$i_{2\,kr} = 560 \text{ „}$$
$$i_{3\,kr} = 44\,280 \text{ „}$$

In Abb. 18a ist für dieses Beispiel nach den Gl. (98) bis (100) der Verlauf des Ausgleichsvorganges aufgezeichnet. Die Maßstäbe der drei

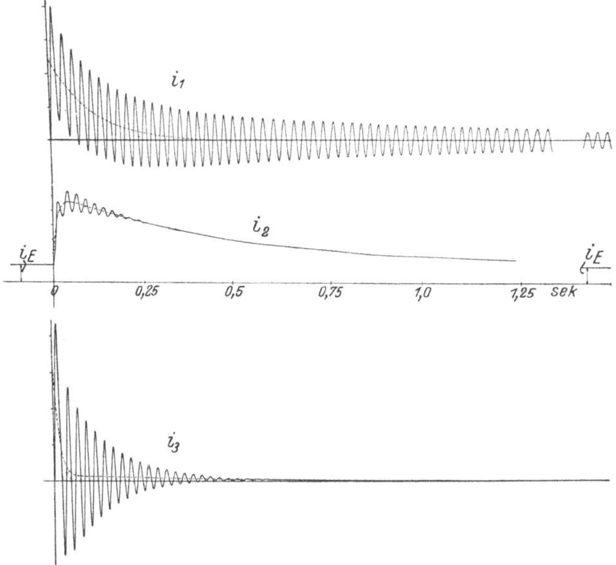

Abb. 18a. Dreiphasiger Kurzschluß bei Berücksichtigung der Wirkwiderstände.

Kurven sind dabei so gewählt, daß gleiche Ordinaten gleiche Durchflutungen darstellen. Vergleichen wir die Abb. 18a mit Abb. 18b, die uns den Ausgleichsvorgang bei Vernachlässigung der Wirkwiderstände zeigt, so läßt sich deutlich erkennen, daß der Einfluß der Wirkwiderstände ziemlich groß ist.

13. Anwendung auf den dreiphasigen Kurzschluß einer Maschine mit Dämpferkäfig.

Bei einem Turbogenerator mit üblichem Dämpferkäfig ist die Querwicklung des Läufers auf jeden Fall weniger wirksam, als wir es im zweiten Grenzfall mit den beiden symmetrischen Zweiphasenwicklungen auf dem Läufer in Rechnung gestellt haben. Sie ist aber doch so stark, daß sie den Ausgleichsvorgang entscheidend beeinflußt. Wir können sie also auch nicht vernachlässigen, wie es im ersten Grenzfall geschehen ist. Die Stoßkurzschlußströme einer solchen Maschine müssen also zwischen den Werten der beiden Grenzfälle liegen. Wir haben nun bereits früher erwähnt, daß die Resultate für die Stoßströme der beiden Grenzfälle sich nur dadurch unterscheiden, daß die Dämpfungsfaktoren der am Ständer hängenden Felder in beiden Fällen verschieden sind. Bei einer Maschine ohne Querwicklung ist

$$\varrho_C = \frac{1}{2}\,\frac{1+\sigma_e}{\sigma_e}\,\frac{R_1}{L_1},$$

während bei einer Maschine mit zwei symmetrischen Zweiphasenwicklungen auf dem Läufer ϱ_C nach Gl. (66) ungefähr doppelt so groß ist. Die Unterschiede in den Stoßströmen sind jedoch klein, wie man aus einem Zahlenbeispiel leicht erkennen kann. So kennen wir also die Stoßströme einer Maschine mit Dämpferkäfig ziemlich genau. Wir kommen aber den wirklichen Verhältnissen noch näher, wenn wir das Oszillogramm des Ständerstromes einer Maschine mit Käfig betrachten. Bei einer Maschine mit einachsiger Läuferwicklung wird in dieser Wicklung durch das am Ständer hängende Feld ein Wechselstrom induziert, dessen zugehöriges Feld wir in zwei entgegenlaufende Drehfelder zerlegen können. Das eine dieser Drehfelder rotiert gegenüber dem Ständer mit doppelter Läuferfrequenz. In der Ständerwicklung tritt also bei einer Maschine mit einachsiger Läuferwicklung ein Wechselstrom doppelter Läuferfrequenz auf. Nun ist aber bei Oszillogrammen, die von Maschinen mit Dämpferkäfig aufgenommen werden, von einer solchen Oberwelle nichts zu bemerken, die Oszillogramme haben vielmehr die Form der Abb. 18a. Der Ausgleichsvorgang einer Maschine mit Dämpferkäfig stimmt also mit dem zweiten Grenzfall viel besser überein als mit dem ersten. Wir kommen demnach den wirklichen Stromwerten recht nahe, wenn wir die Stoßströme einer Maschine mit Dämpferkäfig nach den Gl. (101) bis (103) des zweiten Grenzfalles berechnen.

Damit ist unsere Aufgabe gelöst. Jedoch sind die Gleichungen, in denen der Einfluß der Wirkwiderstände auf die Ausgleichsströme der am Läufer hängenden Felder zum Ausdruck kommt, so kompliziert, daß wir die durch die Wirkwiderstände hervorgerufenen Verhältnisse

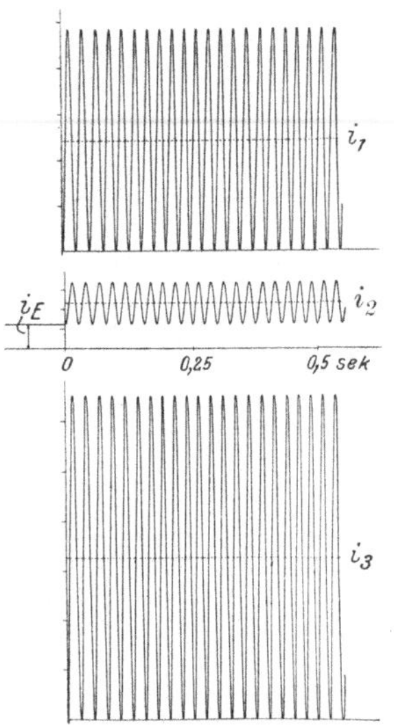

Abb. 18b. Dreiphasiger Kurzschluß bei Vernachlässigung der Wirkwiderstände.

nicht ohne weiteres übersehen können. Wir wollen deshalb auf diese Verhältnisse näher eingehen.

Bei der Untersuchung des zweiten Grenzfalles haben wir gefunden, daß die freien Gleichströme der beiden Läuferquerwicklungen in der ersten Zeit nach dem Kurzschluß annähernd gleich Null sind. Wenn wir also schon beim zweiten Grenzfall die beiden Querfeldwicklungen als an der Erregung der am Läufer haftenden Felder unbeteiligt ansehen konnten, so können wir mit noch größerem Recht bei einer Maschine mit Dämpferkäfig die Gleichströme der elektrisch schwächeren Dämpferquerwicklung vernachlässigen. In bezug auf die am Läufer hängenden Felder besteht somit kein Unterschied zwischen dem zweiten Grenzfall und einer Maschine mit Dämpferkäfig. Es gelten demnach um so mehr die Gl. (90) und (91) auch für den zeitlichen Verlauf der freien Gleichströme in der Erreger- und in der Dämpferlängswicklung eines Turbogenerators mit üblicher Käfigwicklung.

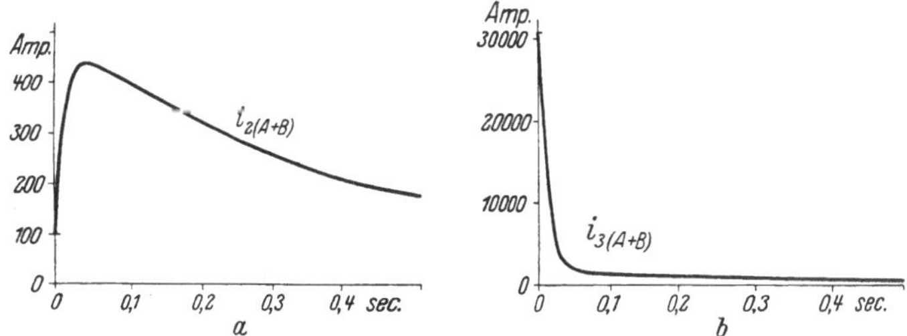

Abb. 19a und 19b. Die freien Gleichströme der beiden Läuferwicklungen.

In Abb. 19a und 19b sind diese Funktionen für unser Zahlenbeispiel aufgezeichnet. Eines fällt in Abb. 19a an der Kurve des freien Gleichstromes der Erregerwicklung sofort auf. Dieser Strom steigt infolge der durch die Wirkwiderstände hervorgerufenen Dämpfung zunächst auf einen beträchtlichen Wert an, während man doch einen Abfall erwartet hätte. Diese Erscheinung wie auch den sehr raschen Abfall des Gleichstroms der Dämpferlängswicklung wollen wir jetzt physikalisch erklären.

Wir haben bei der Bestimmung der komplexen Kreisfrequenzen der am Läufer hängenden Felder gesehen, daß die beiden Läuferwicklungen in bezug auf die an ihnen hängenden Felder sich gerade so verhalten wie die Wicklungen eines frei schwingenden (beidseitig kurzgeschlossenen) Transformators. Das Vorhandensein der Ständerwicklung konnten wir dabei durch Verringerung des Leitwertes des Hauptkraftlinienweges berücksichtigen. Um die durch die Wirkwiderstände hervorgerufenen Dämpfungsverhältnisse kennenzulernen, brauchen wir also nur die freie Schwingung des Transformators, dessen Wicklungen wir mit 2 und 3 bezeichnen, zu betrachten.

15*

Die Wicklung *2* des Transformators soll der Erregerwicklung und die Wicklung *3* der Dämpferlängswicklung entsprechen. Wir müssen jetzt noch die Anfangswerte in Übereinstimmung bringen mit denen der freien Läufergleichströme [Gl. (86) und (87)]. Der Anfangswert $J_{2(A+B)_0}$ des freien Gleichstroms der Erregerwicklung ist nach den Gl. (86) und (87) recht klein gegenüber dem Strom $J_{3(A+B)_0}$ der Dämpferlängswicklung, so daß wir ihn für die folgenden Überlegungen gleich Null setzen können. Wir kommen beim Transformator auf folgende Weise zu denselben Anfangsbedingungen. Wir denken uns zunächst die Wicklung *2* kurzgeschlossen und die Wicklung *3* von dem Gleichstrom $J_{3(A+B)_0}$ durchflossen. Wenn wir nun die Wicklung *3* zur Zeit $t = 0$ kurzschließen, so führt unmittelbar nach dem Kurzschluß die Wicklung *2* den Strom Null und die Wicklung *3* den Strom $J_{3(A+B)_0}$. Die Anfangsbedingungen stimmen in diesem Falle also mit denen der beiden Läuferwicklungen überein.

Das vor dem Kurzschluß vorhandene Feld wird nach dem Kurzschluß von den freien Strömen der beiden Wicklungen erregt, während diese freien Ströme durch den durch die Stromwärmeverluste verursachten Abfall des Feldes induziert werden. Der Ring von Ursache und Wirkung ist also damit in sich geschlossen.

Nehmen wir zur Vereinfachung einmal an, daß die beiden Läuferwicklungen keine Streuungen haben, so ist nur noch der Hauptfluß, der durch den Eisenweg geht und mit beiden Wicklungen gleichmäßig verkettet ist, vorhanden. Fällt nun dieses Feld infolge der Stromwärmeverluste ab, so ist die Flußänderung in den beiden Wicklungen gleich groß und die Stärke der induzierten Ströme von den Wirkwiderständen der Wicklungen abhängig. Setzen wir voraus, daß beide Wicklungen dieselbe Windungszahl und dieselbe Windungslänge haben, so verhalten sich also die induzierten Ströme wie die Querschnitte der beiden Wicklungen. Bei den üblichen Ausführungen von Synchronmaschinen liegen die Verhältnisse ungefähr so, daß die Zeitkonstante der Erregerwicklung ungefähr zehnmal so groß ist als die der Dämpferwicklung. Geben wir dementsprechend der Wicklung *2* unseres Transformators einen zehnmal größeren Querschnitt als der Wicklung *3*, so verhalten sich die freien Ströme i_2' und i_3' der beiden Wicklungen wie $10:1$.

Die Gesamtdurchflutung ist der Größe des Feldes proportional. Unmittelbar nach dem Kurzschluß können wir das Feld als noch unverändert ansehen und deshalb auch die Gesamtdurchflutung mit der Stärke $J_{3(A+B)_0} w_3$. Für die Verteilung dieser Durchflutung auf die beiden Wicklungen haben wir das Verhältnis bereits festgestellt. Im Kurzschlußmoment haben wir also einen sprunghaften Anstieg des Stromes der Wicklung *2* von Null auf $i_{2_0}' = \dfrac{10}{11} J_{3(A+B)_0}$ und einen Abfall

des Stromes der Wicklung *3* von $J_{3(A+B)_0}$ auf $i_{3_0}' = \dfrac{1}{11} J_{3(A+B)_0}$.

Das allmähliche Abklingen des Feldes und damit der freien Ströme vollzieht sich nach der Funktion $\varepsilon^{-\varrho_A t}$. Für diesen speziellen Fall ohne Streuung erhalten wir ϱ_A, indem wir in die Gl. (60) für die Ziffern σ_2, σ_3 und σ_g den Wert Null einsetzen. In Abb. 20a und 20b ist der zeitliche Verlauf der Ströme aufgezeichnet.

Die sprunghafte Änderung der Ströme steht mit den physikalischen Gesetzen nicht in Widerspruch, da keine sprunghafte Flußänderung damit verbunden ist. Das einzige Feld, das vorhanden ist, fällt nach der Funktion $\varepsilon^{-\varrho_A t}$ allmählich ab. Verwirklichen läßt sich dieser Fall allerdings nicht, da die Streuinduktivitäten der beiden Wicklungen immer von Null verschieden sind.

Ist die Streuinduktivität von Null verschieden, so wird die Stromänderung durch die Gegen-EMK, die

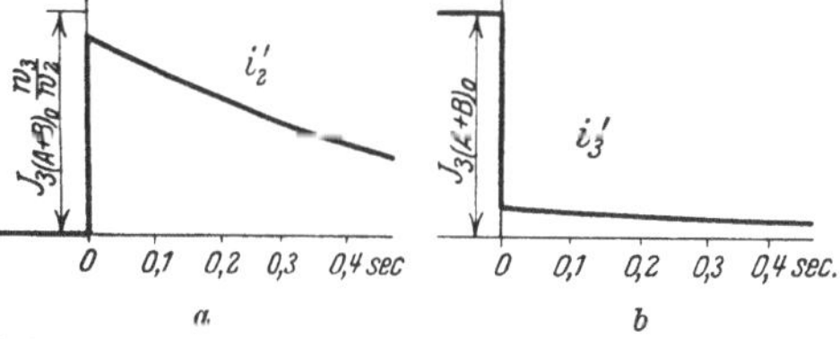

Abb. 20a und 20b. Die freien Ströme eines streuungslosen Transformators.

durch die Streuflußänderung hervorgerufen wird, verzögert. Die Abb. 20a und 20b für den zeitlichen Verlauf der freien Ströme gehen damit in Formen über, wie wir sie (in etwas vergrößertem Maßstab) in Abb. 19a und 19b für die freien Gleichströme der beiden Läuferwicklungen gefunden haben. Diese Kurven sind Überlagerungen je zweier Exponentialfunktionen, von denen die einen den Kurven der Abb. 20a und 20b entsprechen und ziemlich langsam abfallen, während die andern sehr schnell abfallenden Funktionen gewissermaßen den Übergang vermitteln zwischen dem alten Zustand zur Zeit $t = 0$ und dem Stromverlauf, wie er durch die Abb. 20a und 20b dargestellt ist.

Damit ist der Anstieg des freien Gleichstroms der Erregerwicklung und der rasche Abfall des Gleichstroms der Dämpferlängswicklung erklärt. Auch haben wir erkannt, bis zu welcher Höhe dieser Anstieg für den speziellen Fall ohne Streuung erfolgt. Wir wollen nun sehen, ob bei Berücksichtigung der Streuinduktivitäten dieser Anstieg dieselbe Höhe erreicht. Für die folgende Betrachtung wählen wir die relativen Beträge der Induktivitäten so, daß wir die Verhältnisse, die wir jetzt kennenlernen werden, später direkt auf unsere Maschine übertragen können.

Entsprechend der viel größeren Streuinduktivität der Erregerwicklung gegenüber der Dämpferlängswicklung betten wir in Abb. 21 die Wicklung *2* in Eisen ein. Für die Größe des Leitwertes des Hauptkraftlinienweges Λ_h' gibt uns die folgende Überlegung einen Anhaltspunkt. Wir konnten bei der Betrachtung der am Läufer hängenden Felder unserer Maschine das Vorhandensein der Ständerwicklung dadurch berücksichtigen, daß wir den Leitwert Λ_h des Hauptkraftlinienweges mit $\dfrac{\sigma_1}{1+\sigma_1}$ multiplizierten. Wir geben also dementsprechend dem Hauptkraftlinienweg unseres Transformators einen Leitwert Λ_h' von der Größe

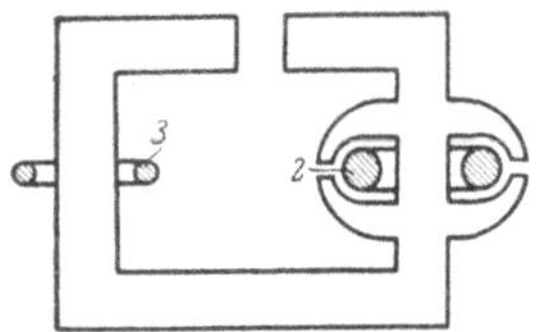

$$\Lambda_h' = \Lambda_h \frac{\sigma_1}{1+\sigma_1} \approx \Lambda_h \cdot \sigma_1. \tag{104}$$

Die Ziffer σ_1 haben wir in Gl. (32) definiert zu

$$\sigma_1 = \frac{2}{m_1\,\xi_1^2} \cdot \frac{\Lambda_{1\sigma}}{\Lambda_h}. \tag{105}$$

Abb. 21. Zur Betrachtung der freien Schwingung eines Transformators.

Nach der Gl. (105) ist also $\Lambda_h \sigma_1$ und damit nach Gl. (104) Λ_h' von derselben Größenordnung wie der Streuleitwert $\Lambda_{1\sigma}$ der Ständerwicklung. Da nun $\Lambda_{2\sigma}$ und $\Lambda_{1\sigma}$ ebenfalls von derselben Größenordnung sind, müssen wir bei unserm Transformator den Leitwert Λ_h' des Hauptkraftlinienweges ungefähr so groß machen wie den Streuleitwert der Wicklung *2*. Durch einen ziemlich großen Luftspalt kommen in Abb. 21 diese Verhältnisse zum Ausdruck.

Wir denken uns jetzt wieder die Wicklung *3* von einem Gleichstrom $J_{3(A+B)_0}$ durchflossen und zur Zeit $t=0$ plötzlich kurzgeschlossen. Beim Abfall des vorhandenen Feldes wird die Wicklung *2* entsprechend ihrer größeren Zeitkonstanten an der Erhaltung des Feldes mehr beteiligt sein als die Wicklung *3*. Soweit haben wir also wieder die bereits besprochenen Verhältnisse. Würde nun die Gesamtdurchflutung wie in dem Fall ohne Streuung ungefähr konstant bleiben, ginge also einfach die Durchflutung $J_{3(A+B)_0} \cdot w_3$ größtenteils wieder an die Wicklung *2* über, so würde sich auch das Feld im Hauptkraftlinienweg nur entsprechend der Funktion $\varepsilon^{-\varrho_A t}$ ändern. Nun hat aber die Wicklung *2* noch einen Streuweg, der ungefähr denselben Leitwert hat wie der Hauptkraftlinienweg. Es würde sich also bei der Annahme einer konstant bleibenden Gesamtdurchflutung im Streuweg ein Fluß von der Größe des Hauptflusses ausbilden. Das würde aber bedeuten, daß der mit der Wicklung *2* verkettete Fluß durch den plötzlichen Kurzschluß sich verdopple, wo er doch höchstens gleich bleiben kann, bei Berücksichtigung der Wirkwiderstände sogar kleiner werden muß. Aus dieser Überlegung ist zu erkennen, daß die Gesamtdurchflutung in diesem Fall nicht konstant bleiben kann, sondern abfallen muß, und zwar um so mehr, je größer der Streuleitwert der Erregerwicklung ist. Wie die Verhältnisse in Wirklichkeit liegen, zeigt uns die Rechnung. Wir können die wirklichen Verhältnisse aber auch schätzen. Nehmen wir als Näherung an, daß der mit der Wicklung 2 verkettete Fluß ungefähr konstant bleibt, d. h., daß wir den Wirkwiderstand dieser Wicklung annähernd gleich Null setzen, so verteilt sich dieser Fluß im Verhältnis $\dfrac{\Lambda'_h}{\Lambda_{2\sigma}}$ auf den Haupt- und Streuweg. Ist nun $\Lambda'_h \approx \Lambda_{2\sigma}$, so haben wir also einen Abfall des Flusses im Hauptkraftlinienweg auf ungefähr die Hälfte zu erwarten.

Das zweite am Läufer hängende Feld vermittelt gewissermaßen nur den Übergang von dem Zustand in der Zeit $t = 0$ zu den Vorgängen, wie wir sie eben kennengelernt haben, und ändern an diesen Überlegungen nichts.

Zusammenfassend können wir jetzt folgendes sagen. Die stärkere Erregerwicklung nimmt den größten Teil der Läufergleichstromdurchflutung an sich. Da der Streuleitwert dieser Wicklung von derselben Größenordnung ist wie der reduzierte Leitwert Λ'_h des Hauptkraftlinienweges, so muß bei diesem Übergang der Durchflutung das am Läufer hängende Hauptfeld beträchtlich absinken. Denn der Fluß im Hauptkraftlinienweg kann zusammen mit dem ungefähr gleich großen Streufluß höchstens so groß sein wie der Fluß, der vor dem Kurzschluß mit der Erregerwicklung verkettet war.

In unserm Zahlenbeispiel finden wir diese Überlegung bestätigt. Die gesamte Gleichstromdurchflutung des Läufers zur Zeit $t = 0$ ist dort gleich 601000 Amp, und nachdem das mit $\varepsilon^{-\varrho_B t}$ abfallende Feld fast verschwunden ist, also nach einer sehr kurzen Übergangszeit, ist sie gleich 350000 Amp. Der kritische Augenblick liegt in dem Zahlenbeispiel noch innerhalb der sehr kurzen Übergangszeit, denn das mit $\varepsilon^{-\varrho_B t}$ abfallende Feld ist zu dieser Zeit erst auf $\dfrac{1}{2,4}$ des Anfangswertes abgefallen.

In aufgenommenen Oszillogrammen (Abb. 22 und 23) zeigt sich der ziemlich plötzliche Abfall des Hauptfeldes ebenfalls deutlich. Vergleichen wir nämlich die aufeinander folgenden Amplituden des Ständerwechselstromes (s. auch Abb. 18a), die ja uns ein Maß sind für die Stärke des am Läufer hängenden Feldes im Hauptkraftlinienweg, so erkennt man leicht, daß der Abfall der ersten Amplitude zur zweiten sich nicht nach derselben Exponentialfunktion vollzieht, wie die Abfälle der folgenden Amplituden, sondern viel rascher. Damit kommt zum Ausdruck, daß der Fluß im Hauptkraftlinienweg des am Läufer hängenden Feldes neben dem allmählichen Abklingen noch einem raschen Abfall in der ersten Zeit nach dem Kurzschluß unterworfen ist.

Die Wirkwiderstände haben also, wie wir jetzt gesehen haben, einen wesentlichen Einfluß auf die Ströme, die zu dem am Läufer hängenden

Feld gehören. Bei Vernachlässigung der Wirkwiderstände werden
die am Läufer hängenden Felder von den konstanten Strömen $J_{2(A+B)_0}$
und $J_{3(A+B)_0}$ der Erregerwicklung und der Dämpferlängswicklung erregt. Diese beiden Ströme entsprechen ihrer Stärke nach ganz den
Überlegungen, die wir im ersten Teil angestellt haben. Beziehen wir
nämlich die beiden Ströme $J_{2(A+B)_0}$ und $J_{3(A+B)_0}$ auf die gleiche Windungszahl, so tritt nach den Gl. (86) und (87) die Bedeutung von $J_{2(A+B)_0}$
gegenüber $J_{3(A+B)_0}$ so sehr zurück (s. auch Abb. 18b), daß wir die Erregerwicklung als nicht vorhanden ansehen könnten. Bei Berücksichtigung der Wirkwiderstände haben wir jetzt gefunden, daß
die Dämpferlängswicklung in bezug auf die Ströme, die zu dem am
Läufer hängenden, langsam abfallenden Feld gehören, entsprechend
ihrer kleinen Zeitkonstanten an der Erhaltung dieses Feldes weniger
beteiligt ist als die Erregerwicklung.

Über den Läufergleichströmen lagern nun noch die von dem am
Ständer hängenden Feld induzierten Wechselschwingungen. Für diese
Schwingungen gelten die Überlegungen des ersten Teiles ohne jede Ein-
schränkung. Denn die Wirkwiderstände haben, wir wir gesehen haben,
keinen merklichen Einfluß auf die Anfangswerte der zu dem am Ständer
hängenden Felde gehörenden Ströme, sondern rufen lediglich einen
allmählichen Abfall hervor. Aus Gründen, wie wir sie im ersten Teil
kennengelernt haben, muß die Erregerwicklung also fast schwingungslos sein, wenn wir die Wechselschwingung für sich betrachten.

Über die kritischen Stromwerte können wir nun zusammenfassend
folgendes sagen. In bezug auf das am Ständer hängende Feld haben
wir bei Berücksichtigung der Wirkwiderstände dieselben Verhältnisse,
wie wir sie im ersten Teil gefunden haben, nämlich eine beträchtliche
Erhöhung des Ständerstoßstromes durch das Hinzukommen eines
Dämpferkäfigs. Für die am Läufer hängenden Felder tritt bei Berücksichtigung der Wirkwiderstände die stromerhöhende Wirkung eines
Dämpferkäfigs dadurch zurück, daß der größte Teil der Gleichstromdurchflutung der Dämpferwicklung auf die Erregerwicklung übergeht.
Nachdem sich dieser Übergang vollzogen hat, verhält sich die Maschine
in bezug auf die am Läufer hängenden Felder ungefähr so, als ob die
Dämpferwicklung überhaupt fehlen würde. Da aber dieser Übergang
der Gleichstromdurchflutung des Läufers im kritischen Augenblick sich
noch nicht ganz vollzogen hat, so haben wir auch hier eine Erhöhung
des Ständerstromes durch das Vorhandensein eines Dämpferkäfigs.

Die Erhöhung des kritischen Ständerstromes beim Hinzukommen
einer Käfigwicklung ist also nicht so groß wie es die Resultate im
ersten Teil angeben. Wir wollen, um eine Übersicht zu bekommen, in
einer Tabelle die kritischen Stromwerte, die sich beim dreiphasigen
Kurzschluß unserer Maschine mit und ohne Dämpferkäfig ergeben,

einander gegenüberstellen. Für eine Maschine ohne Dämpferkäfig ist bei Vernachlässigung der Wirkwiderstände der kritische Stromwert der Erregerwicklung durch die Gleichung

$$i_{2\,kr} = \left(\frac{2}{\sigma} - 1\right) J_E = \left(\frac{2}{\sigma} - 1\right) i_E \tag{106}$$

und der Ständerstoßstrom durch die Gl. (38) gegeben. Die Wirkwiderstände können wir durch Multiplikation der durch die Gl. (38) und (106) bestimmten Werte mit $\varepsilon^{-\varrho\,t_{kr}}$ berücksichtigen. Für ϱ gibt Biermanns den Näherungswert $\dfrac{\dfrac{R_1}{2\,L_1\,\sigma} + \dfrac{R_2}{L_2\,\sigma}}{2}$ an. Wir erhalten dann folgende Tabelle.

Wirk-widerstände	Stoßströme in Amp.	
	ohne Käfig	mit Käfig
vernachlässigt	$i_{1\,kr} = 14\,900$ $i_{2\,kr} = 1200$	$i_{1\,kr} = 23\,900$ $i_{2\,kr} = 350$ $i_{3\,kr} = 66\,000$
berücksichtigt	$i_{1\,kr} = 14\,300$ $i_{2\,kr} = 1150$	$i_{1\,kr} = 19\,990$ $i_{2\,kr} = 560$ $i_{3\,kr} = 44\,280$

Die Erhöhung des Ständerstoßstromes durch das Hinzukommen eines Dämpferkäfigs beträgt also bei Vernachlässigung der Wirkwiderstände 60% und bei deren Berücksichtigung 40%.

Außer der veränderlichen Permeabilität des Eisens haben wir in unserer Rechnung noch die Wirbelströme, die sich im massiven Läufer ausbilden, vernachlässigt. Über den Einfluß dieser Ströme auf die kritischen Stromwerte können wir deshalb nichts Genaues aussagen, weil wir ihren Verlauf nicht kennen. Einige allgemeine Betrachtungen über die Wirkung der Wirbelströme sind in Abschn. 16 angestellt.

14. Näherungsgleichung für den Ständerstoßstrom des dreiphasigen Kurzschlusses.

Da das Rechnen mit den Gl. (101) bis (103) sehr umständlich ist, wollen wir wenigstens für den Ständerstoßstrom eine Näherungsgleichung angeben. Um zu einer Näherung zu kommen, nehmen wir an, daß das mit $\varepsilon^{-\varrho_B\,t}$ abklingende Feld im kritischen Augenblick bereits auf den Wert Null abgefallen ist, der Gleichstromübergang von der Dämpferwicklung auf die Erregerwicklung sich also bereits ganz vollzogen hat. Diese Annahme ist allerdings nur bei solchen Maschinen voll berechtigt, bei denen der Widerstand R_3 der Dämpferlängswicklung einen ziemlich großen Wert hat. Wir rechnen aber auch bei relativ kleinem Wert von R_3 mit der Annahme vollzogenen Gleichstromübergangs richtiger als bei Vernachlässigung dieses Übergangs, wie aus unserm Zahlenbeispiel hervorgeht. Obwohl dort bei der Berechnung von R_3 der Übergangswiderstand von den Dämpferstäben zu den Kurzschlußringen vernachlässigt blieb und der spezifische Widerstand von Bronze mit 0,07 als recht klein angenommen wurde, ist die Gleichstromdurchflutung der Dämpferwicklung im kritischen Moment schon auf $\frac{1}{2,4}$ des Anfangswertes abgefallen.

Für eine Maschine ohne Dämpferkäfig ist bei Vernachlässigung der Wirkwiderstände der Ständerstoßstrom durch die Gl. (38) bestimmt. Schreiben wir statt des Faktors 2 in dieser Gleichung die Summe zweier gleicher Glieder, so gehört der eine Summand zu dem am Ständer hängenden und der andere zu dem am Läufer hängenden Feld, wie sich durch eine einfache Rechnung zeigen läßt. Für den Fall, daß wir entweder nur das am Ständer hängende oder nur das am Läufer hängende Feld betrachten, ist also der kritische Stromwert gleich

$$i_{1\,kr} = \frac{1}{\sigma}\,\frac{L_{21}}{L_1}\,i_E. \tag{107}$$

Bei einer Maschine mit Dämpferkäfig verhält sich nun in bezug auf das am Ständer hängende Feld die Erregerwicklung und in bezug auf das am Läufer hängende Feld nach vollzogenem Gleichstromübergang die Dämpferwicklung passiv. Wir brauchen also für jedes der beiden Felder immer nur eine Läuferwicklung als vorhanden anzunehmen. Es gilt demnach auch für jedes der beiden Fehler die Gl. (107). Für das am Ständer hängende Feld müssen wir dabei die Gesamtstreuziffer von Ständer- und Dämpferwicklung und für das am Läufer hängende Feld die Gesamtstreuziffer von Ständer- und Erregerwicklung einsetzen. Der Ständerstoßstrom ist demnach gleich

$$i_{1\,kr} = \left(\frac{1}{\sigma_{1-3}} + \frac{1}{\sigma_{1-2}}\right)\frac{L_{21}}{L_1}\,i_E. \tag{108}$$

Dabei ist

$$\sigma_{1-3} = 1 - \frac{1}{(1+\sigma_1)\,(1+\sigma_3)} \tag{109}$$

und

$$\sigma_{1-2} = 1 - \frac{1}{(1+\sigma_1)\,(1+\sigma_2)} = \sigma. \tag{110}$$

Die Gl. (108) hat zur Voraussetzung, daß die Zeitkonstante und die Streuziffer der Dämpferwicklung klein sind gegenüber den entsprechenden Größen der Erregerwicklung.

Den allmählichen Abfall der Felder können wir durch einen geschätzten Faktor berücksichtigen ($k = 0{,}9 - 0{,}95$). Bei Maschinen mit relativ kleinem R_3 kommen wir den wirklichen Werten näher, wenn wir den allmählichen Abfall nicht mehr besonders berücksichtigen, da wir bei diesen Maschinen mit Gl. (108) an für sich schon etwas zu nieder rechnen.

Wenden wir die Gl. (108) auf unser Zahlenbeispiel an, so erhalten wir $i_{1\,kr} = 19\,400$ Amp, während der genaue Wert $19\,990$ Amp beträgt.

15. Schätzung des beim einphasigen Kurzschluß auftretenden Ständerstoßstromes mit Berücksichtigung der Wirkwiderstände.

Wir wollen zunächst auf den Unterschied hinweisen, der zwischen dem ein- und mehrphasigen plötzlichen Kurzschluß besteht.

In bezug auf das am Ständer hängende Feld verhält sich die Maschine beim einphasigen plötzlichen Kurzschluß genau so wie beim dreiphasigen. Auf das am Ständer hängende Feld reagiert in beiden Fällen fast nur die mehrphasige Dämpferwicklung, während die Erregerwicklung nach früheren Überlegungen fast schwingungslos bleibt. Es muß also auch beim einphasigen Kurzschluß für das am Ständer haftende Feld die Gl. (107) mit $\sigma = \sigma_{1-3}$ als Gesamtstreuziffer gelten.

Betrachten wir nun die Vorgänge, die durch das am Läufer hängende Feld hervorgerufen werden, so besteht ein wesentlicher Unterschied zwischen den beiden Kurzschlußarten. In der einphasigen Ständerwicklung wird durch das am Läufer hängende Feld ein Wechselstrom induziert, dessen Wechselfeld wir in zwei entgegenlaufende Drehfelder zerlegen wollen. Das eine dieser beiden Drehfelder läuft mit dem am Läufer hängenden Feld synchron um und wirkt dem induzierenden Feld einfach entgegen. Das andere Drehfeld rotiert gegenüber dem Läufer mit der doppelten synchronen Geschwindigkeit. Für dieses zweite Feld können wir wieder nach den alten Überlegungen die Erregerwicklung als nicht vorhanden ansehen; es wirkt diesem Feld also nur die mehrphasige Dämpferwicklung entgegen. Eine weitere Spiegelung der Felder an Läufer und Ständer, wie sie bei einer einphasigen Maschine ohne Dämpferkäfig auftritt, wird also durch die mehrphasige Dämpferwicklung verhindert. Diese Betrachtung gilt natürlich auch für die Vorgänge beim Dauerkurzschluß.

An der Erhaltung des am Läufer hängenden Feldes ist die Erregerwicklung entsprechend ihrer größeren Zeitkonstanten mehr beteiligt als die Dämpferwicklung. Wir haben demnach auch hier wieder den im Abschnitt 13 besprochenen Übergang der Gleichstromdurchflutung der Dämpferlängswicklung auf die Erregerwicklung.

Nun wollen wir die Höhe des kritischen Ständerstoßstromes einschätzen, und zwar unter der Annahme, daß der Gleichstromübergang auf die Erregerwicklung sich im kritischen Moment bereits ganz vollzogen hat. Für das am Ständer hängende Feld allein gilt die Gl. (107) mit $\sigma = \sigma_{1-3}$ als Gesamtstreuziffer, wie wir oben gesehen haben. Folgende Überlegung gibt uns nun Aufschluß, wie wir die Gl. (107) für die Ströme, die zu dem am Läufer hängenden Feld gehören, anwenden können. Im letzten Abschnitt konnten wir beim dreiphasigen Kurzschluß für dieses Feld die Dämpferwicklung als nicht vorhanden annehmen; wir mußten also die Gesamtstreuziffer von Ständer und Erregerwicklung in die Gl. (107) einsetzen. Beim einphasigen Kurzschluß führt wohl auch die Erregerwicklung fast die gesamte Gleichstromdurchflutung des Läufers, aber das in der Ständerwicklung induzierte Wechselfeld ruft nach Obigem auch in der Dämpferwicklung eine Reaktion hervor; wir müssen also hier auch die Dämpferwicklung berücksichtigen.

Betrachten wir das eine der beiden zu dem Wechselfeld gehörenden Drehfelder, das mit dem Läufer synchron umläuft, für sich, so ist an diesem Feld die Dämpferwicklung direkt nicht beteiligt. Der Gleichstromdurchflutung der Erregerwicklung steht einfach der mit dem Läufer synchron umlaufende Teil der Ständerdurchflutung gegenüber. Für das andere Drehfeld, das gegenüber dem Läufer mit $2\,\omega$ rotiert, ist die Erregerwicklung nicht direkt beteiligt. Wir kommen daher den wirklichen Verhältnissen ziemlich nahe, wenn wir in Gl. (107), die auch für den einphasigen Kurzschluß gilt, den Faktor $\dfrac{1}{\sigma}$ aufteilen in $\left(\dfrac{0{,}5}{\sigma_{1-3}} + \dfrac{0{,}5}{\sigma_{1-2}}\right)$. Wenn wir aber noch bedenken, daß das gegenüber dem Läufer mit $2\,\omega$ umlaufende Drehfeld nur eine Folgeerscheinung des Läufergleichfeldes ist, also kleiner als dieses ist, rechnen wir genauer, wenn wir den Faktor $\dfrac{1}{\sigma}$ ersetzen durch $\left(\dfrac{0{,}4}{\sigma_{1-3}} + \dfrac{0{,}6}{\sigma_{1-2}}\right)$.

Es ist dann der gesamte Ständerstoßstrom bei der ungünstigsten Kurzschlußlage gleich

$$i_{1\,kr} = \left(\frac{1{,}4}{\sigma_{1-3}} + \frac{0{,}6}{\sigma_{1-2}}\right)\frac{L_{21}}{L_1}\,i_E. \tag{111}$$

Dabei sind die Ziffern σ_{1-3} und σ_{1-2} durch die Gl. (109) und (110) definiert. Je nachdem es sich um den einphasig-einsträngigen oder um den einphasig-zweisträngigen Kurzschluß handelt, sind für σ_1, L_{1h} und L_{21} die entsprechenden Werte einzusetzen (Abschn. 5).

Den allmählichen Abfall der Felder brauchen wir nicht besonders zu berücksichtigen, da wir mit der Annahme des vollzogenen Gleichstromübergangs schon etwas zu nieder rechnen.

Für unser Zahlenbeispiel ist bei einphasig-einsträngiger Ständerwicklung

$$\sigma_{1-3} = 0,15, \quad \sigma_{1-2} = 0,22, \quad i_{1\,kr} = 23\,200 \text{ Amp}$$

und bei einphasig-zweisträngiger Ständerwicklung

$$\sigma_{1-3} = 0,115, \quad \sigma_{1-2} = 0,184, \quad i_{1\,kr} = 18\,200 \text{ Amp}.$$

Das Verhältnis zwischen den einphasig-einsträngigen und dreiphasigen Stoßströmen läßt sich schon bei einer Maschine ohne Dämpferkäfig nicht auf eine einfache Form bringen, wie man sich leicht überzeugen kann, wenn man die für die verschiedenen Kurzschlußarten geltenden Größen (Abschn. 5) in die Gl. (38) einsetzt. Für unsere als Zahlenbeispiel gewählte Maschine ist, wenn wir uns die Dämpferwicklung entfernt denken, das Verhältnis vom einphasig-einsträngigen zum dreiphasigen Ständerstoßstrom gleich 1,2. Der einphasig-zweisträngige Ständerstoßstrom ist $\dfrac{\sqrt{3}}{2}$ mal so groß als der dreiphasige.

Bei einer Maschine mit Dämpferkäfig ist das Verhältnis vom einphasig-einsträngigen zum dreiphasigen Ständerstoßstrom ungefähr gleich groß wie bei einer Maschine ohne Käfig. Bei unserm Zahlenbeispiel hat dieses Verhältnis den Wert 1,16. Der einphasig-zweisträngige Ständerstoßstrom ist wieder $\dfrac{\sqrt{3}}{2}$ mal so groß als der dreiphasige.

16. Der Einfluß der Wirbelströme im Läufereisen.

Zunächst wollen wir auf einige Abweichungen hinweisen, durch die sich die Formen von aufgenommenen Oszillogrammen voneinander

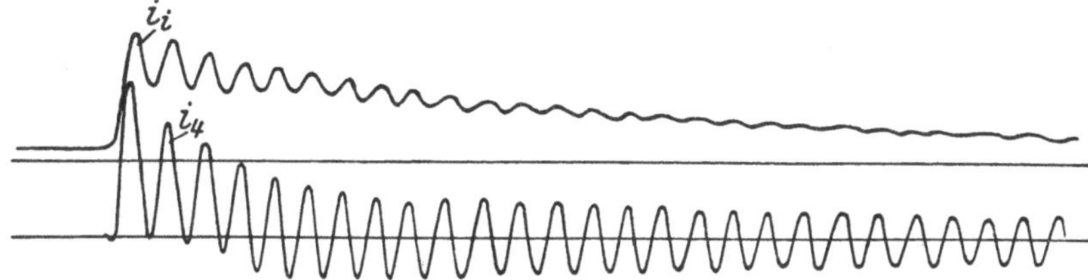

Abb. 22. Dreiphasiger Kurzschluß eines 12500 kVA Turbogenerators mit Dämpferkäfig. (Fig. 74 aus [L 2]; i_i ist der Strom in der Erregerwicklung und i_4 der Strom in der Ständerwicklung.)

selbst und von der Abb. 18a unterscheiden. Das bei einem Turbogenerator von 12 500 kVA (nähere Angaben sind dem Verfasser nicht bekannt) aufgenommene Oszillogramm der Abb. 22, das der Literatur entnommen ist [L 2, S. 114], zeigt im wesentlichen dieselben Formen wie die Kurven der Abb. 18a. Dagegen weicht das Oszillogramm des Stromes in der Erregerwicklung in Abb. 23, das zu einem 15000 kVA Turbogenerator (der Läufer dieser Maschine hat geblätterte Zähne; die

Nutenverschlußkeile aus Bronze bilden die Stäbe des Dämpferkäfigs)
gehört, von den entsprechenden Kurven der Abb. 18a und Abb. 22 dadurch ab, daß der Gleichstromanstieg (gestrichelt eingezeichnet) nicht
so groß ist wie bei den letzteren. Wie groß dieser Gleichstromanstieg
sein müßte, wenn die Erregerwicklung mit der Ständerwicklung für
die Erregung des am Läufer hängenden Feldes allein aufkäme, können
wir leicht feststellen. Denn wir haben in den Amplituden der Ständerwechselschwingungen ein Maß für die Stärke des am Läufer hängenden
Feldes. Den Amplituden J_{1K} beim Dauerkurzschluß entspricht der Er-

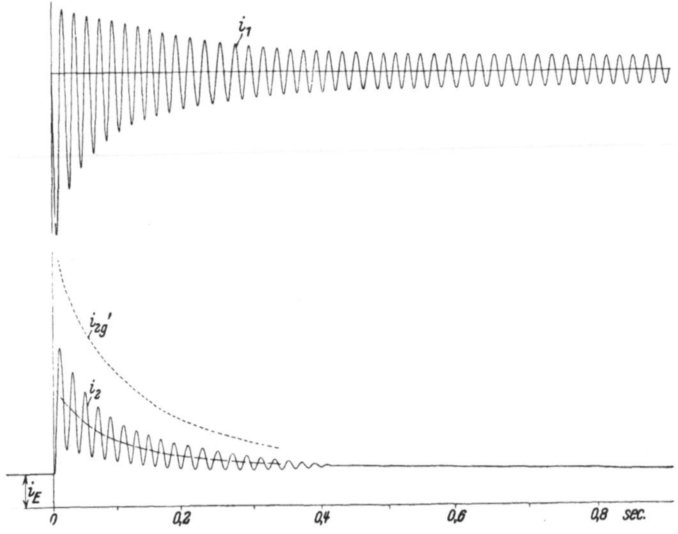

Abb. 23. Dreiphasiger Kurzschluß eines 15000 kVA Turbogenerators mit Dämpferkäfig.

regerstrom J_E und den Amplituden J_{1W} des Ständerwechselstromes
der Gleichstrom $i'_{2g} = J'_{2g} = \dfrac{J_E}{J_{1K}} J_{1W}$ in der Erregerwicklung. Mit Hilfe
dieser Überlegung entstand die in Abb. 23 punktiert eingezeichnete
Kurve, die uns den Verlauf des Gleichstromes in der Erregerwicklung
darstellt für den Fall, daß die Erregerwicklung die ganze Gleichstromdurchflutung des Läufers führt. Die Differenz der durch die punktierte
und die gestrichelte Kurve der Abb. 23 gegebenen Gleichströme entspricht der Gleichstromdurchflutung in den übrigen Läuferlängswicklungen. Als solche kommen die Dämpferlängswicklung und die Wirbelstrombahnen im massiven Eisen in Betracht. Von der Dämpferlängswicklung wissen wir, daß sie ihre Gleichstromdurchflutung entsprechend
ihrer kleinen Zeitkonstanten bis auf einen geringen Teil abgibt. So
können wir also annehmen, daß fast die ganze restliche Gleichstrom-

durchflutung auf den Wirbelstromkreis fällt. Wir wollen nun sehen, was wir über den hier in Frage kommenden Wirbelstromkreis und seinen Einfluß auf die kritischen Stromwerte aussagen können.

Zu diesem Zweck wollen wir zunächst uns überlegen, wie nach dem Kurzschluß sich die Erregerwicklung und der Wirbelstromkreis in der Erregung des am Läufer hängenden Feldes teilen. Wir haben in Abschn. 13 entsprechende Überlegungen angestellt und wissen daher, daß nicht nur die Zeitkonstanten der Stromkreise, sondern auch ihre Streuungen dabei eine Rolle spielen. Wenn es sich zeigt, daß ein größerer Teil der Gleichstromdurchflutung an den Wirbelstromkreis übergeht, so ist daraus zunächst zu schließen, daß die Zeitkonstante dieses Kreises einen großen Wert haben muß. Ist die Zeitkonstante des Wirbelstromkreises von derselben Größenordnung wie die der Erregerwicklung oder gar noch größer, so ist die Verteilung der Durchflutungen fast nur noch von den Streuungen der beiden Wicklungen abhängig. Denn in diesem Falle können wir annehmen, daß jede der beiden Wicklungen infolge ihres sehr kleinen Wirkwiderstandes ihren Fluß annähernd konstant hält. Es gelten also in diesem Fall die Überlegungen des ersten Teiles der Arbeit: Die Durchflutungen der beiden Wicklungen sind ihren Streuleitwerten umgekehrt proportional; die Gesamtdurchflutung und damit der kritische Ständerstrom werden durch eine zweite Läuferwicklung (hier Wirbelstromkreis) um so mehr erhöht, je kleiner der Streuleitwert dieser Wicklung ist. Umgekehrt können wir aus der Tatsache, daß bei der Maschine der Abb. 23 der Wirbelstromkreis einen größeren Teil der Gleichstromdurchflutung an sich nimmt, schließen, daß die Streuung des Wirbelstromkreises nicht groß sein kann. Wollten wir bei dieser Maschine den Wirbelstromkreis durch eine Wicklung ersetzen, so müßten wir die Streuziffer dieser Ersatzwicklung ungefähr so groß machen wie σ_2, da sich nach Abb. 23 die Gleichstromdurchflutungen ungefähr gleichmäßig auf den Erreger- und Wirbelstromkreis verteilen. In Abb. 23 ist der auf die Erregerwicklung entfallende Teil der freien Gleichstromdurchflutung wohl etwas kleiner als der Rest; es muß aber berücksichtigt werden, daß in diesem Rest noch die allerdings kleine Gleichstromdurchflutung der Dämpferlängswicklung enthalten ist. Zur Berechnung des kritischen Ständerstromes hätten wir in den Gl. (108) und (110) für σ_2 den Wert $\approx \dfrac{\sigma_2 \cdot \sigma_2}{\sigma_2 + \sigma_2}$ einzusetzen, um den zum Läufergleichfeld gehörigen Wirbelstromkreis näherungsweise zu berücksichtigen.

Betrachten wir nun auch die Wirbelströme, die durch das am Ständer hängende Feld im massiven Läufereisen induziert werden. Wollten wir den hier in Frage kommenden Wirbelstromkreis durch eine Wicklung ersetzen, so könnte dies durch eine symmetrische Mehrphasenwicklung geschehen. Der Einfluß dieses Wirbelstromkreises auf den kritischen Ständerstrom können wir nach den Überlegungen des ersten Teiles der Arbeit durch Verringerung der Streuziffer σ_3 der Dämpfer-wicklung auf den Wert $\dfrac{\sigma_3 \cdot \sigma_W}{\sigma_3 + \sigma_W}$ berücksichtigen, wobei σ_W die dem Wirbelstromkreis zukommende Streuziffer ist. Es fragt sich nun, wie groß wir σ_W einzuschätzen haben. Wenn nach obigem der beim Abfall eines Gleichfeldes entstehende Wirbelstromkreis eine Streuziffer haben kann, die so klein ist wie σ_2, so könnte man vermuten, daß hier bei den viel rascheren Änderungen des Wechselfeldes σ_W bedeutend kleiner sein muß als σ_2, da die Flüsse mehr in die Randschichten des Läufers und die Streuflüsse mehr in die Luft verdrängt werden. Hätte σ_W nun wirklich einen so kleinen Wert, so würde durch den Wirbelstrom-kreis zusammen mit der Dämpferwicklung das am Ständer hängende Feld bis auf einen verschwindend kleinen Teil abgewiesen werden.

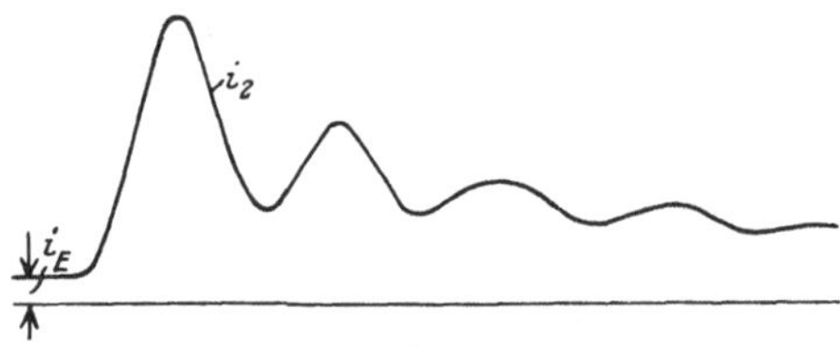

Abb. 24.
Strom in der Erregerwicklung beim dreiphasigen Kurz-schluß eines 2500 kVA Turbogenerators mit Dämpferkäfig.

Daß aber das nicht der Fall ist, geht deutlich aus den Abb. 22 bis 24 hervor. (Abb. 24 stellt uns den Strom in der Erregerwicklung eines 2500 kVA Turbogenerators [L 8, S. 229] dar, bei dem die Nutenverschlußkeile als Dämpferstäbe dienen; nähere Angaben sind dem Verfasser nicht bekannt.) In den Wechselschwingungen des Erregerstromes haben wir nämlich ein Maß für das vom Ständer aus-gehende Feld im Hauptkraftlinienweg. Da nun nach den Abb. 22 bis 24 die Amplituden dieser Wechselschwingungen ziemlich groß sein können, so ist daraus zu schließen, haß wir die abdämpfende Wirkung des Wirbel-stromkreises nicht zu hoch einschätzen dürfen. Ein etwaiger Fehler in der Verringerung von σ_3 wirkt sich hier nicht so stark aus, da σ_3 schon an und für sich eine recht kleine Zahl ist.

Wenn nun die Wechselschwingungen des Erregerstromes im Ver-hältnis zum normalen Strom i_E in manchen Oszillogrammen wie in Abb. 24 bedeutend größer sind als in andern (Abb. 22 und 23), so können wir daraus nicht auf eine verschieden starke Dämpferwirkung des Wirbelstromkreises schließen. Denn wir haben früher gefunden, daß schon bei Vernachlässigung der Wirbelstromkreise diese Wechsel-schwingungen im allgemeinen klein sind. Haben nun diese Wechsel-schwingungen entgegen unserer Theorie verhältnismäßig große Werte, so ist das einmal darauf zurückzuführen, daß der Teil des Streuflusses, der mit beiden Läuferwicklungen gleichzeitig verkettet ist, bei Ma-schinen mit massiven Läuferzähnen kleiner ist als bei Maschinen mit geblätterten Zähnen. Denn in massiven Zähnen werden durch das pulsierende Nutenquerfeld Wirbelströme induziert, die den Nutenquerfluß bedeutend schwächen, die gegenseitige Nutenstreuung (s. Abschn. 6) damit fast ganz aufheben. Maschinen mit geblätterten Zähnen verhalten sich demnach beim plötzlichen Kurzschluß günstiger als die mit massiven Zähnen. Dann sind nach Abschn. 7 die Wechselschwingungen der Erregerwicklung auch um so größer, je größer die Stirnstreuung der Dämpferwicklung gegenüber der Nutenstreuung ist, so daß die Werte je nach den Ausführungen der Stirnverbindungen der Dämpferwicklung variieren können.

III. Berücksichtigung der magnetischen Beanspruchung im Eisen.

Im kritischen Augenblick sind die Induktionen in den Streuwegen vielfach so groß, daß wir die magnetische Beanspruchung im Eisen dieser Wege nicht mehr ohne weiteres vernachlässigen dürfen. Wenn wir uns im folgenden darauf beschränken, nur allgemeine Überlegungen über die Stärke der auf die einzelnen Streuwege entfallenden Flüsse anzustellen, so geschieht das deshalb, weil eine komplizierte Rechnung sich hier wegen der Vernachlässigung der Wirbelströme nicht lohnt.

Wir bestimmen nun im folgenden zunächst die Stärke der Streuflüsse für eine Maschine ohne Dämpferkäfig. Mit den Vorstellungen, die wir dabei gewinnen, können wir dann ohne umständliche Rechnung den Fall einer Maschine mit Dämpferkäfig behandeln.

17. Die Stärke der Streuflüsse einer Maschine ohne Käfig.

Am leichtesten läßt sich die Verteilung der Flüsse auf die einzelnen Wege beim Transformator übersehen. In Abschn. 3 haben wir einmal angenommen, daß die Primärwicklung des Transformators einen konstanten Wechselfluß Φ_1 und die Sekundärwicklung den Fluß Null haben soll (Dauerkurzschluß). Dabei setzt sich der Primärfluß zusammen aus dem primären Streufluß $\Phi_{1\sigma}$ und einem Fluß Φ_{1h} im Hauptweg, der seiner absoluten Größe nach dem sekundären Streufluß gleich ist. Demnach ist

$$\Phi_1 = \Phi_{1\sigma} + \Phi_{2\sigma}$$

oder auf Augenblickswerte übertragen:

$$\varphi_1 = \varphi_{1\sigma} + \varphi_{2\sigma}. \tag{112}$$

Wir können also gewissermaßen sagen, daß der Zeitwert φ_1 des gesamten Primärflusses sich in die beiden Streuflüsse $\varphi_{1\sigma}$ und $\varphi_{2\sigma}$ aufteilt. Diese Auffassung führt zu dem Begriff der Abweisung, der in der Literatur manchmal zu finden ist.

Das Verhältnis der beiden Streuflüsse ist

$$\frac{\varphi_{1\sigma}}{\varphi_{2\sigma}} = \frac{\varLambda_{1\sigma}\, i_1\, w_1}{\varLambda_{2\sigma}\, i_2\, w_2}.$$

Bei Vernachlässigung des magnetischen Widerstandes im Hauptkraftlinienweg ist $i_1 w_1 = i_2 w_2$, und damit ist

$$\frac{\varphi_{1\sigma}}{\varphi_{2\sigma}} = \frac{\varLambda_{1\sigma}}{\varLambda_{2\sigma}}. \tag{113}$$

Wir wissen jetzt also, daß der Primärfluß sich im Verhältnis der Streuleitwerte auf die beiden Streuwege verteilt.

Genau die entsprechenden Verhältnisse gelten natürlich für den Fall, daß die Sekundärwicklung einen Fluß φ_2 und die Primärwicklung den Fluß Null verlangt. Wir haben hier eine Verteilung des Flusses φ_2 im Verhältnis der Streuleitwerte auf die beiden Streuwege.

Dem kritischen Augenblick der Synchronmaschine entspricht es nun, wenn die Primärwicklung den Fluß φ_I und die Sekundärwicklung einen Fluß φ_{II}, der dem Fluß φ_I gerade entgegengerichtet ist, verlangt. Die resultierende Flußverteilung erhalten wir hier durch Superposition der beiden obigen Fälle. Danach muß sich die Summe $\varphi_I + \varphi_{II}$ im Verhältnis der Streuleitwerte in die Streuflüsse $\varphi_{1\sigma}$ und $\varphi_{2\sigma}$ aufteilen, so daß außer der Gl. (113) noch gilt:

$$\varphi_I + \varphi_{II} = \varphi_{1\sigma} + \varphi_{2\sigma}. \tag{114}$$

Was wir hier für den Transformator gefunden haben, wollen wir jetzt für die Synchronmaschine ableiten. Wir berechnen zunächst die Streuflüsse (mittlere Windungsflüsse) $\varphi_{\nu\sigma}$ je Polpaar für den kritischen Augenblick. Es ist

$$\varphi_{1\sigma} = \frac{L_{1\sigma}}{w_1}\, i_{1\,kr} \tag{115}$$

und

$$\varphi_{2\sigma} = \frac{L_{2\sigma}}{w_2}\, i_{2\,kr}. \tag{116}$$

Bei Vernachlässigung der Wirkwiderstände sind die Stoßströme einer Maschine ohne Dämpferkäfig durch die Gl. (38) und (106) bestimmt. Setzen wir diese Werte in die Gl. (115) und (116) ein, so erhalten wir

$$\varphi_{1\sigma} = 2\,\frac{\sigma_1}{\sigma}\,\frac{1}{1+\sigma_1}\,\frac{L_{21}}{w_1}\, i_E. \tag{117}$$

und

$$\varphi_{2\sigma} = 2\,\frac{\sigma_2}{\sigma}\left(1 - \frac{\sigma}{2}\right)\frac{L_{21}}{w_1}\,\frac{\xi_2}{\xi_1}\, i_E. \tag{118}$$

Geben wir nun auf Grund der Gl. (117) und (118) das Verhältnis der beiden Streuflüsse zu

$$\frac{\varphi_{1\sigma}}{\varphi_{2\sigma}} \approx \frac{\sigma_1}{\sigma_2}\frac{\xi_1}{\xi_2} \tag{119}$$

an, so ist diese Näherung hinreichend genau, wie man sich leicht durch Einsetzen von Zahlenwerten überzeugen kann. Daß dieses Verhältnis im Gegensatz zu Gl. (113) nur noch näherungsweise gilt, ist auf den Einfluß des magnetischen Widerstandes im Hauptkraftlinienweg zurückzuführen.

Wir wollen nun die beiden Streuflüsse addieren. Setzen wir dabei $\xi_1 = \xi_2$, so erhält die Summe eine besonders einfache Form; sie gilt allerdings für den allgemeinen Fall nur näherungsweise. Es ist bei $\xi_1 = \xi_2$ nach den Gl. (117) und (118)

$$\varphi_{1\sigma} + \varphi_{2\sigma} = \left[2\,\frac{\sigma_1}{\sigma}\,\frac{1}{1+\sigma_1} + \sigma_2\left(\frac{2}{\sigma}-1\right)\right]\frac{L_{21}}{w_1}\,i_E\,.$$

Unter Berücksichtigung der Gl. (39) erhalten wir daraus für den einphasig-einsträngigen und für den dreiphasigen Kurzschluß

$$\varphi_{1\sigma} + \varphi_{2\sigma} = \frac{L_{21}}{w_1}\,i_E + \frac{L_2}{w_2}\,i_E \tag{120}$$

und für den einphasig-zweisträngigen Kurzschluß das $\frac{\sqrt{3}}{2}$fache dieses Wertes, wenn wir auch für den letzteren Fall für L_{21} und w_1 die Werte eines Stranges einsetzen. Im kritischen Moment des einphasig-einsträngigen und des dreiphasigen Kurzschlusses ist also die Summe der Streuflüsse (mittlere Windungsflüsse) je Polpaar gleich der Summe aus dem Schaltfluß $\varphi_{1_0} = \frac{L_{21}}{w_1}\,i_E$ der Ständerwicklung und dem Schaltfluß $\varphi_{2_0} = \frac{L_2}{w_2}\,i_E$ der Erregerwicklung. Beim einphasig-zweisträngigen Kurzschluß ist die Summe der Streuflüsse $\frac{\sqrt{3}}{2}$mal so groß, also ebenfalls von den Streuleitwerten unabhängig.

Die Gl. (119) und (120) sagen also aus, daß der Fluß $\varphi_{1_0} + \varphi_{2_0}$ bzw. $(\varphi_{1_0} + \varphi_{2_0})\frac{\sqrt{3}}{2}$ sich im Verhältnis $\frac{\sigma_1\,\xi_1}{\sigma_2\,\xi_2}$ auf die beiden Streuwege verteilt. Den durch die Wirkwiderstände hervorgerufenen Abfall der Felder können wir dabei durch einen Faktor k ($k \approx 0{,}9 \approx 0{,}95$) berücksichtigen, mit dem wir die Schaltflüsse multiplizieren.

Wären nun noch die Funktionen $\sigma_1 = f_1(\varphi_{1\sigma})$ und $\sigma_2 = f_2(\varphi_{2\sigma})$, also die Abhängigkeiten der Streuziffern von den zugehörigen Streuflüssen, gegeben, so hätten wir vier Gleichungen mit vier Unbekannten, und es ließen sich die für den kritischen Moment in Betracht kommenden Streuziffern leicht bestimmen. Aus den anfangs erwähnten Gründen wollen wir hier aber darauf verzichten.

Soll beim Entwurf der Maschine darauf geachtet werden, daß ein bestimmter Höchstwert $i_{1\,kr}$ des Ständerstromes beim plötzlichen Kurzschluß nicht überschritten wird, so gibt uns die Gl. (120) einen Anhalt. Mit der Beziehung

$$i_{2\,kr} = i_E + \frac{L_{12}}{L_2} i_{1\,kr},\qquad(121)$$

die sich ohne weiteres aus der Flußverkettungsgleichung der Erregerwicklung ergibt, kennen wir bei gegebenem kritischen Ständerstrom auch den kritischen Strom der Erregerwicklung. Berechnen wir mit den nun bekannten Strömen die einzelnen Streuflüsse, so muß ihre Summe nach Gl. (120) gleich der Summe aus den Schaltflüssen der Ständer- und der Erregerwicklung sein, wenn der kritische Ständerstrom den verlangten Wert haben soll. Wir wollen nun noch zeigen, wie man dabei den magnetischen Widerstand im Eisen der Streuwege wenigstens überschläglich berücksichtigen kann.

Wir können als Näherung annehmen, daß nur die Nutenstreuung von der veränderlichen Permeabilität im Eisen abhängig ist. In Abb. 25

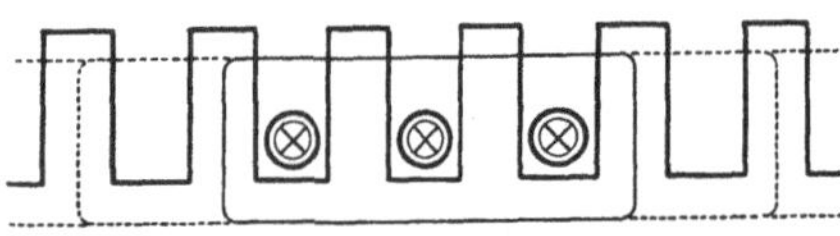

Abb. 25. Nutenquerfeld.

ist der Nutenstreufluß einer einphasigen Wicklung bei unendlich großer Permeabilität des Eisens dargestellt (die gestrichelten Linien denke man sich entfernt). Der Streufluß umfaßt hier sämtliche Nuten gleichmäßig und wird durch die letzten Zähne einer Spulenseite nach und von dem Ankerkern weitergeleitet. In radialer Richtung ist bei unendlich großer Leitfähigkeit des Eisens die Induktion in allen Zähnen mit Ausnahme der äußersten einer Spulenseite gleich Null. Beim dreiphasigen Kurzschluß ist der Strom in der gefährdeten Phase im kritischen Augenblick doppelt so groß wie in den benachbarten. Es wird deshalb durch die äußersten Zähne der gefährdeten Spulenseite nur der halbe Nutenquerfluß nach dem Ankerkern geleitet, während die andere Hälfte auch die beiden andern Phasen umfließt.

Bei Berücksichtigung der magnetischen Spannung im Eisen ändert sich das Flußbild. Das Nutenquerfeld fällt seiner Stärke nach von der Mitte der Spulenseite gegen die Enden hin ab, was so viel bedeutet, daß auch die inneren Zähne Flüsse in radialer Richtung führen. Wenn wir nun dennoch der Einfachheit wegen im folgenden von dem Schema der Abb. 25 ausgehen, so kann es sich nur um eine sehr rohe Schätzung handeln.

Um den Nutenstreufluß in Abhängigkeit von der Durchflutung einer Spulenseite zu bestimmen, denken wir uns also den Nutenquerfluß nach Abb. 25 in den Zähnen geradlinig fortgesetzt. Das ganze Nutenquerfeld unterteilen wir in Zonen, die den Induktionslinien parallel laufen. Dann gehen wir so vor, wie wir es von der Bestimmung der Leerlaufscharakteristik her gewohnt sind. Wir bestimmen für verschiedene Induktionen den Fluß, der durch die einzelnen Zonen geht, und die magnetische Spannung Θ längs dieser Zonen. Die magnetische Spannung setzt sich zusammen aus den Spannungen längs der Luft- und der Eisenwegstrecken. Die Spannung längs der äußersten Zähne bleibt dabei noch vernachlässigt. Wir erhalten somit die Abhängigkeit der Zonenflüsse von den zugehörigen Spannungen Θ als Kurven. Addieren wir nun die einzelnen Zonenflüsse, die zu demselben Θ gehören, zueinander, so ist uns auch die Abhängigkeit des gesamten Nutenquerflusses φ_N von der Durchflutung Θ, also die Funktion $\varphi_N = g(\Theta)$ als Kurve gegeben. Wir entnehmen nun dieser Kurve den zu Θ_{kr} gehörigen Nutenquerfluß, wobei Θ_{kr} die dem Strom i_{kr} entsprechende Durchflutung einer Spulenseite ist. Die Spannung Θ_z längs der beiden äußersten Zähne können wir mit dem nun in Näherung bekannten Fluß abschätzen. Den zu Θ_{kr} gehörigen Nutenquerfluß erhalten wir mit näherungsweiser Berücksichtigung der Spannung in den äußersten Zähnen dadurch, daß wir in der Kurve $\varphi_N = g(\Theta)$ den zu $(\Theta_{kr} - \Theta_z)$ gehörigen Wert φ_N abgreifen. Ist die Spannung in den äußersten Zähnen ziemlich groß, so muß die Entlastung dieser Zähne durch die benachbarten Zähne der andern Phasen mitberücksichtigt werden. Durch diese Verzweigung der Flüsse (in Abb. 25 punktiert eingezeichnet) wird verhindert, daß die Spannung in den äußersten Zähnen eine bestimmte Grenze überschreitet. Es sei hier noch bemerkt, daß man mit dem angenommenen Flußschema zu sicher rechnet, daß also der für eine bestimmte Durchflutung erhaltene Fluß kleiner ist als der Mittelwert, mit dem die einzelnen Windungen in Wirklichkeit verkettet sind.

Ist die Summe sämtlicher Streuflüsse (mittlere Windungsflüsse) kleiner als die Summe der beiden Schaltflüsse, so müssen eben die Streuleitwerte vergrößert werden, wenn der angenommene kritische Strom nicht überschritten werden darf.

Soll die Erhöhung der Streuleitwerte dadurch geschehen, daß man den Zähnen des Ständers Zahnköpfe aufsetzt, die Ständernuten also als sogenannte Streunuten ausbildet, so kann man bei der Dimensionierung dieser Zahnköpfe folgendermaßen vorgehen. Beim einphasigeinsträngigen und beim dreiphasigen Kurzschluß muß die Differenz aus der Summe der Schaltflüsse und der Summe der mit dem verlangten i_{1kr} berechneten Streuflüsse durch den Zahnkopf gehen, den wir aufsetzen wollen. Den Fluß, der durch die Nutenschlitze geht, denken wir uns geradlinig in den Zahnköpfen fortgesetzt. Wir bestimmen nun wieder zu verschiedenen Induktionen in dieser Zone, die wir Zahnkopfzone nennen wollen, die Flüsse und die magnetischen Spannungen Θ, welch letztere sich zusammensetzen aus den Spannungen längs der Nutenschlitze und längs der Zähne. Für Θ_{kr} können wir aus der so erhaltenen Kurve den zugehörigen Fluß der Zahnkopfzone entnehmen. Die Spannung längs der äußersten Zähne muß jetzt natürlich entsprechend dem größeren Fluß korrigiert werden. Ist die Summe aller Streuflüsse gleich der Summe der beiden Schaltflüsse, so ist der Zahnkopf richtig dimensioniert.

Den Zahnkopf der Streunut kann man um so niedriger machen, je kleiner man die Schlitzbreite der Nute wählt. Eine Grenze ist aber dadurch gegeben, daß mit kleinerer Schlitzbreite der Sättigungsgrad im Zahnkopf höher wird. Die Folge davon ist, daß die Streureaktanz im normalen Betrieb bedeutend größer ist als im kritischen Moment, was natürlich unerwünscht ist.

Die Verringerung der kritischen Stromwerte durch Streunuten führt auf recht hohe Zahnköpfe. Setzen wir nämlich den Zähnen des Ständers Köpfe auf, so verteilt sich nicht einfach der ursprüngliche Streufluß der Ständerwicklung auf einen breiteren Weg, sondern es fällt noch der Teil des Streuflusses der Erregerwicklung, der bei der verlangten Erniedrigung des kritischen Stromes in den Streuwegen der Erregerwicklung nicht mehr untergebracht werden kann, auf den primären Streuweg. Sollen z. B. die kritischen Ströme durch Umwandlung der offenen Ständernuten in Streunuten auf die Hälfte verringert werden, so muß der aufzusetzende Zahnkopf so hoch gemacht werden, daß die halbe Summe der beiden Schaltflüsse, und nicht der halbe ursprüngliche Streufluß der Ständerwicklung, durch die Zahnkopfzone geht.

Auch bei Berücksichtigung der Wirbelströme ist die Summe der Streuflüsse der Ständer- und Erregerwicklung durch die Gl. (120) gegeben, wie man leicht beweisen kann, wenn man die im ersten Teil der Arbeit angestellten Übelegungen über eine zweite Läuferwicklung auf den Fall überträgt, daß die Wirbelstromkreise die zweite Läuferwicklung ersetzen. Die Wirbelstromkreise wirken wie eine Verringerung der Streureaktanz der Erregerwicklung und verschieben das Verhältnis der Gl. (119) in dem Sinne, daß ein größerer Teil der Flüsse auf den Streuweg der Ständerwicklung fällt

18. Die Stärke der Streuflüsse einer Maschine mit Käfig.

Die Bestimmung der Streuflüsse wird bei einer Maschine mit Dämpferkäfig dadurch erschwert, daß die Vernachlässigung der Wirkwiderstände im Gegensatz zu dem obigen Fall ohne Käfig nicht mehr zulässig ist. Während bei einer Maschine ohne Käfig die Wirkwiderstände nur einen allmählichen Abfall der Felder und Ströme verursachen, haben wir bei einer Maschine mit Käfig in der ersten Zeit nach dem Kurzschluß infolge der Wirkwiderstände den im zweiten Teil der Arbeit besprochenen Übergang der Gleichstromdurchflutung der Dämpferlängswicklung an die Erregerwicklung. Um eine komplizierte Rechnung zu vermeiden, nehmen wir, wie wir es schon in Abschn. 14 getan haben, für die folgende Bestimmung der Streuflüsse an, daß dieser Übergang sich im kritischen Moment bereits ganz vollzogen hat. Ferner beschränken wir uns der Einfachheit halber auf den dreiphasigen Kurzschluß.

Aus dem letzten Abschnitt ist uns bekannt, daß bei einer Maschine ohne Käfig sowohl der mit der Ständerwicklung als auch der mit der Erregerwicklung verkettete Fluß sich im Verhältnis der Gl. (119) auf die Streuwege der beiden Wicklungen verteilt. Nehmen wir beim dreiphasigen Kurzschluß den am Läufer hängenden Fluß als nicht vorhanden an, so ist der am Ständer hängende Fluß kein fiktiver, sondern eben der mit der Ständerwicklung verkettete Fluß, der seiner Stärke nach gleich dem Schaltfluß φ_{1_0} ist. Entsprechend liegen die Verhältnisse, wenn wir das am Läufer hängende Feld für sich betrachten. Beim dreiphasigen Kurzschluß einer Maschine ohne Käfig können wir also auch sagen, daß sowohl der am Ständer hängende als auch der am Läufer hängende Fluß sich im Verhältnis der Gl. (119) auf die Streuwege der beiden Wicklungen verteilt.

Ferner wissen wir, daß bei einer Maschine mit Dämpferkäfig wir in bezug auf das am Ständer hängende Feld die Erregerwicklung und in bezug auf das am Läufer hängende Feld die Dämpferwicklung als nicht vorhanden annehmen dürfen. Es ist also sowohl für das am Ständer als auch für das am Läufer hängende Feld die Voraussetzung erfüllt, die der Gl. (119) zugrunde liegt, daß nämlich Ständer und Läufer je nur eine Wicklung tragen. Der am Ständer hängende Fluß von der Stärke φ_{1_0} verteilt sich demnach im Verhältnis $\dfrac{\sigma_1\,\xi_1}{\sigma_3\,\xi_3}$ auf die Streuwege der Ständer- und Dämpferwicklung und der am Läufer hängende Fluß von der Stärke des Schaltflusses φ_{2_0} der Erregerwicklung im Verhältnis $\dfrac{\sigma_1\,\xi_1}{\sigma_2\,\xi_2}$ auf die Streuwege der Ständer- und Erregerwicklung.

Im kritischen Augenblick addieren sich die zu den beiden Feldern gehörigen Streuflüsse, soweit sie gemeinsame Streuwege haben, so daß in diesem Zeitpunkt die Summe der Streuflüsse

$$\varphi_{1_\sigma} + \varphi_{2_\sigma} + \varphi_{3_\sigma} = \varphi_{1_0} + \varphi_{2_0} \tag{122}$$

ist.

Auf die Bestimmung der für den kritischen Augenblick in Betracht kommenden Streuziffern wollen wir deshalb wieder nicht eingehen, weil wir ja die Wirbelströme noch vernachlässigt haben.

Die Wirbelströme wirken in bezug auf das am Ständer hängende Feld wie eine Verringerung der Streureaktanz der Dämpferwicklung und in bezug auf das am Läufer hängende Feld wie eine Verringerung der Streureaktanz der Erregerwicklung. Das an und für sich schon kleine Verhältnis $\dfrac{\sigma_3 \, \xi_3}{\sigma_1 \cdot \xi_1}$, in dem sich der am Ständer hängende Fluß auf die Streuwege verteilt, wird dabei vielfach so klein, daß wir näherungsweise annehmen können, daß der ganze am Ständer hängende Fluß von der Stärke φ_{1_0} sich im Streuweg der Ständerwicklung ausbildet. Wir wollen nun das Verhältnis $\dfrac{\sigma_1 \, \xi_1}{\sigma_2 \, \xi_2}$, in dem sich das am Läufer hängende Feld auf die Streuwege verteilt, einschätzen. Nehmen wir an, daß dieses Verhältnis bei Vernachlässigung der Wirbelströme gleich 1 ist, und machen wir die in Abschn. 16 für einen bestimmten Fall begründete Annahme, daß die Streuziffer des für das am Läufer hängende Feld in Frage kommenden Wirbelstromkreises ungefähr gleich groß ist wie σ_2, so verteilt sich der am Läufer hängende Fluß im Verhältnis 2 : 1 auf die Streuwege der Ständer- und Erregerwicklung. Man muß sich hier aber bewußt bleiben, daß die hier angenommene Verringerung von σ_2 auf etwa die Hälfte sich gerade auf einen Fall stützt, bei dem die Wirbelströme besonders stark an der Erregung des am Läufer hängenden Feldes beteiligt sind, daß wir also damit im allgemeinen zu sicher rechnen.

Beim Entwurf der Maschine ist also darauf zu achten, daß bei dem gegebenen Höchstwert für den kritischen Strom sich ein Streufluß von ungefähr der 1,5fachen Stärke des Leeraufflusses (φ_{1_0} = Leerlaufsfluß im Luftspalt $\approx \varphi_{2_0}$) in dem Streuweg eines Polpaares der Ständerwicklung ausbildet. Dabei kann der magnetische Widerstand im Eisen des Nutenstreuweges genau so berücksichtigt werden wie im letzten Abschnitt.

19. Die magnetische Beanspruchung im Eisen des Hauptkraftlinienweges.

Wir wollen hier nur zeigen, daß es wohl immer berechtigt ist, bei der Bestimmung der Stoßströme die magnetische Beanspruchung im Eisen des Hauptkraftlinienwegs zu vernachlässigen. Wie groß im kritischen Augenblick die Induktion im Hauptkraftlinienweg ist, geht aus folgender Überlegung hervor.

Bei einer Maschine ohne Dämpferkäfig verteilt sich nach Abschn. 17 im kritischen Moment der Schaltfluß φ_{1_0} des Ständers im Verhältnis

$\dfrac{\sigma_1\,\xi_1}{\sigma_2\,\xi_2}$ auf den Streuweg der Ständerwicklung und auf den Hauptkraftlinienweg. Der Teil, der durch den Hauptkraftlinienweg geht, ist also
gleich $\dfrac{\sigma_2\cdot\xi_2}{\sigma_1\,\xi_1 + \sigma_2\,\xi_2}\,\varphi_{1_0}$. Die entsprechenden Verhältnisse haben wir in
bezug auf den Schaltfluß φ_{2_0} der Erregerwicklung. Der durch den Haupt-
kraftlinienweg gehende Teil dieses Flusses ist gleich $\dfrac{\sigma_1\,\xi_1}{\sigma_1\,\xi_1 + \sigma_2\,\xi_2}\,\varphi_{2_0}$.
Der resultierende Fluß φ_h im Hauptkraftlinienweg ist nun gleich der
Differenz dieser beiden Flüsse, also gleich

$$\varphi_h = \frac{\sigma_2\,\xi_2}{\sigma_1\,\xi_1 + \sigma_2\,\xi_2}\,\varphi_{1_0} - \frac{\sigma_1\,\xi_1}{\sigma_1\,\xi_1 + \sigma_2\,\xi_2}\,\varphi_{2_0}. \tag{123}$$

Da nun $\varphi_{1_0} \approx \varphi_{2_0}$ und in praktischen Fällen $\sigma_1\,\xi_1$ ungefähr von derselben Größe wie $\sigma_2\,\xi_2$ ist, so geht aus Gl. (123) hervor, daß im kritischen
Moment die Induktion im Hauptkraftlinienweg klein sein muß. Wir
können deshalb die magnetische Spannung im Eisen des Hauptkraftlinienweges vernachlässigen.

Bei einer Maschine mit Dämpferkäfig können wir nach vollzogenem
Gleichstromübergang von der Dämpferwicklung auf die Erregerwicklung beim dreiphasigen Kurzschluß in bezug auf das am Ständer hängende Feld die Erregerwicklung und in bezug auf das am Läufer hängende Feld die Dämpferwicklung als nicht vorhanden ansehen. Für
die Stärke des resultierenden Flusses im Hauptkraftlinienweg erhalten
wir entsprechend der Gl. (123):

$$\varphi_h = \frac{\sigma_3\,\xi_3}{\sigma_1\,\xi_1 + \sigma_3\,\xi_3}\,\varphi_{1_0} - \frac{\sigma_1\,\xi_1}{\sigma_1\,\xi_1 + \sigma_2\,\xi_2}\,\varphi_{2_0}. \tag{124}$$

Wenn wir bedenken, daß $\varphi_{1_0} \approx \varphi_{2_0}$, $\sigma_2\,\xi_2 \approx \sigma_1\,\xi_1$ und σ_3 klein gegenüber σ_1 ist, so erkennen wir aus Gl. (124), daß der Fluß im Haupt-
kraftlinienweg etwas kleiner ist als $\dfrac{\varphi_{1_0}}{2}$ also kleiner als der halbe Fluß
bei Leerlauf. Die Vernachlässigung des magnetischen Widerstandes im
Eisen des Hauptkraftlinienweges ist also auch bei einer Maschine mit
Käfig berechtigt.

Bei diesen Überlegungen blieb allerdings unberücksichtigt, daß für
die magnetische Beanspruchung im Eisen des Hauptkraftlinienweges
außer dem Hauptfluß auch die Nuten- und Zahnkopfstreuflüsse des
Ständers und des Läufers, die sich durch den Ständer- bzw. Läufer-
kern schließen, in Betracht kommen. Dieser Einfluß ist jedoch nicht
groß, da Hauptfluß und Streufluß sich nur in einem der Kerne ver-
stärken, im anderen dagegen einander entgegenwirken.

Literaturverzeichnis.

1. Dreyfus, L.: El. u. Maschinenb. 1911, S. 891; 1912, S. 25; Arch. Elektrot. Bd. 5, S. 103.

2. Biermanns, J.: Magnetische Ausgleichsvorgänge in elektrischen Maschinen Berlin: Julius Springer 1919.

3. Rüdenberg, R.: Elektrische Schaltvorgänge. Berlin: Julius Springer 1926.

4. Rüdenberg, R.: Kurzschlußströme beim Betrieb von Großkraftwerken. Berlin: Julius Springer 1925.

5. Boucherot: Deutsche Wiedergabe in El. u. Maschinenb. 1916, S. 437.

6. Rogowski: Arch. Elektrot. Bd. 11, S. 147.

7. Liwschitz: Arch. Elektrot. Bd. 10, S. 96.

8. Rikli: Bulletin des Schweizer. Elektr. Vereins 1925, S. 229.

Arbeiten
aus dem Elektrotechnischen Institut

der Badischen Technischen Hochschule Fridericiana zu Karlsruhe

Herausgegeben von

Prof. Dr.-Ing. R. Richter
Direktor des Instituts

Erster   Band: 1908 bis 1909. Mit 260 Textfiguren. 318 Seiten. 1909. (Vergriffen)
Zweiter Band: 1910 bis 1911. Mit 284 Textfiguren. 358 Seiten. 1911. (Vergriffen)
Dritter Band: 1913 bis 1918. Mit 111 Textfiguren. VIII, 348 Seiten. 1921.
RM 10.—
Vierter Band: 1920 bis 1924. Mit 202 Textabbildungen. X, 358 Seiten. 1925.
RM 24.—

Die Wechselstromtechnik. Herausgegeben von Professor Dr.-Ing. E. Arnold, Karlsruhe. In fünf Bänden.

I. Band: **Theorie der Wechselströme.** Von J. L. la Cour und O. S. Bragstad. Zweite, vollständig umgearbeitete Auflage. Mit 591 in den Text gedruckten Figuren. XIV, 922 Seiten. 1910. Unveränderter Neudruck 1923.
Gebunden RM 30.—

II. Band: **Die Transformatoren.** Ihre Theorie, Konstruktion, Berechnung und Arbeitsweise. Von E. Arnold und J. L. la Cour. Zweite, vollständig umgearbeitete Auflage. Mit 443 in den Text gedruckten Figuren und 6 Tafeln. XII, 450 Seiten. 1910. Unveränderter Neudruck 1923.
Gebunden RM 20.—
Nur noch in vollständiger Serie lieferbar.

III. Band: **Die Wicklungen der Wechselstrommaschinen.** Von E. Arnold. Zweite, vollständig umgearbeitete Auflage. Mit 463 Textfiguren und 5 Tafeln. XII, 371 Seiten. 1912. Unveränderter Neudruck 1923.
Gebunden RM 16.—

IV. Band: **Die synchronen Wechselstrommaschinen.** Generatoren, Motoren und Umformer. Ihre Theorie, Konstruktion, Berechnung und Arbeitsweise. Von E. Arnold und J. L. la Cour. Zweite, vollständig umgearbeitete Auflage. Mit 530 Textfiguren und 18 Tafeln. XX, 896 Seiten. 1913. Unveränderter Neudruck 1923.
Gebunden RM 28.—

V. Band: **Die asynchronen Wechselstrommaschinen.**

1. Teil: **Die Induktionsmaschinen.** Ihre Theorie, Berechnung, Konstruktion und Arbeitsweise. Von E. Arnold und J. L. la Cour unter Mitarbeit von A. Fraenckel. Mit 307 in den Text gedruckten Figuren und 10 Tafeln. XVI, 592 Seiten. 1909. Unveränderter Neudruck 1923.
Gebunden RM 24.—

2. Teil: **Die Wechselstromkommutatormaschinen.** Ihre Theorie, Berechnung, Konstruktion und Arbeitsweise. Von E. Arnold, J. L. la Cour und A. Fraenckel. Mit 400 in den Text gedruckten Figuren und 8 Tafeln. XVI, 660 Seiten. 1912. Unveränderter Neudruck 1923.
Gebunden RM 26.—